인터넷중심의

Internet-based Multimedia Communications

멀티미디어통신

▶박 승 철 著

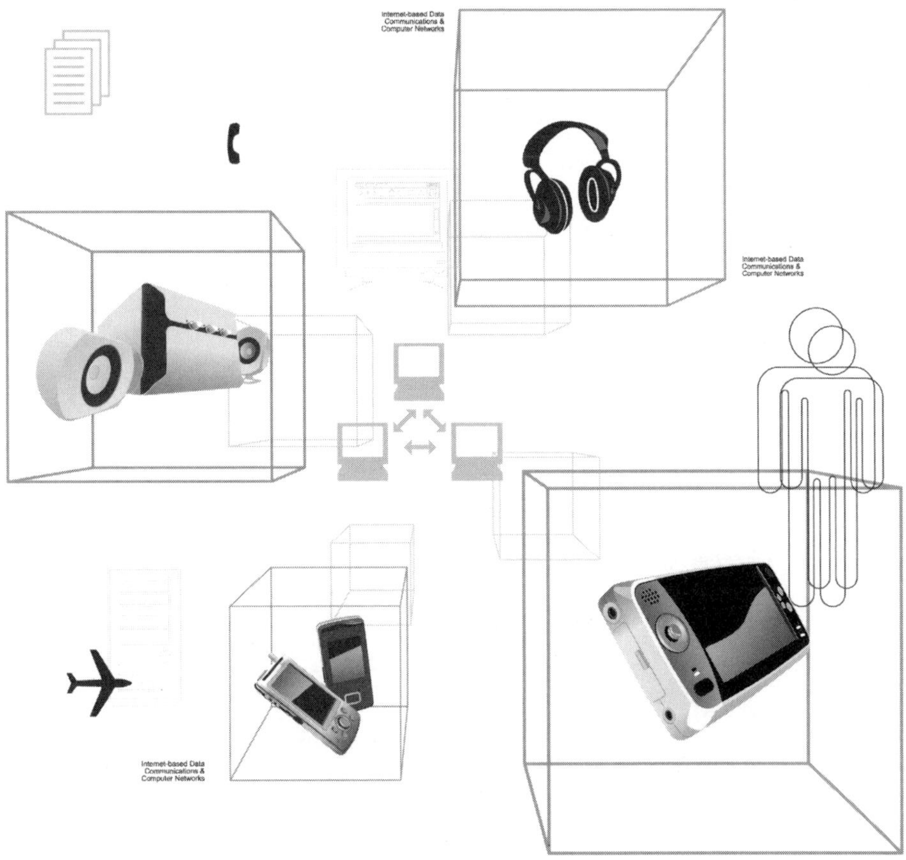

학술정보

머리말

인터넷을 구성하는 데이터 통신망들이 고속화되고 멀티미디어 처리 기술이 발전함에 따라 멀티미디어 인터넷 응용들이 점차 활성화되고 있다. 멀티미디어 인터넷 응용들은 인터넷 전화(Internet Telephony), 멀티미디어 회의(Multimedia Conference), 오디오/비디오 스트리밍(Audio/Video Streaming) 등을 포함하고 있으며 새로운 응용 개발이 활발하게 진행되고 있다. 멀티미디어 응용들은 이메일, 웹 서비스, 파일 전송 등과 같은 기존의 응용들과 달리 높은 대역폭(Bandwidth)의 지속적인 제공, 낮은 지연시간과 지터(Delay and Jitter), 다자간 통신(Multi-user Communications), 다중 스트림 통신(Multi-stream Communications) 등과 같은 새로운 통신 서비스를 요구한다.

멀티미디어 응용들의 새로운 통신 서비스 요구 사항들을 지원하기 위해 인터넷 구조상의 각 계층은 지속적으로 확장, 개선되고 있다. 인터넷의 하위 계층에 해당되는 통신망은 빠르게 고속화되고 있다. 인터넷 프로토콜 계층 또한 멀티미디어 통신 서비스를 제공하는 데에 필요한 기능들이 새롭게 정의되고 있으며, 기존의 최선형 서비스(Best-Effort Service) 대신 응용 서비스별로 차별화된 서비스를 제공하기 위해 QoS 제어 구조들이 정의되고 있다. 트랜스포트 계층은 기존의 TCP와 UDP외에 실시간 멀티미디어 응용들을 위해 RTP/RTCP를 새롭게 정의하고 있다. 그리고 다양한 응용 서비스를 효과적으로 제공하기 위해 H.323, SIP, RTSP 등과 같은 프로토콜들이 응용 계층에 정의되고 있다.

본 서의 저술 목적은 인터넷상의 멀티미디어 통신 프로토콜의 구조를 분석하고 각 계층 프로토콜을 구체적으로 설명하는 데에 있다. 멀티미디어 인터넷을 위한 대부분의 프로토콜들은 기존 인터넷 프로토콜들과의 호환성을 최대한 유지하면서 기존 프로토콜의 문제점을 보완할 수 있도록 설계되었다. 따라서 새로운 프로토콜들은 기존 프로토콜들과 적절하게 연계되어 정의되고 있다. 이 책은 먼저 멀티미디어 인터넷의 구조를 설명하고, 인터넷 구조상의 각 계층에서 멀티미디어 응용을 위해 정의된 새로운 프로토콜들을 연계된 기존 프로토콜과 함께 설명하였다.

향후 인터넷상의 새로운 기술 개발은 대부분 멀티미디어 응용 서비스를 겨냥하게 될 것이고, 대부분의 멀티미디어 인터넷 응용들은 매우 복잡한 프로토콜 체계를 통해 실현된다. 본 서가 멀티미디어 네트워크 설계, 멀티미디어 통신 장비 개발, 멀티미디어 인터넷 응용 개발 전문가들이 멀티미디어 인터넷의 전체적인 구조와 동작 원리를 보다 쉽고 빨리 이해하는 데에 조금이나마 도움이 되길 기대한다.

본 서의 많은 부분은 정보통신부 정보통신연구개발사업의 지원을 통해 저술되었다.

2006년 2월

저자 씀

차 례

제1장 멀티미디어 인터넷 구조

제2장 멀티미디어 데이터 표현

제3장 고속 통신망

제4장 멀티미디어 네트워크 프로토콜

제5장 Qos 지원 기법

제6장 멀티미디어 트랜스포트 프로토콜

제7장 멀티미디어 이메일과 웹 서비스

제8장 H.323 - 패킷 기반 멀티미디어 통신 시스템

제9장 SIP-멀티미디어 세션 제어 프로토콜

제10장 RTSP-실시간 스트리밍 제어 프로토콜

1 멀티미디어 인터넷 구조

Chapter 01

멀티미디어 인터넷 구조

1.1 개요

멀티미디어(multimedia)는 속성이 서로 다른 텍스트, 이미지, 오디오, 비디오 등의 데이터가 통합적으로 표현되는 새로운 형태의 미디어이다. 기존의 인터넷상의 대부분의 정보를 형성하는 텍스트와 이미지는 표현에 있어서 시간적 연속성이 요구되지 않는 불연속 미디어(Discrete Media)이다. 그러나 오디오와 비디오 데이터는 표현에 있어서 시간적인 연속성이 중요한 속성을 차지하는 연속 미디어(Continuous Media)이다. 일반적으로 멀티미디어 데이터는 하나 이상의 연속 미디어 데이터를 포함하는 통합적인 데이터를 일컫는다. 지난 10여년 동안 멀티미디어 통신과 관련하여 많은 발전이 이루어 졌다. 디지털 오디오와 비디오 정보를 압축 처리하기 위한 다양한 코덱(codec) 기술과 대용량 저장 장치 기술이 발전함에 따라 컴퓨터상에서 멀티미디어 데이터 처리가 가능해 졌고, DSL(Digital Subscriber Line), 케이블 모뎀, 광 이더넷, SONET 등 고속 네트워크 기술이 발전함에 따라 대용량 멀티미디어 데이터의 실시간 전송이 가능한 환경이 형성되었다. 멀티미디어 인터넷은 멀티미디어 정보 처리가 가능하는 호스트 컴퓨터들과 멀티미디어 정보를 전달할 수 있는 고속 네트워크로 이루어진 진보된 인터넷을 지칭하지만, 현재 모든 호스트와 모든 네트워크가 멀티미디어 정보 처리와 전달이 가능한 방향으로 발전하고 있기 때문에 향후에는 굳이 멀티미디어 인터넷을 구분할 필요가 없어질 것이다. 다만 여기서는 멀티미디어 데이터 처리를 위해 기존 인터넷에 현재 접목되고 있는 기술들과

앞으로 추가적으로 개발될 기술들을 한데 묶어서 기존 인터넷 기술과 구분하여 멀티미디어 인터넷 기술로 명명한다.

멀티미디어 인터넷 응용들은 멀티미디어 웹 서비스, 멀티미디어 메일 뿐만 아니라, 인터넷 전화(Internet Telephony), 멀티미디어 회의(Multimedia Conference), AoD(Audio on Demand)와 VoD(Video on Demand)와 같은 멀티미디어 스트리밍(Multimedia Streaming), 그리고 인터넷 방송 등을 포함한다. 멀티미디어 웹 서비스와 멀티미디어 메일 서비스 등은 웹 페이지나 메일 정보를 멀티미디어로 표현할 수 있게 기존 응용을 개선했을 뿐 기존 인터넷의 동작 원리를 따른다. 반면 인터넷 전화, 멀티미디어 회의, 멀티미디어 스트리밍, 그리고 인터넷 방송과 같은 응용들은 오디오와 비디오 데이터의 연속성 유지를 요구할 뿐만 아니라 실시간성에 대한 높은 요구사항을 가진다. 예를 들어 인터넷 전화의 경우 단방향 지연시간(Delay Time)이 400ms 이상이 되면 품질이 현격히 저하되어 서비스를 지속할 수 없게 된다. 따라서 멀티미디어 인터넷에서는 실시간 응용에 대한 짧은 지연시간의 유지와 연속성 유지가 매우 중요하다. 그러나 기존의 인터넷은 현재의 네트워크 상황에서 데이터 유형이나 응용과 무관하게 최선형 서비스(Best Effort) 서비스를 제공할 뿐 실시간성과 연속성 유지를 위해 차별화된 서비스를 제공할 수 없다. 따라서 멀티미디어 인터넷은 실시간성과 연속성에 대한 응용의 요구사항을 충족시킬 수 있는 메커니즘을 포함해야 한다. 멀티미디어 인터넷의 많은 응용들의 또 다른 특징은 다수의 미디어와 다수의 사용자를 포함하는 복잡한 형태의 세션(session)을 사용하는 점이다. 멀티미디어 인터넷은 복잡한 통신 세션을 효과적으로 관리할 수 있는 메커니즘을 포함한다.

본 장은 멀티미디어 데이터의 표현 방식, 멀티미디어 인터넷 응용, 멀티미디어 인터넷 응용의 특징, 멀티미디어 인터넷 발전 방향, 그리고 멀티미디어 인터넷 구조에 대한 개략적인 설명을 제공하는 데에 목적이 있다.

1.2 멀티미디어 데이터 표현

멀티미디어 데이터를 구성하는 각 요소(element)는 텍스트(text), 이미지(image), 오디오(audio), 비디오(video) 등이며, 각 요소는 〈표 1.1〉과 같은 다양한 방식으로 표현된다. 텍스트 데이터는 문자로 구성되는 데이터이며, 다양한 언어를 표현하는 각각의 문자 집합(Character Set)의 각 문자는 고유한 문자 코드 집합(Character Code Set)에 의해 디지털 데이터로 표현된다. 인터넷상에서 가장 많이 사용되는 대표적인 문자 코드 집합은 7 비트로 표현되는 ASCII(American Standard Code for Information Interchange)이다. ASCII는 표현 가능한 128개의 공간을 34개의 제어 문자 공간(Control Character Space)와 94개의 출력가능 문자 공간(Printable Character Space)로 나누어 각각의 문자에 대한 코드(code)를 부여하고 있다. 제어 문자는 통신이나 문서 형식 제어 등을 위해 특별한 지시가 필요한 경우에 사용된다. ASCII외에 영문자를 표현하기 위한 문자 코드 집합은 IBM 회사에서 만든 EBCDIC가 있다.

표 1.1 인터넷 멀티미디어 데이터 표현

데이터 유형	표현 방식
텍스트	ASCII, EBCDIC, ISO10646, 완성형한글, 조합형한글
이미지	BMP, GIF, TIFF, JPEG
저장형 오디오	MP3, AAC, AIFF, WAV, AU
대화형 오디오	G.711, G.722, G.723, G.726, G.728, G.729, GSM-FR,GSM-HR
저장형 비디오	MPEG-1, MPEG-2, MPEG-4
대화형 비디오	H.261, H.263

한글의 경우 사용하는 문자의 수가 영문자에 비해 훨씬 많기 때문에 7 비트로 표

현할 수가 없다. 따라서 한글 문자 집합은 일반적으로 2 바이트로 표현된다. 한글을 사용하는 대부분의 인터넷 응용들(예를 들어, 이메일, 웹 서비스 등)은 영문자와 같이 사용할 뿐만 아니라, ASCII 제어 문자에 의한 제어 체계를 수정 없이 사용한다. 예를 들면 이메일이나 웹 문서 전송을 위한 메시지 구성 시에 〈CR〉 제어 문자와 〈LF〉 제어 문자 조합을 라인(line)을 끝을 표현하기 위해 사용한다. 따라서 한글 전송 시에 ASCII 제어 문자를 그대로 사용하기 위해 ASCII 제어 문자와 충돌되는 공간에는 한글 문자에 대한 코드를 부여하지 않는다. 따라서 2 바이트를 사용하여 한글 문자를 표현할 수 있는 최대 공간 크기는 8836(94 x 94)이다. 이 공간에 현재 사용하는 한글 문자와 한자, 그리고 특수 문자에 대한 코드를 부여한 한글 문자 코드 집합이 완성형 코드이다. 완성형 코드는 ASCII 코드 체계와 호환이 되어 ASCII에 근거하여 설계된 많은 통신 장치 또는 소프트웨어와 잘 호환되는 반면, 완성된 한글과 한자에 대해 제한적인 코드 부여로 인한 여러 가지 제약을 가진다. 이러한 문제를 해결하기 위해 제안된 코드 체계가 조합형 코드이다. 조합형 한글 코드도 완성형과 마찬가지로 2 바이트를 사용하는 코드를 부여하지만, 조합형은 완성형과 달리 2 바이트를 구성하는 16 비트 중 첫 번째 비트를 제외한 나머지 15 비트를 5 비트씩 나누어 각각 초성, 중성, 종성에 해당되는 한글 자모에 대한 코드를 할당함으로써, 조합 가능한 모든 한글에 대한 코드를 부여할 수 있게 한다. 조합형 코드를 사용하는 한글 문서를 ASCII 제어 문자를 사용하는 인터넷 환경에서 교환할 경우 변환 작업을 필요로 한다. ISO 10646은 국제 표준화 기구(International Standardization Organization)에서 전 세계를 모든 문자를 하나의 공간에 표현할 수 있게 만든 코드 체계로써 현재 대부분의 국제화된 소프트웨어 개발에 사용되고 있다. 물론 표현 가능한 모든 한글 문자도 ISO 10646에 포함되어 있다.

이미지 데이터는 컴퓨터에 의해 생성되는 그래픽스(graphics)나 문서 또는 사진을 디지털화하여 2 차원(2 dimensional)의 화소(pixel) 행렬(matrix)로 표현한다. 화소는 그림 요소(Picture Element)의 합성어로 이미지 화면을 구성하는 기본 단위이다. 하나의 이미지를 구성하는 화소의 수는 해당 이미지의 해상도(resolution)을 형성한다. 해상도는 일반적으로 이미지의 가로 및 세로에 대한 화소의 수로 표현한다. 예를 들어 640 x 480 해상도는 가로 640개 세로 480개의 화소로 표현된 이미지를 의

미한다. 각 화소를 몇 비트로 표현할 것인지는 칼라의 수에 의해 결정된다. 예를 들어 흑백 칼라의 경우 1 비트로 하나의 화소를 표현할 수 있지만, 완전 칼라 이미지 표현을 위해서는 24 비트(1680만 칼라)로 하나의 화소를 표현한다. 따라서 해상도가 높고 칼라 수가 많을수록 정밀한 이미지를 표현할 수 있는 반면 데이터 양이 증가함을 알 수 있다. 이미지 데이터를 표현하기 위한 대표적인 방식은 BMP(Bitmap), GIF(Graphic Interchange Format), TIFF(Tagged Image File Format), JPEG(Joint Picture Expert Group) 등이 있다.

오디오 데이터는 사람의 귀를 통해 들을 수 있는 가청 주파수(20Hz~20KHz)로 표현되는 연속적인 소리(sound)를 기계적으로 재생한 다음 디지털화 한 정보이다. 일반적으로 많이 사용하는 오디오 데이터는 전화에서 사용하는 음성(speech) 형태의 대화형 오디오(Interactive Audio)와 음악(music) 형태의 저장형 오디오(Stored Audio)로 구분된다. 일반적으로 대화형 오디오는 단일 음성으로 구성되고 높낮이의 차이가 크지 않으며 높은 품질의 원음 재생을 요구하지 않는 반면 높은 실시간성을 요구한다. 반면 음악과 같은 저장형 오디오는 대화형 오디오에 비해 실시간성은 낮지만 음의 높낮이의 차이가 크고 정교한 원음 재생에 대한 요구사항이 높다. 이러한 차이를 반영하여 인터넷에서 사용되는 오디오 표현 방식은 대화형 오디오를 위한 표현 방식과 저장형 오디오를 위한 표현 방식으로 구분되어 정의되고 있다. 대표적인 저장형 오디오 표현 방식은 MP3(MPEG-1 Layer 3), AAC(Advanced Audio Coding), MacOS의 AIFF, 윈도우의 WAV, UNIX의 AU 등이 있다. 대표적인 대화형 오디오 표현 방식은 ITU-T(International Telecommunication Union Telecommunication Sector)에서 정의한 G.711, G.722, G.723, G.726, G.728, G.729 등과 ETSI(European Telecommunications Standardization Institute)에서 정의한 GSM-FR, GSM-HR 등이 있다.

비디오 데이터는 일정한 속도 이상으로 표현되는 정지 이미지(Still Image)의 연속이며 사람의 눈에 의해 인식된다. 비디오를 구성하는 각각의 이미지는 프레임(frame)으로 표현되고, 초당 생성되는 프레임의 수를 프레임율(Frame Rate)이라 한다. 비디오 데이터의 가장 큰 특징은 대용량이다. 프레임의 해상도가 640 x 480이고 24 비트 완전 칼라를 사용하며 프레임 율이 30인 경우 비디오 데이터량은 221.184

Mbps가 된다. 따라서 비디오 데이터의 표현에 있어서 가장 중요한 요소는 데이터 압축 기술이다. 비디오 데이터 압축 방식은 오디오의 경우와 유사한 이유로 저장형 비디오 압축 방식과 대화형 비디오 압축 방식으로 나누어 정의되고 있다. 대표적인 저장형 비디오 압축 방식은 MPEG-1, MPEG-2, MPEG-4이다. MPEG-1은 비디오 데이터를 CD-ROM에 저장하고 재생하기 위해 개발되었으며, 전송율이 초기 CD-ROM의 전송 속도인 1.2Mbps를 넘지 않도록 설계되었다. MPEG-2는 CD-ROM 수준의 MPEH-1의 비디오 품질 한계를 극복하고 디지털 TV 또는 고선명 TV(High Definition TeleVision) 수준의 비디오 압축을 위해 개발되었다. MPEG-2 비디오 데이터는 1.5 ~ 10Mbps의 전송 속도를 요구한다. MPEG-4는 저속 모바일 네트워크 환경에서부터 고속 인터넷에 이르기까지 다양한 유형의 응용에 사용될 수 있게 개발된 매우 유연한 비디오 압축 방식이다. MPEG-4는 5Kbps부터 50Mbps에 이르기까지 매우 다양한 전송율의 비디오 데이터 표현이 가능하다. 대표적인 대화형 비디오 압축 방식은 H.261, H.263, 그리고 H.264를 포함한다. H.261은 ISDN 환경(Nx64Kbps)에서 화상 회의(Video Conference) 응용에 적합하게 개발되었으며, H.263은 모바일 환경에서 대화형 비디오 응용을 지원할 수 있도록 보다 저속(28.8Kbps)에서부터 고속 네트워크에 이르기까지 다양한 응용을 지원할 수 있게 개발된 압축 방식이다.

1.3 멀티미디어 인터넷 응용

멀티미디어 인터넷 응용은 하나 이상의 연속 미디어(오디오, 비디오)를 인터넷상에서 전송함으로써 특정 서비스를 제공한다. 멀티미디어 인터넷 응용은 멀티미디어 콘텐츠를 지원할 수 있게 개선된 멀티미디어 메일 응용과 웹 서비스 응용뿐만 아니라, 새로운 형태의 스트리밍(streaming) 응용과 대화형 응용을 포함한다.

메일 메시지 전송을 위한 SMTP(Simple Mail Transfer Protocol)은 ASCII 문자로 표현되는 텍스트형의 프로토콜이다. 즉, 프로토콜의 각 필드는 ASCII 문자 정보가 채워지고 필드 구분은 〈SP〉, 〈CR〉〈LF〉 등의 제어 문자로 이루어진다. 기본적으로 멀티미디어 데이터는 ASCII 문자 코드와 무관하게 8 비트 전체 바이트로 표현된다. 따라서 ASCII 텍스트형의 SMTP를 사용하여 멀티미디어 메일을 전송하기 위해 MIME(Multi-purpose Internet Mail Extension)을 정의하였다. 웹 페이지 전송을 위한 HTTP(Hyper Text Transfer Protocol) 역시 ASCII 텍스트형 프로토콜이다. SMTP와 마찬가지로 HTTP도 멀티미디어 웹 페이지 전송을 위해 MIME 기술을 응용한다. 멀티미디어 메일과 멀티미디어 웹 페이지의 전송은 각각 SMTP와 HTTP의 저장-전달(Store and Forward) 방식과 다운로드(download) 방식으로 동작한다.

표 1.2 멀티미디어 인터넷 응용

응용 유형	종류
저장-전달	멀티미디어 메일
다운로드	멀티미디어 웹
스트리밍	AoD, VoD, 인터넷 방송
대화형	인터넷 전화, 멀티미디어 회의, 원격 교육, 원격 진료, CSCW

멀티미디어 스트리밍 응용은 멀티미디어 웹 응용과 달리 저장된 오디오나 비디오 데이터를 완전히 다운로드 받은 다음 재생하는 대신 다운로드를 받으면서 동시에 재생한다. 멀티미디어 스트리밍 응용에서 일단 재생을 개시하고 나면 연속 미디어가 가지고 있는 원래의 시간 속성에 따라 연속적으로 재생한다. 예를 들면 프레임율 30의 비디오 데이터의 경우 1/30초에 한 프레임씩 연속적으로 이미지 화면을 재생한다. 따라서 멀티미디어 스트리밍에서 원래의 멀티미디어의 연속성이 유지되기 위해서는 다음에 재생될 데이터 단위(비디오의 경우 프레임)가 자신의 재생 시점 이전에 수신되어 있어야 한다. 따라서 지연시간이 일정하지 않은 인터넷 환경에서 멀티미디어 스트리밍 응용을 수행하기 위해서는 연속적인 재생이 가능하게 재생 시작 시점을 결정하는 것이 중요하다. 즉, 첫 번째 데이터 단위가 도착하는 즉시 재생을 개시하는 대신 일정 시간 동안 데이터를 수신한 다음 연속적으로 재생한다. 멀티미디어 스트리밍 기술을 이용하는 대표적인 응용은 AoD(Audio on Demand),

VoD(Video on Demand), 인터넷 방송(Live Casting) 등이 있다. 멀티미디어 스트리밍 응용은 제어 정보와 멀티미디어 데이터의 속성 차이를 잘 지원하기 위해 제어와 데이터를 분리하여 처리한다. 멀티미디어 인터넷에서 멀티미디어 스트리밍 제어는 RTSP(Real-Time Streaming Protocol)를 통해 이루어지고, 멀티미디어 데이터 전송은 RTP/RTCP(Realtime Transport Protocol/Realtime Transport Control Protocol)을 통해 이루어진다.

대표적인 대화형 멀티미디어 인터넷 응용은 VoIP(Voice over IP)로 표현되는 인터넷 전화(Internet Telephony) 응용이다. 기술적인 관점에서 보면 인터넷 전화는 멀티미디어 회의(Multimedia Conference) 응용에서 음성 미디어 처리 부분만을 취한 형태이다. 따라서 멀티미디어 인터넷에서 대화형 멀티미디어 응용은 멀티미디어 회의 응용을 중심으로 정의된다. 멀티미디어 회의 응용에서 사용자간 공유할 정보와 공유 방식에 따라 다양한 형태의 새로운 응용이 만들어 질 수 있다. 멀티미디어 회의 응용을 이용하는 대표적인 멀티미디어 인터넷 응용들은 원격 교육(Tele-Education), 원격 진료(Tele-Medicine), CSCW(Computer Supported Cooperative Working) 등이다. 멀티미디어 회의 응용의 일반적인 형태는 둘 이상의 사용자가 오디오와 비디오 데이터의 실시간 교환을 통해 면-대-면(Face-to-Face) 형태로 대화하고, 필요한 경우 응용 공유(Application Sharing)을 통해 공동 작업을 수행하는 것이다. 기본적으로 멀티미디어 회의 응용은 다자간 통신을 포함하고 독립적인 제어가 필요한 다수의 미디어(오디오, 비디오, 응용 데이터)를 포함하기 때문에 멀티미디어 스트리밍 응용에 비해 복잡한 제어 구조를 가진다. 멀티미디어 인터넷에서 대표적인 멀티미디어 회의 응용 제어 프로토콜은 ITU-T에서 정의한 H.323과 IETF (Internet Engineering Task Force)에서 정의한 SIP(Session Initiation Protocol)이다. 멀티미디어 회의 응용에서도 멀티미디어 데이터 전송은 RTP/RTCP를 통해 이루어진다.

1.4 멀티미디어 인터넷 응용의 특징

기존의 인터넷 응용에 비해 멀티미디어 인터넷 응용들은 몇 가지 중요한 특징을 가진다. 첫째, 멀티미디어 응용의 오디오나 비디오 데이터는 기존의 텍스트나 이미지 데이터 비해 높은 대역폭(bandwidth)을 요구하며, 일정 시간 동안 연속적인 대역폭 사용을 요구한다. 예를 들어 MPEG-2 비디오의 경우 1.5~10Mbps의 대역폭을 필요로 하며, 비디오 재생이 시작된 시점에서 종료 시점까지 연속적인 대역폭 사용을 요구한다. 〈표 1.3〉은 오디오와 비디오 데이터의 대역폭 요구사항을 보여준다.

둘째, 오디오나 비디오와 같은 연속 미디어를 사용하는 멀티미디어 인터넷 응용에서는 미디어의 연속성 유지가 서비스 품질에 중요한 영향을 미친다. 예를 들어 인터넷 전화 응용에서 송신자가 20ms 마다 하나의 패킷(160 바이트)씩 연속적으로

표 1.3 대역폭 요구사항

표현 방식	대역폭 요구사항
G.711	64Kbps
G.721	32Kbps
MPEG-1(오디오)	128~384Kbps
MPEG-2(오디오)	320Kbps
MPEG-1	500~1200Kbps
MPEG-2	1.5~10Mbps
H.261	100~400Kbps

송신하는 경우 수신자는 20ms 마다 하나의 패킷씩 연속적으로 수신할 수 있어야 한다. 만약 20ms 내에 다음 패킷이 도착하지 않는 경우 음성 끊김 현상이 발생하여 전화 서비스의 품질 저하를 초래한다.

따라서 전송 지연시간이 가변적인 경우 멀티미디어의 연속성 유지를 위해 초기

재생 시간을 일정 시간 동안 지연시킬 필요가 있다. 재생 지연시간(Play-out Delay)이 지나치게 커지면 실시간성이 저하되는 문제가 발생하기 때문에 적절한 크기의 재생 지연 시간 설정이 중요하다. 〈그림 1.1〉은 가변적인 종단간 지연 시간(jitter) 환경에서 연속적인 미디어 재생을 위해 필요한 재생 지연시간을 보여주고 있다.

멀티미디어 인터넷 응용의 세번째 특징은 실시간성에 대한 높은 요구사항이다. 〈표 1.4〉는 대화형 멀티미디어 응용의 실시간성에 대한 요구 정도를 표현하고 있다. 대부분의 대화형 멀티미디어 응용에서 단방향 지연시간은 150ms 이하가 되어야 한다. 만약 단방향 지연시간이 400ms 이상이 되면 수용 불가능한 품질 수준이 된다.

멀티미디어 인터넷 응용의 네번째 특징은 다중 스트림(Multi-Stream)으로 구성되는 통신 세션(session)을 사용한다는 점이다. 일반적으로 웹 서비스, 이메일, FTP와 같은 기존의 인터넷 응용은 하나의 데이터 스트림(데이터 전송 단위의 연속) 전송을 통하여 서비스를 제공한다. 그러나 멀티미디어 회의 응용과 같은 멀티미디어 인터넷 응용은 개별적으로 제어 가능한 오디오, 비디오, 데이터 스트림 전송을 통해

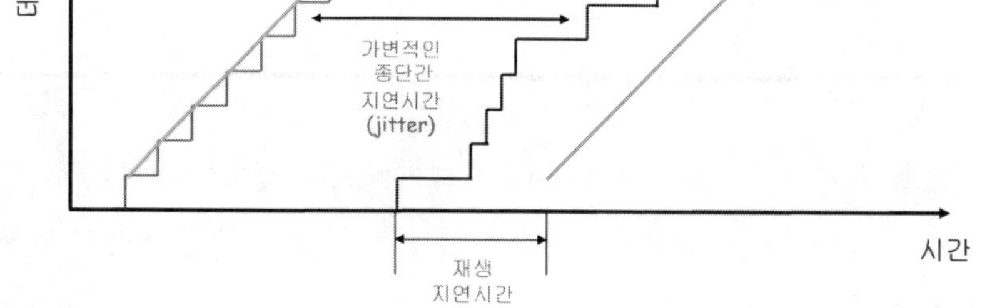

그림 1.1 종단간 가변 지연시간(Jitter)과 재생 지연시간

표 1.4 지연시간과 서비스 품질

지연시간(ms) (단방향)	품질
0~150	대부분의 대화형 멀티미디어 응용에서 수용 가능한 품질 수준(ITU-T)
0~200	대부분의 대화형 멀티미디어 응용에서 수용 가능한 품질 수준(Cisco)
150~400	실시간성이높지 않은 대화형 응용에서 수용 가능한 품질 수준(ITU-T)
400+	대부분의 대화형 멀티미디어 응용에서 수용 불가능한 품질 수준(ITU-T)

서비스를 제공한다. 일반적으로 하나의 멀티미디어 응용을 위한 통합 통신 제어 단위인 세션내에서 데이터 스트림은 동적으로 생성되고, 삭제되며, 변경될 수도 있다. 또한 서로 다른 데이터 스트림간에 시간적인 동기화 요구가 있을 수도 있다. 대표적인 스트림간 동기화는 대화형 멀티미디어 응용에서 오디오와 비디오간의 동기화인 립싱크(Lip-Sync)이다. 따라서 인터넷 멀티미디어 응용을 위한 세션은 구조가 복잡하고 다양한 제어 기능을 요구한다.

다섯 번째, 인터넷 방송, 멀티미디어 회의 응용 등 많은 멀티미디어 인터넷 응용은 다자간 통신에 근거하여 서비스를 제공한다. 따라서 멀티미디어 인터넷 응용에서 다자간 통신의 효율적인 제공이 전체 서비스 품질에 중요한 영향을 미친다. 효율적인 다자간 통신은 통신에 참여하는 사용자 그룹의 효율적인 관리와 다수의 수신자에 대한 효율적인 패킷 라우팅을 통해서 이루어 질 수 있다. 멀티미디어 인터넷의 다자간 통신 응용에서 사용자 능력 제어(Capability Control)도 중요하게 고려되어야 할 사항 중 하나이다. 다자간 통신에 참여하는 사용자의 멀티미디어 사양이 서로 다를 수 있다. 따라서 공통적인 멀티미디어 사양을 협상하고, 필요한 경우 동적인 사양 변경 등을 지원할 수 있는 능력 제어 기능이 다자간 통신 세션 제어 기능에 포함될 필요가 있다.

1.5 멀티미디어 인터넷 발전 방향

1.5.1 고속 통신망

지난 10 여년 동안 멀티미디어 인터넷은 매우 빠른 속도로 발전해 왔다. 우선 대용량 멀티미디어 데이터의 효율적인 전송을 위해 다양한 고속 통신망들이 개발되고 개선되어 왔다. 대용량 멀티미디어 전송의 병목 구간을 형성했던 접속망(Access Network)은 특히 빠른 속도로 발전하였다. 〈그림 1.6〉은 접속망의 발전 방향을 보여주고 있다. 대략 1995년도까지 대부분의 가정용 PC는 최대 속도가 56Kbps인 다이얼업 모뎀을 사용하였다. 1997년 경 기본 속도가 128Kbps인 ISDN(Integrated Service Digital Network)을 도입하였으나 멀티미디어 데이터 통신 요구 사항을 지원할 수 없었기 때문에 2000년 경부터 ADSL(Asymmetric Digital Subscriber Line, 최대속도 8Mbps)과 케이블 모뎀(최대속도 30Mbps)이 개발되어 사용되고 있다. 2003경부터 고선명 디지털 TV 전송이 가능한 수준인 VDSL(Very high-speed VDSL)과 고속 이더넷이 접속망 솔루션으로 도입되고 있으며, 가까운 미래에 100Mbps 이상의 속도를 제공하는 광 케이블 기반의 FTTH(Fiber To The Home) 기술이 접속망에 도입될 것으로 예상되고 있다.

1.5.2 QoS 지원 기법

멀티미디어 인터넷에서QoS 지원은 기존의 최선형 서비스를 제공하는 인터넷에 차별화된 서비스 지원이 가능한 구조를 추가함으로써 멀티미디어 응용에 대한 차별화된 서비스 제공을 가능하게 한다. 대표적인 QoS 지원 기법은 IntServ 기법과 DiffServ 기법이다.

IntServ QoS 지원 기법은 특정 응용 서비스 실행을 위해 필요한 QoS를 완전하게 지원하기 위해 종단간 전송 경로상의 네트워크 자원을 예약한다. 네트워크 자원의 예약은 RSVP(Resource Reservation Protocol)를 통해 이루어진다. RSVP는 특정 응용 서비스 실행을 위해 전송될 데이터 스트림(Data Stream) 또는 데이터 플로우(Data Flow)의 특성을 정의하는 QoS 규격을 전송 경로상의 모든 통신 장치(라우터)

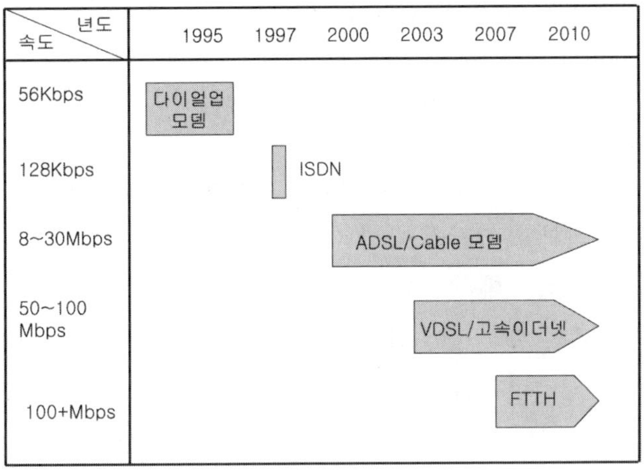

그림 1.2 데이터 통신망(접속망)의 고속화

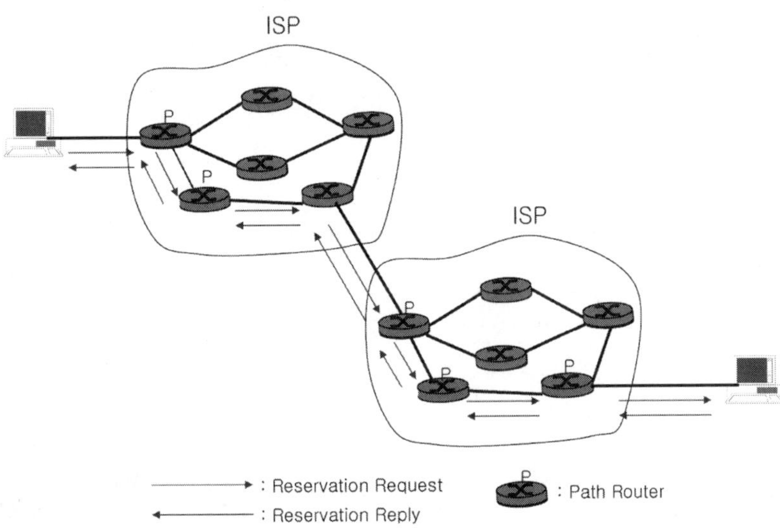

그림 1.3 IntServ 기법의 자원 예약 모델

에게 전달하고, 각 통신 장치로 하여금 지정된 QoS 규격을 만족시킬 수 있는 자원을 적절하게 예약하게 한다. 일단 예약된 자원은 해당 데이터 플로우의 전송에 전용되도록 함으로써 다른 데이터 트래픽과 무관하게 QoS가 만족될 수 있게 한다.

자원 예약 과정에서 QoS 구격을 충족시키기 위한 충분한 네트워크 자원 예약이 불가능하면 해당 데이터 플로우를 위한 전송 서비스 제공 요청은 거절된다. 〈그림 1.3〉은 IntServ 기법에서 자원 예약 모델을 보여준다.

IntServ 지원 기법에서 각 라우터는 자신이 처리하는 모든 데이터 플로우에 대한 상태를 구분하여 유지하고 각각에 대한 QoS 지원 메커니즘을 적용해야 하므로, 데이터 플로우의 수가 많은 대규모 네트워크에서는 확장성(scalibility) 문제에 직면할 수 있다. 특히 인터넷의 백본 라우터의 경우 데이터 플로우 QoS 지원으로 인한 복잡도가 처리 가능한 수준을 초과할 수도 있을 것이다. DiffServ 기법은 IntServ 기법의 이러한 확장성 문제를 해결하기 위한 방안으로 제시되었다.

〈그림 1.4〉는 DiffServ 기법의 간단한 동작 모델을 보여준다. DiffServ 기법은 인터넷 데이터 플로우들을 몇 개의 클래스로 나누고, 네트워크를 구성하는 통신 장치(라우터)들이 서로 다른 클래스의 트래픽을 차별적으로 처리할 수 있게 함으로써 차별화된 QoS를 제공한다. 사용자의 데이터 플로우들은 분류기(classifier)에 의해 QoS 요구 사항에 따라 N개의 트래픽 클래스로 분류되고, 해당 데이터 플로우를 구

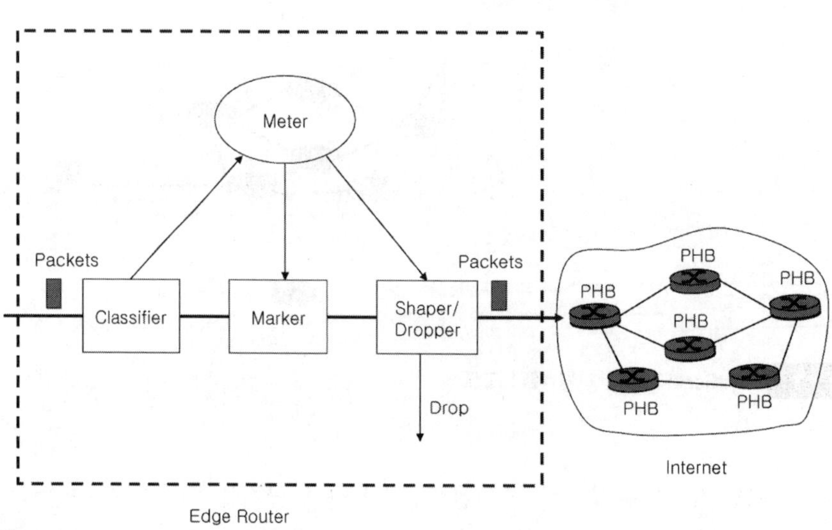

그림 1.4 DiffServ 기법의 동작 모델

성하는 IP 데이터그램은 마커(marker)에 의해 지정된 트래픽 클래스 마크(mark)가 부착된다. 트래픽 클래스 마크는 IP의 8 비트 크기의 ToS(Type of Service) 필드 중 마지막 2 비트를 제외한 6 비트를 사용하는 DSCP(Differentiated Service Code Point)에 표시된다. 트래픽 클래스 마킹은 호스트 또는 에지 라우터(Edge Router)에서 이루어지고, 동일한 마크를 가진 데이터그램들은 인터넷상의 라우터에서 통합되어 동일하게 처리된다. 특정 사용자로부터 유입되는 트래픽의 양이 미터(meter)에 의해 미리 정해진 한계를 넘는 것으로 판단될 경우 해당 데이터그램들은 폐기되거나 쉐이핑(shaping)될 수 있다. 각 라우터에서 특정 클래스의 트래픽에 대한 처리 규정은 PHB(Per-Hob Behavior)에 의해 정의된다.

1.5.3 멀티캐스팅

다자간 통신 기반의 멀티미디어 응용의 효과적인 지원을 위해 멀티캐스킹 기술이 지속적으로 발전되고 있다. 멀티캐스팅에서 두 가지 중요한 문제는 멀티캐스트 주소 지정 문제와 멀티캐스트 라우팅 문제이다. 멀티캐스트 주소 지정 방식은 직접(Direct) 주소 지정 방식과 간접(Indirect) 주소 지정 방식이 있다. 직접 주소 지정 방식은 멀티캐스트 데이터그램에 모든 수신자의 주소 리스트를 지정하는 방식이다. 이 방식은 별도의 멀티캐스트 주소 메커니즘이 없이 기존의 유니캐스트 주소를 그대로 쓸 수 있는 이점이 있는 반면, 수신자 수가 많아지면 데이터그램에 포함되는 주소 정보의 양이 많아지는 문제가 있다. 예를 들어 100만명의 수신자를 가지는 인터넷 방송의 경우 데이터그램에 100만개의 주소를 포함시킨다는 것은 현실적으로 불가능하다. 간접 주소 지정 방식은 하나의 멀티캐스트 주소가 전체 수신자 그룹을 지시하게 하고, 멀티캐스트 주소로 전송된 데이터그램이 해당 멀티캐스트 주소가 지시하는 그룹내의 모든 수신자에게 전달되도록 한다. 그룹내의 각 수신자는 개별적인 유니캐스트 주소를 가진다. 인터넷은 간접 주소 지정 방식을 사용하고, 멀티캐스트 주소는 클래스 D 주소를 사용한다. 간접 주소 지정 방식을 사용하는 경우에는 멀티캐스트 그룹을 관리하는 메커니즘이 존재해야 한다. 멀티캐스트 그룹 관리 매카니즘은 어떤 호스트가 어떤 그룹에 가입하거나 탈퇴하고 특정 그룹에 속한 호스트의 존재 여부를 확인하는 기능 등이 포함된다. 인터넷의 멀티캐스트 그룹 관리 메커니즘은 IGMP(Internet Group Management Protocol)에 의해 실현된다.

멀티캐스트 라우팅의 기본 목표는 멀티캐스트 데이터그램을 전송하는 호스트가 연결된 출발지 라우터에서 해당 멀티캐스트 그룹 멤버가 연결된 모든 목적지 라우터까지 해당 멀티캐스트 데이터그램을 가장 효율적으로 전달하는 것이다. 여기서 효율적이라 함은 멀티캐스트 데이터그램이 가능하면 최단 경로를 거쳐 각각의 목적지 라우터에 전달되어야 하고 가능하면 적은 수의 멀티캐스트 데이터그램 복사본이 만들어져야 함을 의미한다. 멀티캐스트 라우팅 프로토콜로는 DVMRP(Distance Vector Multicast Routing Protocol), PIM(Protocol Independent Multicast), MOSPF (Multicast Open Shortest Path First) 등 여러 가지가 있다. 현재 가장 널리 사용되고 있는 라우팅 프로토콜은 DVMRP이다.

1.5.4 멀티미디어 트랜스포트 프로토콜

멀티미디어 인터넷에서 실시간성을 가지는 연속 미디어 전송을 위해 개발된 트랜스포트 프로토콜은 RTP(Realtime Transport Protocol)와 RTCP(Realtime Transport Control Protocol)이다. RTP는 미디어 스트림의 전송을 담당하고 RTCP는 미디어 스트림 전송을 제어(control)하는 데에 필요한 제어 정보 전송을 담당한다. RTP는 트랜스포트 데이터(payload)에 대한 유형 정보, 트랜스포트 데이터 단위간 시간 간격 정보, 순서 번호 등의 정보를 제공함으로써 수신자가 원래의 연속성을 복원할 수 있게 한다. RTCP는 지터(jitter), 패킷 손실율 등과 같은 전송 품질 정보를 제공함으로써 송신자가 현재의 멀티미디어 데이터 전송 상황을 파악할 수 있게 하고, 멀티미디어 통신에 참여하고 있는 사용자에 대한 구체적인 식별 정보를 전달할 수 있게 한다.

RTP와 RTCP도 기본적으로 많은 멀티미디어 응용들이 공통적으로 사용할 수 있는 트랜스포트 프로토콜로 동작해야 하므로, 트랜스포트 프로토콜이 가져야 하는 다수의 응용 프로세스에 대한 다중화(multiplexing)와 역다중화(demultiplexing) 기능과 오류 검출을 위한 첵섬(checksum) 기능 등을 제공해야 한다. RTP와 RTCP는 자체적인 다중화/역다중화와 첵섬 기능을 정의하는 대신 기존의 UDP를 사용하고 멀티미디어 전송을 위해 필요한 트랜스포트 기능을 추가하는 방식으로 설계되었다. 〈그림 1.5〉는 RTP/RTCP의 계층 구조를 보여준다. RTP와 RTCP가 TCP 대신 UDP를 사용하여 정의한 이유는 TCP가 가지고 있는 지연 시간증가 요소를 피하기 위함이다. TCP는 기본적으로 완전한 오류 복구를 목표로 설계되었으므로 수신 확인과 재전송을 위한 인위적인 지연 전송, 수신 버퍼 상태에 따른 인위적인 지연 전송, 그리고 네트워크 상태에 따른 인위적인 지연 전송 등 많은 추가적인 지연 시간 증가 요소를 가지고 있다. 따라서 오류 복구 보다 지연 시간의 최소화가 중요한 멀티미디어 응용의 경우 TCP는 부적합하다.

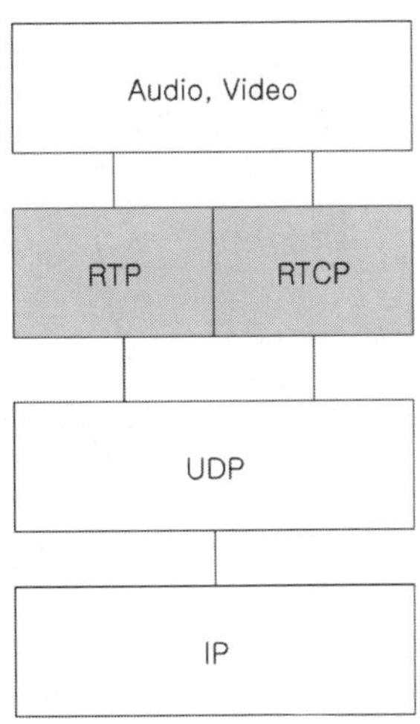

그림 1.5 RTP/RTCP의 계층 구조

1.5.5 멀티미디어 응용 프로토콜

1.5.5.1 H.323

멀티미디어 인터넷의 가장 대표적인 응용 프로토콜은 H.323, SIP, 그리고 RTSP이다. H.323은 ITU-T에서 ISDN을 위한 멀티미디어 회의(Multimedia Conference) 표준 프로토콜인 H.320을 LAN 환경에 적합하게 개발한 대화형 멀티미디어 시스템을 위한 표준이다. H.323은 VoIP 응용을 위한 프로토콜로서 검토되고 시험되는 과정에서 인터넷상에서 잘 동작하는 사실이 알려지면서 일반적인 패킷 교환망의 멀티미디어 통신 시스템을 위한 표준으로 변경되었다. H.323은 1996년 버전 1이 발표된 이후 지속적으로 업그레이드되어 2003년 버전 5가 발표되었다. H.323의 버전 업그레이드 과정에서 초기 H.323이 가지고 있던 성능 문제, 호환성 문제, 복잡도 문제 등 대부분의 문제들이 개선되었으며, 현재 대부분의 인터넷 전화와 화상 회의 응용들이 H.323 기반으로 개발되어 있다.

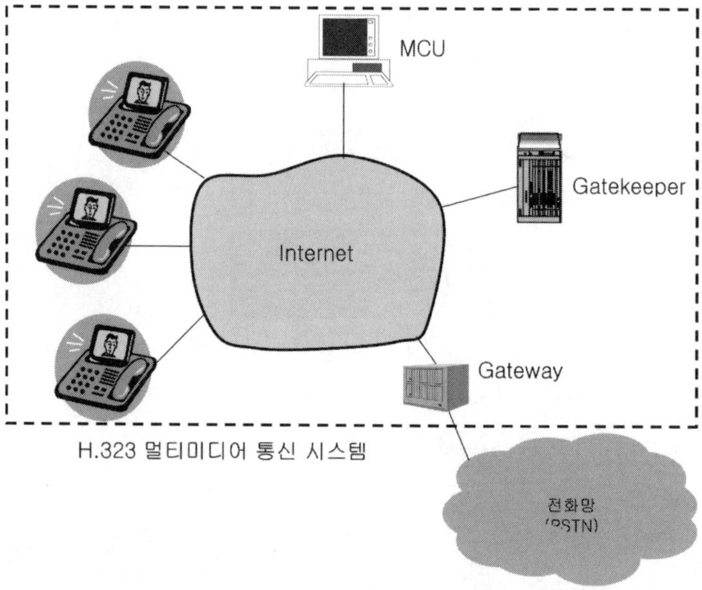

그림 1.6 H.323 멀티미디어 통신 시스템의 구성

H.323에서 멀티미디어 통신 시스템은 〈그림 1.10〉과 같이 멀티미디어 터미날(Multimedia Terminal), MCU(Multimedia Control Unit), 게이트웨이(gateway), 그리고 게이트키퍼(gatekeeper)로 구성된다. 멀티미디어 터미날은 멀티미디어 통신에 참여하는 인터넷 전화, 비디오 전화, 멀티미디어 PC 등 단말 장치이다. MCU는 다자간 통신을 대행하는 장치로써 다자간 제어 메시지의 효율적인 전송과 미디어 스트림의 효율적인 다자간 전송을 지원한다. 게이트웨이는 H.323 멀티미디어 통신 시스템과 다른 통신 시스템(예, 전화망)과의 정합 장치(Interface System)이다. 게이트키

퍼는 멀티미디어 통신 사용자의 등록 정보를 유지함으로써 사용자 수준의 주소 정보와 IP 주소간 변환 서비스, 사용자 상태 정보 제공 서비스, 통신 허가(admission) 서비스 등을 제공한다.

H.323 표준은 멀티미디어 통신 시스템을 위해 다수의 ITU-T와 IETF(Internet Engineering Task Force) 표준 프로토콜들을 어떻게 사용하는 지를 정의한다. H.323에서 사용하는 대표적인 IETF 표준 프로토콜은 RTP와 RTCP이다. H.323 멀티미디어 통신 시스템에서 오디오와 비디오와 같은 실시간성 멀티미디어 데이터의 전송과 전송 제어는 RTP와 RTCP를 사용한다. ITU-T의 H.225.0은 H.323 종단 시스템간 통신 단위인 호(call)를 제어하는 절차를 정의하고, 종단 시스템과 게이트키퍼간 통신(RAS-Registration, Admission, Status)을 정의한다. ITU-T H.245는 특정 H.323 호(call)에서 사용되는 다수의 미디어 스트림을 제어하는 절차를 정의한다. 따라서 H.323은 H.225.0, H.245, RTP, RTCP 등을 포괄하는 하나의 우산형 표준(Umbrella Standard)이다. H.323의 제어 메시지는 주로 TCP를 사용하여 전달되나 H.225.0의 경우 UDP도 사용한다.

1.5.5.2 SIP

멀티미디어 인터넷에서 세션(session)은 하나 이상의 송신자와 하나 이상의 수신자, 그리고 이들간에 전달되는 다양한 유형의 멀티미디어 데이터 스트림의 집합을 의미한다. SIP는 멀티미디어 인터넷에서 둘 이상의 사용자간 세션을 제어하는 기능을 제공한다. 세션 제어는 세션의 생성(creation), 종료(termination), 사용자 추가(invitation), 세션 사양 변경(update) 등을 포함한다. SIP의 세션은 H.323의 호(call)에 해당된다. 초기 H.323에서 미디어 스트림을 전송하기 위해서는 H.225.0 호 제어 정보 교환을 위한 TCP 연결 설정, H.225.0 호 설정, H.245 미디어 스트림 제어 정보 교환을 TCP 연결 설정, H.245 미디어 스트림 설정 등을 과정을 거쳐야 하므로 매우 복잡하고 지연 시간이 지나치게 큰 문제가 있었다. SIP는 ITU-T의 H.323과 유사한 기능을 간단한 프로토콜을 사용하여 효과적으로 제공할 목적으로 IETF에 의해 개발되었다. 그러나 SIP가 실제 인터넷 전화, 멀티미디어 회의 응용 등에 적용하는 과정에서 발생한 많은 기능 추가 요구를 수용하면서 기능적으로 상당 부분 H.323과 유사한 형태를 갖추게 되었고, H.323도 버전 업그레이드 과정에서 복잡도와 성능 문제가 개선되어 SIP와 유사한 성능을 제공할 수 있게 되었다. 그렇지만 SIP는 설계 과정에서 HTTP와 유사한 텍스트형 제어 정보 표현 방식을 채택하고, 세션에 대한 명세(description) 정보를 표현하는 방식도 인터넷의 표준 세션 명세 프로토콜(SDP-Session Description Protocol)을 사용하는 등 다른 인터넷 프로토콜과의 효율적인 상호 연동의 장점이 있다. H.323은 ASN.1(Abstract Syntax Notation One) 기반의 이진 코드(binary code) 표현 방식을 사용한다. 따라서 SIP는 멀티미디어 인터넷의 대화형 멀티미디어 응용을 위한 표준으로서 그 사용 영역이 확대되고 있다.

SIP 기반의 멀티미디어 통신 시스템은 〈그림 1.7〉과 같이 UA(User Agent), 리다이렉트 서버(Redirect Server), 프락시 서버(Proxy Server), 레지스트라(Registrar), 그리고 게이트웨이(Gateway)로 구성된다.

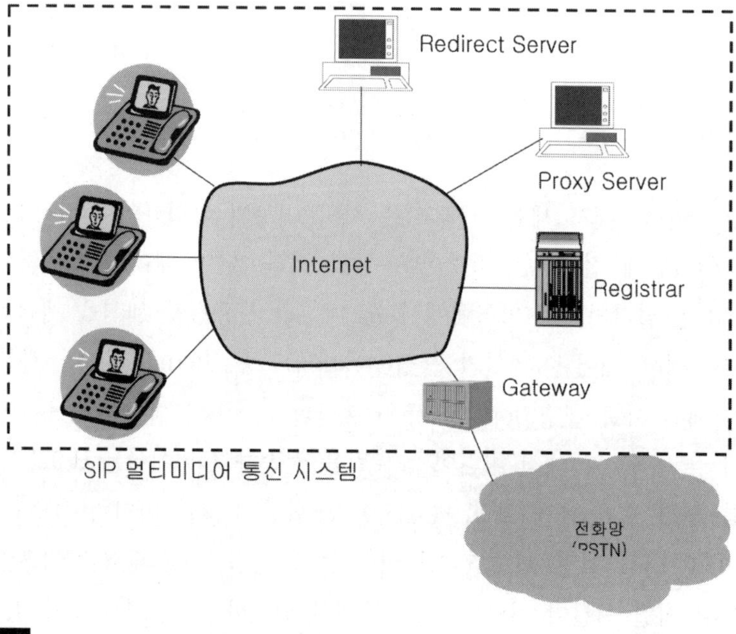

그림 1.7 SIP 멀티미디어 통신 시스템의 구성

UA는 멀티미디어 통신에 참여하는 종단 시스템으로 SIP 요청 메시지를 생성하는 클라이언트와 수신한 요청 메시지에 대한 응답 메시지를 생성하는 서버로 나누어진다. 리다이렉트 서버는 클라이언트로부터 SIP 요청 메시지를 수신한 후 클라이언트가 사용할 새로운 주소를 반환한다. 리다이렉트 서버는 변경된 호출 대상자의 새로운 주소 제공, 다수의 수신자가 호출 대상자가 될 수 있는 경우 대상자의 상태에 따른 다른 대상자 호출 등에 유용하게 사용될 수 있다. 프락시 서버는 리다이렉트 서버와 달리 클라이언트를 대신하여 요청 메시지나 응답 메시지를 처리한다. 호출 대상자의 주소가 변경되었거나 다른 사용자에게로 전달해야 할 필요가 있는 경우 프락시 서버는 클라이언트에게 새로운 주소를 반환하는 대신 변경된 주소로 요청 메시지를 전달하고, 회신된 응답 메시지를 클라이언트에게 전달한다. 프락시 서버는 UA의 제어 메시지 처리 부담을 감소시키다. 레지스트라는 UA의 현재 주소 정보 추적을 위해 필요하다. UA의 현재 IP 주소는 여러 가지 상황으로 인해 동적으로 바뀔 수 있다. 예를 들면, ISP(Internet Service Provider)에 의한 동적인 주소 할당, LAN 환경에서 DHCP(Dynamic Host Configuration Protocol)에 의한 주소 할당, 사용자의 잠정적 위치 이동 등이다. UA는 레지스트라에 자신의 위치 정보를 등록하고 변경할 수 있다. 그리고 리다이렉트 서버와 프락시 서버는 레지스트라 접근을 통해 호출 대상자의 현재 위치 정보를 알 수 있다.

SIP는 초기 RFC 2543을 개선하여 2002년 RFC 3261로 발표되었다. 초기 SIP는 단일 표준으로 된 매우 간단한 프로토콜이었으나 현재에는 RFC 3262(Reliability of Provisional Responses in SIP), RFC 3263(Locating SIP Servers), RFC 3264(An Offer/Answer Model with SDP), RFC 3265(SIP-specific Event Notification) 등 많은 관련 표준을 참조하는 우산형 표준(Umbrella Standard)이 되었다. SIP도 H.323과 마찬가지로 오디오와 비디오와 같은 실시간성 멀티미디어 스트림 전송을 위해 RTP와 RTCP를 사용한다. 그리고 멀티미디어 세션에 대한 명세 정보는 RFC 2327의 SDP(Session Description Protocol)을 사용하여 표현한다. 기본적으로 SIP 제어 메시지는 UDP를 사용하여 전달하나 TCP 사용을 배제하진 않는다.

1.5.5.3 RTSP

RTSP(Rea-Time Streaming Protocol)은 웹 서비스 응용 프로토콜인 HTTP를 멀티미디어 스트리밍 응용에 적합하게 개선한 새로운 인터넷 응용 프로토콜이다. 기존의 HTTP를 이용하여 오디오나 비디오와 같은 실시간성 멀티미디어 스트림을 전송하는 경우 몇 가지 문제점이 있다. HTTP 사용시의 가장 큰 문제점은 다운로드(download)에 따른 재생 지연시간이다. 웹 브라우저는 HTTP를 사용하여 재생될 오디오나 비디오 스트림 전체를 다운로드 받은 다음 미디어 재생기(Media Player)를 통해 재생을 개시하기 때문에 재생 지연시간이 클 수 밖에 없다. 이 문제는 웹 페이지 접속을 위한 HTTP 연결과 멀티미디어 서버 접속을 위한 HTTP 연결을 분리하고 다운로드와 동시에 미디어 재생기를 통해 재생하는 방법으로 극복할 수 있다. 그러나 이 경우에도 HTTP는 TCP를 사용하기 때문에 지연시간 편차가 커 오디오나 비디오와 같은 연속미디어의 실시간 전송에는 부적합하다. 오디오나 비디오와 같은 멀티미디어 스트리밍 응용은 재생(Play), 정지(Pause), 급진전(Fast Forward), 기록(Record)등의 고유한 스트림 제어 기능을 요구한다. HTTP는 이러한 제어 기능을 제공하지 않는다. 그리고 HTTP는 멀티캐스팅을 지원하기 않기 때문에 멀티캐스트 멀티미디어 스트리밍 응용을 지원할 수 없는 단점도 있다.

RTSP는 멀티미디어 스트림에 대한 전송과 제어를 분리한 대역외 제어(Out-of-Band Control) 기법을 사용한다. RTSP 제어 메시지는 TCP 또는 UDP를 사용하여 전송하고, 멀티미디어 스트림을 RTP/RTCP 또는 UDP와 같은 다른 트랜스포트 프로토콜을 사용한다. 그리고 멀티미디어 스트림의 표현 명세(Presentation Description)는 SDP와 같은 별도의 프로토콜을 통해 기술될 수 있게 하고, 특정 멀티미디어 스트림의 표현 명세를 전달하는 방식은 RTSP외에 HTTP, 이메일, SAP(Session Announcement Protocol) 등을 사용할 수도 있다. 〈그림 1.8〉의 예는 HTTP GET 메소드를 사용하여 미디어 서버의 특정 멀티미디어 스트림에 대한 표현 명세를 수신하는 예를 보여주고 있다.

HTTP를 통해 수신된 표현 명세를 참조하여 미디어 재생기는 RTSP를 통하여 미디어 서버의 멀티미디어 파일을 원격 제어하고 RTP/RTCP를 통한 미디어 스트림 전송을 제어한다. RTSP 제어 메시지 전송을 위한 트랜스포트 프로토콜과 미디어 스트림 전송을 위한 트랜스포트 프로토콜이 분리되어 있기 때문에 미디어 재생기와 미디어 서버는 미디어 스트림 전송 중에 정지(PAUSE), 재생(PLAY) 등의 제어 메시지를 쉽게 교환할 수 있다. 따라서 RTSP는 HTTP에 비해 미디어 스트림 전송을 효과적으로 제어할 수 있다.

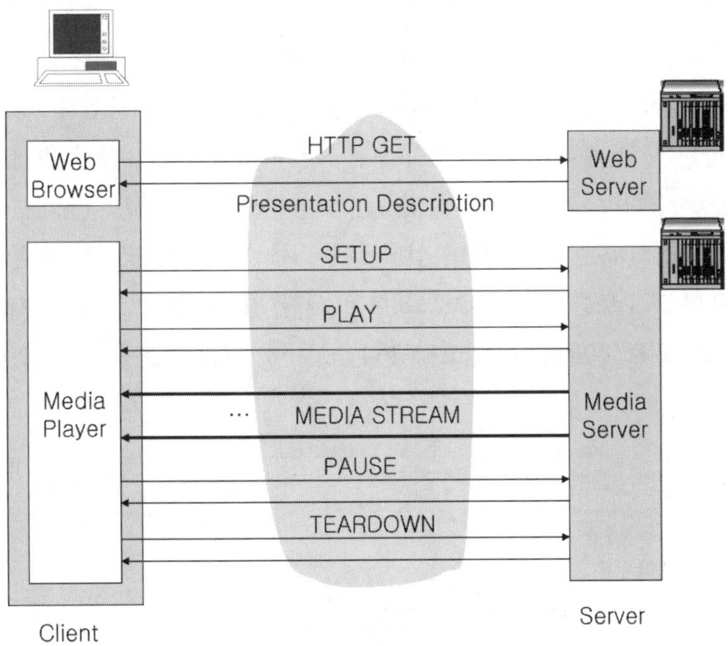

그림 1.8 RTSP를 사용하는 클라이언트-서버 상호 작용

1.6 멀티미디어 인터넷 구조

현재 멀티미디어 인터넷의 구조는 기존의 인터넷 응용 및 시스템과 호환성을 유지하면서 스트리밍과 및 대화형 멀티미디어 응용들을 효과적으로 지원할 수 있는 방향으로 진화되고 있다. 〈그림 1.9〉는 멀티미디어 인터넷의 계층적 구조를 보여준

다. 멀티미디어 인터넷은 인터넷 데이터그램의 전송을 위해 기존의 IP를 그대로 사용하고 있으며, 단지 IP 데이터그램의 차별화된 처리를 위해 고속 네트워크 링크의 대역폭을 적절하게 예약하거나 우선 순위 기반의 데이터그램 스케줄링을 지원하는 QoS 계층을 추가하였다. 실시간성 멀티미디어 응용의 제어 프로토콜들은 기존의 TCP 또는 UDP를 사용하는 반면 오디오와 비디오와 같은 연속 미디어는 UDP상에서 동작하는 RTP/RTCP를 통해 전송된다. 기존의 이메일 전송을 위한 SMTP와 웹 페이지 전송을 위한 HTTP는 멀티미디어 전송을 위해 MIME 프로토콜을 사용한다. VoIP 인터넷 전화를 포함하는 대화형 멀티미디어 회의 응용 제어 프로토콜인 H.323을 구성하는 H.225.0와 H.245는 기본적으로 TCP를 사용한다. 그러나 H.225.0은 UDP를 사용할 수 있도록 확장되었다. SIP는 멀티미디어 세션 명세 표현을 위하여 SDP를 사용하고, 제어 메시지 전송은 기본적으로 UDP를 사용하나 TCP를 사용할 수도 있다. SDP는 멀티미디어 인터넷에서 세션에 대한 명세를 표현하기 위한 독립적인 표현 프로토콜이다. SDP로 표현된 세션 명세는 SAP(Session Announcement Protocol)을 통해 전달될 수 있고, SIP나 RTSP에 의해 참조될 수도 있다.

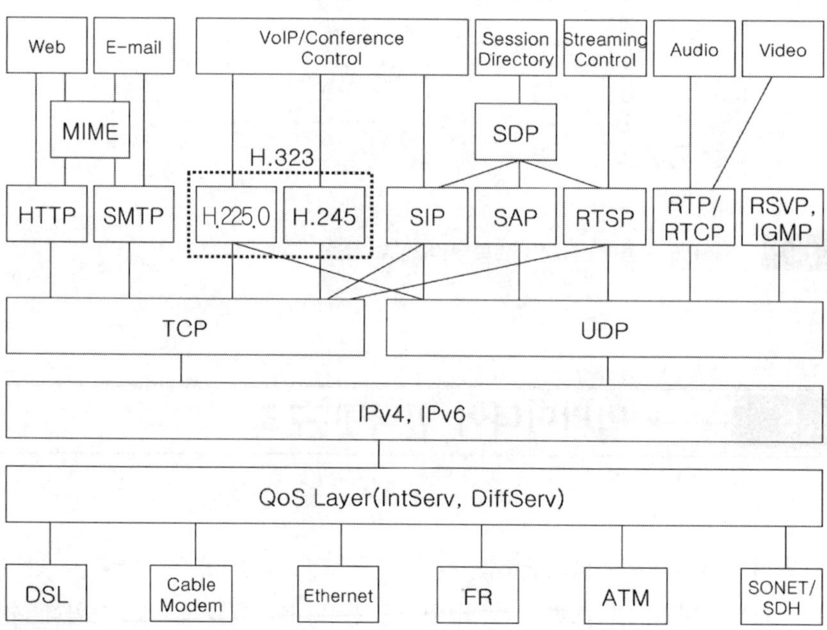

그림 1.9 멀티미디어 인터넷 구조

멀티미디어 스트리밍 응용 제어 프로토콜인 RTSP는 TCP 또는 UDP를 사용하여 제어 메시지를 전송한다. QoS 계층의 자원 예약을 위한 신호 전송 프로토콜인 RSVP는 UDP를 사용하고, 멀티캐스트 그룹 관리 프로토콜인 IGMP 역시 UDP를 사용한다.

2 멀티미디어 데이터 표현

Chapter 02

02 멀티미디어 데이터 표현

2.1 멀티미디어 데이터 유형

멀티미디어(multimedia)는 속성이 서로 다른 텍스트, 이미지, 오디오, 비디오 등의 데이터가 통합적으로 표현되는 새로운 형태의 미디어이다. 텍스트는 문자로 구성되는 미디어로써 각 문자는 특정 문자 코드 집합(Character Code Set)의 문자 코드(Character Code)로 표현된다. 언어별로 다수의 문자 코드 집합이 정의될 수 있고, 하나의 텍스트는 다수의 문자 코드 집합의 문자를 사용할 수 있다. 이미지 데이터는 컴퓨터에 의해 생성되는 그래픽스(graphics)나 문서 또는 사진을 디지털화하여 2 차원(2 dimensional)의 화소(pixel) 행렬(matrix)로 표현한다. 화소는 그림 요소(Picture Element)의 합성어로 이미지 화면을 구성하는 기본 단위이다. 각 화소를 몇 비트로 표현할 것인지는 칼라의 수에 의해 결정된다. 예를 들어 흑백 칼라의 경우 1 비트로 하나의 화소를 표현할 수 있지만, 완전 칼라 이미지 표현을 위해서는 24 비트(1680만 칼라)로 하나의 화소를 표현한다.

오디오 데이터는 사람의 귀를 통해 들을 수 있는 가청 주파수(20Hz~20KHz)로 표현되는 연속적인 소리(sound)를 기계적으로 재생한 다음 디지털화 한 정보이다. 일반적으로 많이 사용하는 오디오 데이터는 전화에서 사용하는 음성(speech) 형태의 대화형 오디오(Interactive Audio)와 음악(music) 형태의 저장형 오디오(Stored Audio)로 구분된다. 대화형 오디오는 단일 음성으로 구성되고 높낮이의 차이가 크지 않으며 높은 품질의 원음 재생을 요구하지 않는 반면 높은 실시간성을 요구한다. 반면 음악과 같은 저장형 오디오는 대화형 오디오에 비해 실시간성은 낮지만 음의 높낮이의 차이가 크고 정교한 원음 재생에 대한 요구사항이 높다. 비디오 데이터는 일정한 속도 이상으로 표현되는 정지 이미지(Still Image)의 연속이며 사람의 눈에 의해 인식된다. 비디오를 구성하는 각각의 이미지는 프레임(frame)으로 표현되고, 초당 생성되는 프레임의 수를 프레임율(Frame Rate)이라 한다. 비디오 데이터의 가장 큰 특징은 대용량이다. 따라서 비디오 데이터의 표현에 있어서 가장 중요한 요소는 데이터 압축 기술이다. 비디오 데이터 압축 방식은 오디오의 경우와 유사한 이유로 저장형 비디오 압축 방식과 대화형 비디오 압축 방식으로 나누어 정의되고 있다. 대표적인 저장형 비디오 압축 방식은 MPEG-1, MPEG-2, MPEG-4이고 대표적인 대화형 비디오 압축 방식은 H.261, H.263, 그리고 H.264를 포함한다.

기존의 인터넷상의 대부분의 정보를 형성하는 텍스트와 이미지는 데이터 스트림을 구성하는 데이터 단위들간에 시간적 연속성이 요구되지 않는 불연속 미디어(Discrete Media)이다. 그러나 오디오와 비디오는 데이터 스트림을 구성하는 데이터 단위들간의 시간적인 연속성이 중요한 속성을 차지하는 연속 미디어(Continuous Media)이다. 일반적으로 멀티미디어 데이터는 하나 이상의 연속 미디어 데이터를 포함하는 통합적인 데이터를 일컫는다. 본 장은 멀티미디어 인터넷에서 많이 사용되고 있는 멀티미디어 데이터의 표현 방식에 대한 개략적인 설명을 제공함으로써 멀티미디어 응용과 멀티미디어 데이터 표현 방식과의 연관 관계를 이해할 수 있게 하는 데에 목적이 있다. 멀티미디어 데이터 압축 기법 등 구체적인 멀티미디어 처리 기술은 본 장의 범위를 벗어난다.

2.2 텍스트 데이터

2.2.1 ASCII

인터넷상에서 가장 많이 사용되는 대표적인 문자 코드 집합은 7 비트로 표현되는

ASCII(American Standard Code for Information Interchange)이다. ASCII는 〈표 2.1〉과 같이 표현 가능한 128개의 공간을 34개의 제어 문자 공간(Control Character Space, 0 ~ 32, 127)와 94개의 출력가능 문자 공간(Printable Character Space, 33 ~ 126)로 나누어 각각의 문자에 대한 코드(code)를 부여하고 있다. ASCII 제어 문자는 통신이나 문서 형식 제어 등을 위해 특별한 지시가 필요한 경우에 사용된다. SMTP(Simple Mail Transfer Protocol), HTTP(Hyper-Text Transfer Protocol) 등 많은 텍스트형(Text-oriented) 인터넷 프로토콜들이 ASCII 제어 문자를 사용하여 제어 메시지를 표현한다. 예들 들면 메시지를 구성하는 각 라인은 〈CR〉과 〈LF〉 제어 문자에 의해 종료된다. 따라서 ASCII 제어 문자의 코드와 동일한 값을 가지는 바이트 데이터가 ASCII 텍스트형 프로토콜을 통해 전송될 때는 MIME(Multi-purpose Internet Mail Extension)과 같은 적절한 변환 기술을 사용해야 한다. ASCII외에 영문자를 표현하기 위한 문자 코드 집합은 IBM 회사에서 만든 EBCDIC가 있다.

표 2.1 ASCII 문자 코드집합

<table>
<tr><td colspan="3" rowspan="3">Bit Positions</td><td>7</td><td>0</td><td>0</td><td>0</td><td>0</td><td>1</td><td>1</td><td>1</td><td>1</td></tr>
<tr><td>6</td><td>0</td><td>0</td><td>1</td><td>1</td><td>0</td><td>0</td><td>1</td><td>1</td></tr>
<tr><td>5</td><td>0</td><td>1</td><td>0</td><td>1</td><td>0</td><td>1</td><td>0</td><td>1</td></tr>
<tr><td>4</td><td>3</td><td>2</td><td>1</td><td></td><td></td><td></td><td></td><td></td><td></td><td></td><td></td></tr>
<tr><td>0</td><td>0</td><td>0</td><td>0</td><td>NUL</td><td>DLE</td><td>SP</td><td>0</td><td>@</td><td>P</td><td>`</td><td>p</td></tr>
<tr><td>0</td><td>0</td><td>0</td><td>1</td><td>SOH</td><td>DC1</td><td>!</td><td>1</td><td>A</td><td>Q</td><td>a</td><td>q</td></tr>
<tr><td>0</td><td>0</td><td>1</td><td>0</td><td>STX</td><td>DC2</td><td>"</td><td>2</td><td>B</td><td>R</td><td>b</td><td>r</td></tr>
<tr><td>0</td><td>0</td><td>1</td><td>1</td><td>ETX</td><td>DC3</td><td>#</td><td>3</td><td>C</td><td>S</td><td>c</td><td>s</td></tr>
<tr><td>0</td><td>1</td><td>0</td><td>0</td><td>EOT</td><td>DC4</td><td>$</td><td>4</td><td>D</td><td>T</td><td>d</td><td>t</td></tr>
<tr><td>0</td><td>1</td><td>0</td><td>1</td><td>ENQ</td><td>NAK</td><td>%</td><td>5</td><td>E</td><td>U</td><td>e</td><td>u</td></tr>
<tr><td>0</td><td>1</td><td>1</td><td>0</td><td>ACK</td><td>SYN</td><td>&</td><td>6</td><td>F</td><td>V</td><td>f</td><td>v</td></tr>
<tr><td>0</td><td>1</td><td>1</td><td>1</td><td>BEL</td><td>ETB</td><td>'</td><td>7</td><td>G</td><td>W</td><td>g</td><td>w</td></tr>
<tr><td>1</td><td>0</td><td>0</td><td>0</td><td>BS</td><td>CAN</td><td>(</td><td>8</td><td>H</td><td>X</td><td>h</td><td>x</td></tr>
<tr><td>1</td><td>0</td><td>0</td><td>1</td><td>HT</td><td>EM</td><td>)</td><td>9</td><td>I</td><td>Y</td><td>i</td><td>y</td></tr>
<tr><td>1</td><td>0</td><td>1</td><td>0</td><td>LF</td><td>SUB</td><td>*</td><td>:</td><td>J</td><td>Z</td><td>j</td><td>z</td></tr>
<tr><td>1</td><td>0</td><td>1</td><td>1</td><td>VT</td><td>ESC</td><td>+</td><td>;</td><td>K</td><td>[</td><td>k</td><td>{</td></tr>
<tr><td>1</td><td>1</td><td>0</td><td>0</td><td>FF</td><td>FS</td><td>,</td><td><</td><td>L</td><td>₩</td><td>l</td><td>|</td></tr>
<tr><td>1</td><td>1</td><td>0</td><td>1</td><td>CR</td><td>GS</td><td>-</td><td>=</td><td>M</td><td>]</td><td>m</td><td>}</td></tr>
<tr><td>1</td><td>1</td><td>1</td><td>0</td><td>SO</td><td>RS</td><td>.</td><td>></td><td>N</td><td>^</td><td>n</td><td>~</td></tr>
<tr><td>1</td><td>1</td><td>1</td><td>1</td><td>SI</td><td>US</td><td>/</td><td>?</td><td>O</td><td>_</td><td>o</td><td>DEL</td></tr>
</table>

2.2.2 한글

한글 텍스트를 구성하는 한글 문자의 수는 영문자 보다 훨씬 많다. 모든 조합 가능한 한글 문자를 현재 모두 사용하는 것은 아니지만 초성(19), 중성(21), 종성(28)으로 조합가능한 한글의 수는 11,172 이다. 이 중 현재 약 3,000여 자가 사용되고 있다. 또한 한글 텍스트는 단순히 한글 문자뿐만 아니라 한자, 영문자, 특수 문자 등을 포함하기 때문에 한글 문자 집합의 크기는 훨씬 늘어난다. 따라서 한글 문자 코드 집합은 2 바이트 이상의 코드 체계를 사용하고 있다. 2 바이트 코드 한글 문자 코드 집합은 크게 2 가지 유형으로 나누어진다. 첫번째 유형은 완성형 코드 한글 문자 집합이다. 완성형 코드는 2 바이트로 표현할 수 있는 전체 코드 중 ASCII 제어 문자와 중복되는 값을 제외한 나머지 코드를 완성된 한글, 한자, 영문자, 특수 문자 등에 할당하는 방식이다. 〈그림 2.1〉은 완성형 한글 문자 집합을 위한 코드 할당 공간을 보여준다. 한글 문자를 위한 2 바이트 중 각각의 바이트의 ASCII 제어 문자와 중복되는 공간을 제외한 94개의 코드가 한글 문자 할당에 사용되어 할당가능한 전체 공간의 크기는 8836(94 x 94)이다.

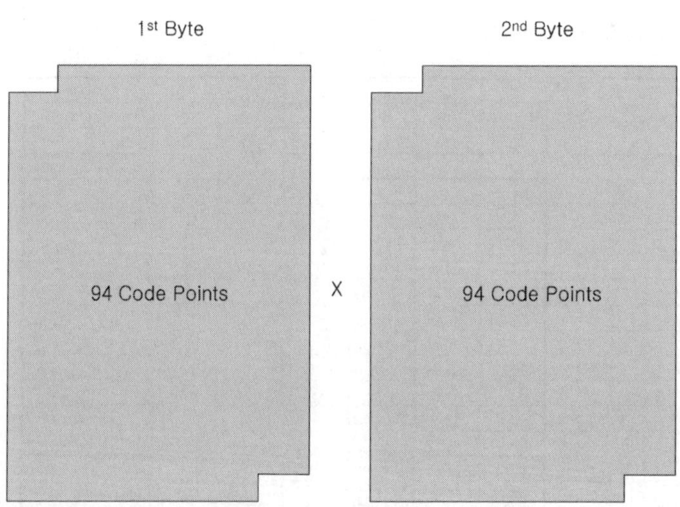

그림 2.1 **완성형 한글 문자 집합을 위한 코드 공간**

완성형 코드는 ASCII 코드 체계와 호환이 되어 ASCII에 근거하여 설계된 많은 통신 장치 또는 소프트웨어와 잘 호환되는 반면, 완성된 한글과 한자에 대해 제한적인 코드 부여(최대 8836 문자)로 인한 여러 가지 제약을 가진다. 가장 큰 문제점은 모든 한글과 한자를 표현할 수 없는 공간적 제약이다. 완성된 한글에 대해 코드를 부여함으로써 한글의 초.중.종성에 따른 처리가 어려운 것도 또 다른 문제점이다. 이러한 문제를 해결하기 위해 제안된 코드 체계가 조합형 코드이다. 조합형 한글 코드도 완성형과 마찬가지로 2 바이트를 사용하는 코드를 부여하지만, 조합형은 완성형과 달리 2 바이트를 구성하는 16 비트 중 첫 번째 비트를 제외한 나머지 15 비트를 5 비트씩 나누어 각각 초성, 중성, 종성에 해당되는 한글 자모에 대한 코드를 할당함으로써, 조합 가능한 모든 한글에 대한 코드를 부여할 수 있게 한다. 초.중.종성 자모를 할당하고 남는 공간에 한자 등 다른 문자를 배열한다. 조합형 코드를 사용하는 한글 문서를 ASCII 제어 문자를 사용하는 인터넷 환경에서 교환할 경우 변환 작업을 필요로 한다.

2.2.3 ISO 10646/Unicode

ISO 10646은 국제 표준화 기구(International Standardization Organization)에서 전 세계의 모든 문자를 하나의 공간에 표현할 수 있게 만든 코드 체계로써 기본적으로 4 바이트 코드 체계를 사용한다. ISO 10646은 또 다른 다국어 문자 집합인 2 바이트 체계의 유니코드(Unicode)를 포함한다. 유니코드는 ISO 10646의 BMP(Basic Multilingual Plane)로 정의되고, 전 세계 대부분의 문자가 BMP로 표현 가능하므로 실제 환경에서 BMP가 주로 사용된다. 물론 표현 가능한 모든 한글 문자도 ISO 10646 BMP에 포함되어 있다. 유니코드 또는 ISO 10646으로 표현된 텍스트 문서를 ASCII 텍스트형 프로토콜을 통해 전송하거나 효과적으로 저장하고자 하는 경우 UTF(Universal Character Set Transformation Format) 변환 기술을 사용할 수 있다.

텍스트 데이터는 포맷이 정의되지 않는 평문 텍스트(Unformatted Text, Plain Text)와 포맷이 정의된 포맷 텍스트(Formatted Text)로 나누어질 수 있다. 평문 텍스트는 제한된 문자 집합으로부터 일정한 크기의 문자로 구성된 문자열로 작성되는 문서이다. 반면 포맷 텍스트는 다른 크기, 다른 모양의 문자들로 구성되는 문자열들이 다양한 형식으로 배열될 수 있는 문서이다. 포맷 문서는 일반적으로 문자 크기, 문자 모양, 문자열 배열 형식을 지정하는 명령어를 문서에 포함시킴으로써 원하는 형태의 문서를 만들 수 있게 한다. MS Word, 아래한글 등 대부분의 워드 프로세서에 의해 만들어지는 문서는 포맷 텍스트 문서이고, HTML 등으로 작성되는 하이퍼텍스트도 일종의 포맷 문서이다.

2.3 이미지 데이터

2.3.1 이미지 기초

하나의 이미지를 구성하는 화소의 수는 해당 이미지의 해상도(resolution)을 형성한다. 해상도는 일반적으로 이미지의 가로 및 세로에 대한 화소의 수로 표현한다. 〈그림 2.2〉의 640 x 480 해상도 화면은 가로 640개 세로 480개의 화소를 가진다. 하나의 화면 또는 이미지에서 특정 화소의 위치는 가로와 세로의 대응값 (X,Y)로 표시할 수 있다. 이미지의 특정 객체(예, 사각형, 라인 등)는 대응되는 위치의 화소들을 원하는 칼라로 표시함으로써 표현될 수 있다. 흑백 이미지의 경우 화소의 칼라는 흑과 백 두 가지만 표현할 수 있으면 된다. 따라서 화소를 표현하는 값은 두 개이고 이를 표현하기 위한 비트는 1비트만 있으면 된다. 256개의 칼라를 표현하고자 한다면 8 개의 비트가 화소를 표현하기 위해 필요할 것이다.

해상도가 높고 칼라 수가 많을수록 정밀한 이미지를 표현할 수 있다. 모든 칼라는 3 개의 기본 칼라(Red, Green, Blue)의 조합으로 표현될 수 있다. 특정 칼라는 적절한 비율로 (R,G,B)를 조합함으로써 만들어질 수 있고, 조합가능한 칼라의 수는 R,G,B 각각의 구분가능한 비율 단계의 수에 의해 결정된다. 즉, R,G,B 각각이 256개의 비율 단계를 가진다면 약 1600만개의 칼라를 표현할 수 있고, 각 칼라는 R, G, B 각각의 비율 단계값을 표현하는 (R,G,B) 값에 의해 표현될 수 있을 것이다. 〈그림 2.3〉은 이미지를 저장하고 컴퓨터 화면에 이미지를 출력하는 모델을 보여주고 있다. 컴퓨터에 의해 작성되는 이미지는 (R,G,B) 값을 가지는 화소의 매트릭스 형태로 비디오램(Video RAM)에 표시되고, 비디오 제어기(Video Controller)는 비디오램의 (R,G,B) 값을 이용하여 화면에 이미지를 출력한다.

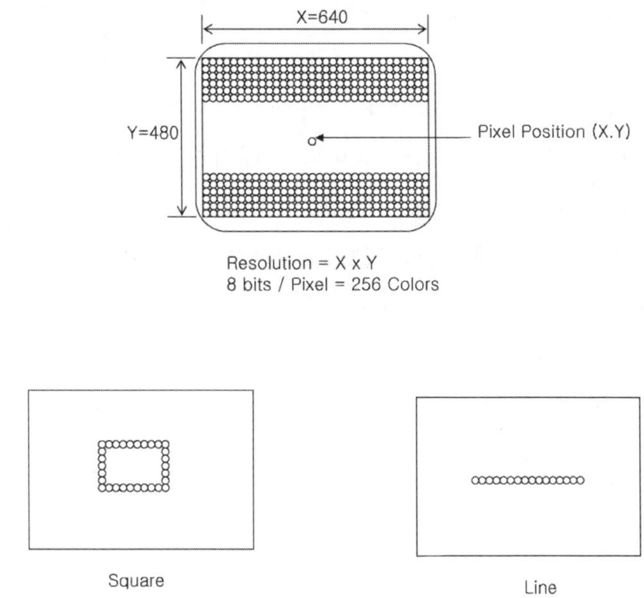

그림 2.2 화소(pixel)와 이미지 해상도(resolution)

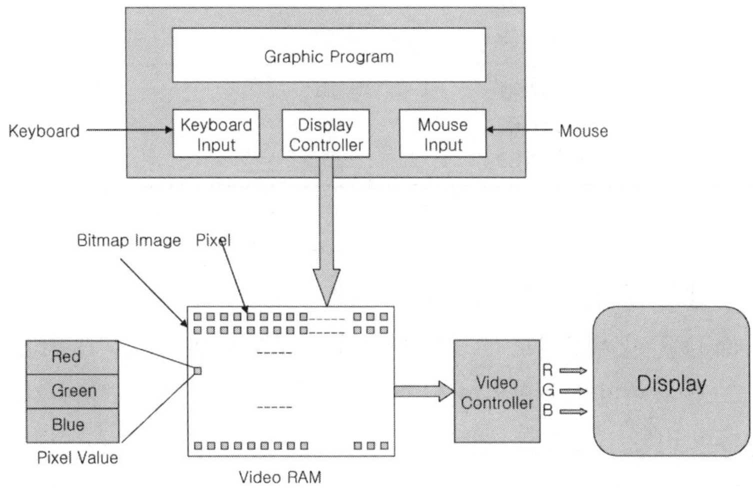

그림 2.3 이미지 저장과 출력

해상도가 높고 칼라 수가 많을수록 정밀한 이미지를 표현할 수 있는 반면 이미지를 저장하기 위한 메모리량은 증가한다. 〈표 2.2〉는 표준 모니터 화면별 해상도와 칼라 수, 그리고 해당 이미지를 표현하기 위해 요구되는 메모리 크기를 보여준다. 24 비트 완전 칼라 고해상도 SVGA로 표현되는 이미지를 표현하기 위한 메모리 크기는 1024 x 768 x 24 = 2359.296K 바이트가 필요하다. 이 크기는 1.5Mbps 전용선으로 전송할 때 12초 이상이 걸릴 정도로 많은 양이다. 따라서 이미지 데이터를 저장하거나 전송할 때 압축(compression)이 중요하다. 이미지 압축 방식의 종류는 무손실(lossless) 방식과 손실(lossy) 방식으로 구분된다. 무손실 압축 방식은 압축된 데이터로부터 원래의 데이터를 완전히 복원할 수 있는 압축 방식으로 RLE(Run-Length Encoding), 허프만 코딩(Huffman Coding), LZ77/78, LZW 방식 등이 포함된다.

표 2.2 해상도와 메모리 요구사항

Standard	Resolution	Colors	Memory(Bytes)
VGA	640x480	256	307.2K
VGA	640x480 1204x768	64K 256	614.4K 786.432K
SVGA	800x600 1204x768 1204x768	64K 256 16M	960K 786.432K 2359.296K

무손실 압축 방식은 실행 파일(Executable File), 스프레드쉬트 데이터(Spreadsheet Data) 등 한 비트라도 손실이 발생하면 문제가 발생하는 데이터의 압축에 적합하다. 그러나 이미지의 경우 어느 정도의 손실이 생기더라도 이미지 데이터의 품질에 영향을 미치지 않을 수 있다. 따라서 이미지 데이터 압축을 위해 다소의 손실을 감수하고 효과적으로 압축하는 손실 압축법을 많이 사용한다. 대표적인 손실 압축 방식은 JPEG(Joint Picture Expert Group)이다.

2.3.2 이미지 포맷

현재 인터넷상에서 이미지 데이터의 저장과 전송을 위해 다양한 형태의 이미지 포맷이 사용되고 있다. 대표적인 이미지 포맷을 GIF(Graphics Interchange Format), TIFF(Tagged Image File Format), BMP(BitMaP), 그리고 JPEG이다. GIF는 CompuServe Information Service에 의해 1987년도에 개발되어 인터넷에서 그패픽 이미지의 표현과 압축에 많이 사용되고 있다. GIF에서는 24 비트로 표현되는 전체 칼라에서 원래의 그림과 가장 가까운 256 개의 칼라만을 선택하고, 화소에 대한 24 비트 칼라 값을 저장하는 대신 8 비트로 칼라를 표현함으로써 3:1 압축을 실현한다. 그리고 LZW 압축 방식을 적용하여 추가적인 압축을 실현한다. GIF는 무손실 압축 방식을 사용하여 4~5:1 압축을 실현한다.

TIFF는 1987년 Aldus와 Microsoft에 의해 하드웨어 독립적인 이식성 있는 이미지 표현을 위해 개발되었다. TIFF는 RLE, LZW, JPEG 등 다양한 압축 방식을 지원한다. TIFF 문서는 기본 부분(Baseline Part)과 확장 부분(Extension Part)으 나누어진다. 기본 부분은 재생 프로그램이 반드시 지원해야 할 부분을 기술하고, 확장 부분은 CMYK 칼라 모델의 지원을 정의하고 있다. TIFF는 하나의 이미지를 여러 가지 방식으로 표현할 수 있다는 점에서 다른 이미지 포맷과 차이가 있다. 예를 들어 TIFF는 이미지 파일들의 빠른 리뷰(review)를 위해 원본 이미지의 작은 크기 프리뷰(preview) 이미지를 지원할 수 있다.

BMP는 윈도우즈 환경에서 가장 많이 사용되는 이미지 포맷이다. BMP는 RLE 기반의 간단한 무손실 압축 방식을 지원하나 일반적으로 BMP는 원본 이미지를 압축 없이 RGB 칼라 모델로 표현한다. BMP 포맷은 헤더 영역(Header Region)과 데이터 영역(Data Region)을 정의한다. 헤더 영역은 이미지 파일 크기, 칼라 수, 압축 방식에 관한 정보를 포함하고, 데이터 영역은 라인내의 화소 값을 포함한다. BMP 포맷은 압축율이 낮기 때문에 간단한 이미지의 표현에 적합하다.

JPEG은 대표적인 손실 압축 방식으로 사진이나 사진과 유사한 이미지처럼 다소 손실이 발생하더라도 시각적으로 영향이 거의 없을 수 있는 데이터 압축에 많이 사용된다. JPEG은 손실율을 조정함으로써 압축율을 상대적으로 조정할 수 있다. 손실율이 높으면 압축된 이미지의 크기가 획기적으로 작아지는 반면 압축된 이미지의 품질은 원본 이미지 데이터의 손실로 인해 떨어진다. 따라서 JPEG는 예각이 있는 그림이나 작은 크기의 텍스트를 잘 표현할 수 없는 단점이 있다. 이 경우 JPEG 대신 LZ77과 같은 무손실 압축 방식을 사용하여야 한다.

2.4 오디오 데이터

2.4.1 오디오 기초

소리는 물체의 진동에 의해 발생하는 공기압의 변동이 만들어 내는 압력 파(Pressure Wave)가 공기중에 전달되어 사람의 귀에 의해 인식되는 물리적인 현상이다. 압력파는 일정한 시간 간격 마다 반복적으로 발생하는 형태를 가지고, 압력파의 형태를 파형(Wave Form)이라 하며, 초당 반복되는 파형의 수를 주파수(Frequency), 파형의 크기는 진폭(Amplitude)이라 한다. 주파수는 소리의 높낮이 특성을 나타내고, 진폭은 소리의 크기(볼륨) 특성을 나타낸다. 주파수는 헤르쯔(Hz)로 측정된다. 일반적으로 하나의 소리가 하나의 주파수의 파형으로 표현되는 경우는 거의 없으며 서로 다른 많은 주파수의 파형으로 구성된다. 소리 주파수는 다음과 같이 등급화된다.

- 초저주파(Infrasonic) : 0 ~ 20Hz
- 가청주파(Audiosonic) : 20 ~ 20KHz
- 초음파(Ultrasonic) : 20K ~ 1GHz
- 극초음파(Hypersonic) : 1G ~ 10THz

오디오 데이터는 사람의 귀를 통해 들을 수 있는 가청주파수(20Hz~20KHz)로 표현되는 연속적인 소리(sound)를 기계적으로 재생한 다음 디지털화 한 정보이다.

2.4.2 디지털 오디오

아날로그 오디오를 디지털 오디오로 변화하는 과정은 〈그림 2.4〉와 같다.

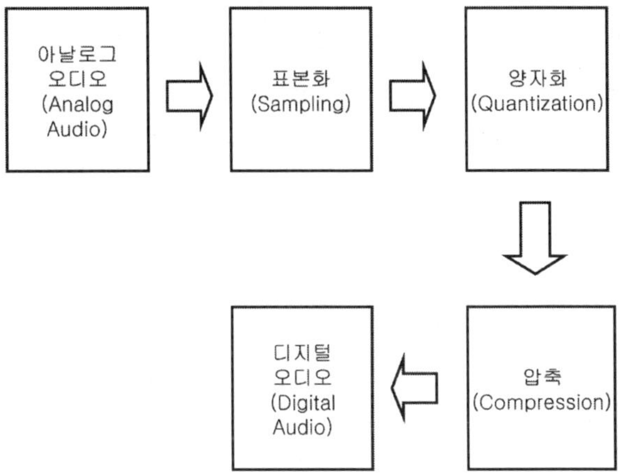

그림 2.4 아날로그-디지털 오디오 변환 과정

마이크(Microphone)에 의해 전기적인 신호(공기압에 비례하는 전압)로 재생된 소리는 연속적인 파형의 아날로그 신호이다. 아날로그 신호를 디지털 신호로 변환하기 위해서는 먼저 연속적인 파형을 유한한 숫자의 불연속적인 신호로 바꾸어야 한다. 불연속적인 신호는 일정한 시간 간격으로 연속적인 파형의 크기(진폭) 값을 측정함으로써 만들어지고, 특정 시점의 불연속적인 신호를 샘플(sample) 또는 펄스(pulse)라 한다. 이와 같이 아날로그 신호를 펄스 신호로 변환하는 과정을 표본화(Sampling)라 한다. 〈그림 2.6〉은 〈그림 2.5〉의 아날로그 신호가 표본화를 통해 생성된 펄스 신호를 나타낸다. 아날로그-디지털 신호 변환에서 초당 만들어지는 펄스 수는 표본화율(Sampling Rate)이다.

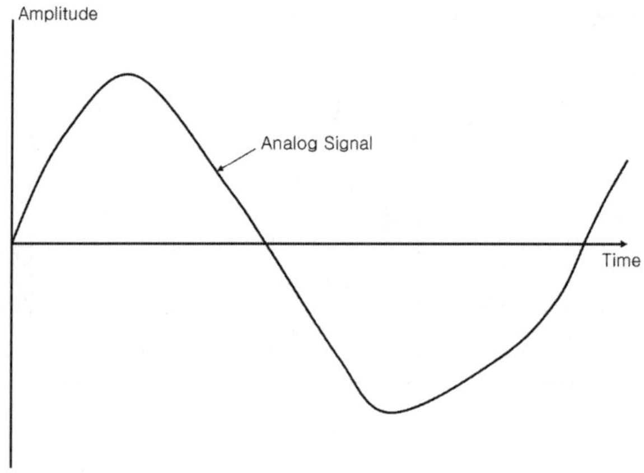

그림 2.5 아날로그 신호

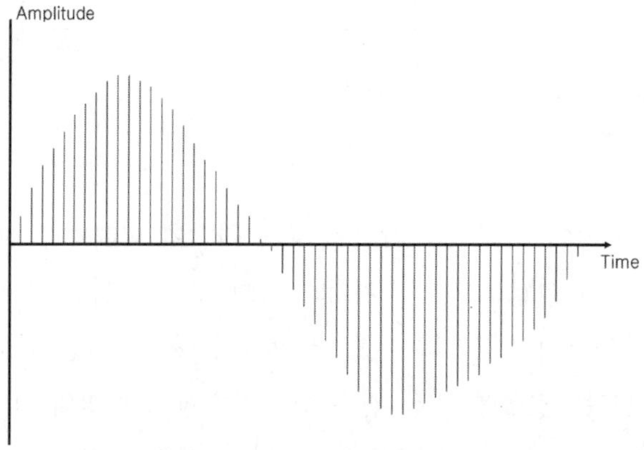

그림 2.6 표본화로 생성된 펄스 신호

주파수와 마찬가지로 표본화율도 헤르쯔(Hz)로 측정된다. 표본화율이 높을수록 원래 아날로그 파형의 크기(진폭) 변화가 정밀하게 표현될 수 있다. 반면 표본화율이 높으면 디지털 값으로 표현되어야 하는 신호의 수가 많아짐을 의미하므로 디지털 오디오 데이터의 크기가 커진다. 따라서 디지털 오디오 변환 과정에서 적절한 표본화율을 결정하는 것은 매우 중요하다. 표본화율은 나이퀴스트 정리(Nyquist

Theorem)에 의해 결정될 수 있다. 나이퀴스트(Nyquist) 샘플링 정리는 특정 아날로그 신호를 구성하는 주파수 성분중 최고의 주파수의 2배의 속도(즉, 최고 주파수가 4000Hz인 경우 초당 펄스 수는 8000번)로 표본화하면, 표본화된 펄스 신호로부터 원래의 신호를 재생할 수 있다는 것을 보여주고 있다. 전화의 아날로그 음성 신호는 3300Hz 정도의 최고 주파수 성분을 가지나, 디지털 전화 표준에서는 아날로그 음성 신호가 최대 4000Hz 주파수를 가질 수 있는 것으로 가정하고 초당 8000번 표본화하여 초당 8000개의 펄스 신호를 생성한다. 반면 CD 오디오의 경우 44.1 KHz의 표본화율을 적용하여 최대 주파수가 22,050Hz인 오디오 신호까지 재생하므로써 거의 가청주파수 전체 소리를 표현할 수 있게 한다.

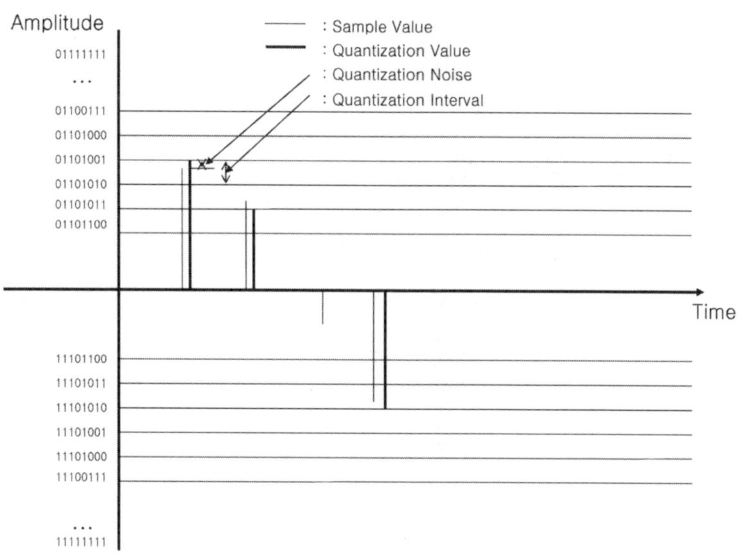

그림 2.7 양자화(Quantization)

양자화(Quantization)는 표본화를 통해 생성된 펄스의 진폭을 비트로 표현할 수 있는 정수값으로 정량화하는 작업이다. 즉, 진폭을 유한 단계의 레벨로 나누고 각각의 레벨에 정수값을 부여한 다음, 각 펄스의 진폭에 대해 가장 가까운 진폭 레벨의 값을 부여한다. 〈그림 2.7〉은 진폭 레벨을 8비트 값을 부여할 수 있는 256 개로 나누고, 각각의 펄스의 진폭에 대해 가장 가까운 레벨의 값을 부여하는 예를 보여주고 있다. 따라서 양자화는 표본화로 생성한 아날로그 펄스 신호에 디지털 이진값을 부여하기 위한 근사화 작업이라 할 수 있다. 이 근사화 작업은 필연적으로 원래의 신호에 다소의 오차를 만들 수밖에 없는 데, 이 오차를 양자화 잡음(Quantization Noise)이라 한다. 디지털 음성 전송을 위한 전화 PCM(Pulse Coded Modulation) 표준에서는 256개의 진폭 레벨을 나누고, 각각을 8비트 값으로 표현한다. 이와 같이 PCM 기법으로 아날로그 음성 신호를 디지털 신호로 변환할 경우, 초당 8000개의 펄스 신호가 생성되고 각 신호마다 8비트값이 부여되므로 64Kbps의 디지털 데이터가 생성됨을 알 수 있다. 반면 CD 오디오의 경우 16 비트 양자화를 통해 진폭 레벨을 보다 세밀하게 표현함으로써 원음에 가까운 오디오를 재생할 수 있게 한다. 양자화를 통해 이진값으로 표현된 디지털 오디오 데이터는 적절한 압축 방식을 통해 압축된 다음 저장되거나 전송된다.

2.4.3 압축 디지털 오디오 포맷

일반적으로 많이 사용하는 오디오 데이터는 전화에서 사용하는 음성(speech) 형태의 대화형 오디오(Interactive Audio)와 음악(music) 형태의 저장형 오디오(Stored Audio)로 구분된다. 일반적으로 대화형 오디오는 단일 음성으로 구성되고 높낮이의 차이가 크지 않으며 높은 품질의 원음 재생을 요구하지 않는 반면 높은 실시간성을 요구한다. 반면 음악과 같은 저장형 오디오는 대화형 오디오에 비해 실시간성은 낮지만 음의 높낮이의 차이가 크고 정교한 원음 재생에 대한 요구사항이 높다. 이러한 차이를 반영하여 인터넷에서 사용되는 오디오 표현 방식은 대화형 오디오를 위한 표현 방식과 저장형 오디오를 위한 표현 방식으로 구분되어 정의되고 있다. 〈표 2.3〉은 오디오 포맷의 종류와 각각의 포맷이 생성하는 비트 스트림(Bit stream)의 비트율(bitrate)을 보여준다.

대표적인 저장형 오디오 표현 방식은 MP3(MPEG-1 Layer 3)와 AAC(Advanced Audio Coding)이다. MPEG(Motion Picutre Expert Group)은 3 계층의 오디오 압축을 정의한다. 계층이 높아질수록 복잡도는 증가하는 반면 압축된 오디오의 데이터량은 감소한다. MP1(MPEG-1 Layer 1)은 채널당 192Kbps 데이터율을 필요로 하고,

MP2는 128Kbps, 그리고 MP3는 64Kbps를 필요로 한다. 따라서 MP3 스테레오 오디오는 128Kbps 데이터율을 필요로 한다. 인터넷상에서 많이 사용되는 MP3는 약 10:1의 압축비율을 달성하면서 높은 수준의 원음 재생을 보장한다. AAC는 MPEG-2에서 정의된 새로운 오디오 압축 방식이다. AAC는 MP3에 비해 높은 압축율(16:1)을 제공하며 다중 채널(Surround Audio) 오디오 포맷(일반적으로 5.1 포맷)을 지원한다. MP3 수준의 스테레오 오디오는 AAC에 의해 약 96Kbps 데이터율로 압축이 가능하다. 즉, 채널당 48Kbps 데이터율을 필요로 한다.

표 2.3 오디오 포맷과 비트율(bitrate)

오디오 포맷		비트율
저장형	MP3 AAC	64~128Kbps 96~300Kbps
대화형	G.711 G.722 G.723.1 G.726 G.728 G.729 GSM-FR GSM-HR	64Kbps 48,56,64Kbps 5.3,6.4Kbps 16,24,32,40Kbps 16Kbps 8Kbps 13Kbps 5.6Kbps

대표적인 대화형 오디오 표현 방식은 ITU-T(International Telecommunication Union Telecommunication Sector)에서 정의한 G.711, G.722, G.723.1, G.726, G.728, G.729 등과 ETSI(European Telecommunications Standardization Institute)에서 정의한 GSM-FR, GSM-HR 등이 있다.

1965년 표준화된 G.711은 전화를 위한 오디오 포맷으로 8KHz 샘플링율을 적용하고, 하나의 샘플은 하나의 바이트로 부호화되어 64Kbps 비트스트림(bitstream)을 생성한다. 즉, G.711은 125 μs 마다 한 바이트의 오디오 데이터를 생성한다. G.711 오디오 스트림을 인터넷으로 전송할 때에는 보통 20ms 동안 발생되는 샘플들(160 샘플)을 모아서 하나의 데이터그램으로 전송한다. G.711 포맷은 국제 표준인 A-law 방식과 미국 표준인 μ-law 방식이 있다. G.711 포맷은 4KHz 이상의 음성 신호를 표현할 수 없는 반면 G.722는 7KHz까지의 음성 신호를 48, 56, 또는 64Kbps 비트스트림으로 표현할 수 있는 고품질 오디오 포맷이다. G.722는 고품질 화상 회의 등 전문적인 대화형 오디오 응용에 유용하게 사용될 수 있다. G.722.1은 데이터율을 24 또는 32Kbps 수준으로 낮추었다. 1990년 표준화된 G.726은 유럽과 일본의 무선 전화에서 많이 사용되는 포맷으로 음질에 따라 16, 24, 32, 또는 40Kbps의 비트스트림을 생성한다. G.728은 G.726의 32Kbps 음질 수준의 오디오를 단지 16Kbps 비트스트림으로 표현가능하다. G.728은 압축율이 높은 반면 상대적으로 압축 지연시간이 적어 대화형 오디오 응용에 효과적으로 사용될 수 있다.

G.723.1은 1995년 ITU-T에 의해 표준화된 이후 인터넷 전화 응용에 많이 활용되고 있는 오디오 포맷이다. G.723.1은 묵음 구간(Silence Period)를 감지하여 제거(Silence Suppression)함으로써 데이터율을 음질에 따라 5.3Kbps 또는 6.4Kbps 수준으로 획기적으로 낮춘다. G.723.1과 함께 인터넷 전화 응용에 많이 사용되고 있는 G.729 포맷도 묵음 제거(Silence Suppression)을 통해 8Kbps의 비트스트림을 생성한다. G.729는 G.723.1에 비해 압축 알고리즘의 복잡도가 낮아 보다 간단한 코덱(dodec)으로 구현이 가능하다. G.729는 1995-1996년에 걸쳐 표준화가 완성되었다. GSM-FR(Full Rate)은 GSM(Global System for Mobile Communications) 이동 전화에서 가장 많이 사용되고 있는 오디오 포맷으로 13Kbps의 비트스트림을 생성한다. 그리고 GSM-HR(Half-Rate)은 음질이 GSM-FR에 비해 비슷하거나 조금 낮은 반면 데이터율은 5.6Kbps로 낮아진 오디오 포맷으로 1994년 표준화되었다.

2.5 비디오 데이터

2.5.1 비디오 기초

비디오 데이터는 일정한 속도 이상으로 표현되는 정지 이미지(Still Image)의 연속이며 사람의 눈에 의해 인식된다. 비디오를 구성하는 각각의 이미지는 프레임(frame)으로 표현되고, 초당 생성되는 프레임의 수를 프레임율(Frame Rate)이라 한다. 대체로 프레임율이 15 이상이면 사람의 눈은 각각의 프레임을 감지하지 못하고 연속적인 동영상으로 인식되나, 25~30 이상의 프레임율을 유지함으써 향상된 비디오 품질을 제공한다.

비디오를 구성하는 각 이미지는 비디오 카메라에 의해 빛의 감지를 통해 생성된다. 비디오 카메라의 이미지 센서(sensor)에 배치된 포토사이트(photosites)들의 빛의 세기를 전하량(Electronic Charage)으로 변환하여 저장하고, 아날로그 형태의 전하량을 디지털 정보로 변환하면 디지털 이미지가 된다. 칼라 이미지의 경우 각 포토사이트에 R(Red), G(Green), B(Blue) 필터를 코팅하여 R, G, B 세기를 분리하여 측정하므로써 만들어질 수 있다. 이미지 출력은 R, G, B 빛의 세기를 나타내는 정보로부터 만들어지는 전자빔(Electron Beam)을 스크린에 코팅된 발광체(phosphor)에 주사(scanning)하여 원래의 빛을 재생함으로써 이루어진다. 전자빔은 왼쪽에서 오른쪽으로 라인 단위로 주사되고 유럽의 PAL(Phase Alternating Line) 비디오 방식은 프레임당 625 라인(가시 라인 = 576), 북미/한국의 NTSC(National Television Systems Committee) 비디오 방식은 525(가시 라인 = 480) 라인을 주사한다.

칼라의 특성은 밝기를 나타내는 휘도(luminance)와 실제 색을 표시하는 색상(chrominance)에 의해 결정된다. 사람의 눈에서 밝기와 색상은 각각 간상세포(rod)와 원추세포(cone)에 의해 구별되는 데 간상세포의 수가 많아 사람의 눈은 색상 보다 밝기에 더욱 민감하다. 즉, 색상 정보는 일부 손실되더라도 거의 인식되지 않으나 밝기 정보는 조금만 손실되어도 이미지의 품질에 영향을 미친다. 따라서 R,G,B 칼라 정보를 휘도(luminance)와 색상(chronimance) 정보로 변환할 수 있으면 흑백 비디오와 칼라 비디오의 호환성 유지뿐만 아니라 비디오 전송이나 저장 시에 데이터양을 줄일 수 있을 것이다. 이를 위해 개발된 칼라 표현 모델이 YUV 모델이다. 여기서 Y는 휘도를 표시하고 U와 V는 각각 B 색상(Cb)과 R 색상(Cr)을 표시한다. 특정 칼라의 RGB 정보를 YUV 정보로 변환하는 식은 다음과 같다.

$$Y = 0.229R + 0.587G + 0.114B$$

$$U = 0.493(B - Y)$$

$$V = 0.877(R - Y)$$

TV를 포함한 대부분의 비디오 전송 응용에서 YUV 칼라 모델을 사용한다. 〈그림 2.8〉은 비디오 전송 응용에서의 칼라 모델 적용 형태를 보여주고 있다. 송신측에서 비디오 카메라에 의해 생성된 RGB 형태의 칼라 이미지는 칼라 믹서를 통해 YUV 칼라 정보로 변환된 다음 전송되고, 수신측의 칼라 믹서에 의해 다시 RGB 정보로 변환된 다음 화면에 출력된다.

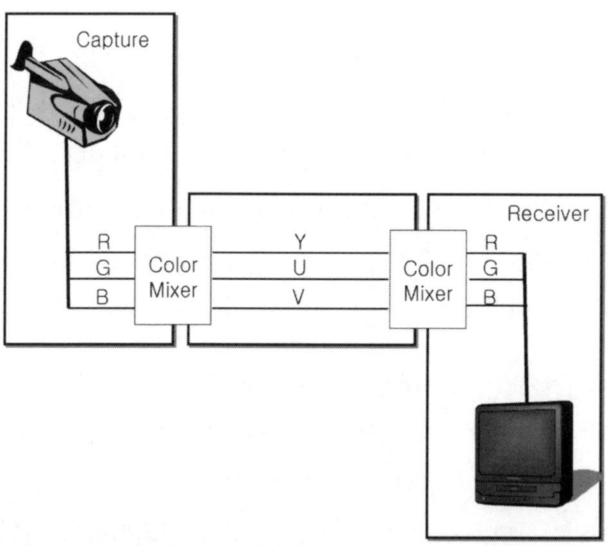

그림 2.8 비디오 전송 응용과 칼라 모델

2.5.2 디지털 비디오

디지털 비디오는 아날로그로 표현된 비디오 신호를 표본화(sampling)와 양자화(quantization)를 통해 디지털 신호로 변환한 정보이다. 현재 대부분의 경우 ITU-R(International Telecommunication Union Radiocommunications Section)의

전신인 CCIR(Consultative Committee for International Radiocommunications)에서 정의한 CCIR-601 디지털 비디오 표준과 그 변형 표준들을 사용하고 있다. CCIR-601은 YUV 칼라 모델을 사용하고, 휘도인 Y 신호와 색상 신호인 U, V 신호에 대한 표분화율(Sampling Rate)을 4:2:2로 조정한다. 즉, 라인당 최대 720 개의 샘플(sample)을 정의하고(가시 샘플 704개) 각 샘플을 8 비트로 표현하되, 〈그림 2.9〉에서 보는 바와 같이 U, V 신호에 대한 샘플 수를 Y 샘플 수의 절반만 정의함으로써 비디오의 품질은 거의 그대로 유지하면서 데이터양을 1/3 감소시킨다.

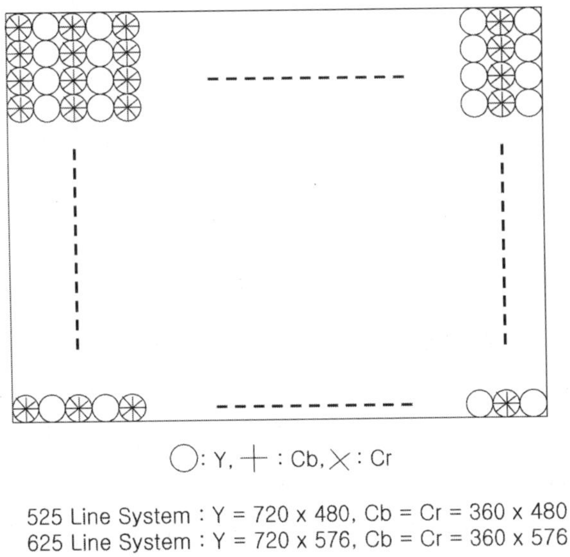

그림 2.9 4:2:2 디지털 비디오 포맷

이와 같은 디지털 비디오 포맷을 4:2:2 포맷이라 한다. 4:2:2 포맷에서 525 라인 시스템과 625 라인시스템의 프레임당 가시 샘플(Visible Sample) 수는 각각 704 x 480 + 2(352 x 480), 704 x 576 + 2(352 x 576)이다. 4:2:2 포맷을 변형한 4:2:0 포맷은 4:2:2 포맷의 변형 포맷으로, 인접한 두 개의 라인이 색상 샘플(U, V)을 같이 사용해도 방송용 비디오 품질에 큰 영향을 미치지 않는다는 점을 고려하여 만들어졌다. 〈그림 2.10〉은 4:2:0 디지털 비디오 포맷을 보여준다.

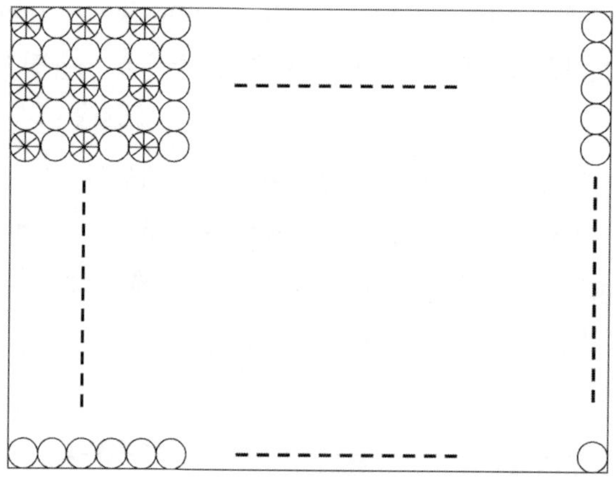

그림 2.10 4:2:0 디지털 비디오 포맷

CIF(Common Intermediate Format)은 비디오 회의(Video Conference) 응용을 위해 정의된 디지털 비디오 포맷이다. 비디오 회의 응용의 경우 방송이나 다른 비디오 응용에 비해 비디오 품질이 서비스에 미치는 영향이 적은편이다. 따라서 CIF에서는 625 라인 시스템을 기준으로 라인 수와 라인당 샘플 수를 1/2로 줄이고, Y, U, V 샘플 비율을 4:1:1로 정의한다. 따라서 CIF 프레임의 가시 샘플 수는 Y 샘플 352 × 288, U 샘플 176 × 144, 그리고 V 샘플 176 × 144의 합으로 구할 수 있다. QCIF(Quarter CIF)는 CIF의 라인 수와 라인당 샘플 수를 1/2로 줄여 비디오 전화에 적합하게 개발된 디지털 비디오 포맷이고, SQCIF는 보다 저속의 통신망을 위한 비디오 전화로 라인 수와 라인당 샘플 수를 더욱 축소한 디지털 비디오 포맷이다. 반면 4CIF와 16CIF는 CIF를 기반으로 고품질의 비디오 회의 응용에 적합하게 개발된 디지털 비디오 포맷이다. 〈표 2.4〉는 CIF 관련 디지털 비디오 포맷에 프레임율(Frame Rate)을 10과 30으로 적용했을 때 데이터율(bitrate)을 보여준다. 〈표 2.4〉에서 보는 바대로 압축하지 않은 상태의 디지털 비디오 데이터양은 4~600Mbps에 이를 정도로 대용량이다. 따라서 디지털 비디오 데이터의 저장과 전송에서 비압축 상태의 디지털 비디오 포맷을 그대로 사용하는 것은 매우 비효율적임을 알 수 있다.

표 2.4 디지털 비디오 포맷과 데이터율

Picture Format	Luminance		Uncompressed Bitrate(Mbps)			
			10 frames/s		30 frames/s	
	Pixels	Lines	Grey	Color	Grey	Color
SQCIF	128	96	1.0	1.5	3.0	4.4
QCIF	176	144	2.0	3.0	6.1	9.1
CIF	352	288	8.1	12.2	24.3	36.5
4CIF	704	576	32.4	48.7	97.3	146.0
16CIF	1408	1152	129.8	194.6	389.3	583.9

2.5.3 압축 디지털 비디오 포맷

비디오 데이터의 압축(compression) 방식은 H.261, H.263과 같은 대화형 비디오 압축 방식과 MPEG-1, MPEG-2, MPEG-4와 같은 저장형 비디오 압축 방식으로 나누어진다. 대화형 비디오 압축 방식은 비디오 전화, 화상 회의와 같은 대화형 멀티미디어 응용에 주로 사용되기 때문에 실시간 압축과 복원(decompression)이 중요한 요소가 되고 데이터량이 실시간 전송에 적합해야 하는 반면, 이미지의 해상도(resolution)와 품질이 다소 낮아도 크게 문제가 되지 않는다. 저장형 비디오 압축은 상대적으로 실시산성 요구가 낮은 반면 일반적으로 해상도와 품질에 대한 요구가 높다.

대표적인 대화형 비디오 압축 방식인 H.261은 1990년 ISDN상의 비디오 전화 응용을 위해 ITU-T에 의해 개발되었다. H.261은 공간적 압축(Spatial Compression)과 시간적 압축(Temporal Compression)을 동시에 지원한다. 공간적 압축은 비디오를 구성하는 프레임을 다른 프레임과 상관없이 프레임 내부적으로 압축하는 방식이고,

시간적 압축 방식은 특정 프레임을 전후의 다른 프레임과 비교하여 차이 위주로 압축하는 방식이다. H.261에서 공간적 압축이 적용되는 프레임을 I-프레임(Intracoded Frame)이라 하고, 시간적 압축이 적용되는 프레임을 P-프레임(Predictive Frame)이라 한다.

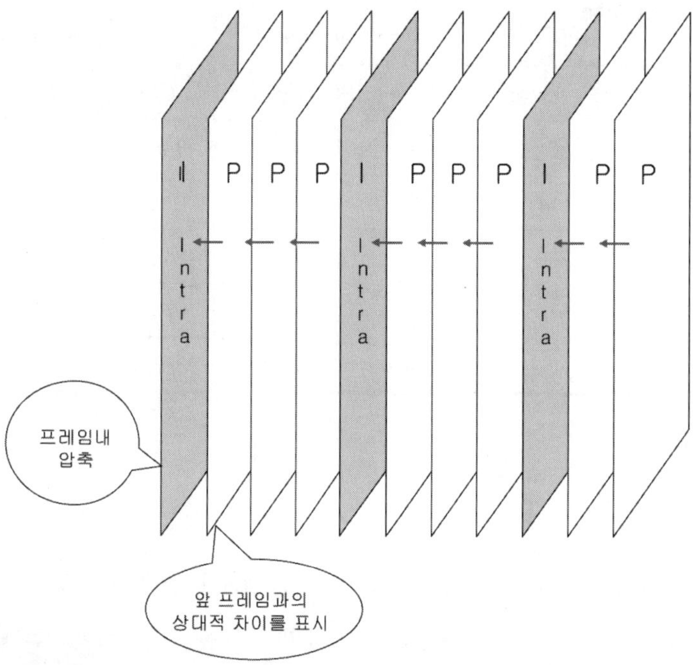

그림 2.11 H.261의 I-프레임과 P-프레임

공간적 압축 방식을 적용하는 이미지 압축의 경우와 달리 비디오 압축에서 시간적 압축이 함께 사용되는 이유는, 비디오를 구성하는 연속적인 이미지가 일반적으로 차이가 많지 않은 점을 압축에 활용하기 위함이다. 예를 들어 화상 전화 비디오의 경우 배경 화면과 사람의 상체 화면은 거의 변하지 않고 얼굴 등 일부분만 시간에 따라 변화한다. 따라서 특정 프레임을 이전 프레임과의 차이로 표시하고 복원 시에 두 개의 프레임을 합치게 하면 해당 프레임의 데이터량을 대폭 축소할 수 있을 것이다. 〈그림 2.11〉에서와 같이 H.261은 기준이 되는 I-프레임에 대해서는 프레임 내부 압축 방식을 적용하고 P-프레임은 이전 I-프레임 또는 직전 P-프레임과의

차이를 표시한다. 이 경우 I-프레임의 데이터량보다 P-프레임의 데이터량이 훨씬 작기 때문에 비디오 데이터의 트래픽 분포는 〈그림 2.12〉와 같이 될 것이다.

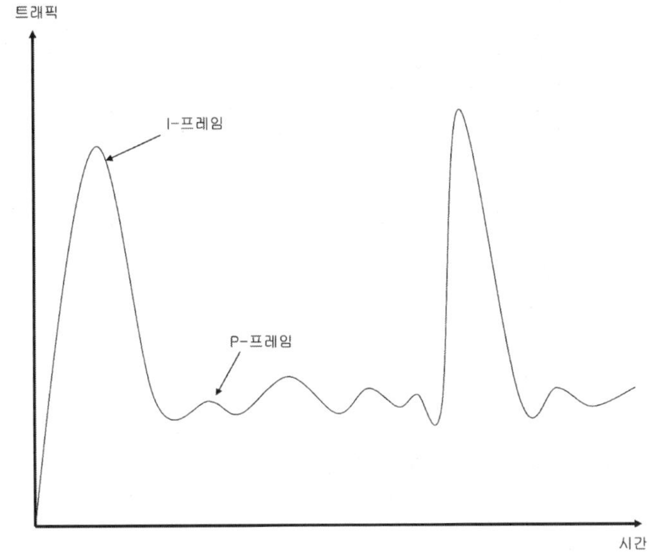

그림 2.12 **압축 비디오 데이터 트래픽 분포**

H.261은 64Kbps ~ 2Mbps를 지원하는 ISDN상의 비디오 회의 응용에 적합하도록 CIF와 QCIF 디지털 비디오 포맷에 대한 압축을 지원하는 반면, H.263은 H.261보다 압축율을 높이고 SQCIF, QCIF, CIF, 4CIF, 16CIF 등 다양한 해상도의 디지털 비디오 포맷에 대한 압축을 지원함으로써, 모바일 네트워크와 같은 저속망에서부터 고속망에 이르기까지 다양한 환경에서 비디오 전화, 비디오 회의 응용을 지원할 수 있게 한다.

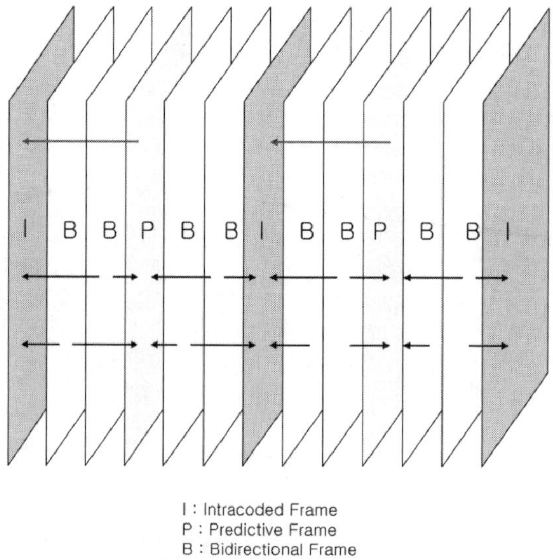

그림 2.13 MPEG-1의 I-프레임, P-프레임, B-프레임

MPEG-1은 ISO(International Standardization Organization)가 대략 1.2Mbps 속도의CD-ROM에 비디오 데이터를 저장할 목적으로 개발한 저장형 비디오 압축 방식이다. MPEG-1이 사용하는 SIF(Stanadrd Input Format) 디지털 비디오 포멧은 4:1:1의 CIF와 유사하나 625-라인 시스템(PAL)과 525-라인 시스템(NTSC)에서 서로 다른 해상도의 이미지를 사용한다. PAL 비디오의 경우 Y-샘플 기준 352 x 288의 해상도를 지원하고, NTSC 비디오의 경우 352 × 240 해상도를 지원한다. H.261과 같이 MPEG-1도 공간적 압축 방식과 시간적 압축 방식을 사용한다. 그러나 MPEG-1에서는 시간적 압축 방식이 적용되는 프레임에 전후의 프레임과의 차이로 표시되는 B-프레임(Bidireactional Frame)이 추가되어 보다 높은 압축율을 실현한다. 〈그림 2.13〉은 MPEG-1의 프레임 구조를 보여준다. P-프레임이 이전의 프레임과의 차이를 표시하는 반면 B-프레임은 이전 프레임과 이후의 프레임과의 차이를 표시함으로써 데이터량이 더욱 축소될 수 있다. 그러나 B-프레임을 만들기 위해서는 다음 프레임을 획득해야 하므로 지연시간이 필요하고 복잡도가 증가한다.

MPEG-2는 디지털 방송, HDTV 등과 같이 고 품질의 비디오 응용에 적합한 고해상도 디지털 비디오 포맷을 위한 압축 방식으로 개발되었다. MPEG-2가 지원하는 CCIR-601 기반의 다양한 디지털 비디오 포맷은 352 x 288 해상도 SIF 포맷, 720 ×576 해상도의 4:2:0 또는 4:2:2 포맷, 그리고 HDTV를 위한 1440 × 1152 / 1920 × 1152 해상도의 4:2:0 또는 4:2:2 포맷을 포함한다. 1920 × 1152 해상도 4:2:2 포맷 비디오 데이터의 경우 MPEG-2는 최대 100Mbps의 비트스트림을 만들어 낸다. 멀티미디어 인터넷에서는 주로 10Mbps 이내의 MPEG-2 비디오 데이터를 사용하고, 대용량 MPEG-2 비디오 데이터는 디지털 방송 응용에 사용된다.

MPEG-4는 저속 모바일 네트워크 환경에서부터 고속 인터넷에 이르기까지 다양한 유형의 응용에 사용될 수 있게 개발된 매우 유연한 비디오 압축 방식이다. MPEG-4는 SQCIF부터 HDTV까지 다양한 포맷에 대한 보다 효율적인 압축을 지원하여 5Kbps부터 50Mbps에 이르기까지 매우 다양한 전송율의 비디오 데이터 표현을 목표로 개발되었다. MPEG-4의 이러한 유연성은 여러 개의 프로파일로 표현된다. 사용자는 특정 프로파일을 선택함으로써 자신의 응용의 목적에 맞는 압축 비디오 스트림을 생성할 수 있다. 예를 들어 MPEG-4의 단순 프로파일(Simple Profile)은 저해상도(Low Resolution) 디지털 비디오에 대해 저 지연시간(Low Latency) 압축이 가능한 기법을 적용함으로써 스트리밍 응용뿐만 아니라, 모바일망을 포함하는 저속망에서의 비디오 전화, 비디오 회의 응용과 같은 대화형 응용에도 사용될 수 있다. 반면 ASP(Advanced Simple Profile)은 보다 높은 품질의 스트리밍 응용에 적합한 프로파일이다.

3 고속 통신망

Chapter 03

고속 통신망

3.1 이더넷(10/100BaseT)

10/100BaseT는 꼬인쌍(Twisted Pair) 케이블을 사용하여 기저대역(Baseband) 방식의 신호 전송 기술을 적용하여 10 Mbps 또는 100 Mbps 속도를 지원하는 이더넷(Ethernet) 랜(LAN) 기술을 의미한다. 이더넷은 1970년대 초에 Xerox사의 PARC(Palo Alto Research Center)에서 최대 2.5Km까지 확장될 수 있는 두꺼운 동축 케이블(Thick Cable)에 다수의 컴퓨터를 연결하고 10 Mbps 속도를 공유할 수 있도록 개발된 랜 기술이다. 초기 동축 케이블을 사용하는 이더넷은 10Base5라 불리어 졌는데 그 의미는 최대 500M 길이의 동축 케이블을 사용하여 기저대역 방식의 신호 전송 기술을 적용하여 10Mbps 속도를 지원할 수 있는 랜 기술이다. 10Base5 랜은 케이블 연결 장치인 리피터(Repeater)를 사용하여 최대 2.5Km(5개의 케이블)까지 확장될 수 있다. 10Base5 랜은 200M 길이의 보다 얇고 가격이 저렴한 동축 캐이블(Thin Cable)을 사용하는 10Base2를 거쳐 현재에는 대부분의 이더넷이 UTP 캐이블을 사용하는 10/100BaseT 기술을 사용한다.

3.1.1 UTP 케이블

UTP 케이블은 전화망에서부터 데이터 통신까지 가장 보편적으로 사용되고 있는 전송 매체이다. UTP 케이블은 전류 전송 시에 발생하는 전자기적 에너지에 의한 간섭 현상을 최소화할 수 있도록 절연 물체로 쌓인 두 가닥의 구리선을 꼬아서 만든다. 이는 두선이 서로 직각으로 위치하고 두 선들 중에 하나에 전류가 흐르면 다른 선에 생성되는 전류가 거의 미미해지는 원리를 응용한 것이다. UTP 케이블은 가격이 저렴하고 설치가 용이하여 전통적으로 주요 통신 매체로 사용되어 왔으며, UTP를 이용하는 고속 통신 기술의 발전으로 현재에도 기가급(Gbps)의 고속 통신을 포함하여 많은 통신망의 주요 매체로 사용되고 있다. UTP 케이블은 〈표 3.1〉에서 보는 바와 같이 구리선의 굵기와 꼬인 정도에 따라 등급 1에서 등급 6까지 나누어 정의되고 있으며, 등급이 높을수록 우수한 성능을 지원한다. 등급 1(CAT 1) 케이블은 주로 전화망의 가입자 회선(Local Loop)으로 사용되고 있으며 음성 신호를 4.5 ~ 6 Km까지 전달할 수 있도록 설계되었다. 등급 2 케이블은 T-1 전용선과 ISDN 용으로 주로 사용되고 있으며 최대 속도가 2~4 Mbps의 저속 디지털 전송을 지원한다. 등급 3 케이블은 10Mbps 전송 속도를 최대 100M까지 지원하여 주로 10BaseT 이더넷에 사용된다. 등급 4 케이블은 최대 16 ~ 20 Mbps의 속도를 100M까지 지원하고, 등급 5 케이블은 초당 100MHz의 디지털 신호를 100M까지 전송할 수 있어 100Mbps 이상의 전송 속도를 지원할 수 있다.

표 3.1 UTP 케이블 등급 분류

등급	용도	쓰이는 곳
등급 1 (Category 1)	전화선	일반 전화회선에 사용, 최대 4.5~6Km 지원
등급 2 (Category 2)	T-1, ISDN	최대 2~4 Mbps의 저속 디지털 통신에 사용, 4.5~6Km 지원
등급 3 (Category 3)	LAN	최대 10Mbps 중저속 디지털 통신에 사용, 최대 100M 지원
등급 4 (Category 4)	LAN	최대 16~20Mbps 중고속 디지털 통신에 사용, 최대100M 지원
등급 5 (Category 5)	LAN	최대 100Mbps(100MHz) 고속 디지털 통신에 사용, 최대100M 지원
등급 5e (Category 5e)	LAN	최대 100Mbps(100MHz) 고속 디지털 통신에 사용, 최대100M 지원, 커넥터를 포함하는 4쌍의 UTP5 규격
등급 6 (Category 6)	LAN	최대 250MHz 고속 디지털 통신에 사용, 최대 100M 지원

등급 6 케이블은 초당 250MHz의 디지털 신호를 100M까지 전송할 수 있는 성능을 지원한다. 일반적으로 UTP 케이블의 가격은 등급에 따라 차이가 크지 않고 특히 케이블 설치 비용에 비해 케이블 가격이 차지하는 비중이 높질 않아 현재 대부분의 UTP 케이블은 등급 5로 생산되고 4 쌍의 케이블이 하나로 묶여져 저속에서부터 2~4 쌍의 UTP를 사용하는 고속(Gbps) 통신까지 동일 케이블을 사용할 수 있도록 하고 있다. 4개의 UTP 케이블을 연결하는 표준 커넥터(Connector)는 RJ45이다. 〈그림 3.1〉은 4쌍으로 구성된 UTP 케이블을 보여주고 있다.

그림 3.1 4쌍으로 구성된 UTP 케이블

3.1.2 기저 대역 신호 전송 기법

10/100BaseT 이더넷은 이름이 의미하는 바대로 기저 대역(Baseband) 신호 전송 기법을 사용한다. Baseband 신호 전송 기법은 디지털 이진 신호의 장거리 전송을 위해 연속적으로 진동하는 아날로그 신호로 변조하여 전송하는 광대역(Broadband) 전송 기법과 달리 전송 매체에 디지털 디지털 이진 신호를 그대로 전송하는 기법이다. Broadband 전송 기법은 아날로그 신호 변조 과정을 거치기 때문에 상호간에 간섭이 생기지 않는 여러 개의 신호를 생성하여 하나의 전송 매체를 통해 동시에 전송할 수 있다. 반면 Baseband 전송 기법은 주파수 변조 과정이 없기 때문에 한 번에 하나의 신호만 전송할 수 있는 반면 Broadband 기법에 비해 매우 간단하기 때문에 가격이 저렴한 장점이 있다. 일반적으로 전선을 통한 Baseband 신호 전송은 전기 에너지의 전압 차이를 이용한다. 즉, 서로 다른 전압(예, +15V, -15V)을 일

정 시간 간격으로 교차 부과함으로 이진 데이터의 0과 1을 구분할 수 있게 한다.

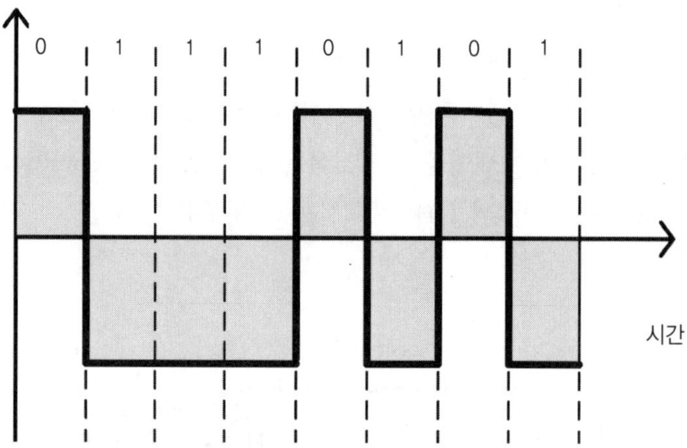

그림 3.2 디지털 신호 전송

이와 같이 UTP 케이블을 통해 흐르는 전류의 전압의 차이를 통한 디지털 신호 전송이 가능하기 위해서는 송신자와 수신자간에 전압 시간 간격을 정확하게 유지할 수 있어야 한다. 전압 유지 간격, 즉 신호 간격이 넓으면 수신자에 의한 수신 신호의 감지가 쉬워지는 반면 시간 낭비를 가져와 초당 신호 처리 율(throughput)이 저하된다. 반면, 지나치게 신호 간격을 좁게 하면 신호간 구별이 어려워 정상적인 데이터 전송이 불가능해진다. 신호 간격은 통신 장치와 케이블의 성능에 따라 달라진다. 통신 장치의 성능이 우수하고 케이블의 신호 감쇄가 적을수록 신호 간격은 좁아질 수 있다. 하드웨어가 신호를 변화시킬 수 있는 최대율을 대역폭(Bandwidth)라 한다. 대역폭은 초당 사이클(즉, 1차례의 신호 변화) 또는 주파수(Hertz, Hz)로 측정된다. 대역폭이 큰 경우 초당 전송할 수 있는 신호의 수가 많음을 의미하므로 데이터 전송율(Transmission Rate)은 대역폭에 비례하여 커짐을 알 수 있다. 그리고 신호의 레벨(level)이 많으면 하나의 신호를 통해 전달할 수 있는 비트의 수가 늘어난다. 즉, 〈그림 3.3〉와 같이 4개의 서로 다른 신호 레벨을 사용하는 경우 하나의 신호로 2 비트($2=\log_2 4$)를 전송할 수 있다.

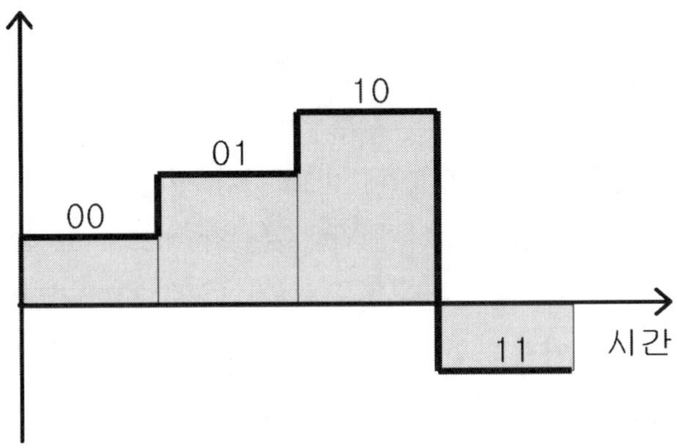

그림 3.3 신호 레벨과 다중 비트 전송

나이퀴스트(Nyquist) 샘플링 정리(Sampling Theorem)에 따르면 대역폭(B)과 신호 레벨(K)의 수와 초당 비트 전송율(D)의 관계는 다음과 같다.

$$D = 2B\log_2 K$$

나이퀴스트 정리는 전선에 발생하는 잡음 등으로 인해 실제로는 도달할 수 없는 절대적 최대 값을 제공한다. 샤논(Shannon)은 나이퀴스트의 정리를 잡음이 존재하는 실제적인 환경에 적용하여 다음과 같은 정리를 완성하였다.

$$C = B\log_2(1 + S/N)$$

여기서 B는 대역폭을 나타내고, S/N은 신호대 잡음비로써 신호의 세기와 잡음의 세기의 비를 보여준다. 그리고 C는 전송율을 나타내는 채널 용량이다. 신호대 잡음비인 S/N은 직접 표현되지 않고 데시벨(dB, decibel) 단위로 측정되는 $10\log_{10}(S/N)$으로 나타낸다. 예를 들면 S/N 비율이 100이면 20dB이고 1000이면 30dB가 된다.

10BaseT에 10은 10Mbps를 나타내는데 10BaseT에서는 하나의 신호가 한 비트를 나타내는 맨체스트 인코딩 기법을 사용하므로 초당 10MHz의 신호를 발생시킨다. 맨체스트 인코딩은 하드웨어가 일정한 전압 값보다 전압의 변화를 더 쉽게 감지하는 특성을 이용하여 두 전압을 사용하여 디지털 값을 표현하는 대신에 전압 변화의

연속으로 값을 표현한다. 즉, 각 비트를 표현하는 시간 간격의 중앙에서 음의 전압에서 양의 전압으로, 또는 그 반대로 전압이 변화하게 함으로써 이를 감지하여 비트를 인지할 수 있게 한다. 이 방식은 신호 감지를 용이하게 하여 장치를 간단하게 구현할 수 있게 하는 장점이 있으나, 매 비트 마다 신호 변화가 발생하여야 하고 같은 값이 반복되는 비트열을 표현하기 위해서는 각 비트의 표시에 두 번의 신호 변화(예, 양의 전압으로 변화된 후 다시 음의 전압으로 변화)가 필요해진다. 이는 대역폭 대비 전송율이 떨어지게 만든다. 따라서 10BaseT와 같이 비교적 속도가 느린 경우에는 문제가 되지 않으나, 100BaseT와 같이 고속 데이터 전송을 필요로 하는 경우에는 지나치게 높은 대역폭을 요구하게 되어 맨체스터 인코딩을 적용할 수 없게 된다. 100BaseT에서는 맨체스트 인코딩 대비 전송 효율이 우수한 4B/5B 인코딩 기법을 적용하여 대역폭 대비 전송율을 높일 수 있도록 하여 100Mbps의 고속 데이터 전송을 실현한다. 4B/5B 인코딩의 기본 개념은 연속적으로 발생하는 0비트를 제거하기 위해 4비트의 데이터를 5비트 값으로 변환한 다음 부호화함으로써 신호 변화의 수를 줄이는 데에 있다. 자세한 설명은 생략한다.

3.1.3 매체 접근 제어와 CSMA/CD

10/100BaseT 이더넷의 기본 구성은 중앙의 허브 장치, 허브와 컴퓨터를 연결하는 UTP 케이블로 구성된다. 각 케이블의 최대 길이는 100M이며, 리피터 허브는 각 UTP 케이블을 통해 들어오는 모든 신호를 모든 다른 케이블로 단순히 전달(Broadcasting)하는, OSI의 계층 1의 역할만을 수행 한다. 즉, 물리적으로 케이블을 연결하는 리피터(Repeater)역할만 수행한다. 리피터 허브에 연결된 하나의 컴퓨터가 신호를 송신하면 허브에 연결된 모든 케이블에 신호가 전달되므로 한번에 하나의 컴퓨터만 신호를 전송할 수 있다. 만약 두 대 이상의 컴퓨터가 동시에 신호를 전송하면 신호간 충돌(Collision) 발생으로 수신자가 신호를 감지할 수가 없다. 따라서 특정 시점에 누가 데이터를 전송할 것인지를 제어할 수 있어야 하는데 이를 매체 접근 제어(Medium Access Control) 기법이라 한다. 10/100BaseT를 포함하는 모든 종류의 이더넷은 기존 제품과의 상호 호환성을 보장하기 위해 초기 10Base5 이더넷에서 채택한 CSMA/CD(Carrier Sense Multiple Access with Collision Detection) 기

법을 적용한다. CSMA/CD 매체 접근 제어 기법은 IEEE 802.3 위원회에서 표준화된 연유로 IEEE 802.3 MAC 프로토콜이라 불리우며, OSI 계층 2에서 동작한다.

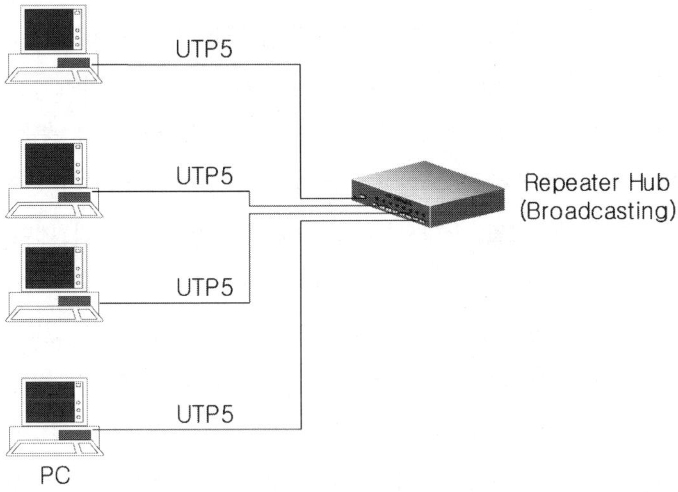

그림 3.4 10/100BaseT 이더넷 배선도

CSMA/CD는 다음과 같이 동작한다.

첫째, 허브에 연결된 컴퓨터가 송신할 데이터가 있으면 케이블이 유휴(Idle)한 지를 검사한다(Carrier Sensing).

둘째, 케이블에 신호가 감지되면 다른 컴퓨터가 전송 중이므로 신호 에너지가 감지되지 않을 때까지 기다린다.

셋째, 케이블에 신호가 감지되지 않으면 데이터를 전송한다. 전송하는 동안 다른 컴퓨터로부터의 신호 에너지가 있는 지 검사한다. 만일, 다른 컴퓨터로부터의 신호 에너지 검출없이 데이터 전송을 완료하면 데이터 전송이 성공적으로 이루어진 것이다.

넷째, 만일 전송 도중에 다른 컴퓨터의 신호 에너지를 검출하면 자신의 신호와 다른 컴퓨터의 신호가 충돌 한 것이므로 전송을 중단하고 충돌 신호(Jam 신호)를 보낸다(Collision Detection).

다섯째, 충돌 감지 후 임의의 시간을 기다린 다음 다시 시도한다. 기다리는 임의의 시간은 재충돌 가능성을 최소화하는 지수적 백오프(Exponential Backoff) 알고리즘을 통해 결정한다.

10BaseT에서 신호간 충돌은 케이블의 유휴 상태를 감지하고 데이터 전송을 시작한 후 이 신호가 특정 컴퓨터에 도달하기 전에 그 컴퓨터가 데이터 전송을 개시할 때 발생한다. 일단 충돌이 발생하면 두 컴퓨터가 전송한 데이터는 손실이 된다. 따라서 각 컴퓨터는 자신이 전송하는 데이터가 다른 데이터와 충돌하는 지를 확인할 수 있어야 하고, 만약 충돌이 발생하면 충돌이 발생한 데이터를 폐기하고 재전송을 할 수 있어여 한다. 이를 위해서는 모든 충돌 발생이 자신의 데이터 전송 완료전에 확인이 될 수 있어야 한다. 즉, 데이터 전송에 걸리는 최소 시간(전송 지연 − T_{trans})는 신호 전달에 걸리는 시간(전달 지연)의 2배(2 × T_{prop})보다 충분히 커야 된다. T_{trans}는 이더넷이 처리하는 적정 크기의 패킷(프레임)을 전해진 전송 속도(예, 10Mbps)로 전송하는 데이 걸리는 시간이고, T_{prop}는 최대 길이 케이블의 끝에서 끝까지 전기 신호가 전달되는 데에 걸리는 시간이다. 초기에 이더넷인 10Base5의 최대 케이블 길이는 2.5Km(500M 케이블 5개를 리피터로 연결)였다. 이때 이더넷 프레임을 10Mbps 속도로 전송할 때 걸리는 시간이 4개의 리피터로 연결된 5Km(2×2.5Km) 케이블의 전달 지연 시간보다 항상 크게 만들기 위해 이더넷 프레임의 최소 길이를 64바이트(512비트)로 정의하였다. 10/100BaseT의 UTP 케이블 길이는 최대 100M를 넘지 않기 때문에 10Base5에 비해 최대 전달 지연 시간이 훨씬 적다. 그러나 기존 이더넷과의 호환성을 고려하여 10/100BaseT에서도 프레임의 최소 길이를 64바이트로 제한하고 있다.

3.1.4 프레임(Frame) 구조

이더넷의 데이터 전송 단위를 프레임이라 한다. 이더넷은 10Base5, 10Base2, 10BaseT, 100BaseT, 100BaseFX 등 사용하는 케이블(동축 케이블, UTP, 광 케이블)의 종류와 전송 속도(10Mbps, 100Mbps, 1Gbps, 10Gbps)에 따라 서로 다른 여러 종류로 구분되지만, 상호간 호환성을 위해 동일한 프레임 구조를 유지하고 있다. 이더넷 프레임 구조는 〈그림 3.5〉와 같다.

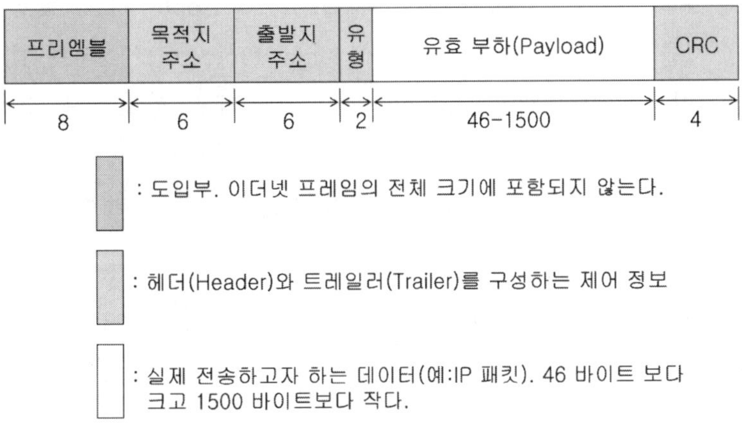

그림 3.5 이더넷 프레임 구조

이더넷 프레임은 8 바이트의 프리엠블(Preamble) 필드로 시작한다. 프리엠블의 첫 일곱 바이트는 각각 10101010의 값을 가지는 데 수신자의 클럭(비트 시간 간격)을 송신자의 그것과 정확하게 일치(동기화)시키는 역할을 수행한다. 마지막 바이트는 10101011 값을 가지고 다음 바이트부터 이더넷 프레임이 시작됨을 알려준다. 목적지 주소(Destination Address) 필드는 프레임의 수신자 이더넷 주소를 나타내고, 출발지 주소(Source Address)는 송신자의 이더넷 주소를 나타낸다. 이더넷 주소는 6 바이트(48 비트) 구조의 정적인(Static) 주소 체계를 가진다. 즉, 이더넷 주소는 하드웨어 제조시에 제조 회사별로 부여된 고유 번호에 각 하드웨어 별로 고유한 일련번호를 부여하여 유일한 주소를 부여한다. 이렇게 부여된 이더넷 주소는 하드웨어가 대체되지 않는 한 변하지 않는다. 이더넷에 연결된 모든 컴퓨터를 지칭하는 특수 목적의 주소를 방송(Broadcasting) 주소라 한다. 이더넷에서 방송 주소는 48비트 전체가 1의 값을 가진다(즉, 16진수 표시로 FF-FF-FF-FF-FF-FF). 각 컴퓨터의 이더넷 연결 장치(어뎁터-Adapter)는 자신의 주소와 같은 목적지 주소 또는 방송 주소를 목적지 주소로 가지는 프레임은 수신하고 그렇지 않은 프레임은 폐기한다.

이더넷 프레임의 유형(Type) 필드는 이더넷으로 하여금 네트워크 계층 프로토콜들을 다중화 할 수 있도록 허용한다. 즉, 컴퓨터가 IP 이외의 프로토콜을 사용하여 통신할 수 있도록 허용한다. 예를 들어 Novell IPX나 AppleTalk 프로토콜의 경우 별도의 유형 값을 가진다. ARP(Address Resolution Protocol)의 경우도 별도의 유형 값을 가진다. 따라서 여러 개의 서로 다른 네트워크 계층 프로토콜들이 하나의 이더넷을 통해 유형 값을 달리 지정함으로써 다중화(Multiplexing)될 수 있는 것이다. 유효 부하(Payload) 필드에는 실제 전송하고자 하는 데이터가 위치한다. IP를 사용하는 경우 IP 패킷이 유효 부하가 된다. 유효 부하 필드의 최대 값은 1500 바이트이다. 따라서 만일 IP 패킷의 크기가 1500 바이트를 초과하면 IP 패킷이 단편화(Fragmentation)되어야 한다는 것을 의미한다. 유효 부하 필드의 최소 길이는 46 바이트이다. 이는 이더넷의 매체 접근 제어 기법인 CSMA/CD의 충돌(Collision) 감지를 위해 필요한 최소한의 프레임 전송 지연 시간을 확보하기 위한 것이다. 따라서 만일 IP 패킷의 길이가 46 바이트보다 작으면 유효 부하 필드를 채워서(Stuffing) 46 바이트로 만들어야 함을 의미한다. 임의로 채워진 데이터는 네트워크 계층에서 패킷 길이 필드 값을 사용하여 제거될 수 있다. CRC(Cyclic Redundancy Check)는 프레임 오류 검출을 위해 부가적으로 첨가되는 필드이다. 송신자는 이더넷 프레임을 구성할 때 프리엠블을 제외한 다른 필드의 비트들로부터 오류 검출을 위한 CRC 값을 계산해낸다. 수신자는 수신한 프레임에 대해 동일한 함수를 적용하여 CRC 값을 계산한 다음 CRC 필드의 값과 비교한다. 만일 비교 결과 두 값이 동일하지 않으면 수신자는 프레임에 오류가 발생하였다는 것을 알 수 있다.

3.1.5 10/100BaseT 스위치

3.1.5.1 리피터 허브와 스위치의 차이

10/100BaseT 이더넷은 기본적으로 리피터 허브를 상호 연결함으로써 확장될 수 있다.

리피터 허브 연결을 통한 이더넷 확장의 가장 큰 문제점은 충돌 도메인(Collision Domain)의 확장에 있다. 리피터 허브는 특정 케이블을 통해 수신한 신호를 모든 다른 포트로 방송한다. 따라서 리피터 허브로 연결된 모든 컴퓨터는 한 순간에 한

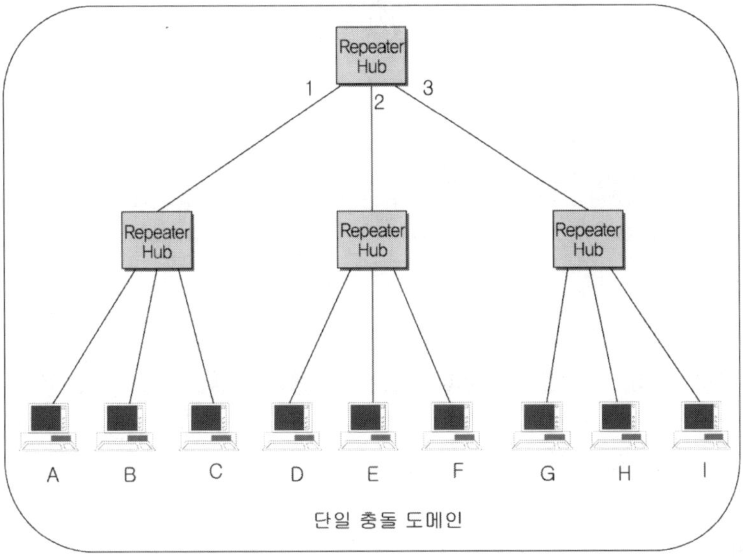

그림 3.6 리피터 허브를 통한 이더넷 확장

대의 컴퓨터만이 프레임을 전송할 수 있다. 이는 리피터 허브를 연결하여 이더넷을 확장한 경우에도 마찬가지이다. 10BaseT로 동작하는 이더넷의 경우, 리피터 허브로 확장된 이더넷에 연결된 모든 컴퓨터들이 10Mbps의 속도를 공유하므로 리피터 허브를 통한 이더넷 확장은 상대적인 성능 저하를 가져올 뿐만 아니라 랜간의 차별화된 성능 지원이 원천적으로 불가능하다. 또한 서로 다른 속도를 지원하는 리피터 허브간 연결이 불가능하므로 10BaseT 이더넷과 100BaseT 이더넷을 지원하는 리피터 허브간 연결이 허용되지 않는다.

이더넷 스위치는 포트별로 충돌 도메인을 분리함으로써 충돌 도메인의 크기 제한(스위치에 연결된 허브의 포트 수 제한)을 통해 차별화된 성능을 지원할 수 있게 한다.

10/100BaseT 스위치는 RJ45로 연결되는 다수의 포트를 제공하고, 각 포트에는 허브 또는 컴퓨터가 연결될 수 있다. 포트 상호간에는 10 Mbps 또는 100 Mbps 속도로 이더넷 프레임을 교환할 수 있다. 즉, 서로 다른 속도의 10BaseT와 100BaseT 이더넷을 동일 스위치를 통해 연결할 수 있다. OSI 계층 1의 물리 계층에서 동작하

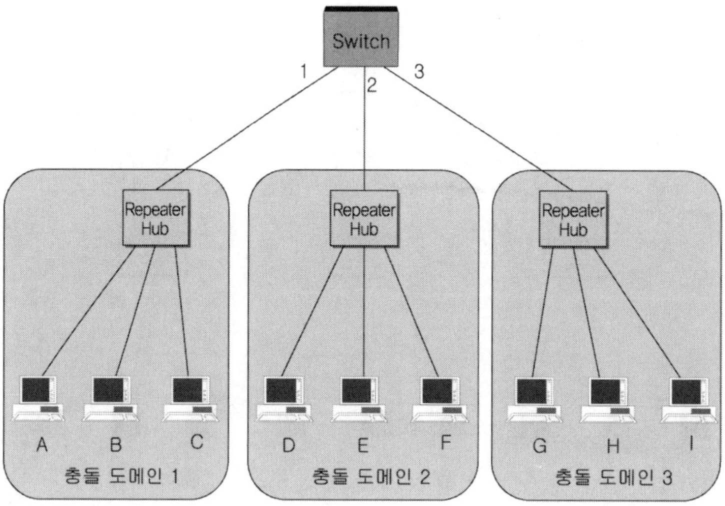

그림 3.7 스위치를 통한 이더넷 확장

는 리피터 허브와 달리 이더넷 스위치는 프레임을 수신한 다음 목적지 주소의 컴퓨터가 연결된 포트로만 프레임을 전송하는 프레임 필터링(Frame Filtering) 기술을 지원한다. 즉, 이더넷 스위치는 OSI 계층 2에서 동작하는 장치이다. 만약 목적지 주소의 컴퓨터가 연결된 포트가 해당 프레임의 입력 포트와 동일하면 목적지 주소의 컴퓨터가 송신자 컴퓨터와 같은 허브에 연결되었음을 의미하므로 해당 프레임을 폐기한다.

〈그림 3.7〉에서 목적지 주소 B를 가진 프레임이 1번 포트로 도착하면 송신자와 수신자가 1번 포트에 연결된 동일한 허브에 연결됐음을 의미하므로 스위치는 해당 프레임을 폐기한다. 똑 같은 목적지 주소를 가진 프레임이 2번 포트로 도착하면 스위치는 목적지 주소 B가 연결된 허브가 연결된 1번 포트로 해당 프레임을 전달한다.

3.1.5.2 자가 학습(Self-Learning)

이와 같은 이더넷 스위치의 프레임 필터링 기능은 스위치의 자가 학습(Self-Learning)에 의해 만들어지는 스위치 테이블(Switch Table) 또는 브리지 테이블(Bridge Table) 기반으로 이루어진다. 스위치 테이블은 이더넷 주소, 포트 번호, 그리고 갱신 시간을 나타내는 3개의 필드를 가지는 엔트리들로 구성된다. 스위치 테이블은 네트워크 관리자나 구성(Configuration) 프로토콜의 개입 없이 스위치에 의해 자동으로(Automatically), 그리고 동적으로(Dynamically) 구축된다. 스위치의 이런 기능을 자가 학습(Self-Learning) 능력이라 한다. 스위치의 자가 학습은 다음과 같이 이루어진다.

첫째, 스위치 테이블은 초기에 비어 있다.

둘째, 프레임이 포트에 도착했는데 그 프레임의 목적지 주소가 스위치 테이블에 없으면, 스위치는 프레임의 복사본을 다른 모든 포트로 전달한다.

셋째, 수신한 프레임의 출발지 주소가 프레임에 없으면 스위치는 (1) 프레임의 출발지 주소에 있는 이더넷 주소, (2) 프레임이 도착한 포트 번호, (3) 현재 시간을 스위치 테이블에 저장한다. 랜상의 모든 컴퓨터가 프레임을 송신하면 스위치 테이블이 완성된다.

넷째, 프레임이 포트에 도착하고 프레임의 목적지 주소가 스위치 테이블에 있으면, 스위치는 프레임을 해당 포트로 전달한다.

다섯째, 미리 정해진 일정 시간(수명 시간 – Aging Time)이 지난 후에도 해당 주소를 출발지 주소로 하는 프레임을 수신하지 못하면 스위치 테이블에서 이 주소의 엔트리를 삭제한다. 이는 스위치 테이블에 최신 정보를 유지하기 위함이다.

예를 들어, 〈그림 3.7〉에서 맨 처음 A가 목적지 주소를 D로 하는 프레임을 시간 10:01에 전송하면 스위치는 이 프레임을 2번과 3번 포트로 전달하고, 스위치 테이블에 이더넷 주소 A, 포트 번호 1, 그리고 시간 10:01을 저장한다. 10:10에 목적지 주소가 A이고 출발지 주소가 G인 프레임이 3번 포트로 도착하면 스위치는 이 프레임을 1번 포트로 전달하고, 이미 G 주소의 엔트리가 테이블에 존재하므로 G 엔트리의 시간만 10:10으로 변경한다. 스위치의 수명 시간이 60분이고 출발지 주소 A를 가지는 프레임이 11:01까지 도착하지 않으면 스위치는 A 주소의 엔트리를 테이블에서 삭제한다.

스위치로 이더넷을 확장할 때의 문제점 중 하나는 상위 부분에 있는 스위치가 고장 나는 경우 전체 랜의 상당 부분이 동작하지 않는다는 것이다. 이런 문제를 해결

표 3.2 스위치 테이블 예

이더넷 주소	포트 번호	시간
A	1	10:01
B	1	10:05
D	2	10:06
G	3	10:07
C	1	10:10
E	2	10:11
H	3	10:11
I	3	10:12
F	2	10:13

하기 위해서는 하나의 스위치가 고장 나더라도 다른 스위치를 이용할 수 있도록 랜을 구성할 필요가 있다. 즉, 랜 연결 시 랜 간에 다중 경로가 생기도록 구성하여 고장 인내력(Fault Tolerance)를 높여주는 것이다. 〈그림 3.8〉은 〈그림 3.7〉의 확장 이더넷을 두 개의 스위치를 사용하여 연결한 것이다. 이 경우 두 개의 스위치 중 한 개의 스위치가 고장이 나더라도 전체 랜이 동작하는 데는 문제가 없다.

복수의 스위치를 사용하여 다중 경로를 가지도록 이더넷을 확장하는 경우의 문제점은 상호 연결된 랜에서 프레임의 중복 복제가 발생할 수 있다는 것과 어떤 경우에는 복제가 무한정 발생하여 랜을 마비시킬 수도 있다는 것이다. 〈그림 3.8〉에서 컴퓨터 A가 방송(Broadcasting) 프레임을 전송한다고 가정하자. 이 방송 프레임은 허브1과 스위치1을 통해 모든 컴퓨터에게 전달된다. 또한 이 방송 프레임은 스위치2를 통해서도 허브2와 허브3에 연결된 컴퓨터에게 전달되고, 허브2와 허브3은 해당 방송 프레임을 스위치1에게도 전달한다. 스위치1은 다시 해당 방송 프레임을 허브1, 허브2, 허브3을 통해 모든 컴퓨터와 스위치2에게 전달하고, 스위치2는 동일한 과정을 반복함으로써 무한정 방송 패킷의 복제를 유발한다. 이런 상황은 다중 경로가

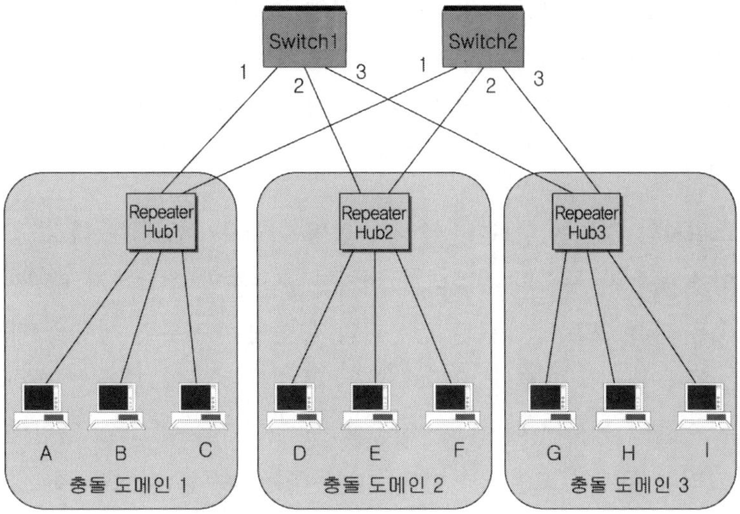

그림 3.8 중복 경로를 갖는 이더넷 확장

루프(Loop), 즉 특정 스위치에서 출발한 프레임이 여러 경로를 거쳐 다시 출발지 스위치로 돌아올 수 있는 원형 경로(Loop)를 만들 때 발생한다. 따라서 다중 경로 상에 루프가 존재하는 경우 일부 경로의 가상적인 단절을 통해 루프를 해제시켜 트리(Tree) 형태로 만들어 주어야 한다. 스위치간에 루프를 해제하기 위해 수행하는 프로토콜을 스패닝 트리 프로토콜(Spanning Tree Protocol)이라 한다. 스패닝 트리 프로토콜은 확장된 랜 상에 존재하는 스위치들간에 정보 교환을 통해 루프 존재를 동적으로 탐지하고 해제시키는 기능을 수행한다.

3.1.5.3 완전 양방향 통신

데이터 통신에서 한쪽 방향으로만 데이터를 전송할 수 있는 통신 방식을 단방향(Simplex) 통신이라 하고, 한 순간에 하나의 컴퓨터만 데이터를 전송할 수 있어 교대로 데이터를 전송하는 방식을 교대 양방향(Half-duplex) 또는 반이중 통신이라 한다. 그리고 언제든지 양방향으로 데이터를 전송할 수 있는 통신 방식을 완전 양방향(Full-duplex) 또는 전이중 통신이라 한다. 기본적으로 허브 기반의 CSMA/CD 이더넷은 한순간에 하나의 컴퓨터만 데이터를 전송할 수 있으므로 교대 양방향

(Half-duplex) 통신을 지원한다. 이 것은 허브에 연결된 어떤 컴퓨터가 데이터를 전송하면 해당 데이터는 허브에 연결된 모든 컴퓨터에 동시에 전달되고, 다른 컴퓨터가 데이터를 전송하고 있으면 어떤 다른 컴퓨터도 데이터를 동시에 전송할 수 없기 때문이다.

그러나 스위치의 경우는 다르다. 앞에서 설명한 대로 스위치는 특정 포트로 입력되는 프레임을 목적지 주소의 컴퓨터가 위치한 포트로만 전달하기 때문에 해당 프레임의 전송은 다른 포트에 소속된 컴퓨터의 통신에는 아무런 영향을 미치지 않는다. 다만 스위치의 특정 포트와 컴퓨터 또는 허브가 하나의 꼬인쌍 케이블(UTP)로 연결된 경우 이들이 동시에 데이터를 전송할 수 없기 때문에 교대 양방향 방식으로 통신한다. 그러나 두개의 꼬인쌍 케이블을 사용하는 경우는 다르다. 한 쌍은 데이터 송신에 사용하고 한 쌍은 데이터 수신에 사용하면 충돌을 피할 수 있으므로, 스위치의 특정 포트에 허브가 아닌 컴퓨터나 또 다른 스위치가 두 쌍의 UTP를 통해 연결되는 경우 완전 양방향 방식의 통신을 통해 데이터 전송율을 2배로 향상 시킬 수 있다. 스위치 포트에 2 쌍의 UTP를 통해 허브가 연결되는 경우, 설령 허브와 스위치간에는 완전 양방향의 전송이 지원되더라도 허브와 컴퓨터간에 교대 양방향 방식을 따라야 하므로 허브에 연결된 컴퓨터와 스위치간에 완전 양방향 통신이 지원될 수 없다. 현재 대부분의 UTP 케이블은 UTP5e 규격에 맞춰 4쌍이 케이블이 하나의 묶음으로 생산되고, 대부분이 이를 지원하는 RJ45 커넥터를 사용하므로 대부분의 스위치는 완전 양방향 통신 방식 설정을 지원한다.

3.1.5.4 가상 랜(VLAN)

스위치를 통해 확장되는 랜은 하나의 방송 도메인(Broadcast Domain)을 가진다. 즉, 어떤 컴퓨터가 방송 프레임을 송신하면 확장 랜의 모든 컴퓨터들이 해당 방송 프레임을 수신한다. 가상 랜(Virtual LAN)은 한 개 이상의 스위치를 통해 확장된 하나의 방송 도메인을 여러 개의 도메인으로 나누어 각각이 마치 독립적인 랜처럼 동작하도록 하는 기법이다.

하나의 랜에서 방송 프레임 교환으로 통해 수행할 수 있는 많은 서비스들이 존재할 수 있다. 예를 들면, 같은 랜에 연결된 공유 컴퓨터를 찾을 때 각 컴퓨터가 방송 프레임에 회신하게 함으로써 쉽게 찾을 수 있다. 또한 특정 서버(예를 들면, DHCP 서버 등)를 찾을 경우에도 방송 프레임에 대해 해당 서버가 회신하게 할 수 있을 것이다. 따라서 확장된 전체 랜을 필요에 따라 작업 그룹(Work Group)등의 논리적인 그룹 단위의 가상 랜으로 나누고 각각을 독립적인 방송 도메인으로 동작하게 하면, 해당 작업 그룹내의 프레임이 불필요하게 다른 작업 그룹에 연결된 컴퓨터로 전달되는 것을 방지하여 전체 데이터 트래픽의 양을 줄일 수 있다. 또한 작업 그룹 단위로 데이터 흐름을 분리함으로써 작업 그룹간 보안 유지를 보다 용이하게 할 수 있다.

가상 랜은 스위치의 각 포트 또는 컴퓨터의 랜 주소 단위로 소프트웨어적으로 구분된다. 즉, 스위치의 제어 소프트웨어를 사용하여 포트 단위 또는 랜 주소 단위로 각 컴퓨터를 임의의 가상 랜에 소속시킬 수 있다. 〈그림 3.9〉는 2개의 스위치에 연결된 A, B, C 컴퓨터들이 한개의 VLAN1으로 연결된 구조를 보여주고 있다.

VLAN1의 컴퓨터A가 방송 프레임(EF)을 전송할 경우 다음과 같은 절차로 해당 방송 프레임이 전달된다. 여기서 VLAN은 포트 단위로 설정되는 것으로 가정한다.

첫째, 방송 프레임 EF가 1번 포트를 통해 스위치1에 도착하면, 스위치1은 미리

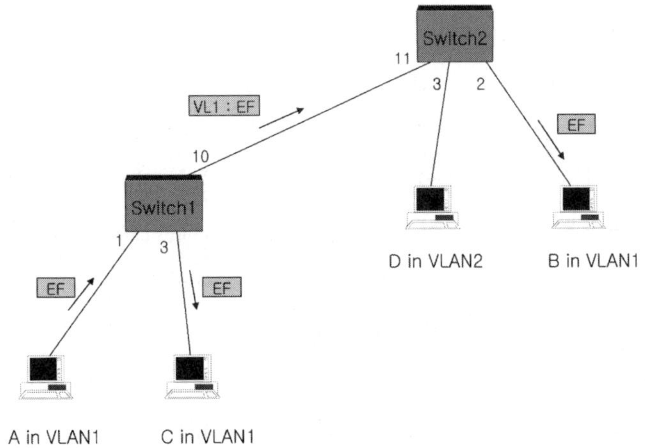

그림 3.9 다중 스위치와 가상 랜

설정된 정보를 통해 해당 포트가 VLAN1에 소속된 것을 알게 된다.

둘째, 스위치1은 미리 설정된 정보를 통해 3번 포트도 VLAN1에 속한 포트임을 알고 있으므로 해당 방송 프레임을 3번 포트로 전달한다.

셋째, 10번 포트는 스위치에 연결되어 있고 10번 포트에 연결된 스위치2에 VLAN1에 속한 컴퓨터가 존재하므로, 스위치1은 해당 방송 프레임(EF)를 10번 포트로도 전송해야 한다. 이 때 해당 프레임에 VLAN 식별자(Identifier)를 첨가함으로써 스위치2가 확장된 프레임(VL1 : EF)을 VLAN1에 속한 프레임임을 구분할 수 있게 한다.

넷째, 확장된 프레임(VL1 : EF)을 수신한 스위치2는 미리 설정된 정보를 통해 2번 포트가 VLAN1에 소속된 것임을 알고 있으므로, VLAN 식별자를 제외한 프레임(EF)를 2번 포트를 통해 컴퓨터B에게 전달한다.

3.2 무선 LAN

3.2.1 전자기파

무선 LAN은 이더넷과 같이 케이블을 통해 흐르는 전류의 전압 차이(또는 전압의 변화)를 통해 데이터를 전달하는 유선 LAN과 달리, 공기를 통과하는 전자기파(Electromagnetic Wave)를 사용하여 데이터를 전달한다. 즉, 송신 안테나에 전류를 유도함으로써 발생하는 연속적인 전자기파의 속성(주파수-Frequency, 진폭-Amplitude, 위상-Phase)의 차이를 이용하여 이진(Binary) 데이터를 전송하는 것이다. 일반적으로 전자기파는 연속적으로 진동하는 특성을 가지는 데, 1초당 진동수를 해당 전자기파의 주파수(Frequency)라 하며 헤르쯔(Hz)로 표시되고, 진폭(Amplitude)은 해당 전자기파의 높이, 즉 신호의 세기를 나타내는 것으로써 일반적으로 와트(Watts) 또는 볼트(Volts)로 표시된다. 그리고 위상(Phase)은 특정 시점에서의 전자기파의 위치(Position)을 나타내고 기준점 대비 각도 차이로 표시한다. 특정 신호가 가질 수 있는 최소 주파수와 최대 주파수 사이의 영역을 스펙트럼(Spectrum)이라 하고, 최대 주파수와 최소 주파수의 차이를 해당 신호의 대역폭(Bandwidth)라 한다. 하나의 매체를 통해 한 순간에 하나의 신호만 전달하는 기저대역(Baseband) 방식의 통신과 달리, 전자기파를 이용하는 통신은 기본적으로 공기 매체를 통해 동시에 여러 개의 신호가 전달될 수 있게하는 광대역(Broadband) 방식으로 동작한다. 이는 일정한 크기 이상의 주파수 차이를 가지는 신호는 상호 간섭없이 동시에 하나의 매체를 통하여 전송될 수 있는 원리를 이용하는 것이다.

어떤 신호 전송에 특정한 주파수 대역이 할당된다는 것은 원래의 신호를 해당 주파수 대역내의 신호로 변경하여 전송한다는 것을 의미한다. 원래의 신호를 특정 주파수 대역의 신호로 변경하는 것을 신호 변조(Modulation)라 하고, 변조된 신호로부터 원래의 신호를 복원하는 것을 신호 복조(Demodulation)라 한다. 특정한 주파수 대역(f1~f2)의 전자기파를 통해 신호를 전송하기 위해서는 변조된 신호의 주파수가 f1~f2 범위내에 있어야 함을 의미하고, 이는 최대 신호 변화의 수를 나타내는 원래 신호 주파수의 최대값이 변조 후에 f2와 f1의 차이(f2-f1)를 넘지 않아야 함으로 의미하므로, 결국 나이퀴스트정리에 따라 데이터 전송율을 결정하는 신호 변화의 최대 수는 신호 전송을 위해 할당된 전자기파의 대역폭에 의해 제한됨을 알 수 있다. 즉, 데이터 전송을 위해 할당되는 전송 전자기파의 대역폭이 넓으면 넓을수록 높은 신호 변화수를 지원하게 되어 높은 데이터 전송율을 지원한다. 따라서 신호 변화의 최대 수를 표현하기 위한 대역폭의 정의는 기저대역 통신 방식과 광대역 통신 방식에서 차이가 없음을 알 수 있다.

전자기파 스텍트럼은 라디오파(Radio, $100 \sim 10^{10}$Hz), 마이크로웨이브(Microwaves, $10^{10} \sim 10^{12}$Hz), 적외선파(Infrared, $10^{12} \sim 10^{14}$Hz), 가시광선(Visible Light, $10^{14} \sim 10^{16}$Hz), 자외선(Ultraviolet, $10^{16} \sim 10^{17}$Hz), 엑선(X rays, $10^{17} \sim 10^{18}$Hz), 감마선(Gamma rays, 10^{18}Hz~)로 나누어 지는데, 현재 상용화되어 널리 보급되고 있는 IEEE 802.11b 무선 LAN은 라디오 주파수(RF-Radio Frequency) 대역 중 주파수 관리 당국의 허가없이 사용할 수 있는 ISM(Industrial, Science, Medical) 주파수인 2.4~2.483GHz 대역의 주파수 신호를 이용한다. 그리고 신호의 세기는 1W이하로 제한되기 때문에 신호의 도달 거리는 아무런 장애물이 없는 공간에서 약 200m 정도이고, 벽과 같은 구조물이 있는 경우에는 수십 미터 이내로 도달 거리가 제한된다.

표 3.3 전자기파(Electromagnetic Waves) 구분

구분	주파수(Hz)	응용
라디오파(RF)	100~1010	라디오, TV, 이동 전화, 무선랜 등
마이크로웨이브 (Microwaves)	1010~1012	마이크로웨이브 통신, 위성 통신, 광대역 무선 통신 등
적외선(Infrared)	1012~1014	무선 랜, 무선 리모콘 등
가시 광선 (Visible Light)	1014~1016	광 통신 등

3.2.2 확산 대역 기술

라디오 주파수의 전자기파의 문제점은 잡음 등 다른 신호에 의해 발생하는 간섭에 약하다는 것과 주파수가 노출될 경우 쉽게 도청될 수 있다는 것이다. 이런 문제점을 보완하기 위해 무선 LAN에서는 확산 대역(Spread Spectrum) 기술을 적용한다. 확산 대역 기술은 특정 주파수의 신호를 사용하여 데이터를 전송하는 대신에, 넓은 범위에 분포된 서로 다른 여러 개의 주파수 신호를 사용하여 데이터를 전송함으로써, 일부 주파수 신호에 대한 간섭이 발생하더라도 다른 주파수의 신호들을 사용하여 데이터를 전송할 수 있도록 한다. 또한 제 3자가 특정 주파수 신호를 도청할 지라도 단지 잡음처럼 보여지는 전체 데이터의 일부만 도청되므로 보안성이 뛰어난 특성을 가진다.

현재 널리 사용되고 있는 확산 대역 기술은 FHSS(Frequency-Hopping Spread Spectrum) 방식과 DSSS(Direct-Sequence Spread Spectrum) 방식이다. FHSS 방식은 허용된 주파수 범위내에서 유사난수(Pseudorandom) 발생기를 통해 생성된 n개의 서로 다른 주파수($f1, f2, f3, \cdots, fn$)의 신호를 일정한 시간 간격으로 돌아가며 데이터 전송에 사용한다. 수신자는 송신자가 사용하는 알고리즘과 동일한 유사난수 발생 알고리즘을 사용하여 동일한 주파수 집합을 생성하여 데이터를 적절하게 수신할 수 있는 반면, 제3자는 주파수 집합과 주파수간 교환 시간 간격을 정확하게 알기가 어려우므로 도청 또는 신호 훼손으로부터 보다 자유로울 수 있다. 반면, DSSS 방식

은 전송하고자 하는 데이터 비트를 유사난수(Pseudorandom) 발생기로 생성한 n비트의 치핑(Chipping) 비트열과 결합하여 칩 코드(Chip Code)를 만들어 전송한다. 수신자는 송신자와 동일한 유사난수 발생 알고리즘을 사용하여 치핑 비트열을 만든 다음 원래의 데이터 비트를 복원하는 반면, 치핑 비트열을 알 수 없는 제3자에 의한 도청을 피할 수 있다. 초기 1~2 Mbps의 속도를 지원하는 IEEE 802.11 표준에서는 FHSS와 DSSS에 의한 확산 대역 전송 기법을 모두 지원하였으나, 11Mbps의 고속 전송을 지원하는 IEEE 802.11b에서는 DSSS 방식을 사용한다.

3.2.3 무선 LAN의 구성

802.11 무선 LAN은 〈그림 3.10〉과 같이 BSS(Basic Service Set)와 DS(Distribution System)로 구성된다.

BSS는 일반적으로 하나 이상의 무선 스테이션(Stations, 데스크탑 컴퓨터, 노트북 컴퓨터, PDA 등)들과 하나의 AP(Access Point)로 구성된다. AP는 BSS내의 무선 스테이션들이 외부 망과 연결되는 접속점 역할을 수행한다. AP는 이더넷과 같은 유선

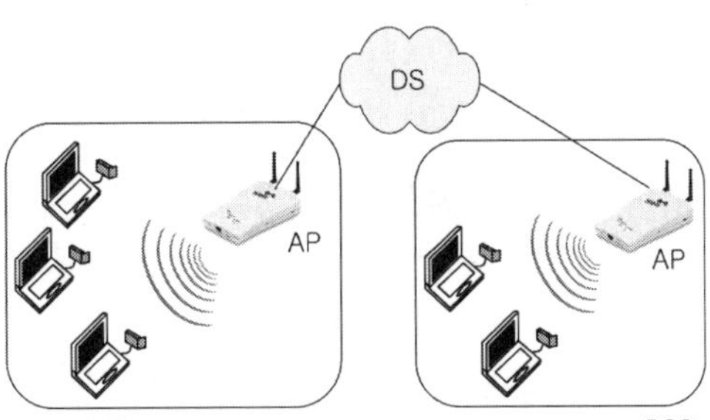

(a) IEEE 802.11 무선 LAN 구조

(b) IEEE 802.11 Ad Hoc 네트워크

그림 3.10 IEEE 802.11 무선 LAN 구조

LAN에 연결될 수도 있고, ADSL 모뎀이나 케이블 모뎀과 같은 접속망 연결 장치에 연결될 수도 있다. 고정 또는 이동할 수 있는 무선 스테이션들과 AP는 IEEE 802.11 무선 매체 접근 제어(MAC-Medium Access Control) 프로토콜을 통해 서로 통신한다. DS는 각 BSS의 AP들을 연결하는 망이다. 각 BSS에 속한 무선 스테이션들은 DS를 통해 외부 망에 연결된 컴퓨터뿐만 아니라 다른 BSS의 무선 스테이션들과 통신할 수 있다. AP를 통한 DS와의 연결이 없는 BSS를 애드 혹(ad hoc) 네트워크라 한다. 에드 혹 네트워크는 외부 망과의 연결 없이 즉석에서 노트북 컴퓨터와 PDA 등 이동 무선 스테이션들간에 형성되어 상호간 통신이 가능하게 한다.

3.2.4 CSMA/CA

유선 이더넷의 경우와 마찬 가지로 무선 LAN에서도 2개 이상의 무선 스테이션이 동시에 데이터를 전송하면 충돌이 발생하여 원래 데이터의 손실을 초래한다. 그러나 무선 LAN에서는 충돌 탐지(Collision Detection)와 재전송에 기반한 CSMA/CD 대신, 충돌 회피(Collision Avoidance)에 기반한 CSMA/CA(Carrier Sense Multiple Access with Collision Avoidance) 방식의 매체 접근 제어 기법을 사용한다. 무선 LAN 환경에서는 노트북 컴퓨터나 PDA와 같은 무선 스테이션들이 이동을 할 수 있기 때문에 전자기파로 통신하는 송수신자가 정확히 얼마나 떨어져 있는 지를 알 수가 없다. 따라서 실제로 충돌이 발생하더라도 감지가 될 수 없는 상황이 발생할 수 있다.

예를 들어 〈그림 3.11〉의 A와 C가 동시에 B로 데이터를 전송하는 경우 A와 C의 신호가 B에서 충돌이 발생하더라도 A와 C의 신호 각각이 C와 A에 도달할 수 없을 만큼 세기가 약한 경우 A와 C는 충돌을 탐지할 수 없다. 신호 약화를 초래하는 이유는 〈그림 3.11〉의 (a)와 같이 A와 C 사이에 신호가 통과할 수 없는 장애물이 위치하거나, (b)의 경우와 같이 A와 C 사이의 너무 먼 거리 때문일 수 있다.

충돌 회피는 데이터를 전송하기 전에 전송 권한, 즉 매체 접근 권한을 미리 예약함으로써 실현한다. 송신자는 프레임을 송신하기 전에 수신자에게 작은 크기의 RTS

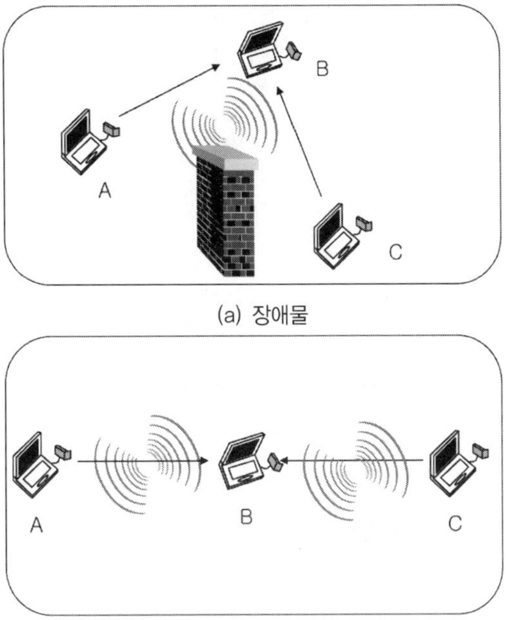

그림 3.11 무선 LAN 환경에서의 충돌 미탐지 문제

(Request To Send) 제어 프레임을 사용하여 전송할 데이터의 크기를 미리 알린다. RTS 프레임을 수신한 수신자는 송신자에게 송신을 허락하는 CTS(Clear To Send) 프레임으로 응답한다. RTS와 CTS 프레임을 감지한 모든 무선 스테이션들은 데이터 전송이 임박했음을 알고 송신자가 데이터를 다 전송할 때까지 전송을 시도하지 않음으로써 충돌을 회피한다.

3.2.5 무선 LAN 프레임 구조

〈그림 3.12〉에서 보는 바와 같이 IEEE 802.11 무선 LAN의 프레임 구조는 목적지 주소와 출발지 주소 등 두 개의 주소 필드를 가지는 이더넷과 달리 4개의 주소 필드를 가진다. 이는 프레임의 출발지(Source)와 송신자(Transmitter), 그리고 목적지(Destination)와 수신자(Receiver)를 구분하기 위한 것이다. 같은 BSS내에 목적지와 출발지가 존재하는 경우 출발지와 송신자, 드리고 목적지와 수신자를 구분할 필

2	2	6	6	6	2	6	0-2312	4
CO	DU	A1	A2	A3	SC	A4	DA	CRC

CO : Control

DU : Duration

A1 : Address1

A2 : Address2

A3 : Address3

A4 : Address4

SC : Sequence Control

DA : Data

CRC : Cyclic Redundancy Check

그림 3.12 IEEE 802.11 무선 LAN 프레임 구조

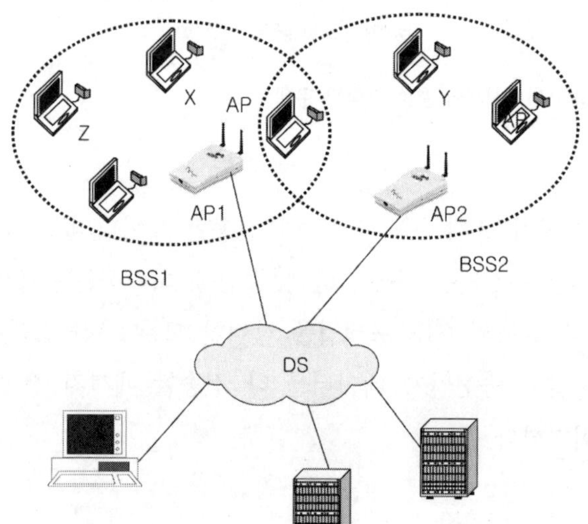

그림 3.13 무선 LAN 환경 예

요가 없으나, 다른 BSS에 존재하는 무선 스테이션간에 프레임을 전송하는 경우에는 중간에 위치하는 AP들이 중계 작업을 수행하기 때문에 특정 시점의 송신자와 수신자가 출발지 무선 스테이션과 목적지 무선 스테이션이 아닌 중간의 AP들이 될 수

있다. 하나의 AP가 송신하는 프레임이 여러 AP에 동시에 전달될 수 있기 때문에 프레임을 전송할 때 송신자와 수신자를 반드시 표시하여야 한다.

〈그림 3.13〉의 무선 LAN 환경을 예를 들어 설명하면, BSS1의 X가 Z에게 프레임을 전송하는 경우 AP가 개입될 필요가 없으므로 주소1(Address1)은 목적지 주소가 되고, 주소2(Address2)는 출발지 주소가 되면 된다. 그러나 BSS1의 X가 BSS2의 Y에게 프레임을 전송하는 경우는 보다 복잡하다. 이 경우 X가 송신한 프레임은 AP1에 의해 수신되고, 다시 AP2로 전달되어, AP2에 의해 Y에게 전달된다. 즉, 3번의 프레임 전송이 이루어지는 것이다. 먼저 X가 AP1에게 프레임을 전송할 때 X가 출발지 겸 송신자가 되므로 송신자를 나타내는 주소2(Address2)에 X를 표시하면 별도로 출발지 주소를 표시할 필요가 없다. 그리고 수신자는 AP1이므로 수신자를 나타내는 주소1(Address1) 필드에 AP1이 표시된다. 이 때 프레임의 목적지는 AP1이 아닌 Y이므로 AP1으로 하여금 Y로 프레임을 중계할 수 있게 목적지 주소 정보 Y를 해당 프레임의 주소3(Address3) 필드에 표시한다. X가 송신한 프레임을 수신한 AP1은 목적지 Y가 BSS2에 위치한 것을 알고 해당 프레임을 AP2로 중계한다. 이 경우 주소1 필드에는 수신자인 AP2가 표시되고, 주소2 필드에는 송신자인 AP1이 표시되며, 주소3에는 목적지인 Y가 표시된다. 이 때 목적지 Y가 출발지 X로의 회신을 위한 출발지 주소 표시가 필요하므로 나머지 주소4 필드에 출발지 X가 표시된다. 프레임을 수신한 AP2는 이를 자신의 BSS내에 있는 Y에게 전달한다. 이 때 Y는 목적지겸 수신자가 되므로 주소1 필드에 Y가 표시되고, 송신자 AP2는 주소2 필드에, 그리고 출발지 X는 주소3에 표시된다.

전송 시간(Duration) 필드는 프레임 전송에 걸리는 시간을 표시하는 것으로, RTS나 CTS의 해당 필드의 정보를 통해 이를 수신한 다른 무선 스테이션들이 얼마나 기다려야 하는 지를 알 수 있게 한다. 순서 제어(SC-Sequence Control) 필드에는 흐름 제어를 위한 순서 번호가 표시된다. 제어(Control) 필드에는 DS로 가는 프레임 표시, DS로부터 나오는 프레임 표시 등 다양한 제어 정보들이 담긴다.

3.3 DSL

3.3.1 DSL 주파수 대역과 DMT 변조 기술

DSL 기술은 기존의 아날로그 전화를 위한 구리 전화선이 전화기와 전화 교환기 간 300~3300Hz 대역의 음성 신호 전달을 위해 설계되었음에도 불구하고, 보다 높은 주파수의 신호를 전달 할 수 있다는 사실의 발견에서 비롯되었다. 80년대 중반 공학자들은 기존에 구축되어 있는 가입자 전화선을 사용하여 최대 1.1MHz까지의 고주파 신호를 무리없이 전송할 수 있음을 발견하였다. 그리고 2000년대에 들어와 기존 전화선을 이용하여 2.2MHz까지의 신호를 전송할 수 있는 새로운 기술을 개발하고 있다. DSL은 기존의 전화선을 통한 고주파 대역 신호 전송 기술을 이용하여 디지털 데이터를 고속으로 전송하는 기술이다.

〈그림 3.14〉의 (a)와 (b)는 각각 대표적인 DSL 기술인 ADSL(Asymmetric Digital

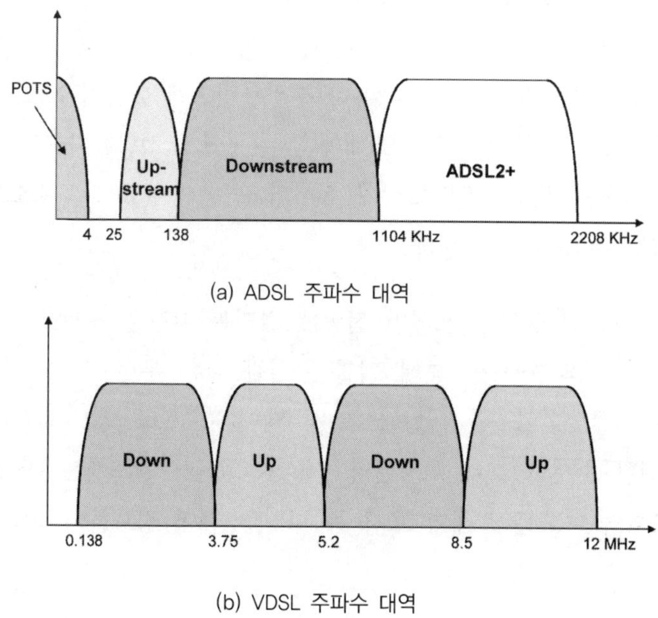

그림 3.14 ADSL과 VDSL 주파수 대역

Subscriber Line)과 VDSL (Very high-speed DSL)의 주파수 대역을 보여주고 있다. ADSL은 아날로그 음성 신호 전송 대역(0~4KHz)과 충분히 떨어진 25KHz에서 1.104MHz까지의 주파수 대역을 디지털 데이터 전송에 사용하는 기술이다. 이 대역 중 138KHz 이하의 대역은 가입자로부터 망으로의 상향(Upstream) 데이터 전송에 사용하고, 138KHz ~ 1.1MHz까지는 하향(Downstream) 데이터 전송에 사용한다. ADSL은 상향에 비해 상향에 보다 큰 대역폭을 할당함으로써 하향 데이터 전송 속도(최고 약 8Mbps)가 상향 속도(최고 약 800Kbps)에 비해 훨씬 빠른, 비대칭적인 속도를 지원한다. 이는 ADSL 기술 표준이 상향 대비 하향의 데이터량이 훨씬 많은 주문형 비디오 서비스(VoD-Video on Demand)에 초점을 맞춰 개발되었기 때문이다. 비록 주문형 비디오 서비스가 예상대로 활성화 되진 않았지만, 웹 서비스로 대표되는 인터넷 서비스의 데이터 흐름도 주문형 비디오와 매우 유사한 특성을 가지므로 ADSL이 인터넷 접속에 유용하게 활용되고 있다.

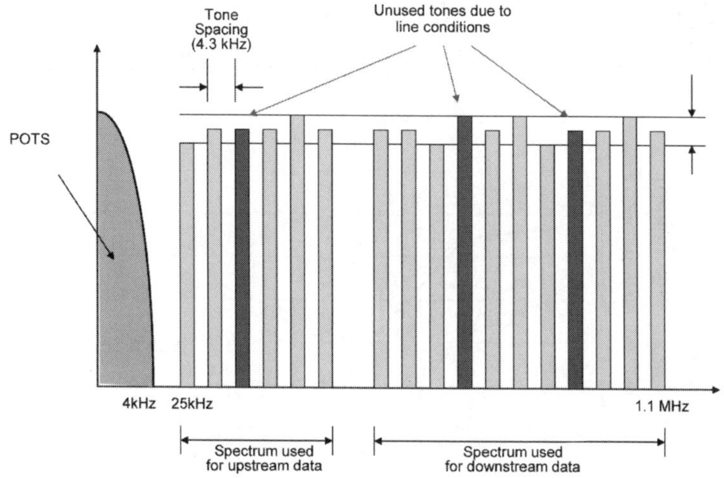

그림 3.15 DMT 변조 기법

2000년 이후에도 ADSL 기술은 계속 발전하고 있으며, 최대 2.208MHz까지의 주파수 신호를 이용하여 보다 빠른 속도를 지원하는 새로운 표준 기술(ADSL2+)이 개발되고 있다. 전화국에서부터 가입자까지의 기존 전화선을 그대로 사용하는 ADSL 기술과 달리, VDSL 기술은 약 1Km이내의 짧은 전화선을 이용하여 최대 12MHz가지의 아주 높은 주파수 대역의 신호를 통해 최대 52Mbps의 디지털 데이터 전송 속도를 지원할 수 있도록 개발된 기술이다. 〈그림 3.14〉의 (b)는 VDSL의 주파수 대역 사용 계획을 보여주고 있다. 짧은 거리 제약 때문에 VDSL 기술은 아파트와 같은 집단 거주 빌딩 내에서 주로 사용되고 있다.

ADSL과 VDSL은 DMT(Discrete Multi-Tone) 변조 기술을 사용하고 있다. DMT 변조 기법은 〈그림 3.15〉에서 보는 바와 같이 25KHz~1.1MHz 주파수 대역을 4.3125KHz 단위의 여러 개의 서브 채널(Subchannel)로 나누고, 각각의 서브 채널에 상호 간섭을 일으키지 않도록 디지털 신호를 독립적으로 신호를 변조함으로써 디지털 데이터를 전송한다. 초기화 시에 각 채널의 상태를 시험하여 신호의 누화(Attenuation) 정도와 잡음 정도를 검사한다. 만약 특정 채널의 상태가 아주 좋지 않으면 해당 채널은 사용하지 않는다. 그리고 서브 채널의 상태에 따라 신호 레벨을 달리 적용하여 신호당 전송 비트수를 조절함으로써 안전한 데이터 전송을 실현한다. 각 서브 채널에 대한 변조는 구상진폭변조(QAM) 기반의 변조 기술을 사용한다.

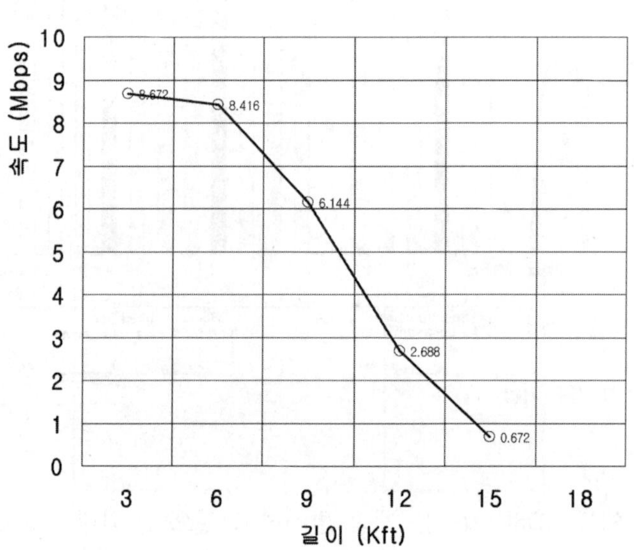

그림 3.16 전화선 길이와 ADSL 하향 속도 (예)

전화선의 길이가 길어지면 누화(Attenuation)가 심하기 때문에 서브 채널의 상태가 나빠지게 되고, 따라서 DSL에서는 전화선의 길이에 따라 데이터 전송 속도가 떨어지는 특성을 가진다. 〈그림 3.16〉은 전화선의 길이에 따른 ADSL의 하향 데이터 속도의 영향을 보여주고 있다.

3.3.2 DSL상의 데이터 링크 계층 프로토콜

간단히 말하여 DSL은 기존의 전화선을 통해 고속의 데이터 통신을 가능케 하는 물리 계층기술이다. DSL상에서 여러 가지의 데이터 링크 프로토콜이 사용될 수 있으나, ADSL의 경우 ATM(Asynchronous Transfer Mode) 프로토콜이 표준으로 사용되고 있고, VDSL의 경우 ATM 또는 이더넷 프레임 전송 프로토콜을 일반적으로 사용하고 있다. 90년대 후반 ATM이 ADSL의 데이터 링크 계층 표준 프로토콜로 채택된 사유는 다음과 같다. 첫째, 그 당시 ADSL 망이 연결될 대부분의 고속 백본망이 ATM 기반으로 구축될 것으로 예상되었기 때문에, ADSL상에서 ATM을 데이터 링크 프로토콜로 사용할 경우 ADSL 시스템의 망측 장치인 DSLAM(DSL Access Multiplexer)에서 프로토콜의 변경 없이 고속으로 데이터를 처리할 수 있는 장점이 고려되었다. 둘째, ATM의 QoS(Quality of Service) 지원 기능을 이용하여 QoS 요구 사항이 다른 여러 가지 멀티미디어 서비스를 ADSL망에서 쉽게 지원하고자 하였다.

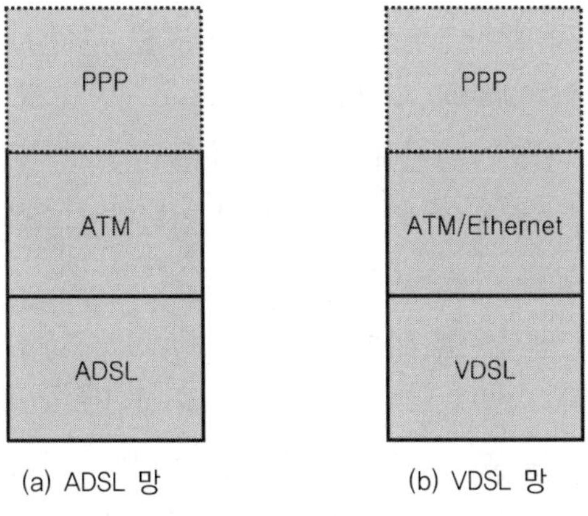

그림 3.17 DSL망의 데이터 링크 계층 프로토콜

따라서 이 당시에 표준화가 완성되고 망 구축이 활발하게 진행된 ADSL 망의 경우 ADSL상에 ATM 프로토콜을 데이터 링크 프로토콜로 이용하는 ATM over ADSL 구조로 구축되었다. 또한 ADSL망에서는, 기존의 다이얼업 모뎀망에서 사용하던 PPP 기반의 가입자 인증, IP 주소의 동적 할당, 다수의 PPP 세션 접속, RADIUS 서버와의 연결을 통한 과금, 암호화 및 압축 등 기존의 다양한 서비스와의 호환성을 위해, ATM 데이터 링크 프로토콜상에 다시 PPP를 사용하는 중복 데이터 링크 프로토콜 방식을 채택하였다. 따라서 초기에 구축된 많은 ADSL망들은 PPP over ATM over ADSL 구조로 구축되었다.

그러나 다이얼업 모뎀과 달리 ADSL은 가입자와 서비스 사업자(ISP - Internet Service Provider)간에 일대일 연결을 유지하기 때문에 별도의 가입자 인증 절차에 대한 필요성이 크지 않고, PPP 세션 유지 시간에 따라 사용 요금을 부여하는 다이얼업 모뎀과 달리, 사용 기간별 일정 요금을 부여하는 정액제 방식의 요금 체계를 사용하는 ADSL 사업자가 많아짐에 따라 PPP를 선택적으로 사용하는 추세로 전환되고 있다.

ATM을 ADSL의 데이터 링크 계층 프로로토콜로 책택한 근거는 미래의 지역 인터넷 백본망이 주로 ATM 기술 기반으로 구축될 것이라는 예상과, ADSL을 통해 인터넷외의 많은 다른 서비스들, 특히 QoS 지원이 중요한 멀티미디어 통신 서비스들이 직접 지원될 것이라는 예상에 있었다. 그러나 실제 상황은 그 예상을 조금씩 벗어나고 있다. DSLAM을 연결하는 지역 인터넷 백본망은 ATM 대신 광 케이블과 스위치 기반의 고속 이더넷(100Mbps, 1Gbps, 10GBbps) 기반으로 확충되고 있다. 그리고 대부분의 통신 서비스들은 인터넷상에서 IP 기반으로 구현되고 있기 때문에, ADSL망에 접속되는 대부분의 장비가 ATM 대신 인터넷 접속을 위한 표준 인터페이스(대부분 이더넷)를 통해 이루어지고 있다. 따라서 2002년 이후에 표준화가 완성된 VDSL의 경우 ATM 프로토콜 대신 이더넷의 프레임을 직접 VDSL상에서 전송하는 방식을 널리 채택하고 있다. 즉, VDSL 회선을 이더넷 스위치에 연결된 하나의 완전 양방향(Full-Duplex) 물리 매체로 정의하는 것이다. 이 경우 VDSL 망과 고속 이더넷 기반의 지역 백본망의 연동이 원할하고, 이더넷 인터페이스 기반의 구내망 장비와 연결이 용이한 장점이 있는 반면, ATM과 달리 이더넷은 QoS 지원 기능이 없기 때문에 향후 다양한 멀티미디어 서비스에 대한 통신 서비스를 차별화하여 제공할 필요가 있을 경우 어려움이 있을 수도 있다.

3.3.3 DSL 시스템의 구성

ADSL 시스템은 기본적으로 가입자의 구내망 또는 PC를 ADSL 망과 연결하는 ADSL 모뎀과, 다수의 가입자로부터 전화선을 통해 입력되는 ADSL 데이터를 고속 ATM 회선(예, 광 케이블)으로 다중화하여 전송하고, 반대로 고속 ATM 회선을 통해 전달되는 데이터를 각각의 ADSL 회선으로 분배하는 DSLAM(DSL Access Multiplexer), 그리고 ADSL 가입자를 인터넷 백본망과 연결시키는 데에 필요한 기능(PPP 종단, IP 동적 할당, 인증 등)을 수행하는 BRAS(Broadband Remote Access Server)로 구성된다.

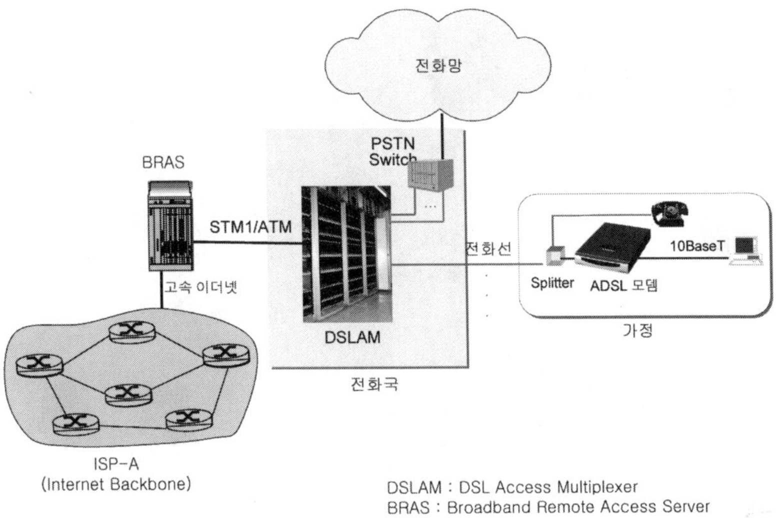

그림 3.18 ADSL 망의 구성도

ADSL 모뎀은 가입자 장치 연결용 인터페이스의 종류에 따라 다양하게 구현될 수 있으나, 일반적으로 이더넷 인터페이스를 가지는 ADSL-Ethernet 브리지 모뎀을 많이 사용한다. 이더넷 브리지 모뎀은 가입자측 이더넷 프레임을 ADSL상의 ATM 데이터 링크 프로토콜을 통해 BRAS로 전달함으로써, 가입자측 이더넷을 BRAS의 이더넷 인터페이스와 원격으로 연결하는, 즉 원격 브리지 역할을 수행한다. DSLAM에서의 데이터 다중화와 분배는 각 ADSL 가입자 모뎀에 할당되는 ATM 가상 연결 번호(Virtual Connection ID)를 통해 이루어 진다. 즉, ADSL 가입자가 연결될 때 마다 해당 가입자에게 고유의 가상 연결 번호가 할당되고, 모든 ATM 데이터(셀)가 가지고 있는 가상 연결 번호를 통해 해당 가입자를 구분할 수 있다. 〈그림 3.18〉에서와 같이 BRAS가 독립적인 장치로 구현되는 것이 일반적이나, BRAS 기능을 DSLAM에 통합할 수도 있다. 이 경우 DSLAM이 고속 이더넷 인터페이스 등을 통해 직접 인터넷 백본망에 접속될 수 있다.

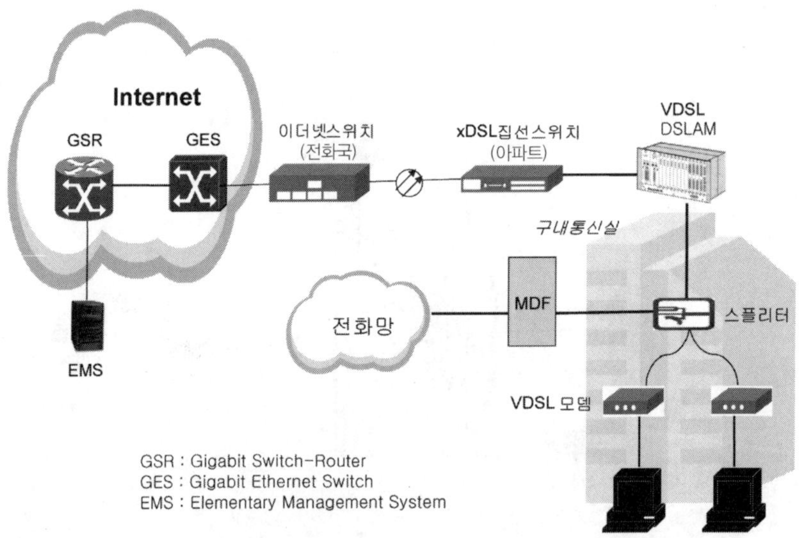

그림 3.19 VDSL 시스템 구성도

통상 전화국의 전화 교환기 전단에 위치하는 ADSL DSLAM과 달리 VDSL DSLAM은 전화선의 길이 제약으로 인해 아파트와 같은 집단 주거 빌딩내 특정 위치에 위치한다. 일반적으로 VDSL DSLAM은 이더넷 스위치 형태로 구현되는 VDSL DSLAM

은 광케이블을 지원하는 DSL 집선 (이더넷) 스위치에 연결되고, DSL 집선 스위치는 다시 광케이블을 통해 기가비트 이더넷 스위치등 고속 스위치와 연결되는 구조를 가진다. 가입자 전화선을 통해 VDSL 데이터와 동시에 전달되는 전화 신호는 스플리터를 통해 통신실의 분배반(MDF)에 연결되어 기존 전화망으로 전달된다. VDSL 모뎀은 보편적으로 100BaseT 이더넷 인터페이스를 통해 구내망 또는 PC와 연결된다. 〈그림 3.19〉는 VDSL 시스템의 구성도를 보여주고 있다.

3.4 케이블 모뎀

3.4.1 CATV망과 케이블 모뎀의 동작 원리

DSL 기술이 전화선의 가용 대역폭 중 전화망에서 사용하는 저주파 대역폭을 제외한 나머지 고주파 대역을 이용하여 고속 데이터 통신을 실현하는 반면, 케이블 모뎀 기술은 CATV(Community Antenna TeleVision)를 위한 비디오 방송용 케이블의 비사용 대역폭을 이용하여 고속 데이터 통신을 실현하는 기술이다.

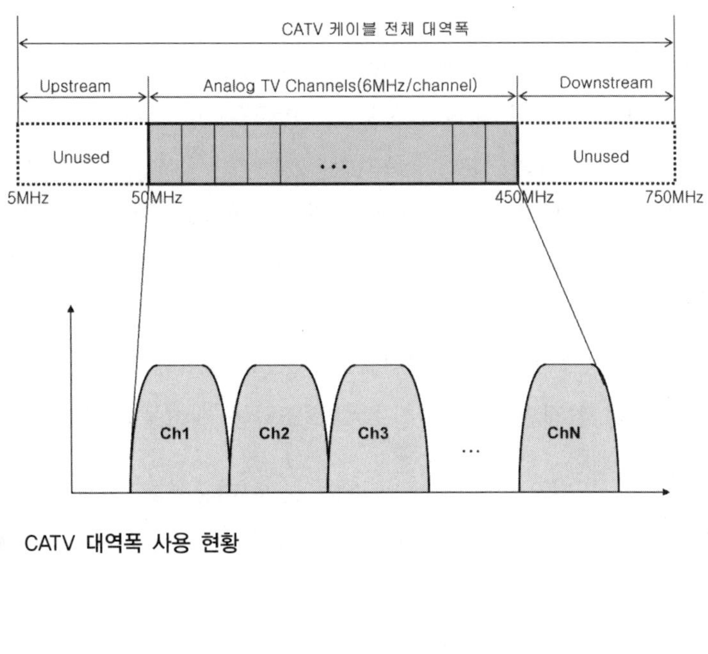

그림 3.20 CATV 대역폭 사용 현황

〈그림 3.20〉에서 보는 바와 같이 CATV용 동축 케이블 망은 5MHZ~750MHz 이상의 대역폭을 가지고 있으나, 아날로그 방송용 채널로 사용하는 대역폭은 50MHz~450MHz이다. 따라서 케이블 모뎀 기술은 케이블망의 전체 가용 대역폭 중 아날로그 방송용 대역폭을 제외한 나머지 저주파 대역(5~50MHz)과 고주파(450~750MHz) 대역 중, 향후 방송 확장용으로 사용할 영역을 제외한 나머지를 사용한다. CATV 시스템에서는 케이블망을 이용하여 다수의 비디오(TV 프로그램)을 전송하기 위해 주파수 분할 다중화(FDM-Frequency Division Multiplexing) 기술을 사용한다. 즉, 케이블망의 전체 가용 주파수 대역중 가장 안전한 50~450MHz 대역을 비디오 전송시 상호간 간섭을 방지할 수 있는 6MHz 단위의 채널(Channel)로 나눈 다음, 각 TV 비디오 신호를 변조하여 각각 채널에 맞는 신호로 만들어 케이블망을 통해 전송함으로써, 하나의 케이블망을 사용하여 여러 개의 비디오를 동시에 전송할 수 있게 한다.

각 가입자는 수신 장치를 특정 채널에 맞춤으로써 해당 채널을 통해 전송되는 TV 비디오 프로그램을 수신할 수 있다. 기존의 CATV 시스템은 기본적으로 지역 방송국(Headend)로부터 가입자로의 단방향 비디오 분배 시스템이다. 따라서 CATV용 동축 케이블망 역시 단방향 비디오 전송에 적합하게 구축되어 있다. 예를들면 2~3 Km 마다 설치되는 신호 증폭기의 경우 망에서 가입자로의(Downstream) 단방향 신호 증폭기로만 동작한다. HFC(Hybrid Fiber-Coax) 망은 CATV의 동축 케이블망의 중앙 네트워크 부분을 광 케이블로 대체함으로써 신호의 누화(Atennuation)를 획기적으로 개선하고 양방향 데이터 전송을 원할하게 한다. 또한 HFC 망의 가입자 연결을 위한 동축 케이블의 신호 증폭기는 양방향 증폭기로 교체함으로써 양방향 데이터 통신이 가능하게 한다. 비록 CATV 분배망이 HFC 망으로 개선되었다 할지라도 비디오 전송 방식은 FDM 방식의 아날로그 전송 방식을 그대로 사용한다. 따라서 HFC 망에서 데이터 통신이 가능하기 위해서는 다이얼업 모뎀과 같이 HFC 망의 양 끝 지점에 디지털 데이터를 아날로그 신호로 변조하고, HFC 망을 통해 전송된 아날로그 신호를 원래의 디지털 신호로 변조하는 케이블 모뎀이 필요하다.

기존의 아날로그 비디오 신호와의 주파수 분할 다중화를 위해 망에서 가입자로 향하는 다운스트림 디지털 데이터는 6Mhz 대역폭 단위의 아날로그 신호로 변조되어야 한다. 케이블 모뎀에서 다운스트림 디지털 데이터 변조는 64개의 신호 레벨을 가지는 구상 진폭 변조(64-QAM) 또는 256개의 신호 레벨을 가지는 256-QAM 기반으로 이루어진다. 6MHz 다운스트림 채널에 대해 64-QAM 적용시 최대 27Mbps의 전송 속도를 지원할 수 있으며, 256-QAM 적용시 최대 36Mbps의 속도를 지원할 수 있다. 반면, 가입자로부터 망으로의 업스트림 디지털 데이터의 변조는 아날로그 비디오 신호와의 주파수 분할 다중화가 필요없기 때문에 굳이 6MHz 대역폭 단위로 구분될 필요가 없다. 업스트림 데이터 통신을 위해 할당하는 업스트림 대역폭은 비디오 제어를 위한 별도 대역폭 할당, 잡음 정도등 망 상황에 따라 달라 질 수 있으며, 대체로 160KHz~5.12MHz까지의 대역폭을 할당한다. 업스트림 대역폭인 5~50Mhz 대역은 상대적으로 잡음에 취약하므로 16-QAM과 같이 신호 레벨의 수가 보다 적은 변조 기법을 적용해야 한다. 따라서 가용 대역폭과 변조 기법을 고려할 때 업스트림 속도는 320Kbps에서 10.24Mbps 정도를 지원할 수 있다.

3.4.2 케이블 모뎀 망의 구성

HFC 기반의 케이블 모뎀 망은 망측 시스템인 헤드엔드(Headend), 케이블 망의 중앙 부분을 형성하는 광 케이블, 광 케이블과 동축 케이블 변환을 위한 ONU (Optical Network Unit), ONU로부터 가입자 연결을 위한 동축 케이블, 그리고 댁내 시스템으로 구성된다. 헤드엔드 시스템은 기존의 비디오 서버, 변조 장치, 주파수 변환 장치등 기존의 아날로그 비디오 프로그램 전송을 위한 CATV 시스템과, 케이블 모뎀망의 망측 장비인 CMTS(Cable Modem Termination System), 그리고 CMTS로 부터의 신호와 CATV 시스템으로부터의 신호 합성 장치(Combiners)와 분리 장치(Splitter)로 구성된다.

댁내 시스템은 CATV 비디오 프로그램 수신을 위한 STB(Set-Top-Box)와 데이터 통신을 위한 케이블 모뎀(Cable Modem)으로 구성된다. HFC망의 하나의 ONU에는 가입자 연결을 위한 다수의 동축 케이블이 접속되고 하나의 동축 케이블은 125~500 가입자를 수용한다. 비록 HFC망이 750MHz 이상의 넓은 대역폭을 제공하지만, 아날로그 비디오 전송과 향후 CATV 확장을 위한 대역폭을 제외한 나머지를 사용하여 모든 가입자에게 일정한 대역폭을 할당하기에는 부족하다. 따라서 일반적으로 하나의 동축 케이블에 연결된 가입자들은 비사용 대역폭중 6MHz의 대역폭을 다운스트림 데이터 통신을 위해, 그리고 업스트림 대역폭의 일정 부분을 업스트림 데이터 통신을 위해 공유한다. 즉, HFC망의 같은 동축 케이블에 연결된 가입자들은 최대 27~36Mbps의 다운스트림 속도와 320Kbps~10.24Mbps위 속도를 공유한다.

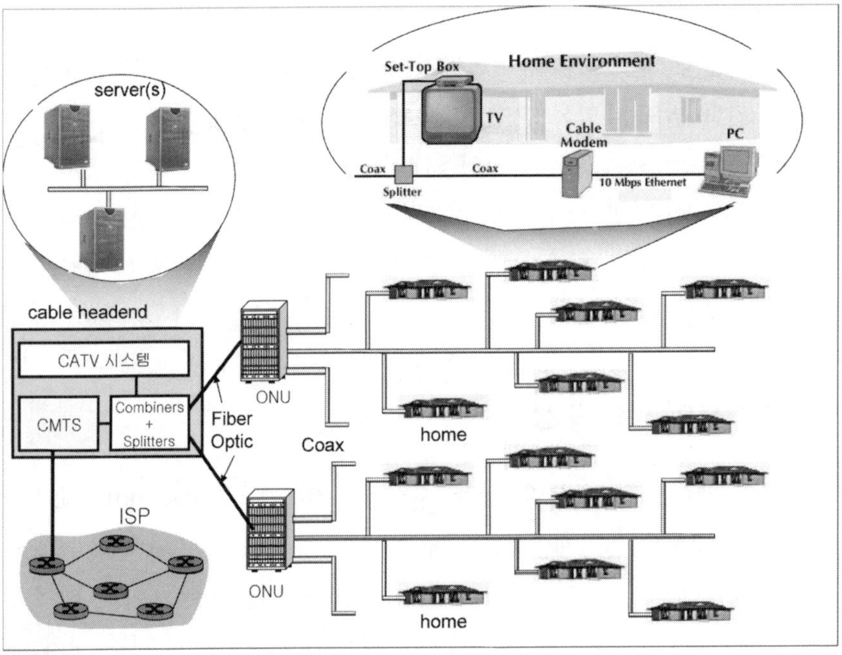

그림 3.21 HFC 기반 Cable 모뎀 망의 시스템 구조

케이블 모뎀망은 DSLAM과 가입자 모뎀이 일대일로 연결되는 DSL과 달리, 기본적으로 전송 매체인 케이블을 공유하는 이더넷과 유사한 구조를 가진다. 그러나 이더넷과 케이블 모뎀의 가장 큰 차이점은, 이더넷의 경우 케이블에 연결된 어떤 통신 장치 상호간에도 통신이 가능하지만, 케이블 모뎀은 헤드엔드의 CMTS와 각 가입자 케이블 모뎀과의 통신만 가능하다는 점이다. 따라서 다운스트림 데이터는 CMTS가 동일한 데이터 채널을 사용하는 모든 가입자 모뎀에게 데이터를 전송하고, 각 가입자 모뎀은 수신한 데이터 프레임의 목적지 주소가 자신의 주소와 일치하면 자신의 시스템으로 전달하고, 그렇지 않으면 폐기한다. 업스트림의 경우도 유사하

다. 각 가입자 모뎀은 미리 할당된 주파수 대역을 사용하여 헤드엔드의 CMTS에게 데이터를 전달하고 CMTS는 이를 ISP로 전달하는 역할을 수행한다.

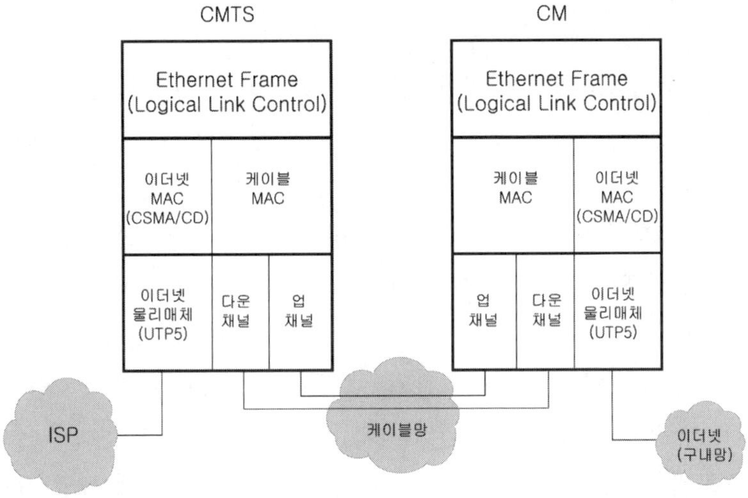

그림 3.22 케이블 모뎀망의 프로토콜 구조

케이블 모뎀망은 기본적으로 구내망의 대표적인 솔루션인 이더넷을 인터넷 백본망과 연결하기에 적합한 구조를 채택하였다. 따라서 케이블 모뎀은 이더넷 구내망을 접속할 수 있는 이더넷 인터페이스를 가질 뿐만 아니라, 〈그림 3.22〉에서 보는 바와 같이 비록 케이블망에 대한 매체 접근 제어(MAC-Medium Access Control) 방식은 이더넷과 다르지만, 구내망의 이더넷 프레임을 수정 없이 케이블 모뎀 프레임에 포함시켜 전송할 수 있는 프로토콜 구조를 채택하고 있다.

이러한 프로토콜 구조는 케이블 모뎀(CM-Cable Modem) 뿐만 아니라, CMTS(Cable Modem Termination System)을 ISP에 고속 이더넷 스위치를 통해 쉽게 연결할 수 있게 한다.

3.4.3 케이블 모뎀 매체 접근 제어 기법

케이블 모뎀망의 다운스트림 채널은 CMTS만 데이터 전송용으로 사용하고 가입자 모뎀들은 단지 해당 채널을 통해 CMTS로부터 전송되는 데이터를 수신하기만 한다. 따라서 다운스트림을 위한 매체 접근 제어는 매우 단순하다. 반면 업스트림의 경우 여러 가입자 모뎀이 CMTS에게 데이터를 전송할 필요가 있으므로, 각 가입자 모뎀의 케이블 매체 접근 순서를 공정하게 제어할 수 있는 메커니즘이 필요하다. 케이블 모뎀망에서 각 케이블 모뎀은 CMTS와 통신을 하므로, 특정 케이블 모뎀보다 먼 거리에 연결된 모뎀들은 해당 모뎀이 전송하는 업스트림 신호를 감지할 수 없다. 따라서 케이블망의 업스트림 채널에 대해 충돌 감지 기반의 CSMA/CD 기법을 채택할 수 없다. 대신 각 가입자 케이블 모뎀의 업스트림 데이터 전송은 헤드엔드에 위치한 CMTS에 의해 제어된다. 즉, CMTS는 모든 업스트림 데이터 전송을 일정 시간 간격(예-4ms) 단위로 계획하고, 각 가입자의 케이블 모뎀은 CMTS에게 데이터 전송을 요청함으로써 CMTS가 다음 시간 간격의 데이터 전송 계획에 해당 요청을 포함시키게 한다. CMTS는 현재의 시간 간격 동안 각 가입자 모뎀으로부터의 데이터 전송 요청을 받은 다음, 각 가입자 모뎀이 공정하게 데이터를 전송할 수 있도록 다음 시간 간격 사용 계획(업스트림 대역폭 할당 MAP)을 만들고, 이를 다운스트림 채널을 통해 모든 가입자 모뎀에게 전달함으로서 업스트림 데이터 전송을 요청한 모든 가입자 모뎀의 데이터 전송 순서와 전송 시간을 결정한다.

3.5 고속 전용 회선

3.5.1 디지털 다중화 전송과 전용 회선

1970년대 이후 디지털 신호 처리 기술이 점차 발전함에 따라 아날로그 신호 전송 회선으로 구성된 전화망은 점차 디지털 전송 회선 기반의 전화망으로 발전되어 왔으며, 지금은 디지털 회선으로의 교체에 따른 비용대비 효과가 미미한 가입자 전화선(사용자 전화기와 전화국의 전화 교환기를 연결하는 전화선)을 제외한 모든 전화망의 국간 회선(Trunk Lines)과 장치(교환기, 다중화 장치 등)가 디지털 신호 처리 기반으로 구축되어 있다. 아날로그 전송 대비 디지털 전송의 장점은 다음과 같다. 첫째, 디지털 신호 전송은 아날로그 신호에 비해 잡음의 영향이 훨씬 적기 때문에 신뢰성이 높다. 디지털 신호를 전송하든 아날로그 신호를 전송하든 장거리 신호 전송을 위해서 신호 증폭기(Repeater) 설치가 불가피하다. 보통 동축 케이블을 이용하는 경우 수 Km마다 신호 증폭기를 설치한다. 아날로그 신호 전송의 경우 신호 증폭 과정에서 잡음을 제거할 수 없기 때문에 여러 개의 신호 증폭기를 통과하는 과정에서 많음 잡음이 유입되는 반면, 디지털 신호 증폭은 완전한 디지털 신호 재생 후 전송 과정을 거치므로 디지털 신호 증폭 과정에서 잡음이 제거되어 잡음의 영향이 훨씬 줄어든다. 둘째, 디지털 신호 처리 기술의 급속한 발전으로 단위 시간당 디지털 신호 처리 용량이 획기적으로 증대되었기 때문에, 아날로그 신호 전송 대비 디지털 신호 전송이 훨씬 빠른 전송을 가능하게 한다. 셋째, 디지털 신호 처리 기술의 발전과 디지털 회선 사용은 교환기 또는 라우터와 같은 복잡한 통신 장치의 제작을 훨씬 용이하게 한다. 넷째, 디지털 전송은 보다 저렴하고 보다 안전한 암호화 기술, 압축 기술을 쉽게 적용할 수 있게 한다.

기본적으로 디지털 신호 전송 기술은 전화망에서 다수의 디지털 음성 신호를 하나의 고속 디지털 회선을 통해 신뢰성있고 효율적으로 전송하기 위해 개발되었기 때문에, 디지털 전송 기술은 다수의 디지털 음성 신호를 하나의 전송 매체에 다중화(Multiplexing)하는 기술과 함께 개발되었다. CATV 분배망에서와 같이 다수의 아날로그 신호를 하나의 전송 매체를 통해 전송할 때 사용하는 주파수 분할 다중화(FDM-Frequency Division Multiplexing) 기법과 달리, 디지털 신호의 다중화는 시분할 다중화(TDM-Time Division Multiplexing) 기법으로 이루어진다. TDM은 일정한 크기의 고속 전송 회선 사용 시간을 N개의 작은 시간 단위인 타임 슬롯(Time Slot)으로 나누고, 각각의 타임 슬롯을 저속 전송 회선에 할당함으로써 하나의 고속 전송 회선을 통해 N개의 저속 디지털 회선을 다중화하는 기술이다. 전화망에서 디지털 음성 신호는 PCM 기법을 통해 1/8000초당, 즉 125us당 8비트의 디지털 신호를 생성한다. 따라서 디지털 음성 신호의 다중화 전송을 위한 고속 디지털 회선은 각 디지털 음성 신호에 대해 125us당 8비트 전송을 위한 타임 슬롯을 할당하게 된다. 따라서 N개의 디지털 음성 신호를 다중화하는 고속 디지털 회선은 125us당 8×N 비트와 필요한 경우 제어 신호를 전송할 수 있는 용량을 가진다. 즉, N개의 디지털 음성 회선 다중화를 위한 고속 디지털 회선의 전송 용량 C는 (N×8 + α)/ 125us 가 된다. 디지털 음성 신호에 대한 시 분할 다중화의 개념을 그림으로 표현하면 〈그림 3.23〉과 같다.

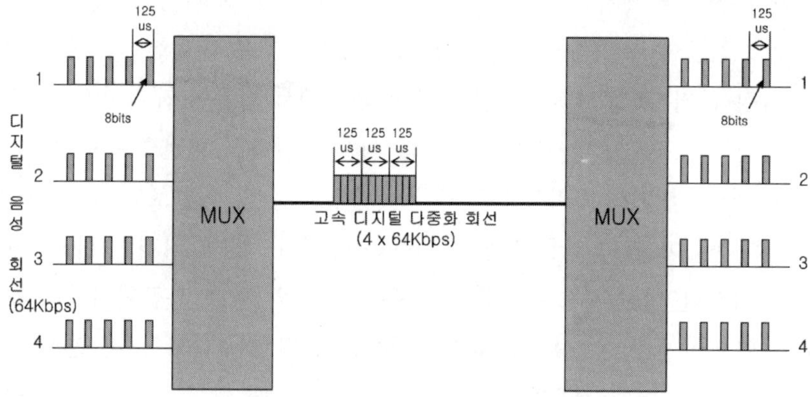

그림 3.23 디지털 음성 신호의 시분할 다중화와 고속 디지털 회선

80년대 들어와 컴퓨터와 LAN, 그리고 인터넷의 발전으로 데이터 통신을 위한 고속 디지털회선에 대한 요구 사항이 커짐에 따라, 전화망의 디지털 다중화 회선을 임차하여 데이터 통신 전용으로 사용하기 시작하였다. 임차 디지털 회선은 사무실망을 안전하고 보장되는 속도로 인터넷 백본망에 연결하는 접속망 솔루션으로 사용되어 왔을 뿐만 아니라, 인터넷 백본망을 구성하는 고속 라우터와 라우터를 연결하는 고속 회선등에 폭넓게 사용되어 왔다. 일반적으로 접속망 솔루션으로 사용되는 전용선은 N×64Kbps의 속도를 제공하고, 최대 속도는 대체로 미국 표준 기준 T3 전송 회선 속도인 약 45Mbps이나, 백본망의 고속 회선등을 지원하기 위해 광 케이블 기반으로 수십 Gbps까지 지원할 수 있는 초고속 디지털 다중화 회선이 개발되어 활용되고 있다. 다이얼 모뎀이나 다른 접속망 솔루션과 달리 전용 회선은 기본적으로 디지털 회선이므로 모뎀이 필요없다. 대신 전용 회선은 디지털 회선의 종단

(Termination)과 진단 기능을 처리하는 CSU(Channel Service Unit)와 디지털 회선 상의 디지털 데이터 표현 방식과 연결된 통신 장치의 디지털 데이터 표현 방식간 변환 기능을 수행하는 DSU(Digital Service Unit)으로 구성되는 CSU/DSU에 의해 연결된다. 일반적으로 CSU/DSU는 전용 회선을 지원하는 라우터와 같은 통신 장치 내부에 통합되어 구현된다.

3.5.2 T-시리즈와 E-시리즈 전송 회선

T-시리즈 디지털 전송 회선은 동축 케이블 기반 디지털 음성 신호 다중화 전송을 위한 미국의 전화망 전송 표준으로서, 미국 뿐만 아니라 우리 나라를 비롯한 전 세계에서 표준 디지털 다중화 회선으로 많이 사용되고 있다. 〈그림 3.24〉에서 보는 바와 같이 T-시리즈 디지털 다중화 회선의 기초는 64Kbps PCM 디지털 음성 회선이다.

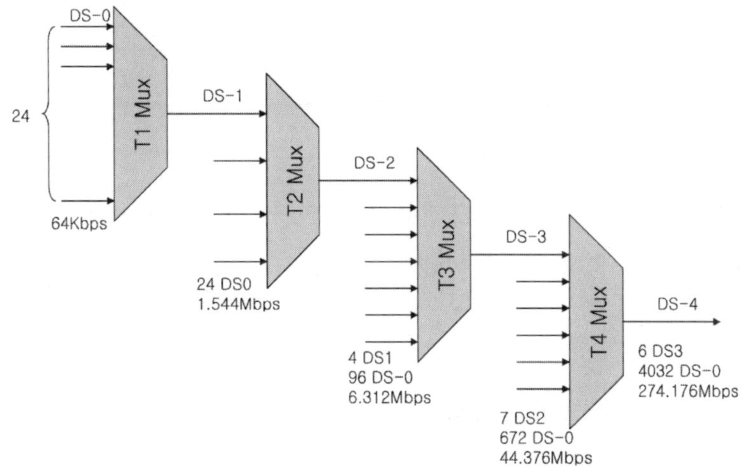

그림 3.24 T-시리즈 디지털 다중화 회선

24개의 디지털 음성 회선(채널)을 다중화한 디지털 전송회선을 T1 회선이라 하고, T1 회선을 통한 데이터 전송 프레임 구조를 DS-1(Digital Sigal level 1)이라 한다. DS-1은 125us마다 발생하는 8비트의 음성 데이터를 24개 수용하고 송수신자간 동기 제어(Synchronization Control)를 위한 1 비트를 수용하는 구조를 가진다. 따라서 T1 회선의 전송 용량은 8,000×(24×8 +1) bps, 즉 1.544Mbps가 된다. T2 회선은 4개의 T1 회선을 다중화하도록 설계되어 6.312Mbps를 지원하고, T3 회선은 7개의 T2 회선을 다중화하여 44.376Mbps를, 마지막으로 T4회선은 6개의 T3 회선을 다중화할 수 있는 274.176Mbps를 지원한다. 이들 중 현재 가장 많이 사용되고 있는 디지털 전송 회선은 T1과 T3이다. E-시리즈 디지털 전송 회선은 유럽에서 개발되어 ITU-T에 의해 국제 표준으로 채택된 디지털 다중화 회선 체계이다.

표 3.4 E-시리즈 디지털 다중화 회선

회선	속도(Mbps)	음성 채널 수
E1	2.048	30
E2	8.448	120
E3	34.368	480
E4	139.264	1920
E5	565.148	7680

T-시리즈와 마찬가지로 E-시리즈 전송 회선 역시 64Kbps PCM 디지털 음성 전송 회선을 기초로 하고 있으며, 각 다중화 회선별 속도와 디지털 음성 회선의 수는 〈표 3.4〉와 같다.

3.5.3 SONET과 SDH 전송 회선

광 케이블을 이용한 고속 디지털 전송 기술이 발전함에 따라 보다 대용량의 디지털 전송 회선에 대한 표준 제정의 필요성이 대두되었다. SONET (Synchronous Optical NETwork)은 T1, E1, T3등 저속의 디지털 회선을 고속의 광 신호로 다중화할 수 있도록 프레임 구조와 전송율을 정의한 미국 표준이다. SONET의 기본 신호 체계인 STS-1(Synchronous Transport Signal level 1)은 125us당 810 바이트 크기의 프레임을 전송하도록 규정한다. 따라서 STS-1 신호 체계를 따른 OC-1(Optical Carrier 1) 회선은 (8,000 × 810 × 8) bps, 즉 51.84Mbps 전송 속도를 지원한다.

표 3.5 SONET과 SDH 비교

속도(Mbps)	SONET	SDH
51.84	STS-1/OC-1	-
155.52	STS-3/OC-3	STM-1
622.08	STS-12/OC-12	STM-4
2,488.32	STS-48/OC-48	STM-16
9,953.28	STS-192/OC-192	STM-64

SONET은 STS-1 프레임을 기본 구조로하여 STS-1 프레임의 n배에 해당되는 STS-n 프레임을 전송하는 OC-n 회선을 정의한다. 예를들어, STS-3 프레임 구조를 지원하는 OC-3 회선은 155.52Mbps를 지원하고, STS-192를 지원하는 OC-192는 9,953.28Mbps 전송 속도를 지원한다. SONET 기반의 소속 디지털 전송 회선은 인터넷 라우터간의 고속 데이터 전송 회선, 전화 교환기간의 고속 디지털 음성 전송 회선, ATM 교환기간의 고속 멀티미디어 전송 회선 등으로 사용되고 있다. SDH (Synchronous Digital Hierarchy)는 유럽에서 개발되어 국제 표준으로 채택된 광 신호 기반의 고속 디지털 전송 회선에 대한 정의이다. SDH의 기본 신호 체계인 STM-1(Synchronous Transfer Module level 1)은 125us당 2340바이트 크기의 프레임을 전송하도록 규정하여 155.520Mbps의 전송 속도를 지원한다. 그리고 STM-n 회선은 STM-1 프레임의 n배 크기의 프레임을 전송하므로 전송 속도 또한 STM-1의 n배를 지원한다. 예를들어 STM-4의 경우 STM-1의 4배인 622.08Mbps 전송 속도를 지원한다. 〈표 3.5〉는 SONET과 SDH 회선의 전송 속도를 비교하여 보여주고 있다.

3.6 프레임 릴레이

80년대의 대표적인 패킷 교환 방식의 가상 회선망은 ITU-T의 전신인 CCITT에서 표준화한 X.25 망이다. X.25는 80년대 당시의 저속 전송 회선 기술과 높은 오류 발생 환경에서 신뢰성 있는 데이터 통신 서비스 제공에 초점을 두고 설계되었다. 이를 위해 인접한 교환기와 교환기간에 설정된 가상 회선 단위로 반복적으로 패킷 전송에 대해 확인(Acknowledgement)하고, 확인이 되지 않을 경우 재전송(Retransmission)을 수행함으로써 오류 제어/복구 기능을 구현하였다. 또한 수신 측의 버퍼 상태를 확인하여 수신 가능한 양의 데이터를 전송하는 방식의 흐름 제어 기능을 교환기와 교환기 단위로 수행하였다. 이러한 오류 복구와 흐름 제어 방식은 신뢰성 있는 통신을 가능하게 하는 대신 확인 또는 상태 정보 교환에 따른 지연 시간으로 전송 속도 저하와 지연 시간 증가를 초래할 수밖에 없었다.

X.25는 80년대 당시에 일반적인 통신 방식이었던 마스터(Master)-슬레이브(Slave) 방식의 통신에 주로 이용되었다. 즉, 단순한 기능의 단말 장치(Dumb Terminal)를 메인 프레임 컴퓨터에 직접 연결하는 데에 주로 활용하였다. 그러나 지금은 광 케이블 등을 통한 신뢰성 있는 전송 회선 구축이 가능하고, 통신망에 연결되는 가입자 통신 장치의 성능이 대폭 향상되어 필요한 경우 오류 복구와 흐름 제어 기능을 가입자 통신 장치에서 효율적으로 수행할 수 있다. 또한 대부분의 가입자 통신 장치는 LAN과 같은 구내망을 통해 인터넷에 연결된다. 따라서 현재에는 일부 단순 기능 단말 접속을 제외하고는 X.25를 거의 사용하지 않는다. 대신, 90년대에 LAN과 같은 구내망을 고속의 가상 회선으로 연결하기 위해 X.25를 업그레이드한 프레임 릴레이 가상 회선 기술이 개발되었다

프레임 릴레이 망은 Nx64Kbps, T1, T3급의 디지털 회선을 가입자 회선으로 사용하고, 가입자 회선간을 프레임 릴레이 교환기를 통한 가상 회선으로 연결함으로써 T-시리즈 전용선과 유사한 속도의 가상 회선 서비스 제공한다. 일반적으로 LAN 연결을 위한 프레임 릴레이 가상 회선은 한번 설정되면 가상 회선 설정 과정이 필요

없는 영구 가상 회선(PVC-Permanent Virtual Circuit)을 주로 사용한다. 프레임 릴레이는 전송 환경 개선과 통신 장치 성능의 개선에 따라 전송 속도와 지연 시간에 제약이 되는 교환기와 교환기간 가상 회선 단위의 오류 복구와 흐름 제어 기능을 삭제함으로써, 제어 정보의 양을 줄이고 높은 전송 속도와 짧은 지연 시간을 실현하였다. 오류 복구와 흐름 제어는 필요시 종단 장치에서 처리(예, TCP에 의해)되는 것으로 가정한다. 이와 같이 X.25망에 비해 프레임 릴레이 망의 동작 방식이 매우 단순화되었기 때문에 프레임 릴레이 망의 패킷 전송 단위인 프레임은 〈그림 3.25〉와 같이 매우 단순한 구조를 가진다.

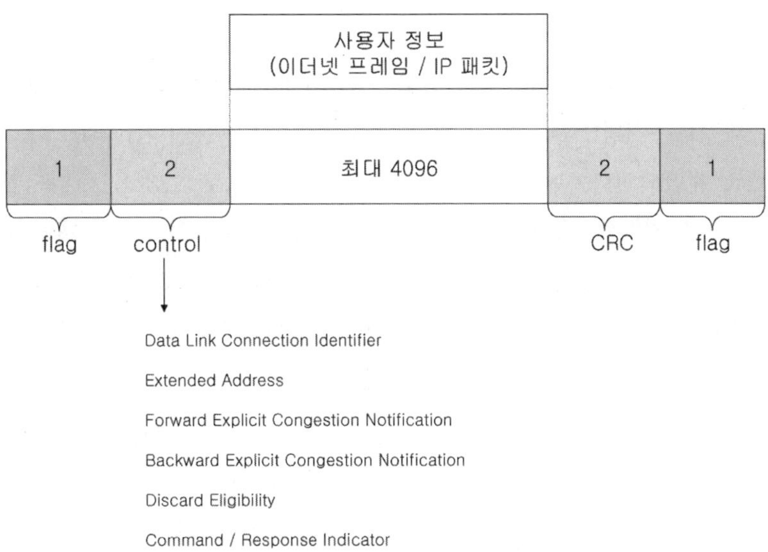

그림 3.25 프레임 릴레이의 프레임 구조

플래그(Flag) 바이트는 프레임의 시작과 끝을 표시하고 CRC는 오류 검출을 위해 부가되는 정보이다. 제어 필드에는 가상 회선 번호에 해당되는 DLCI(Data Link Connection Identifier) 필드, DLCI 필드 확장, 프레임 릴레이망의 혼잡 상황을 양방향으로 표현할 수 있는 FECN(Forward Explicit Congestion Notofication)과 BECN (Backward Explicit Congection Notofication), 프레임의 우선 순위를 표시하여 혼잡 상황 발생시 낮은 우선 순위의 패킷을 폐기할 수 있도록 하는 DE(Discard Eligibility) 등의 필드를 포함한다. 데이터 필드는 LAN 프레임 또는 IP 패킷과 같은 프레임 릴레이 망을 통해 전송되는 정보가 위치한다. 데이터 필드는 가변 길이인 LAN 프레임이나 IP 패킷의 전송에 적합하게 가변 길이를 가지며 최대 크기는 4096 바이트 이다.

3.7 ATM(Asynchronous Transfer Mode)

고속 데이터 전송을 목표로 X.25망을 개선하여 개발된 프레임 릴레이와 달리 ATM은 종합정보통신망(ISDN)을 개선한 광대역종합정보통신망(B-ISDN)을 위한 전송 방식으로 개발되었다. ISDN은 1980년대에 기본적으로 128Kbps 디지털 가입자 회선을 기반으로 전화와 데이터 통신을 동시에 지원할 수 있도록 설계되었다. 그러나 80년대 후반에서 90년대 초에 이르러 고속 데이터 통신과 비디오 통신에 대한 요구가 증대되고 향후 방송과 통신의 결합이 전망되면서 128Kbps급의 ISDN이 미래 동신망으로 부적절할 것으로 예상됨으로써, 155Mbps STM-1 광 케이블 기반의 가입자 회선을 기본으로 하는 광대역 종합정보통신망이 개발되었다. B-ISDN은 전화, 비압축 비디오/오디오 전송, 압축 비디오/오디오 전송, 그리고 데이터 전송 서비스가 하나의 연결 장치를 통해 제공될 수 있도록 설계되었다.

〈그림 3.26〉은 B-ISDN 참조 모델을 보여주고 있다. B-ISDN은 OSI 계층 모델의 계층 2에 해당되는 ATM 통신 방식을 중심으로 다양한 상위 계층 프로토콜들을 지원하고, ATM 통신 방식을 통한 통신 서비스가 다양한 상위 계층 프로토콜의 종단간(End-to-End) 통신 특성을 효율적으로 지원할 수 있도록 AAL(ATM Adaptation Layer)를 포함한다. B-ISDN의 물리 계층은 SONET을 기본으로 하되 T/E-시리즈 전송 회선뿐만 아니라 ADSL과 같은 다양한 물리 전송 매체를 지원한다. 여기서는 B-ISDN 참조 모델의 상위 계층 프로토콜과 망 관리 프로토콜에 대한 설명은 생략한다.

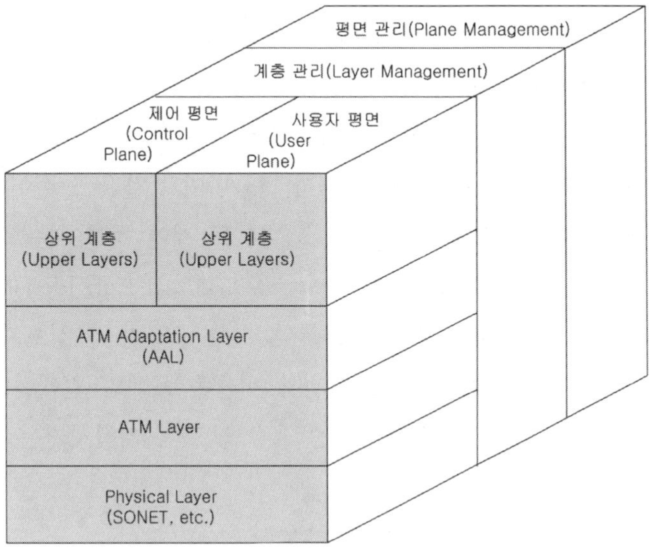

그림 3.26 B-ISDN 참조 모델

B-ISDN의 응용들은 기존의 불연속적인 데이터 전송뿐만 아니라 전화, 비압축 비디오/오디오, 압축 비디오/오디오와 같은 연속 미디어(Continuous Media)의 실시간 전송을 포함한다. 실시간 오디오와 비디오 전송은 기본적으로 높은 전송 속도와 낮은 지연 시간 유지를 요구할 뿐만 아니라, 미디어 생성시의 연속성이 전송중에도 유지될 수 있도록 낮은 지연 시간 편차(지터-Jitter)를 요구한다. 이를 지원하기 위해 ATM은 SONET/SDH 기반의 고속 전송 회선을 기본으로 채택하고, 고속 교환 기술을 적용하였으며, 53바이트의 고정 길이 작은 크기의 셀(Cell) 단위 교환 방식을 채택하였다.

PCM 방식 디지털 음성 미디어의 경우 매 125us 마다 8비트씩 데이터가 생성된다. 이를 4000바이트 크기의 프레임으로 전송하기 위해서는 500ms 동안 프레임이 생성되기를 기다려야 한다. 500ms의 프레임 생성 지연 시간은 지연 시간에 매우 민감한 전화 서비스의 품질(Quality of Service)를 현격하게 떨어뜨릴 것이다. 또한 패킷의 크기가 커지면 교환기의 큐잉 지연시간이 커지고 지연 시간 편차(지터)가 커지기 때문에 실시간성과 연속성 유지에 어려움이 따른다. 따라서 ATM에서는 교환을 위한 패킷을 53바이트 크기의 셀(Cell)로 정의함으로써 큐잉 지연 시간과 지연 시간 편차를 최소화하게 하였다. 가변 길이의 프레임 구조를 채택한 프레임 릴레이와 달리 ATM에서는 고정 길이 셀 구조를 채택함으로써, 셀 수신과 처리를 간편하게 하여 고속 처리(교환)을 가능하게 하였다. 53 바이트 셀은 5 바이트의 제어 정보와 48 바이트의 사용자 정보가 포함된다. 5 바이트 제어 정보에는 프레임 릴레이의 경우와 마찬 가지로 가상 회선 번호에 해당되는 VPI(Virtual Path Identifier)/VCI(Virtual Channel Identifier), 사용자 정보 유형, 우선 순위, CRC등의 정보가 포함된다. 53 바이트 크기의 셀에서 5 바이트의 제어 정보 비율은 프레임 릴레이나 이더넷 등에 비교할 때 매우 높다. 이는 전체적인 전송 효율을 떨어 저하시키는 요인이 된다.

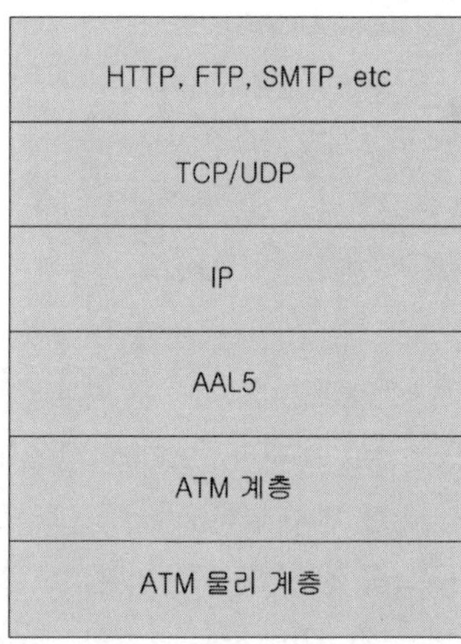

그림 3.27 ATM 가상 회선을 통한 인터넷 접속 프로토콜 체계

프레임 릴레이 망에서와 같이 ATM 가상 회선 역시 교환 가상 회선(SVC-Switched VirtualCircuit)과 영구 가상 회선(PVC-Permanent Virtual Circuit)으로 구분되고, 구내망 접속의 경우 대부분 영구 가상 회선을 사용한다. 구내망 접속을 위한 영구 가상 회선을 통한 데이터 전송은 AAL5를 통해 이루어진다. AAL5는 ATM

을 통해 다양한 유형의 응용 서비스를 지원하기 위해 개발된 AAL의 한 유형으로, LAN 접속과 같이 데이터 패킷의 길이가 크고 가변적이며 실시간성에 대한 요구가 높지 않은 응용 지원에 적합하다. AAL5는 최대 64K 바이트 크기의 블록 단위의 정보를 받아들여 53바이트 크기의 셀로 분할하여 ATM 계층을 통해 전송하고, 수신측에서 단편화된 셀들로부터 블록을 복원하여 응용에 전달한다. ATM 가상 회선을 통한 구내망 연결 장치는 LAN을 통해 전달된 프레임이나 IP 패킷을 AAL5로 전달하여 단편화(Segmentation)한 후 셀 교환을 통해 미리 설정된 영구 가상 회선을 따라 전달한다. 반대로 수신 측에서 단편화된 셀들로부터 AAL5가 이더넷 프레임 또는 IP 패킷을 복원하여 LAN으로 전달한다. 참고로 AAL1은 연속적인 고정 비트율(CBR-Constant Bit Rate) 응용을 지원하고, AAL2는 연속적인 가변 비트율(VBR-Variable Bit Rate) 응용을 지원한다. ATM 가상 회선을 통한 인터넷 접속시 프로토콜 계층 구조는 〈그림 3.27〉과 같다.

4 멀티미디어 네트워크 프로토콜

Chapter 04

04 멀티미디어 네트워크 프로토콜

4.1 인터넷 프로토콜(IP)

4.1.1 인터넷 프로토콜의 역할과 특징

인터넷 프로토콜, 즉 IP(Internet Protocol)는 인터넷을 구성하는 호스트와 라우터 간의 기본 통신 프로토콜로써, 출발지 호스트에서 목적지 호스트까지 인터넷 데이터의 전달을 책임진다. 인터넷을 통해 통신하는 모든 호스트는 IP에서 정의한 데이터 전송 단위 포맷, 즉 IP 데이터그램 포맷으로 데이터를 송신하고 수신하며, 출발지 호스트와 목적지 호스트간에 데이터를 전달하는 라우터도 특정 하부망을 통하여 IP 데이터그램을 수신하고 또 다른 하부망을 통하여 IP 데이터그램을 송신한다.

IP는 데이터그램 전송을 위해 사전에 경로 설정과 오류 제어나 흐름 제어를 위한 초기화 작업을 수행하는 연결 설정(Connection Establishment)을 하지 않는 비연결형 프로토콜(Connectionless Protocol)이다. 따라서 각각의 IP 데이터그램은 라우터들을 거쳐 목적지까지 전달되는 데에 필요한 모든 정보(주소 정보 등)를 가지고 상호간에 독립적으로 라우팅 되고 전달된다. IP의 비연결형 특성은 연결 설정에 따른 지연 시간을 피할 수 있게 하고, 상황에 따라 각각의 데이터그램이 전달 경로를 다르게 선택할 수 있게 하므로 유연한 데이터 전송을 가능하게 한다. 반면, 데이터그램들이 다른 경로를 통하여 전달될 수 있으므로 순서가 바뀌어 전달될 수 있고, 오류 제어와 흐름 제어 기능을 수행하지 않기 때문에 데이터그램이 전송 중에 손실되거나 훼손될 수 있다.

IP의 두 번째 특징은 홉-바이-홉(Hop-by-Hop) 통신이다. 홉(Hop)은 하부망의 데이터 링크(Data Link)를 추상화(Abstraction)한 개념으로 호스트와 라우터, 라우터와 라우터를 연결하는 논리적인 데이터 링크이다. IP는 하부망 독립적으로 정의되므로, 실제로 하부망에서 어떤 데이터 링크를 사용하든 IP는 상관하지 않는다. 출발지 호스트와 목적지 호스트는 하나 이상의 홉으로 연결된다. 두 호스트가 단일 홉으로 연결된 경우는 두 호스트가 동일한 하부망에 연결되어 있음을 의미하고, 이 경우 두 호스트간의 데이터그램 전송은 라우터를 경유하지 않고 직접 이루어진다. 대부분의 경우 두 호스트간의 통신은 라우터로 연결되는 두 개 이상의 홉을 거치는 멀티-홉 통신(Multi-Hop) 통신이다. 특정 호스트 또는 라우터의 IP는 다음 홉 통신에 대해서만 책임을 진다. 즉, 특정 IP는 해당 홉에 연결된 다음 라우터 또는 호스트까지 데이터그램을 전달하는 책임만 가지고, 그 다음 홉 통신에 대해서는 해당 홉에 연결된 다음 라우터의 IP가 책임지게 한다. 이와 같이 한 홉씩 별도로 데이터그램을 전송하는 방식을 홉-바이-홉(Hop-by-Hop) 통신이라 한다. IP의 Hop-by-Hop 통신 특성은 호스트 또는 라우터가 다음 홉으로 데이터그램을 전달하는 데에 필요한 라우팅 정보만 유지하게 하여, 라우팅 테이블의 크기를 최소화할 수 있게 한다.

IP의 또 다른 중요한 특징 중의 하나는 데이터그램의 단편화(Fragmentation)와 재조립(Reassembly) 기능이다. IP 데이터그램은 어떤 하부망에서도 전달 가능해야 한다. 특정 하부망은 망의 특성에 맞는 데이터 전송 단위의 최대 크기(MTU-Maximum Transmission Uint)를 가진다. 예를 들면 이더넷 하부망의 경우 MTU는 1500 바이트 이다. 특정 하부망의 MTU 보다 큰 IP 데이터그램을 전송하기 위한 기능이 단편화와 재조립이다. IP의 단편화와 재조립 기능은 독립적인 IP 주소 체계, 독립적인 IP 데이터그램 포맷과 함께 IP가 하부망 독립적으로 동작하는 데에 중요한 역할을 담당한다.

4.1.2 IP 데이터그램

여기서는 IP의 데이터 전송 단위인 데이터그램의 포맷(형식)을 구체적으로 살펴

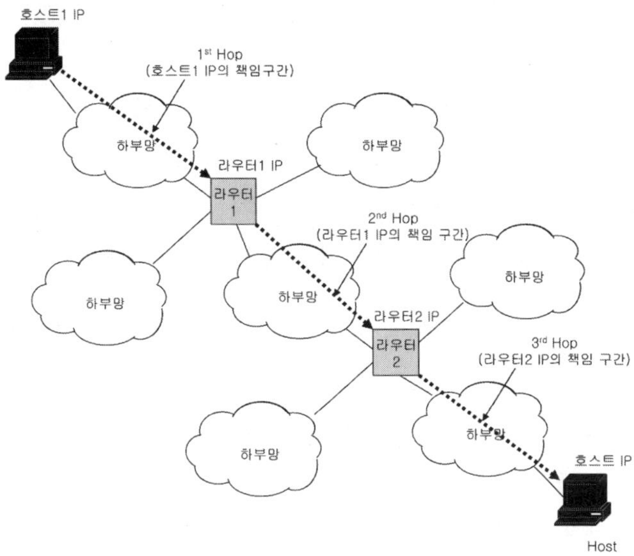

그림 4.1 Hop-by-Hop 통신

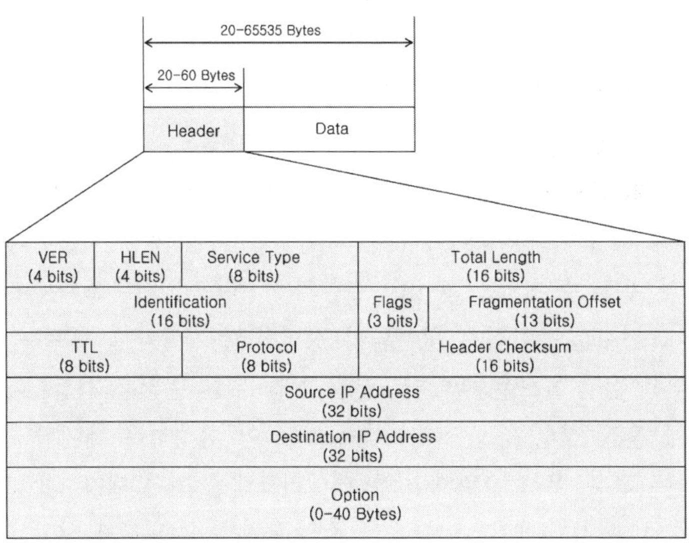

그림 3.1 IP 데이터그램 포맷

보고자 한다.

IP 데이터그램은 가변 길이 패킷으로 전송에 필요한 제어 정보를 담은 헤더(Header)와 실제로 전송할 데이터(Data) 부분으로 구성된다. 헤더는 반드시 포함되어야 하는 필수 필드(Mandatory Fields)와 선택적으로 포함될 수 있는 선택 필드(Option Fields)로 구성되고, 필수 필드 부분은 20 바이트로 구성되고, 선택 필드 부분은 최대 40 바이트까지 구성될 수 있다. 헤더와 데이터 부분을 포함한 IP 데이터그램의 최대 크기는 65535 바이트이다. 각 필드에 대한 설명은 다음과 같다.

1) **버전(VER)** : 4 비트로 구성되는 버전 필드는 IP의 현재 버전을 나타낸다. 현재 버전 값은 4이다. 향후 IPv6가 채택되는 호스트나 라우터에서는 이 값이 6으로 대치될 것이다. 이 경우 데이터그램의 버전 필드의 값을 해석하여 IPv4 데이터그램인지 아니면 IPv6 데이터그램인지 확인하고, 각각의 버전에 따라 데이터그램의 포맷을 적절하게 해석하여야 한다.
2) **헤더 길이(HLEN)** : 4 비트로 구성되는 헤더 길이 필드는 IP 데이터그램 헤더의 전체 길이를 4 바이트 단위로 나타낸다. 따라서 헤더 부분에 선택 필드 부분이 없으면 헤더 길이가 20 바이트이므로 이 필드 값은 5(5×4 = 20)가 되고, 선택 부분이 모두 포함되어 헤더 전체 길이가 60 바이트이면 이 필드 값은 15(15×4 = 60)가 된다. 가변 길이의 선택 필드 부분으로 인하여 전체 헤더 길이가 가변적이기 때문이 이 필드가 필요하다.
3) **서비스 유형(Service Type)** : 8 비트로 구성되는 이 필드는 데이터그램이 라우터에 의해 어떻게 처리되어야 하는 지를 지시하기 위해 사용된다. 이 필드는 3 비트의 우선 순위(Precedence) 부분과 4 비트의 서비스 유형(TOS - Type Of Service) 부분으로 다시 구분되어 정의되고, 마지막 1 비트는 사용되지 않는다. 우선 순위 필드는 데이터그램의 처리 우선 순위를 지정한다. 예를 들어 라우터에 혼잡 상황(Congestion Condition)이 발생하여 데이터그램을 폐기하여야 하는 경우, 우선 순위가 낮은 데이터그램을 먼저 폐기하게 지시할 수 있다. 드러나 현 IPv4에서는 이 우선 순위 필드를 사용하지 않고 있다. 서비스 유형 필드는 IP에 대하여 요구하는 서비스 유형을 지정하기 위한 것으로써, 비용 최소화(Minimize Cost–'0001') 서비스, 신뢰성 최대화(Maximize Reliability–'0010') 서비스, 처리율 최대화(Maximize Throughput–'0100') 서비스, 지

연 시간 최소화(Minimize Delay－'1000') 서비스 유형, 그리고 정상(Normal or Defualt －'0000') 서비스 유형으로 구분한다. 라우터는 서비스 유형 값에 적합한 서비스를 제공할 수 있는 최적의 다음 라우터를 선택하여 데이터그램을 전송한다.

4) **전체 길이(Total Length)** : 전체 길이 필드는 16 비트로 구성되고 헤더와 데이터를 포함하는 데이터그램의 전체 길이를 나타내고, 최대 길이 값은 65535(2^{16}－1)이다.

5) **식별자(Identification)** : 16 비트 크기의 식별자 필드는 출발지 호스트에서 전송되는 데이터그램을 유일하게 구분하기 위해 사용된다. 목적지 호스트측에서 보면 출발지 호스트의 IP주소와 식별자를 통해 모든 데이터그램을 유일하게 구별하여 식별할 수 있다. 데이터그램이 호스트나 라우터에서 단편화될 때 식별자 필드의 값은 모든 단편화된 데이터그램에 동일하게 복사되어, 목적지에서 단편화된 데이터드램들을 재조립하여 원래의 데이더그램을 복원할 수 있게 한다.

6) **플래그(Flag)** : 3 비트로 구성되는 플래그 필드중 현재 첫번째 비트는 사용되지 않고 있으며, 2번째 비트는 'Do Not Fragment' 비트로써 이 비트가 '1'로 설정되면 단편화 금지를 지시한다. 따라서 단편화 금지가 설정된 데이터그램이 MTU 크기가 작은 하부망을 통과해야 하는 경우, 해당 데이터그램은 단편화될 수 없어 폐기되고 ICMP를 통하여 오류 메시지를 출발지 호스트로 전달한다. 3번째 비트는 'More Fragment' 비트로써 이 값이 '1'로 설정되어 있으면 해당 데이터그램은 단편화된 데이터그램이고 마지막 단편이 아니라는 것을 알려준다. 즉, 다음에 또 다른 단편화된 데이터그램이 존재한다는 것을 알려준다.

7) **단편화 옵셋(Fragmentation Offset)** : 13 비트로 구성되는 이 필드는 원래의 데이터그램내에서 단편화된 데이터그램의 상대적 위치를 나타내기 위해 사용되고, 8 바이트 단위로 값을 표시한다.

8) **수명(TTL)** : 이 필드는 데이터그램이 지나치게 장시간 또는 무한정 인터넷을 떠돌아 다님으로써 인터넷에 부하를 유발하는 문제를 해결하기 위해 사용된다. 특정 데이터그램의 수명은 이 필드에 해당 데이터그램이 통과할 수 있는 최대 홉수를 지정함으로써 제한된다. 데이터그램을 처리하는 각 라우터는 이

필드의 값을 1씩 감소시킨다. 만약 감소 후 값이 0이 되면 수명을 다한 데이터그램으로 간주하여 데이터그램을 폐기한다.

9) **프로토콜(Protocol)** : 8 비트로 구성되는 프로토콜 필드는 IP를 사용하여 데이터를 전송하는 상위 계층 프로토콜을 표시한다. TCP(6), UDP(17), ICMP(1), IGMP(2) 등이 대표적인 예이다. 예를 들어 이 필드의 값이 6으로 표시되어 있으면 최종 목적지 호스트는 수신한 데이터그램을 TCP로 전달한다. 따라서 이 필드는 IP 데이터그램이 전달되어야 할 최종 프로토콜을 나타낸다.

10) **옵션(Options)** : 현재 IPv4에서 사용할 수 있는 옵션은 무 연산(No Operation), 옵션 종료(End of Option), 경로 기록(Record Route), 엄격한 출발지 경로(Strict Source Route), 느슨한 출발지 경로(Loose Source Route), 타임 스탬프(Time Stamp) 옵션 등 6 가지만 정의되어 있다. 각 옵션에 대한 자세한 설명은 생략한다.

11) **헤더 첵섬(Header Checksum)** : 16 비트 헤더 첵섬 필드는 수신 측에서 IP 데이터그램 헤더의 오류를 검출할 수 있도록 송신자에 의해 데이터그램에 추가되는 정보이다. 첵섬은 헤더 전체를 16 비트 단위의 여러 조각으로 나누고, 나누어진 모든 조각을 1의 보수 연산을 통해 더하여 합을 구한 다음, 합에 대한 1의 보수 값을 구한 결과이다. 수신 측에서는 수신된 데이터그램을 16 비트 단위로 나누어 여러 조각으로 나눈 다음 전체 합에 대한 1의 보수를 구한다. 1의 보수 연산의 정의에 의하여 이 값이 0이면 원래의 데이터그램이 오류 없이 정상적으로 전달된 것을 의미하므로 받아 들이고, 그렇지 않으면 전송 중에 데이터그램에 오류가 발생한 것으로 의미하므로 해당 데이터그램을 폐기한다.

12) **출발지 IP 주소(Source IP Address)** : 이 필드는 데이터그램을 전송한 출발지 호스트의 32 비트 IP 주소를 담고 있는 필드이다. 이 주소는 목적지 호스트 또는 중간의 라우터가 해당 데이터그램의 출발지 호스트를 구분할 수 있게 하고, 응답 메시지, 오류 메시지, 또는 상태 정보 메시지를 출발지 호스트에게 전송할 수 있게 한다.

13) **목적지 IP 주소(Destination IP Address)** : 이 필드는 데이터그램의 최종 목적지 호스트의 32 비트 IP 주소를 담고 있는 필드로써, 라우터는 이 주소 정보

를 이용하여 경로를 선택한다.

4.1.3 단편화와 재조립

호스트나 라우터의 IP가 데이터그램을 처리할 때 먼저 해당 데이터그램이 전달되어야 하는 다음 홉을 선택하고, 다음 홉을 구성하는 하부망을 통하여 IP 데이터그램을 전송한다. 그러나 특정 하부망은 IP 데이터그램의 포맷을 이해하지 못하고 주소체계 또한 이해하지 못한다. 하부망은 단지 IP 데이터그램을 자신의 데이터 전송 단위인 프레임으로 전달되는 데이터로 간주하고, 이를 프레임의 데이터 필드에 포함시켜 해당 홉에 연결된 라우터 또는 호스트로 전달한다. 하부망의 프레임 형식은 하부망에 따라 다르고, 프레임의 데이터 필드의 크기 또한 하부망에 따라 다르다. 특정 하부망 프레임의 데이터 필드의 최대 크기를 MTU(Maximum Transmission Unit)이라 한다. 하부망의 MTU에 맞게 데이터그램의 크기를 나누어 여러 개의 데이터그램으로 만드는 작업을 단편화(Fragmentation)이라 한다.

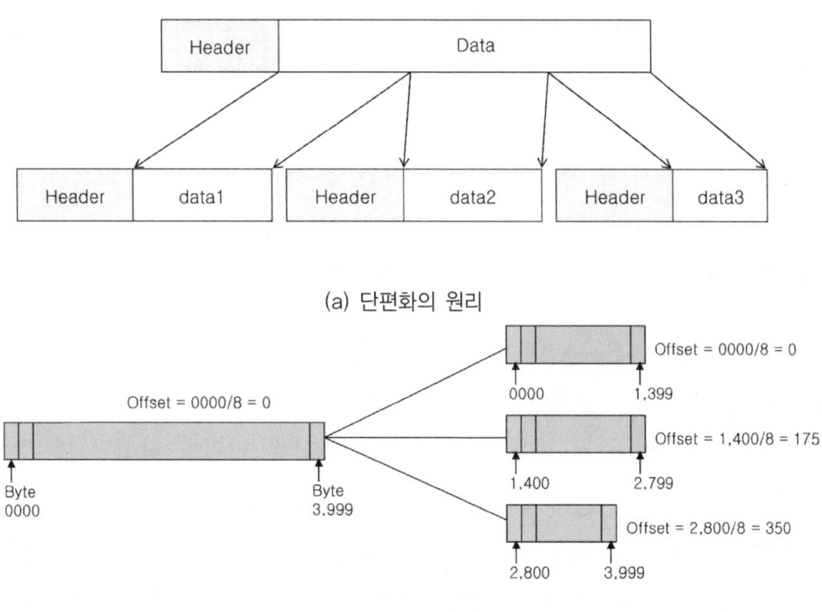

(a) 단편화의 원리

(b) 단편화의 예(MTU=1400)

그림 4.3 단편화의 원리와 예

단편화된 데이터그램도 인터넷에서 독립적으로 전달되는 독립된 데이터그램이다. 따라서 단편화된 각각의 데이터그램의 헤더 정보는 원래의 데이터그램의 헤더 정보를 그대로 복사한 다음 단편화와 관련된 필드와 헤더 책섬 정보만 수정하여 만들어 진다. 단지 원래 데이터그램의 데이터 필드는 단편화된 각각의 데이터그램의 데이터 필드로 나누어진다. 〈그림 4.3〉의 (a)는 이와 같은 단편화의 원리를 보여주고 있고, (b)는 MTU가 1,400 바이트일 때 크기가 데이터의 크기가 4,000인 데이터그램의 단편화 예를 보여주고 있다. 원래의 데이터그램은 3 개의 단편화된 데이터그램으로 나누어지고, 첫 번째 단편화된 데이터그램에 0부터 1,399번째의 데이터 바이트가 포함되므로 단편화 옵셋 값은 0(0/8)이되고, 두 번째 단편화된 데이터그램에 1,400~2,799 번째 데이터 바이트가 포함되어 옵셋 값은 175(1,400 / 8), 그리고 마지막 단편화된 데이터그램에 2,800부터 3,999 번째 데이터 바이트가 포함되어 옵셋 값은 350(2,800 / 8)이 될 것이다. 그리고 첫 번째와 두 번째 단편화된 데이터그램의 'More Fragment' 비트는 '1'로 설정되고, 세 번째 단편화된 데이터그램의 'More Fragment' 비트는 '0'으로 설정되어 단편화된 데이터그램의 마지막임을 표시한다.

단편화된 데이터그램이 더 작은 MTU의 하부망을 통과하는 경우 다시 단편화 작업이 이루어진다. 이 때 단편화된 데이터그램의 단편화는 호스트가 송신한 원래 데이터그램에 대한 더 작은 크기의 MTU로의 단편화 작업이 이루어진다. 즉, 최종 목적지 호스트 입장에서 볼 때 수신된 단편화된 데이터그램들이 어디서 몇 번에 걸쳐 단편화되었는지 알 수가 없다. 단지 단편화된 데이터그램들을 모아서 재조립 하는 것이다. 단편화된 역 순서대로 재조립이 이루어질 필요가 없다.

재조립(Reassembly)은 단편화된 데이터그램들을 출발지 호스트가 전송한 원래의 데이터그램을 복원하는 작업이다. IP에서 재조립(Reassembly)은 최종 목적지 호스트에서만 이루어지고, 중간 라우터들은 필요 시 단지 단편화 작업만 할 뿐 재조립에는 관여하지 않는다. 이는 라우터들의 재조립으로 인한 성능 저하를 방지하고, 단편화된 데이터그램들이 다른 라우터를 통과하는 다른 경로를 통해 전달될 수 있도록 하며, 중간 라우터에 의해 재조립된 데이터그램이 다음 라우터에서 다시 단편화되는 경우를 방지하기 위함이다. 재조립 절차는 다음과 같다.

1) 첫 번째 단편화된 데이터그램의 옵셋 값은 0이다.
2) 첫 번째 단편화된 데이터그램의 길이 값을 8로 나눈다. 두 번째 단편화된 데이터그램의 옵셋 값은 이 결과와 같아야 한다.
3) 두 번째 단편화된 데이터그램의 길이 값을 8로 나눈다. 세 번째 단편화된 데이터그램의 옵셋 값은 이 결과와 첫 번째 단편의 옵셋 값의 합과 같이야 한다.
4) 이러한 과정을 반복한다.
5) 마지막 단편화된 데이터그램의 'More Fragment' 필드의 값이 0이다.

재조립 과정에서 단편화된 데이터그램들 중 하나라도 도착하지 않으면 재조립 작업은 중지되고, 전체 데이터그램은 폐기된다.

IP의 단편화와 재조립 기능은 서로 다른 유형의 다양한 하부망에서 IP가 사용될 수 있게 하는 반면, 단편화와 재조립 작업은 라우터와 호스트의 부하를 증가시켜 성능을 저하시키는 요인이 된다. 특히 고속 라우터나 고속 호스트의 성능에는 큰 악영향을 미칠 수 있다. 그리고 단편화된 데이터그램들은 각각 다른 경로를 통해 전달될 수 있기 때문에 같은 데이터그램에 속한 단편들이 순서가 바꾸어 도착할 수가 있고, 일부 단편이 중간에서 손실되거나 너무 늦게 도착할 수가 있다. 이런 경우 최종 목적지 호스트가 재조립하는 데에 많은 시간이 소요될 수 있고, 재조립 불가에 따른 데이터그램 폐기 확률이 높아진다. 따라서 가능하면 단편화와 재조립을 회피할 수 있으면 바람직할 것이다.

IP에서 단편화와 재조립의 회피는 경로 MTU(Path MTU)을 탐색하여 출발지 호스트에서 경로 MTU를 기준으로 데이터그램을 작성함으로써 이루어진다. 경로 MTU는 목적지 호스트까지 데이터그램을 전달할 때 단편화가 필요없는 최대 MTU를 말한다. 바꾸어 말하면 경로상의 하부망들의 MTU중 최소 MTU가 된다. 출발지 호스트에서 경로 MTU를 탐색하여 경로 MTU를 확인한 다음, 경로 MTU 크기에 맞게 데이터그램을 작성하여 전송하면 도중의 라우터들이 단편화를 할 필요가 없어지게 된다. 경로 MTU 탐색(Path MTU Discovery) 절차는 다음과 같다.

1) IP 데이터그램 전송시 단편화 금지 즉, 'Do Not Segment' 플래그를 '1'로 설

정한다.

2) 도중의 라우터가 단편화가 필요한 경우 해당 데이터그램을 폐기하고 ICMP (Internet Control Message Protocol) 메시지로 데이터그램 전송 실패 사실과 함께 MTU 값을 출발지 호스트에게 통지한다.
3) ICMP에 의해 통지된 MTU를 경로 MTU로 사용한다.
4) 반복하여 ICMP 메시지가 도착하지 않으면 경로 MTU가 획득된 것으로, 해당 경로 MTU를 계속 사용한다.
5) 경로의 동적 변화 가능성을 고려하여 일정 시간(약 10분 정도)이 경과하면 경로 MTU를 다시 탐색한다.

4.1.4 IP 데이터그램의 전달

앞에서 설명한 바와 같이 특정 호스트 또는 라우터의 IP는 다음 홉 구간에 대한 데이터그램 전달에 대한 책임만 가진다. 그 다음은 다음 홉에 연결된 라우터의 IP 책임하에 전달되고, 이 과정을 반복하여 최종 목적지 호스트 IP에 도착하게 되고, 최종 목적지 호스트 IP는 프로토콜 필드의 값에 따라 상위의 특정 프로토콜에 수신한 데이터그램을 전달함으로써 데이터그램 전달을 작업을 완료한다.

호스트 또는 라우터가 다음 홉을 결정할 때 사용하는 정보는 목적지 IP 주소이다. 수신된 데이터그램의 목적지 IP 주소로 해당 데이터그램을 전달하기 위해 선택되어야 할 다음 홉에 관한 정보는 라우팅 테이블(Routing Table)에 유지된다. 즉, 라우팅 테이블에는 모든 데이터그램의 목적지 IP 주소에 대응되는 하나의 엔트리를 존재하고, 해당 엔트리에는 다음 홉에 관한 정보(예, 다음 홉에 연결된 라우터의 IP 주소)가 들어 있고, 이 정보를 이용하여 해당 IP 데이터그램을 다음 홉으로 전달한다.

특정 라우터에서 데이터그램을 전달하는 과정은 〈그림 4.4〉과 같이 나타낼 수 있다.

(1) 특정 입력 포트로부터 데이터그램을 수신한다.
(2) 해당 데이터그램의 헤더 정보를 해석하여 목적지 주소 정보를 추출하여 라우팅 프로세서로 전달한다.
(3) 라우팅 프로세서는 목적지 주소 정보를 이용하여 다음에 설명할 검색 절차에

따라 라우팅 테이블을 검색한다.

(4) 검색된 라우팅 엔트리로부터 출력 포트(인터페이스) 정보와 다음 홉 주소 정보를 획득한다.

(5) 선택된 출력 포트로 데이터그램을 전달한다.

(6) 다음 홉 주소 정보를 출력 포트로 전달한다.

(7) 다음 주소 정보를 이용하여 데이터그램을 다음 홉으로 전달한다.

라우팅 테이블에 특정 목적지 호스트로 찾아갈 수 있는 전체 경로 정보를 유지하는 대신 다음 홉에 대한 경로 정보만 유지함으로써, 즉, 다음 홉 라우팅(Next-Hop Routing)을 통하여 해당 라우터의 라우팅 테이블에 유지되어야 할 정보의 양을 대폭 축소시킨다. 라우팅 테이블의 크기를 작게 만드는 두 번째 기술은 하부망 지정 라우팅(Subnet-Specific Routing)이다. 라우팅 테이블에 모든 목적지 호스트에 대한 라우팅 정보를 유지하는 대신 하부망에 대한 라우팅 정보를 유지하는 것이다. 물론 호스트에 대한 라우팅 정보가 포함될 수도 있다. 하부망에 대한 라우팅 정보는 결국

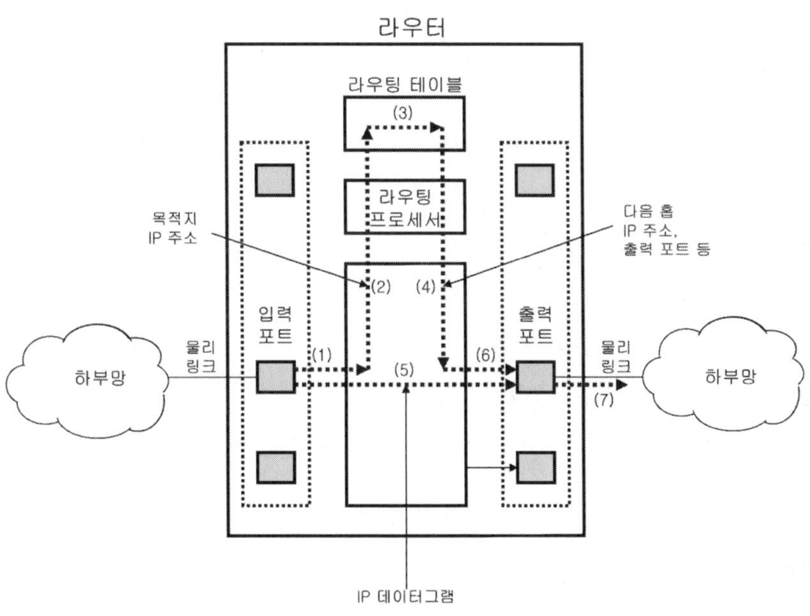

그림 4.4 IP 데이터그램 전달 과정

하부망에 연결된 라우터에 대한 라우팅 정보가 되고, 최종 하부망에 연결된 목적지 호스트에 대한 데이터그램 전달은 최종 하부망의 라우터가 책임지게 한다. 이렇게 함으로써 모든 호스트에 대한 라우팅 정보를 유지하는 경우에 비해 훨씬 작은 크기의 라우팅 테이블을 유지할 수 있다. 하부망 지정 라우팅은 데이터그램의 목적지 IP 주소로부터 망 주소(Network Address)를 추출하여 라우팅 테이블의 망 주소 필드와 비교함으로써 실행된다. 이를 위해 라우팅 테이블은 망 주소의 길이를 표시하는 서브넷마스크 정보를 유지하여야 한다.

라우팅 테이블의 크기를 작게 만드는 세 번째 기술은 디폴트 라우팅(Default Routing)이다. 디폴트 라우팅은 라우팅 테이블에 특정한 하부망을 지정하여 라우팅 정보를 유지하는 대신, 라우팅 테이블에 지정되지 않은 하부망 전체를 하나의 묶음으로 라우팅 정보를 표시할 수 있게 한다. 예를 들어 특정 회사의 본사 랜에 두 대의 라우터가 연결되어 있고, 그 중 하나는 지사의 랜을 연결하고 다른 하나는 외부 인터넷을 연결한다고 가정할 때, 지사의 랜 하부망을 제외한 모든 외부의 하부망으로 전달되는 데이터그램은 외부망을 연결하는 라우터로 전달되어야 한다. 이 경우 라우팅 테이블에는 지사의 랜 하부망을 지정하는 라우팅 정보와, 외부망을 연결하는 라우터를 디폴트 라우터로 하는 디폴트 라우팅 정보만 유지되면 된다.

라우팅 테이블에서 구분되어 유지되는 하나의 라우팅 정보를 저장하는 자료 구조를 라우팅 엔트리(Routing Entry)라 한다. 라우팅 테이블의 라우팅 엔트리는 직접 연결 엔트리, 호스트 지정 엔트리, 하부망 지정 엔트리, 그리고 디폴트 엔트리의 순서로 저장된다. 직접 연결 엔트리는 동일한 하부망에 연결된 호스트에 대한 라우팅 정보를 담고있는 엔트리이고, 호스트 지정 엔트리는 지정된 특정 호스트에 대한 라우팅 정보를 담고 있으며, 하부망 지정 엔트리는 하부망별 라우팅 정보를, 그리고 디폴트 엔트리는 디폴트 라우팅에 대한 라우팅 정보를 담고 있다.

〈표 4.1〉의 (a)에서 보는 바와 같이 일반적으로 라우팅 엔트리는 7개의 필드로 구성된다.

목적지 주소(Destination Address) – 이 필드는 목적지 호스트 IP 주소(호스트 지정의 경우)나 목적지 하부망의 망 IP 주소(하부망 지정 주소의 경우)를 정의한다. 호스트 지정 IP 주소의 경우 netid와 hostid로 구성된 완전한 목적지 주소이다. 망 주소의 경우에는 목적지 호스트가 연결된 하부망의 망 주소만 주어진다. netid는 고유의 값을 가지나 hostid는 0의 값을 가진다.

서브넷마스크(Subnetmask) – 이 필드는 해당 엔트리의 목적지 주소가 사용하고 있는 서브넷마스크를 정의하는 것으로써 망 주소의 비트수를 표시한다. 데이터그램의 목적지 주소를 사용하여 해당 엔트리의 라우팅 정보를 검색할 때 목적지 주소의 망 주소 부분을 추출할 때 이 필드의 서브넷마스크를 사용한다.

다음 홉 주소(Next-hop Address) – 이 필드는 데이터그램이 전달되어야 할 다음 홉 라우터의 IP 주소를 정의한다. 데이터그램의 목적지 IP 주소의 망 주소(또는 전체 주소)가 해당 엔트리의 목적지 (망) 주소와 일치하면, 해당 데이터그램은 이 필드에 정의된 IP 주소를 가지는 다음 홉 라우터로 전달된다.

표 4.1 라우팅 엔트리의 구조와 라우팅 테이블 예

(a) 라우팅 엔트리의 구조

목적지주소	서브넷마스크	다음홉주소	플래그	참조 계수	사용	인터페이스
111.0.0.0	255.0.0.0	–	U	0	0	m0

(b) 라우팅 테이블 예

목적지주소	서브넷마스크	다음홉주소	플래그	참조 계수	사용	인터페이스
111.0.0.0 –	255.0.0.0	–	U	0	0	m0
193.14.5.160	255.255.255.224		U	0	0	m2
193.14.5.192	255.255.255.224					
· · ·						
194.17.21.16	255.255.255.255	111.20.18.14	UGH	0	0	m0
192.16.7.0	255.255.255.0	111.15.17.32	UG	0	0	m0
194.17.21.0	255.255.255.0	111.20.18.14	UG	0	0	m0
0.0.0.0	0.0.0.0	111.30.31.18	UG	0	0	m0

플래그(Flag) – 이 필드에는 U(Up), G(Gateway), H(Host-specific), D(Added by redirection), M(Modified by redirection) 등 다섯 개의 프래그가 정의된다. U는 라우터가 동작하고 있는 지를 나타낸다. 이 플래그가 없으면 라우터가 동작하지 않고 있다는 것을 나타내다. G는 해당 라우터가 목적지에 대해 Gateway로 동작한다는 것을 나타내고, 목적지가 다른 하부망에 연결되어 있음을 표시한다. 따라서 이 경우 데이터그램은 다음 홉 라우터로 전달된다. H 플래그는 해당 엔트리의 목적지 주소가 호스트 지정 주소임을 나타내다. D 플래그는 목적지에 대한 라우팅 정보가 ICMP의 수신된 방향 재지정 메시지에 의해 라우팅 테이블에 추가되었음을 의미한다. M 플래그는 목적지에 대한 라우팅 정보가 ICMP의 수신된 방향 재지정 메시지에 의해 수정되었음을 의미한다.

참조 계수(Reference Count) – 이 필드는 현재 시간 이 경로를 사용하고 있는 사용자 수를 의미한다. 예를 들어 이 라우터로부터 목적지 호스트에 5명이 동시에 연결되어 있으면 이 필드 값은 5가 된다.

사용(Use) – 이 필드는 이 라우터로부터 해당 목적지로 전달된 데이터그램의 수를 표시한다.

인터페이스(Interface) – 이 필드는 해당 엔트리의 라우팅 정보를 이용하여 데이터그램을 전달할 경우 사용할 인터페이스를 정의한다.

〈표 4.1〉의 (b)는 다음의 〈그림 4.5〉과 같은 망 구성도에서 라우터 R1의 라우팅 테이블의 예를 보여주고 있다. 라우팅 테이블 검색은 엔트리 순으로 검색하고, 부합되는 엔트리를 찾으면 검색 절차가 완료된다. 라우팅 테이블은 계층적으로 구성되어 있으므로 제일 먼저 직접 엔트리를 검색하고, 부합되는 것을 찾미 못하면 호스트 지정 엔트리, 그 다음 하부망 지정 엔트리, 마지막으로 디폴트 엔트리를 검색한다. 라우팅 테이블 검색을 예를 들어 설명하면 다음과 같다.

라우팅 테이블 검색 예제)

라우터 R1은 목적지 192.16.7.14로 가는 500개의 데이터그램을 수신한다. 검색 과정에서 부합되는 엔트리를 찾을 때까지 행 별로 목적지 주소에 서브넷마스트를 적용한다.

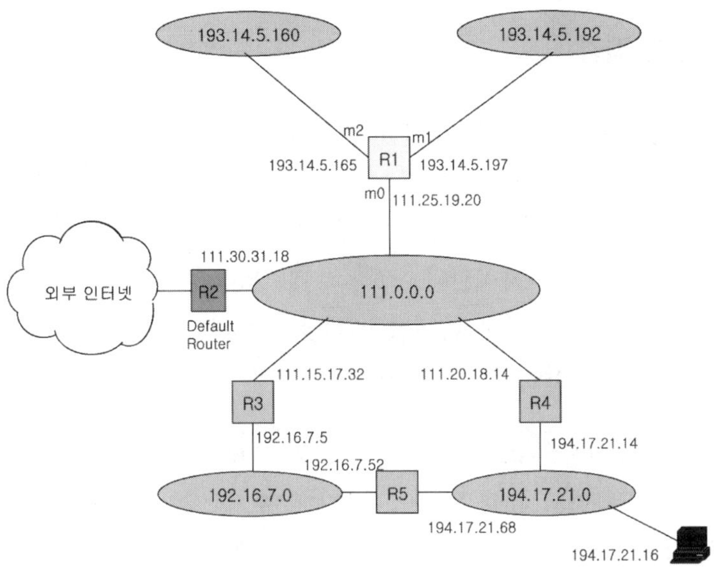

그림 4.5 라우팅 예의 구성

1. 직접 전달
   - A. 192.16.7.14 & 255.0.0.0 → 192.0.0.0 (부합 안됨)
   - B. 192.16.7.14 & 255.255.255.224 → 192.16.7.0 (부합 안됨)
   - C. 192.16.7.14 & 255.255.255.224 → 192.16.7.0 (부합 안됨)
2. 호스트 지정
   - A. 192.16.7.14 & 255.255.255.255 → 192.16.7.14 (부합 안됨)
   - B. 하부망 지정
   - C. 192.16.7.14 & 255.255.255.0 → 192.16.7.0 (부합)

검색 모듈은 다음 홉 주소인 111.15.17.32와 함께 인터페이스 m0을 반환하고, 사용 필드를 500 증가시키고 참조 계수 필드도 1 증가시킨다.

4.2 IPv6

4.2.1 IPv6 설계 배경

현재 우리가 사용하고 있는 인터넷은 IPv4를 근간으로 동작한다. IPv4는 32 비트의 망 식별자(Network Identifier)와 호스트 식별자(Host Identifier) 구조의 인터넷 주소 체계를 사용하고 있고, 최선형 서비스를 제공하며, 하부망 독립적인 동작을 위해 단편화와 재조립 기능을 제공한다. 그리고 데이터그램 길이는 가변적이다. IPv6는 IPv4가 안고 있는 여러 가지 문제점을 해결하게 위해 차세대 인터넷 프로토콜(Next Generation IP – IPng)로 개발되었다.

IPv4의 가장 큰 문제점은 IPv4 주소 공간 부족 문제이다. 90년대 이후 인터넷 사용자가 급속히 늘어나면서 IPv4의 주소 고갈 문제가 심각히 대두되기 시작했다. CIDR(Classless Inter-Domain Routing) 주소 체계 도입, 동적 IP 주소 할당, 사설 IP 주소 할당과 NAT 사용 등 기존 주소 체계하에서의 주소 공간 낭비 축소를 위한 여러 가지 기술들이 도입되고 있으나, 주소 공간 부족 문제의 완전한 해결책이 될 수 없기 때문에 IPv6에서는 주소 공간의 대폭적인 확대를 통해 이 문제를 해소하고자 한다.

IPv4의 두번째 문제점은 망 식별자(Network ID)와 호스트 식별자(Host ID)로 구성되는 단순한 구조의 주소 체계로 인해 큰 조직의 복잡한 망을 구조화할 수 있는 방안이 없다는 것이다. 비록 서브네팅(Subneting)을 통해 부분적으로 추가적인 구조화를 실현할 수 있으나, 이마저도 특정 클래스 주소의 망내에서만 가능한 솔루션이기 때문에 한계가 있다. 비구조적 주소 할당은 각각의 하부망들에 대한 라우팅을 독립적으로 수행할 수밖에 없도록 한다. 따라서 라우팅 테이블에 유지되어야 하는 라우팅 엔트리의 수가 늘어나게 하고, 이는 라우터의 라우팅 테이블 검색 시간 증가를 초래하여 궁극적으로 인터넷의 성능 저하의 원인이 된다. IPv6은 주소 체계를 보다 구조화함으로써 하부 구조에 속한 망들에 대한 라우팅 엔트리들이 상부 구조의 망에 대한 라우팅 엔트리로 집약될 수 있도록 하여 라우팅 엔트리의 수가 감소될 수 있도록 추구한다.

IPv4의 세번째 문제점은 경직된 주소 할당 방식이다. 컴퓨터가 어떤 하부망을 통해 인터넷에 연결되기 위해서는 반드시 관리자로부터 유일한 IP 주소를 할당받아야 한다. IPv6는 보다 유연한 주소 할당과 자동구성(Autoconfiguration)을 통한 주소 할당의 자동화를 추구한다. IPv6에서는 하부망의 물리 주소가 호스트 식별자로 사용될 수 있도록 하고, 망 식별자는 라우터 또는 별도의 서버를 통해 설정될 수 있도록 함으로써 주소 설정이 관리자의 개입없이 자동으로 이루어질 수 있게 한다. 예를들어 이더넷에 연결된 호스트의 경우 이더넷 주소가 그대로 IPv6의 호스트 식별자(인터페이스 ID)로 사용되고, 망 식별자는 라우터 또는 DHCP 서버를 통해 설정됨으로써 별도의 인터넷 주소 할당 절차가 필요 없다.

IPv4의 네번째 문제점은 제한적인 서비스 구분이다. IPv4 데이터그램 헤더에 서비스 유형(Type of Service) 구분 필드가 존재하나 아주 제한적인 서비스 구분만을 지원하기 때문에 IPv4를 지원하는 라우터가 데이터그램을 서비스 품질 요구 사항에 맞게 구분하여 처리하기가 어렵다. 대부분의 IPv4 라우터들은 데이터그램들을 상호 구분 없이 FIFO(First In First Out) 방식으로 처리한다. 결과적으로 IPv4를 사용하는 기존의 인터넷은 라우터의 상태에 따라 서비스의 품질이 결정되는 최선형 서비스(Best-effort Service)를 제공한다. IPv4의 최선형 서비스는 전자 우편(e-mail), 파일 전송, 웹 서버 접속과 같은 기존의 인터넷 응용 서비스를 지원하는 데에는 문제가 없다. 그러나 비디오 스트리밍, 인터넷 전화, 인터넷 방송, 멀티미디어 회의 등과 같이 인터넷의 중요 응용으로 새롭게 대두되고 있는 실시간 멀티미디어 서비스들은 최선형 서비스 이상의 서비스, 즉 보장형 서비스(Guaranteed Service)를 요구한다. 특정 데이터그램들에 대해 서비스 품질 요구 사항에 맞는 전송 서비스를 보장하기 위해서는 해당 데이터그램들을 구분하여 처리할 수 있어야 한다. IPv6는 보다 세분화된 데이터그램 구분이 가능하도록 하여 특정 유형의 데이터그램들에 대한 보장형 서비스 제공이 용이하도록 설계되었다.

IPv4의 다섯번째 문제점은 IPv4가 근원적으로 내포하고 있는 데이터그램 처리 속도 지연 요소이다. IPv4의 처리 속도 지연 요소는 가변 길이 헤더(Variable Length

Header), 단편화와 재조립(Fragmentation and Reassembly), 그리고 첵섬(Checksum) 기능 등이다. 가변 길이 헤더는 고정 길이 헤더에 비해 헤더 추출과 해석에 시간 소모가 많다. 단편화와 재조립기능도 IP의 하부망 독립적인 동작에 중요한 역할을 하는 반면 시간이 많이 소모되는 작업이다. 첵섬은 과거 비트 오류 발생 가능성이 높은 망에서는 필수적으로 요구되는 기능이었으나 첵섬 계산과 첵섬을 통한 오류 검사에 시간이 많이 소모된다. 인터넷 데이터 트래픽의 급속한 증가와 실시간 통신 요구 사항의 증대는 필연적으로 IP 데이터그램의 고속 처리를 요구한다. IP 데이터그램의 고속 처리를 위해 라우터와 호스트의 관련 하드웨어와 소프트웨어의 고속화뿐만 아니라, IPv4 자체가 안고 있는 이러한 처리 속도 지연 요소 제거가 중요하다. IPv6는 IPv4의 처리 속도 지연 요소를 가능하면 피할 수 있도록 설계하였다.

4.2.2 IPv6 헤더 포맷

IPv6의 데이터그램 포맷은 〈그림 4.6〉과 같다. IPv6 데이터그램의 헤더는 40 바이트의 고정 길이를 가짐으로써 가변 길이의 IPv4에 비해 처리 시간을 단축할 수 있게 하였다. 옵션 사항들은 동일한 길이의 다음 헤더(Next Header)로 정의된다. IPv6 데이터그램에는 IPv4 데이터그램의 처리 속도 지연 요인이 되는 단편화와 재조립(Fragmentation and Reassembly) 관련 필드들과 첵섬(Checksum) 필드가 생략되었음을 알 수 있다. 반드시 단편화가 필요한 경우에는 단편화 헤더(Fragmentation Header)을 옵션으로 추가할 수 있다. 그러나 일반적으로 IPV6에서는 단편화로 인한 라우터의 성능 저하를 방지하기 위해 ICMP(Internet Control Message Protocol)를 사용하여 데이터그램 전송 경로상의 최소 MTU(Maximum Transmission Unit)인 경로(Path) MTU를 탐색한 다음, 경로 MTU를 통한 데이터그램 전송으로 단편화를 피할 수 있게 한다.

첵섬 필드의 경우 예전에 비트 오류 발생 가능성이 높은 하부망을 주로 사용하던 때에는 헤더 오류 검출을 위해 반드시 필요했으나, 현재는 대부분의 하부망들이 비트 오류 발생율이 매우 낮고 상위의 TCP나 UDP가 같은 작업을 수행하기 때문에 생략 가능한 상태에 있다. 그리고 IPv6 데이터그램에는 보다 세분화된 데이터그램의 구분 처리를 위하여 트래픽 등급(Traffic Class) 필드와 플로우 라벨(Flow Label) 필드가 추가 되었으며, 주소 공간의 대폭적인 확대를 위해 IPv6 주소는 128 비트로 표시됨을 알 수 있다.

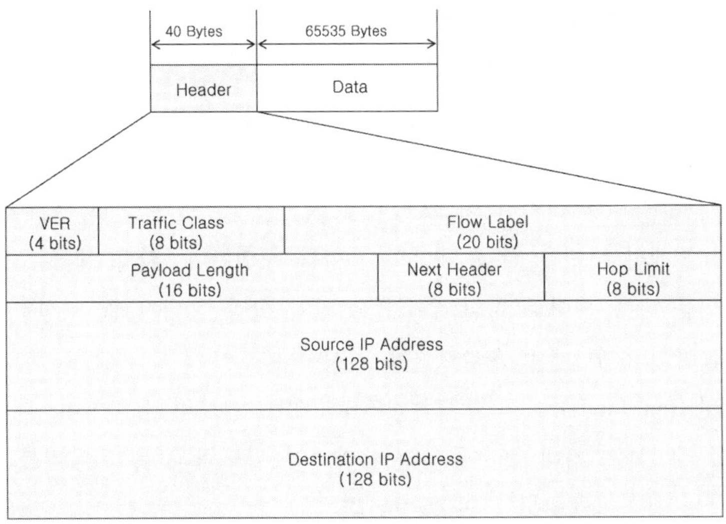

그림 4.6 IPv6 데이터그램 포맷

IPv6 데이터그램 헤더의 각 필드의 의미는 다음과 같다.

1) **버전(Version)** : 이 필드는 IP 버전 번호를 나타내고 값은 6이다.
2) **트래픽 등급(Traffic Class)** : 이 필드는 데이터그램의 우선 순위를 정의한다. 예를들어 이 필드의 값이 큰 경우 우선 순위가 높은 데이터그램을 표시하고, 우선 순위가 높은 데이터그램은 라우터에서 처리의 우선 순위를 가진다.
3) **플로우 라벨(Flow Label)** : 데이터 플로우는 구분되어 처리될 필요가 있는 연속적인 데이터그램들을 나타낸다. 플로우 라벨 필드는 특정 트래픽 등급의 특정 데이터 플로우를 표시한다. 예들들어 송신자와 수신자간 전송되는 실시간 비디오 데이터 플로우는 높은 트래픽 등급을 가지고 특정 플로우 라벨을 통해 다른 데이터 플로우들과 구분된다. 라우터는 플로우 라벨 설정시에 미리 정해

진 데이터그램 처리 정책에 따라 해당 플로우 라벨을 가진 데이터그램을 처리함으로써 다른 데이터 플로우와 구분하여 처리한다. 플로우 라벨의 설정과 특정 플로우 라벨의 데이터그램 처리 정책 자체는 IPv6에서 정의하지 않으며, RSVP(Resource ReSerVation Protocol)과 같은 보조 프로토콜과 라우터 구현 정책 등에 의해 결정될 수 있다.

4) **유료부하 길이(Payload Length)** : 이 필드는 헤더를 제외한 데이터의 총 길이를 표시한다.
5) **다음 헤더(Next Header)** : IPv6는 옵션 사항 정의를 위해 40 바이트 크기의 확장 헤더를 기본 헤더와 데이터 사이에 정의할 수 있게 한다. 이 필드는 확장 헤더가 존재하는 경우 다음 헤더의 유형을 정의한다. 확장 헤더는 또 다른 확장 헤더를 다음 헤더로 가질 수 있다. 만약 확장 헤더가 없는 경우 이 필드는 IPv4와 같이 상위 계층 프로토콜을 지시한다.
6) **홉 제한(Hop Limit)** : 이 필드는 IPv4의 TTL 필드와 유사하며, 데이터그램이 통과할 수 있는 최대 홉수를 표시한다. 이 필드의 값은 라우터를 통과할 때마다 1씩 감소되고 0이 되면 폐기된다.
7) **출발지 주소(Source Address)** : IPv6의 출발지 주소는 128 비트로 표시된다.
8) **목적지 주소(Destination Address)** : IPv6의 목적지 주소도 128 비트로 표시된다.

4.2.3 IPv6 주소 체계

IPv6 주소 체계의 가장 큰 특징은 IPv4 주소 길이 보다 4배나 긴 128 비트 주소 길이이다. 이론적으로 IPv6 주소 공간은 2^{128}(약 10^{40})개의 서로 다른 주소를 제공할 수 있다. 이 수는 지구 표면 $1m^2$당 약 10^{24}개의 주소를 할당할 수 있을 만큼 큰 수로써 현재 IPv4 주소 체계가 안고 있는 주소 공간 부족 문제를 근본적으로 해결할 수 있다. 이렇게 많은 수의 인터넷 주소가 필요할 것이지에 대해 의문이 있을 수 있지만, 인터넷 개발 초기 현재 32 비트 주소 체계에 대해 가졌던 비슷한 의문과 인터넷에 접속되는 통신 장치 수 증가 속도를 고려하여 IPv6는 충분한 주소 공간을 확보하고 있다.

IPv4는 기본적으로 유니캐스트(Unicast) 주소 유형과 멀티캐스트(Multicast) 주소 유형을 정의한다. 반면 IPv6에서는 애니캐스트(Anycast) 주소 유형을 추가로 정의하고 있다. 애니캐스트 주소 유형도 멀티캐스트 주소 유형과 같이 서로 다른 호스트 또는 라우터에 속한 여러 개의 인터페이스를 묶어서 하나로 표현하는 식별자이나, 이 주소를 사용하는 그룹의 모든 멤버에게 데이터그램을 전송하는 멀티캐스트와 달리 애니캐스트는 그룹 멤버들 가운데 가까운 하나에게만 데이터그램을 전달한다. 애니캐스트 주소는 예를들어 동일한 정보를 담고 있는 여러 개의 서버를 하나의 애니캐스트 주소로 묶고, 서버 접속시 가까운 곳에 위치한 하나의 서버에게만 데이터그램이 전달되면 되는 경우에 사용된다.

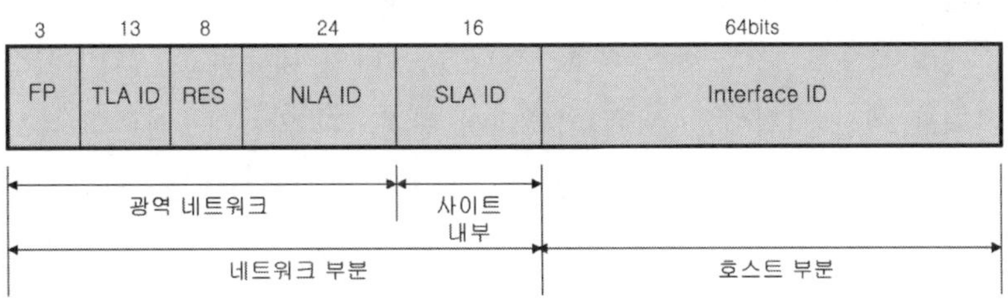

FP : Format Prefix
TLA ID : Top-Level Aggregation Identifier
(공공 서비스 사업자)
RES : Reserved
NLA ID : Next-Level Aggregation Identifier
(공공 서비스 사업자로부터 데이터그램을 전달 받는 기관)
SLA ID : Site-Level Aggregation Identifier
(기관내부의 하부망)
Interface ID : Interface Identifier
(MAC 주소 or 물리 주소)

그림 4.7 IPv6 주소 포맷

IPv6 주소 공간은 〈그림 4.7〉과 같은 구조를 가진다. IPv4의 주소와 달리 IPv6 주소의 네트워크 부분은 3 단계의 구조를 가진다. 최고 단계는 ISP(Internet Service Provider)와 같은 공공 서비스 제공자를 나타내고 최고 단계 집약 식별자(TLA ID – Top-Level Aggregation Identifier)에 의해 표현된다. 다음 단계는 ISP에 연결되는 기관을 나타내고 ISP에 의해 유일하게 할당되는 다음 단계 집약 식별자(NLA ID – Next Level Aggregation Identifier)에 의해 표현된다. 마지막 단계인 세번째 단계는 기관내의 특정 사이트에 해당되는 하부망을 나타내고 기관에 의해 유일하게 할당되는 사이트 단계 집약 식별자(SLA ID – Site Level Aggregation Identifier)에 의해 표현된다. 이와 같이 IPv6의 주소 공간의 네트워크 부분이 3 단계로 구조화됨으로써 라우팅이 높은 단계의 집약 식별자에 의한 라우팅에서부터 낮은 단계의 집약 식별자에 의한 라우팅으로 차례대로 이루어질 수 있게 한다. 단계적인 라우팅은 라우팅 테이블의 엔트리의 집약화(Aggregation)를 가능케 하여 라우팅 테이블 크기를 작게 만들고, 결과적으로 라우터의 성능 향상으로 연결된다.

IPv4의 호스트 식별자에 해당되는 IPv6의 인터페이스 식별자(Interface ID)는 64 비트 길이를 가지고 기본적으로 하부망의 물리 주소(예, LAN의 경우 MAC 주소)를 나타낸다. 일반적으로 물리 주소는 호스트나 라우터의 네트워크 인터페이스에 유일하게 부여되고 생산 시점에 ROM에 기록되어 변경되지 않는다. 기존의 네트워크 인터페이스의 식별자, 즉 물리 주소를 호스트 식별자로 사용하면 호스트 식별자에 대한 별도의 할당 절차가 필요 없게 된다. 따라서 IPv6의 주소는 특정 하부망의 라우터 또는 DHCP(Dynamic Host Configuration Protocol) 서버에 의해 네트워크 구분(전치부–Prefix)의 주소만 할당되면, 각 호스트는 별도의 주소 할당 절차를 거치지 않고 라우터 또는 DHCP 서버로부터 네트워크 전치부를 확보하여 쉽게 주소를 할당할 수 있는 장점이 있다.

4.2.4 IPv4에서 IPv6로의 전환

IPv6는 IPv4와 호환성이 없기 때문에 기존의 IPv4 기반의 수많은 라우터와 호스트를 IPv6로 전환하는 것은 매우 어려운 문제이다. 모든 IPv4 라우터와 호스트를 일시에 IPv6로 전환하는 것은 불가능하고, 병존을 통해 점진적으로 IPv6로 전환할 수밖에 없을 것이다. IPv4로부터 IPv6로의 점진적인 전환 방법은 이중 스택 접근법(Dual Stach Approach)와 터널링 접근법(Tunneling Approach)이 있을 수 있다.

이중 스택 접근법에서는 IPv6를 지원하는 라우터나 호스트가 IPv4를 동시에 지원하도록 하여, 만약 수신자가 IPv6를 지원하면 IPv6로 통신하고 IPv4를 지원하면 IPv6 데이터그램을 IPv4로 변환한 다음 IPv4로 통신하게 한다. 〈그림 14.8〉은 이중 스택 접근법을 통한 IPv6와 IPv4의 병존 모델을 보여 준다. 라우터 A로부터 IPv6 데이터그램을 수신한 이중 스택 라우터 B는 IPv4를 지원하는 라우터 C와 통신하기 위해 IPv6 데이터그램을 IPv4 데이터그램으로 변환한 다음 라우터 C로 전달한다. 마찬가지로 라우터 C로부터 IPv4 데이터그램을 수신한 이중 스택 라우터 D는 IPv6를 지원하는 라우터 E와 통신하기 위해 IPv4 데이터그램을 IPv6 데이터그램으로 변환한 다음 라우터 E로 전달한다. 수신자의 IPv6와 IPv4 지원 여부는 DNS(Domain Name Server)를 통해 파악할 수 있다.

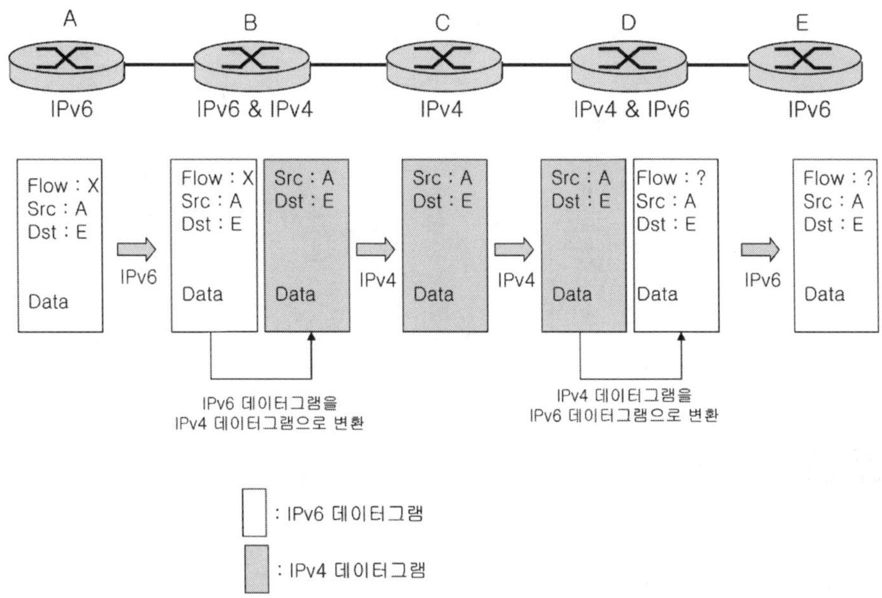

그림 4.8 이중 스택 접근법을 통한 IPv4에서 IPv6로의 전환

이중 스택 접근법의 문제점은 IPv4 데이터그램과 IPv6 데이터그램 포맷이 완전히 호환되지 않기 때문에 변환 과정에서 일부 정보가 손실될 수 있다. 예를들어 IPv6 데이터그램을 IPv4 데이터그램으로 변환하는 과정에서 IPv6에만 존재한 플로우 식별자(Flow Identifier) 정보가 손실된다. 이중 스택 접근법의 문제점을 개선하기 위해 터널링 접근법에서는 〈그림 4.9〉에서 보는 바와 같이 IPv6의 데이터그램을 IPv4

의 데이터 필드로 완전히 캡슐화한 한 후, IPv4 라우터를 모두 통과한 다음 IPv6 라우터에서 캡슐 해제를 통해 완전한 IPv6 데이터그램 복원이 가능하게 한다.

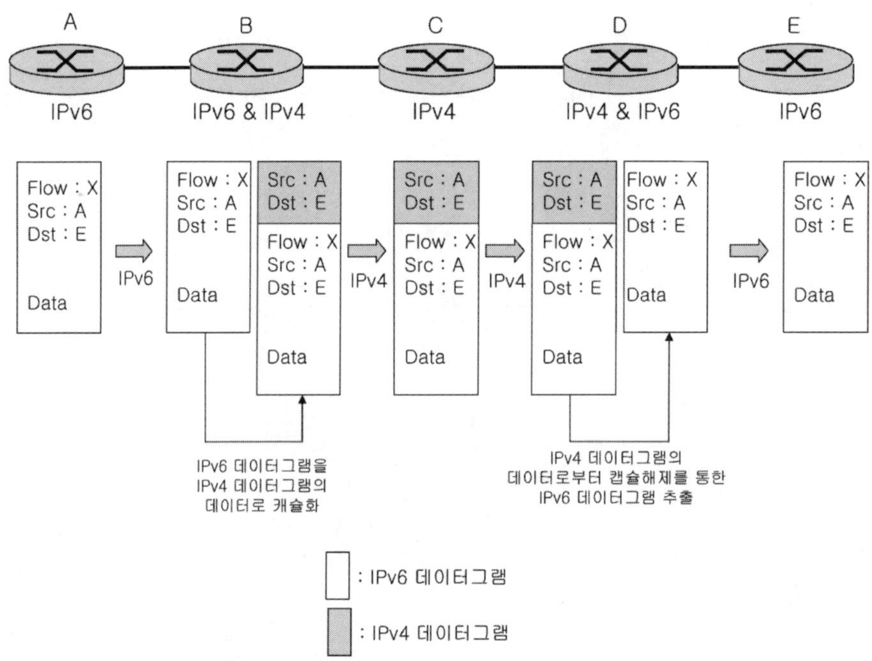

그림 4.9 **터널링 접근법을 통한 IPv4에서 IPv6로의 전환**

일단 IPv6 데이터그램이 IPv4 데이터그램으로 캡슐화되면 IPv4 라우터를 통과하는 동안 IPv6 데이터그램은 IPv4 데이터그램의 단순한 데이터로 취급된다. 따라서 IPv6 데이터그램은 송신자 IPv6 라우터와 수신자 IPv6 라우터 사이에 IPv4 라우터(들)이 존재하지만 이를 인식하지 못하고 마치 터널속을 지나가는 것처럼 지나가게 된다. 이런 연유로 이와 같은 접근법을 터널링 접근법이라 한다.

4.3 멀티캐스팅과 IGMP

4.3.1 멀티캐스팅 서비스 모델

인터넷상에서 오디오/비디오 방송과 멀티미디어 회의 등과 같은 다자간 통신 응용들이 활성화됨에 따라 하나의 송신자와 다수의 수신자간 데이터그램 전송 방식인 멀티캐스트(Multicast) 전송의 효율적인 실현이 중요하게 대두되고 있다. 가장 간단한 멀티캐스트 전송 모델은 〈그림 4.10〉의 (a)와 같이 송신자가 모든 수신자에게 동일한 데이터그램을 반복해서 전송하는 방식이다. 이 방식은 간단한 대신 인터넷 방송과 같이 수신자의 수가 많은 경우에 인터넷으로 전송되는 데이터그램의 수가 많아져 전체 인터넷의 성능을 저하시킨다.

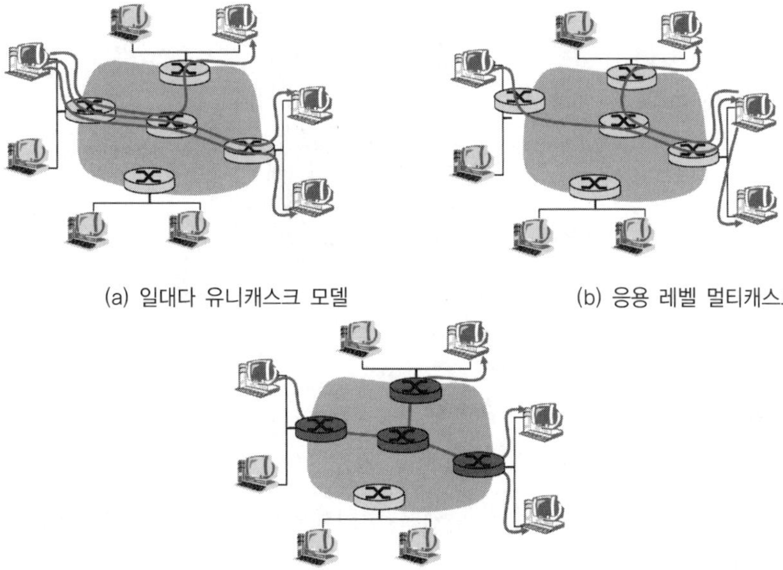

(a) 일대다 유니캐스크 모델

(b) 응용 레벨 멀티캐스트 모델

(c) 네트워크 멀티캐스트 모델

그림 4.10 멀티캐스트 전송 모델

두번째 응용 레벨 멀티캐스트 전송 방식으로써, 송신자가 모든 수신자에게 동일한 데이터그램을 전송하는 대신 일부 수신자에게만 데이터그램을 전송하고, 멀티캐스트 데이터그램을 수신한 수신자의 응용 프로그램이 인접한 수신자들에게 데이터그램을 전송하는 방식이다. 각각의 데이터그램은 유니캐스트 방식으로 전송된다. 이 경우에도 다수의 데이터그램 복사본이 인터넷으로 전송되는 것을 피할 수 없다. 세번째 네트워크 레벨 멀티캐스트 전송 모델은 라우터가 멀티캐스트 데이터그램 전송을 지원하는 방식으로써, 송신자는 하나의 멀티캐스트 데이터그램을 전송하고 멀티캐스트 전송에 참여하는 라우터가 여러 수신자로 향하는 출력 링크로 데이터그램을 복사하여 전송한다. 네트워크 레벨 멀티캐스트 전송 모델에서는 멀티캐스트 데이터그램이 수신자로 향하는 링크를 한번만 통과하기 때문에 네트워크 대역폭을 효율적으로 사용한다. 인터넷에서 멀티캐스트 전송이라 함은 세번째의 네트워크 레벨 멀티캐스트 전송 모델을 의미한다.

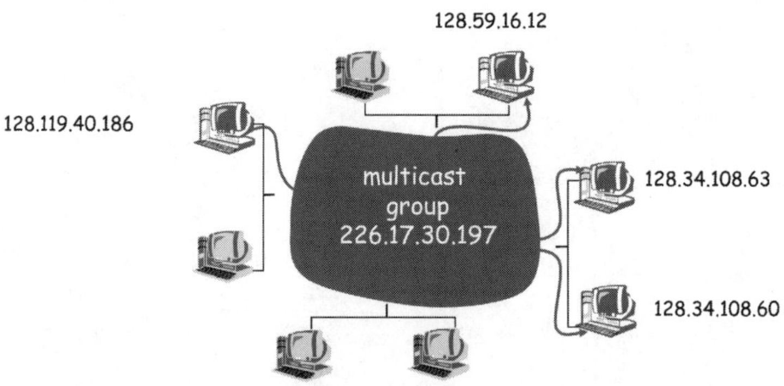

그림 4.11 인터넷 멀티캐스트 서비스 모델

멀티캐스팅에서 두 가지 중요한 문제는 멀티캐스트 주소 지정 문제와 멀티캐스트 라우팅 문제이다. 멀티캐스트 주소 지정 방식은 직접(Direct) 주소 지정 방식과 간접(Indirect) 주소 지정 방식이 있다. 직접 주소 지정 방식은 멀티캐스트 데이터그램에 모든 수신자의 주소 리스트를 지정하는 방식이다. 이 방식은 별도의 멀티캐스트 주소 메커니즘이 없이 기존의 유니캐스트 주소를 그대로 쓸 수 있는 이점이 있는 반면, 수신자 수가 많아지면 데이터그램에 포함되는 주소 정보의 양이 많아지는 문제가 있다. 예를 들어 100만명의 수신자를 가지는 인터넷 방송의 경우 데이터그램에 100만개의 주소를 포함시킨다는 것은 현실적으로 불가능하다. 간접 주소 지정 방식은 하나의 멀티캐스트 주소가 전체 수신자 그룹을 지시하게 하고, 멀티캐스트 주소로 전송된 데이터그램이 해당 멀티캐스트 주소가 지시하는 그룹내의 모든 수신자에게 전달되도록 한다. 그룹내의 각 수신자는 개별적인 유니캐스트 주소를 가진다. 인터넷은 간접 주소 지정 방식을 사용하고, 멀티캐스트 주소는 클래스 D 주소를 사용한다. 〈그림 4.11〉은 인터넷의 멀티캐스트 서비스 모델을 보여주고 있다.

간접 주소 지정 방식을 사용하는 경우에는 멀티캐스트 그룹을 관리하는 메커니즘이 존재해야 한다. 멀티캐스트 그룹 관리 매카니즘은 어떤 호스트가 어떤 그룹에 가입하거나 탈퇴하고 특정 그룹에 속한 호스트의 존재 여부를 확인하는 기능 등이 포함된다. 인터넷의 멀티캐스트 그룹 관리 메커니즘은 IGMP(Internet Group Management Protocol)에 의해 실현된다.

4.3.2 IGMP

IGMP는 〈그림 4.12〉에서 보는 바와 같이 호스트와 호스트가 연결된 로컬 라우터(Local Router) 사이에서 동작한다. IGMP는 호스트가 보고(Report) 메시지를 통해 다양한 멀티캐스트 그룹에 가입(Join)하고 탈퇴(Leave)할 수 있게 하며, 로컬 라우터가 질의(Query) 메시지를 통해 그룹 멤버쉽을 모니터링 할 수 있게 한다. 멀티캐스트 라우터는 적어도 한 개의 멤버가 있는 그룹의 멀티캐스트 주소 목록을 가지고 있다. 멀티캐스트 라우터가 이 목록 중의 하나와 부합되는 멀티캐스트 주소를 목적지 주소로 가지는 데이터그램을 수신하면, IP 멀티캐스트 주소는 하부망의 멀티캐스트 주소로 변환되고 해당 데이터그램은 하부망을 통해 멀티캐스팅된다. 하부망이 멀티캐스팅을 지원하지 않는 경우에는 유니캐스팅으로 전송된다.

특정 멀티캐스트 그룹에 가입하고자 하는 호스트는 해당 그룹을 지시하는 멀티캐스트 주소를 가지는 보고(Report) 메시지를 로컬 라우터에게 보낸다. 보고 메시지를 수신한 라우터는 자신의 멀티캐스트 주소 목록에 해당 호스트의 보고 메시지의 멀티캐스트 주소가 없으면 이 주소를 목록에 추가한다. 멀티캐스트 라우터는 하부망내의 호스트들이 멀티캐스트 그룹 멤버십을 유지하고 있는 지 주기적으로 질의(Query) 메시지를 통해 확인한다. 질의 메시지는 모든 그룹을 대상으로 하는 일반(General) 유형과 특정 그룹을 지정하는 특정(Specific) 유형이 있다. 질의 메시지를 받은 호스트는 보고 메시지를 통해 특정 그룹에 참여하고 있음을 라우터에게 보고한다. 라우터는 특정 멀티캐스트 그룹에 속하는 호스트의 유무만을 확인하고 어떤 호스트가 어떤 그룹에 속하고 있는 지는 확인하지 않는다. 만약 특정 그룹에 대한 라우터의 질의에 대해 일정 시간내에 보고하는 호스트가 하나도 없으면 해당 멀티캐스트 주소는 멀티캐스트 주소 목록에서 삭제될 것이다. 특정 그룹에서 탈퇴하고자 하는 호스트는 라우터의 멤버십 확인 질의 메시지에 대해 보고 메시지를 보내지 않음으로써 탈퇴할 수 있다.

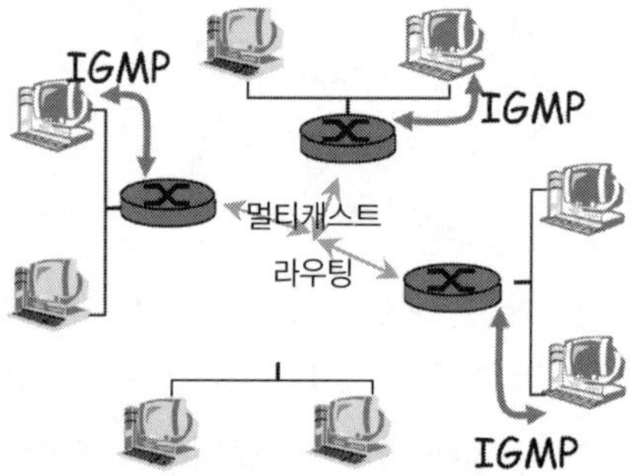

(a) IGMP 동작 범위 : 호스트와 로컬 라우터 사이

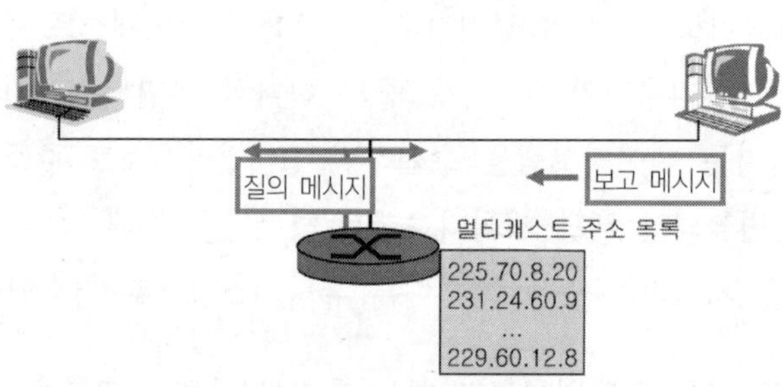

(b) IGMP 질의(Query)와 보고(Report)

그림 4.12 IGMP 동작 범위와 메시지 유형

IGMP의 동작 범위가 호스트와 로컬 멀티캐스트 라우터로 한정되기 때문에 IGMP는 전체 인터넷에서 멀티캐스트 호스트가 연결된 멀티캐스트 라우터들의 상황에 대한 정보와 이들간의 멀티캐스트 기능을 제공하지 않는다. 특정 멀티캐스트 그룹과 연계된 멀티캐스트 라우터들간의 데이터그램 멀티캐스팅은 멀티캐스트 라우팅 프로토콜(Multicast Routing Protocol)을 통해 실현된다. 따라서 인터넷에서의 멀티캐스팅는 IGMP와 멀티캐스트 라우팅 프로토콜의 조합을 통해 실현됨을 알 수 있다.

4.3.3 멀티캐스트 라우팅 프로토콜 : DVMRP

멀티캐스트 프로토콜의 기본 목표는 멀티캐스트 데이터그램을 전송하는 호스트가 연결된 출발지 라우터에서 해당 멀티캐스트 그룹 멤버가 연결된 모든 목적지 라우터까지 해당 멀티캐스트 데이터그램을 가장 효율적으로 전달하는 것이다. 여기서 효율적이라 함은 멀티캐스트 데이터그램이 가능하면 최단 경로를 거쳐 각각의 목적지 라우터에 전달되어야 하고, 가능하면 적은 수의 멀티캐스트 데이터그램 복사본이 만들어져야 함을 의미한다.

멀티캐스트 라우팅 프로토콜로는 DVMRP(Distance Vector Multicast Routing Protocol), PIM(Protocol Independent Multicast), MOSPF(Multicast Open Shortest Path First) 등 여러 가지가 있다. 여기서는 현재 가장 널리 사용되고 있는 DVMRP에 대해 설명하고자 한다. DVMRP는 역 경로 전달(RPF-Reverse Path Forwarding) 기법과 프루닝(Pruning) 기법에 기반을 두고 있다.

RPF 기법의 기본 개념은 각 라우터가 멀티캐스트 데이터그램을 수신 포트를 제외한 다른 모든 포트로 전달하되, 출발지에서 해당 라우터까지 최소 비용 경로를 통해 전달된 멀티캐스트 데이터그램만을 전달함으로써 멀티캐스트 라우팅 프로토콜의 두 가지 목표(최소 비용 경로를 통한 전달, 데이터그램 복사본의 수 최소화)를 실현하는 것이다. 멀티캐스트 데이터그램을 수신한 각 DVMRP 라우터는 다음과 같이 동작한다.

– 첫째, 수신된 데이터그램의 출발지 주소와 입력 포트를 확인한다.

– 둘째, 라우팅 테이블에서 출발지 주소에 대응되는 엔트리를 찾아 다음 홉 라우터의 주소를 확인한다. 즉, 해당 라우터로부터 출발지로의 역 최소 비용 경로에 대한 다음 홉 라우터를 확인한다.
– 셋째, 다음 홉 라우터가 멀티캐스트 데이터그램의 입력 포트에 연결된 라우터와 일치하면 해당 멀티캐스트 데이터그램을 모든 출력 포트로 전송한다.
– 넷째, 세번째 조건이 성립하지 않으면 수신된 멀티캐스트 데이터그램을 폐기한다.

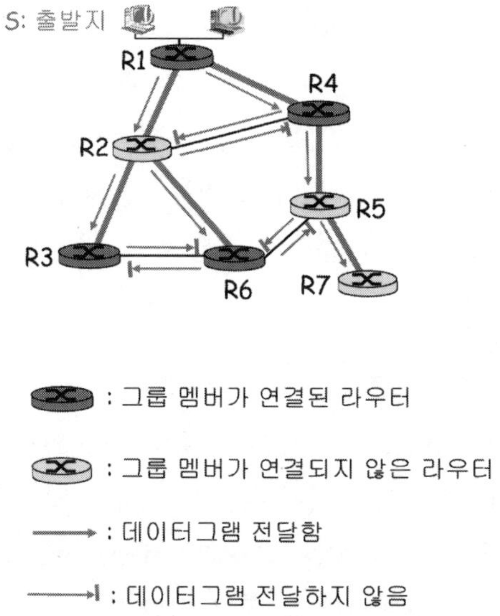

그림 4.13 **역 경로 전달(Rrverse Path Forwarding)**

〈그림 4.13〉에서 라우터 R2는 출발지 S1이 전송한 멀티캐스트 데이터그램을 R1을 통해 직접 전달 받을 수도 있고 라우터 R4를 통해 전달 받을 수도 있다. 라우터 R2의 라우팅 테이블이 S1에 대한 다음 홉 라우터를 R1으로 지정하고 있는 것으로 가정하면, R2는 R1으로부터 수신한 멀티캐스트 데이터그램은 다른 라우터들로 전달하는 반면 R4로부터 수신한 멀티캐스트 데이터그램은 폐기한다.

RPF 기법의 문제점은 멀티캐스트 그룹의 멤버가 존재하지 않는 방향으로도 멀티캐스트 데이터그램이 불필요하게 전달될 수 있다는 것이다. 〈그림 4.13〉에서 라우터 R5와 R7은 그룹 멤버가 연결되어 있지 않음에도 불구하고 멀티캐스트 데이터그램이 전달된다. 프루닝(Pruning) 기법은 RPF에서 원치 않는 멀티캐스트 데이터그램의 전달을 차단한다. 멀티캐스트 그룹의 멤버가 존재하지 않는 라우터가 멀티캐스트 데이터그램을 수신하면 해당 라우터는 그 데이터그램을 전달한 라우터에게 프룬(Prune) 메시지를 보내 더 이상 동일한 멀티캐스트 주소를 가지는 데이터그램을 전달하지 않도록 요구한다. 만약 멀티캐스트 호스트를 가지고 있지 않은 라우터가 자신에게 연결된 하위의 모든 라우터로부터 프룬 메시지를 받으면, 자신의 상위 라우터에게 프룬 메시지를 전달하여 더 이상 자신에게 해당 멀티캐스트 주소의 데이터그램을 전달하지 않도록 요구한다. 프룬 메시지로 멀티캐스트 데이터그램의 수신을 거부한 상태에서 해당 멀티캐스트 그룹에 특정 호스트가 가입하면 라우터는 그랩트(Graft) 메시지를 보내 멀티캐스트 메시지 수신을 재개할 수 있다.

5 QoS 지원 기법

Chapter 05

05 QoS 지원 기법

5.1 QoS 개요

인터넷의 다양한 응용 서비스는 각각 서로 다른 네트워크 성능 특성을 요구한다. 파일 전송(File Transfer) 응용의 경우 전체 파일을 전송하는 데에 걸리는 시간으로 표현되는 처리율(throughput)이 서비스 품질을 결정한다. 텔넷(Telnet)과 같은 대화형 응용 서비스의 경우 짧고 일관성 있는 응답 시간이 서비스 품질에 중요한 영향을 미친다. 반면 인터넷 전화(Internet Telephony) 서비스는 낮고 일관성 있는 지연시간을 요구하고, 비디오 회의 응용 서비스의 경우 낮고 일관성 있는 지연시간뿐만 아니라 높은 처리율이 서비스 품질을 결정한다.

QoS(Quality of Service) 지원은 특정 응용 서비스의 품질에 맞게 네트워크 성능 특성을 조정하는 작업이다. QoS 미지원 시의 트래픽 유형별 문제점들은 〈표 5.1〉과 같이 요약될 수 있다. 인터넷 전화 응용에서 지연시간이 클 경우 자연스러운 대화가 될 수 없고, 심한 경우 전화가 종료되지 않을 수 없게 될 수 있다. 또한 지연시간이 일정하지 않으면 전화나 스트리밍 음악의 음질이 고르지 못하고 이해하기 어렵게 된다. 비디오 트래픽의 경우에도 지연시간이 일정하지 않으면 비디오를 구성하는 이미지간의 시간 간격이 일정하지 않아 출력이 자연스럽지 못하고 끊길 수 있으며, 별도의 채널로 전송되는 연관된 오디오와의 시간 관계가 훼손되어 비디오와 오디오간 동기화 (synchronization)에 문제가 발생한다. 또한 처리율이 비디오의 데이터율(Data Rate)에 미치지 못할 경우 비디오의 움직임이 점점 느려지게

표 5.1 QoS 미지원 시의 문제점

트래픽 유형	Qos 미지원 시의 문제점
Audio	오디오를 이해하기가 어렵다.
	음이 끊기고 고르지 못하다.
	자연스러운 대화가 될 수 없게 만든다.
	전화가 끊긴다.
Video	비디오 출력이 자연스럽지 못하고 끊긴다
	비디오와 오디오간 동기가 맞지 않는다.
	움직임이 점점 느려진다.
Data	더 이상 필요 없어진 후에 데이터가 도착한다.
	모니터 앞에서 사용자가 기다린다.
	사용자가 서비스 받기를 포기한다.

될 것이다. 일반적인 응용의 데이터 트래픽의 경우 오디오나 비디오 트래픽에 비해 QoS 영향이 적은 편이나 시간 임계형(Time Critical) 응용의 경우 늦게 도착한 데이터는 필요가 없어 진다. 예를 들어 여러 사이트의 상태 정보를 모아 실시간 상태 그래프를 그리는 응용의 경우 정해진 시간 이후에 도착하는 데이터는 그래프에 반영될 수 없다.

5.2 QoS 제어 요소

5.2.1 대역폭(Bandwidth)

응용 서비스의 QoS 지원을 위해 조정되어야 할 네트워크 성능 제어 요소(Control Element)는 〈표 5.2〉와 같다. 대역폭(Bandwidth)은 물리적(physical) 또는 논리적(logical) 매체를 통해 성공적으로 전달할 수 있는 초당 비트수를 나타낸다. 사용가능한 대역폭이 크면 클수록 특정 응용 서비스를 위한 데이터 처리율이 높아지고, 전체적인 지연시간과 지연시간 편차가 줄어들며, 혼잡 상황 발생에 따는 데이터 손실 가능성이 낮아지므로 해당 응용 서비스의 QoS가 높아질 것이다. 그러나 대역폭은 유한한 자원이기 때문에 특정 응용 서비스가 필요로 하는 대역폭이 항상 충분히 제공될 수는 없다. 따라서 다양한 응용 서비스들에 대한 적절한 QoS 지원을 위해서는 응용 서비스의 우선순위에 따라 유한한 대역폭 자원의 사용을 적절하게 제어할 수 있어야 한다. 일반적으로 대역폭 제어는 큐잉(queuing), 쉐이핑(shaping), 폴리싱(policing)을 통해 이루어진다. 큐잉은 특정 유형의 데이터 트래픽이 사용할 대역폭을 할당할 수 있게 한다. 쉐이핑은 할당된 대역폭보다 높은 데이터율의 데이터 트래픽이 전송될 경우 전송을 지연시켜 할당된 대역폭에 맞는 데이터 트래픽을 생성한다. 그리고 폴리싱은 쉐이핑으로 조절할 수 없는 대역폭 초과 트래픽을 감시하고 처리(폐기 등)한다.

표 5.2 QoS 제어 요소

Qos 제어 요소	설명	제어 기술
대역폭 (Bandwidth)	물리적 또는 논리적 전송 매체의 초당 전송 비트 수. 대역폭이 높을수록 전송 지연시간이 작아진다.	큐잉, 쉐이핑, 폴리싱
지연시간 (Delay)	출발지에서 패킷이 송신되는 시점으로부터 목적지에 도착하는 시점까지 시간 간격. 지연시간이 크면 실시간성이 떨어진다.	큐잉
지터 (Jitter)	연속적인 패킷간 지연시간의 편차. 지터가 크면 패킷간의 연속성이 훼손된다.	큐잉
손실율 (Loss Rate)	전송 매체상의 오류 그리고/또는 라우터의 버퍼 오버플로우로 인해 발생하는 패킷의 손실율. 손실율이 높으면 재전송으로 인해 네트워크 성능이 저하되고 실시간 데이터 품질이 저하된다.	큐잉, RED, WRED

5.2.2 지연시간(Delay)

일반적으로 네트워크에서의 지연시간(Delay)은 종단간 지연시간(End-to-End Delay)를 의미하고, 출발지에서 패킷이 송신되는 시점으로부터 목적지에 도착하는 시점까지의 시간 간격을 나타낸다. 데이터 트패픽을 구성하는 특정 패킷이 네트워크에서 전송되는 과정에서 여러 가지 유형의 지연시간을 경험한다. 〈표 5.3〉은 네트워크 지연시간의 유형을 보여준다. 처리 지연시간(Processing Delay)은 통신 장치(라우터)가 패깃을 수신하여 전송 대기 자료 구조인 큐(queue)에 전달하는 데에 걸리는 시간 간격이다. 라우터에서 패킷 제어 정보를 해석하고, 라우팅 테이블을 검색하고, 패킷을 교환하는 작업 등에 소요되는 시간이 여기에 해당된다. 처리 지연시간의 크기는 통신 장치의 성능과 부하 정도에 따라 가변적이다.

큐잉 지연시간(Queuing Delay)은 패킷이 전송을 위해 큐 자료구조에 도착하는 시점으로부터 전송이 종료되어 큐를 떠나는 시점까지의 시간 간격이다. 만약 패킷이 큐에 도착했을 때 큐가 비어있고 현재 전송중인 패킷이 없다면 해당 패킷의 큐잉 지연시간은 0이 된다. 그러나 데이터 트래픽이 많아 큐에 전송 대기중인 패킷이 많고 상대적으로 전송 속도(대역폭)가 느린 경우 큐잉 지연시간은 길어질 것이다. 따라서 큐잉 지연시간은 큐에 도착하는 패킷율(Packet Arrival Rate)와 대역폭의 관계에 의해 결정되는 가변적인 지연시간이다.

표 5.3 지연시간 유형

지연시간 유형	설명	비고
처리 지연 (Processing Delay)	패킷 수신 시점에서 전송을 위해 큐에 전달하는 시점까지의 시간 간격	가변
큐잉 지연 (Queuing Delay)	패킷이 큐에 도착하는 시점에서 큐를 떠나는 시점까지의 시간 간격	가변
전송 지연 (Transmission Delay)	패킷의 첫 번째 비트를 전송 매체에 옮기기 시작한 시점부터 마지막 비트를 옮기는 시점까지의 시간 간격	고정
전달 지연 (Propagation Delay)	하나의 비트가 매체의 한쪽 끝을 출발한 시점부터 다른 쪽 끝에 도착하는 시점까지의 시간 간격	고정
쉐이핑 지연 (Shaping Delay)	쉐이핑으로 인해 발생하는 큐잉 지연의 일부	가변

전송 지연시간(Transmission Delay)은 패킷의 첫 번째 비트를 미리 정의된 전기적인 신호로 만들어 전송 매체에 옮기기 시작한 시점부터 마지막 비트를 옮기는 시점까지의 시간 간격이다. 즉, 전송 지연시간은 물리적인 전송 매체를 통해 패킷의 모든 비트를 전송하는 데에 걸리는 시간이 되고, 이 것은 패킷의 길이를 전송 속도로 나눈 값과 같다.

$$\text{전송 지연시간} = \frac{\text{패킷 길이(bits)}}{\text{전송 속도(bps)}}$$

예를 들어 1500 바이트 패킷을 이더넷(10Mbps)으로 전송하는 경우 전송 지연시간은 1.2ms(1500x8 bits /10,000,000bps)가 된다. 전송 지연시간은 같은 크기의 패킷에 대해 항상 일정한 값을 가지는 고정 지연시간이다. 전달 지연시간(Propagation Delay)은 하나의 비트가 전송 매체의 한쪽 끝을 출발한 시점으로부터 다른 쪽 끝에 도착하는 시점까지의 시간 간격으로 정의된다. 즉, 전달 지연시간은 비트를 나타내는 전기적인 신호가 전송 매체를 통과하는 데에 걸리는 시간이다. 따라서 전달 지연시간은 전송 매체의 길이(L)을 해당 매체에서의 전기 신호 전달 속도(S)로 나눈 값과 같다.

$$\text{전달 지연시간} = \frac{L}{S}$$

일반적으로 전송 매체의 전기신호 전달 속도는 빛의 속도(300,000km/s)의 70%, 즉 210,000km/s이다. 특정 전송 매체의 전달 지연시간은 항상 일정한 고정 지연시간이다. 쉐이핑 지연시간은 큐의 패킷에 대한 처리 속도를 약속된 속도로 맞추기 위해 인위적으로 제한함으로써 발생하는 추가적인 큐잉 지연시간이다.

네트워크의 지연시간에 대한 제어는 가변적인 지연시간인 처리 지연시간(Processing Delay), 큐잉 지연시간(Queuing Delay), 그리고 쉐이핑 지연시간(Shaping Delay)에 대해서만 이루어질 수 있다. 처리 지연시간은 일반적으로 마이크로 초 단위 이하이므로 전체 종단간 지연시간에 거의 영향을 미치지 않는다. 쉐이핑 지연시간은 대역폭 제어를 위해 인위적으로 추가하는 지연시간이므로 축소를 위한 제어가 의미가 없다. 따라서 QoS 제어 요소인 지연시간에 대한 제어는 주로 큐잉 지연시간에 대한 제어에 의해 달성된다. 예를 들어 낮은 지연시간을 요구하는 인터넷 전화 트래픽을 담당하는 큐에 대한 처리 우선 순위를 상대적으로 높여 줌으로써 인터넷 전화 패킷의 큐잉 지연시간을 줄일 수 있다.

5.2.3 지터(Jitter)

지터는 연속적으로 전송되는 패킷간의 지연시간의 편차(Delay Variance)를 나타낸다. 이메일, 파일 전송, 웹 서비스 등과 같은 기존의 인터넷 응용을 위한 데이터 트래픽에서는 지터가 서비스 품질에 거의 영향을 미치지 않는다. 그러나 오디오와 비디오와 같은 연속미디어의 실시간 전송을 요구하는 인터넷 전화, 멀티미디어 스트리밍과 같은 인터넷 멀티미디어 응용에서는 지터가 QoS의 중요한 제어 요소가 된다. 〈그림 5.1〉은 연속미디어의 실시간 전송 응용에서 지터의 영향을 보여주고 있다. 지터 발생으로 인해 패킷이 재생 시점보다 늦게 도착하는 경우 해당 패킷은 손실된 것과 마찬가지 결과를 초래하여 연속적인 재생을 불가능하게 만든다.

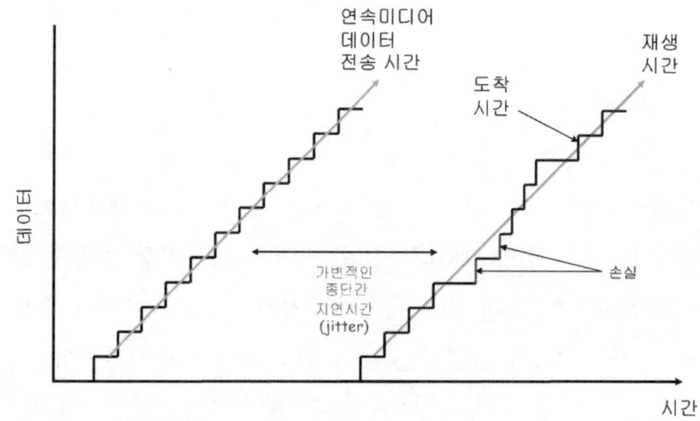

그림 5.1 연속미디어 실시간 전송 응용에서 지터의 영향

지터는 네트워크의 큐잉 지연시간, 처리 지연시간, 쉐이핑 지연시간 등 가변 지연시간으로 인해 발생한다. 따라서 지터에 대한 제어는 적절한 큐잉을 통해 이루어질

수 있다. 예를 들면 지터에 민감한 트래픽에 대해 높은 처리 우선순위를 부여하여 큐잉 지연시간 발생 가능성을 줄임으로써 지터를 줄일 수 있다.

5.2.4 손실율

인터넷에서 패킷의 손실은 주로 라우터의 혼잡 상황으로 인한 버퍼 오버플로우(Buffer Overflow)에 의해 발생한다. 패킷들이 라우터의 처리 속도보다 빠른 속도로 도착하는 경우 처리되지 못한 패킷들은 일단 큐 버퍼(Queue Buffer)에 저장된다. 오버플로우는 큐 버퍼에 더 이상 저장 공간이 없을 때 발생한다. 버퍼 오버플로우가 발생하면 이후 도착하는 모든 패킷들은 폐기될 수 밖에 없다. 버퍼 오버플로우에 의해 큐 버퍼의 맨 끝에 도착한 패킷들이 폐기되는 현상을 테일 드롭(Tail Drop)이라 한다.

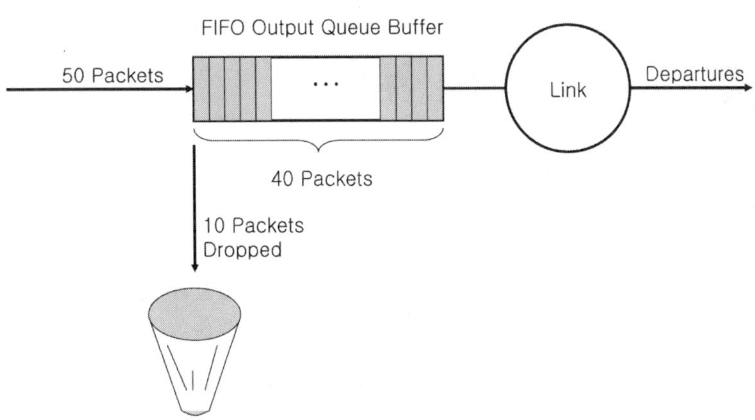

그림 5.2 버퍼 오버플로우와 테일 드롭

일반적으로 인터넷에서 테일 드롭에 의해 패킷이 손실되면 상위 계층(TCP)의 재전송 기법에 의해 복구된다. 따라서 TCP를 사용하는 웹 서비스, 파일 전송 서비스, 이메일 서비스와 같은 응용의 경우 패킷 손실이 크게 문제가 되지 않을 수 있다. 그러나 재전송에 의한 복구는 필연적으로 지연시간의 증가를 수반하므로 실시간 응용의 경우에는 재전송을 통한 복구가 오히려 서비스 품질을 떨어뜨릴 수 있다. 따라서 실시간 트래픽에 대해서는 우선순위가 높은 별도의 큐 버퍼를 할당함으로써 테일 드롭 발생 가능성을 줄이는 큐잉 정책을 쓸 필요가 있다. 실시간 트래픽에 대해 우선 순위를 부여하고 TCP 프래픽에 대해 우선순위를 낮출 경우 당연히 TCP 패킷들이 테일 드롭에 의해 손실될 가능성이 높아질 것이다. TCP 패킷의 손실은 TCP의 혼잡 제어 메커니즘에 의해 TCP 전송 속도의 급격한 감소를 초래한다. 따라서 테일 드롭에 의해 패킷이 손실된 모든 TCP 응용들이 한꺼번에 전송속도를 급격히 떨어뜨릴 경우 전체 네트워크의 사용율(utilization)이 급격히 떨어지는 문제가 발생한다. 이와 같은 문제를 해결하기 위해 제안된 제어 기법이 RED(Random Early Discard)와 WRED(Weighted RED)이다. 이들 기법들은 큐 버퍼가 일정 수준 이상 찰 경우 미리 일정양의 패킷들을 폐기함으로써 테일 드롭에 의해 한꺼번에 네트워크 사용율이 급격히 떨어지는 현상을 방지한다.

5.3 QoS 제어 기술

5.3.1 큐잉(Queuing)

큐잉은 인터넷의 라우터가 대역폭, 지연시간, 지터, 손실율 등 모든 QoS 제어 요소들을 제어하는 데에 중요한 역할을 하는 기술적 도구이다. 큐잉은 라우터에 도착하는 패킷들을 분류하여 전송을 위한 자료구조인 하나 이상의 큐(queue)에 위치시키고, 큐간의 패킷 처리 우선순위를 결정하고, 큐내의 패킷들에 대한 처리 우선순위를 결정하고, 큐 자료구조가 꽉 찰 경우 어떤 패킷을 폐기할 것인지를 결정함으로써 패킷들이 적절하게 순서에 따라 전송될 수 있게 한다.

기존의 최선형 인터넷(Best-effort Internet)에서 사용하는 전형적인 큐잉 모델(Queuing Model)은 〈그림 5.3〉과 같은 FIFO(First In First Out) 큐잉이다. FIFO 큐잉은 하나의 큐 자료구조에 패킷들을 위치시키고, FIFO 방식으로 패킷을 전송하며, 큐 자료구조가 찰 경우 테일 드롭 방식으로 패킷을 폐기하는 가장 간단한 큐잉 모델이다. FIFO 큐잉의 경우 〈그림 5.6〉의 (b)와 같이 패킷의 유형(Packet Type)과 관계없이 큐에 도착한 순서대로 처리되어 전송되므로 패킷 유형에 따른 차별화된 서비스(Differentiated Service)를 제공할 수 없고, 단지 링크의 전송 속도에 따라 최선의 서비스(Best-effort Service)만을 제공할 수 있다.

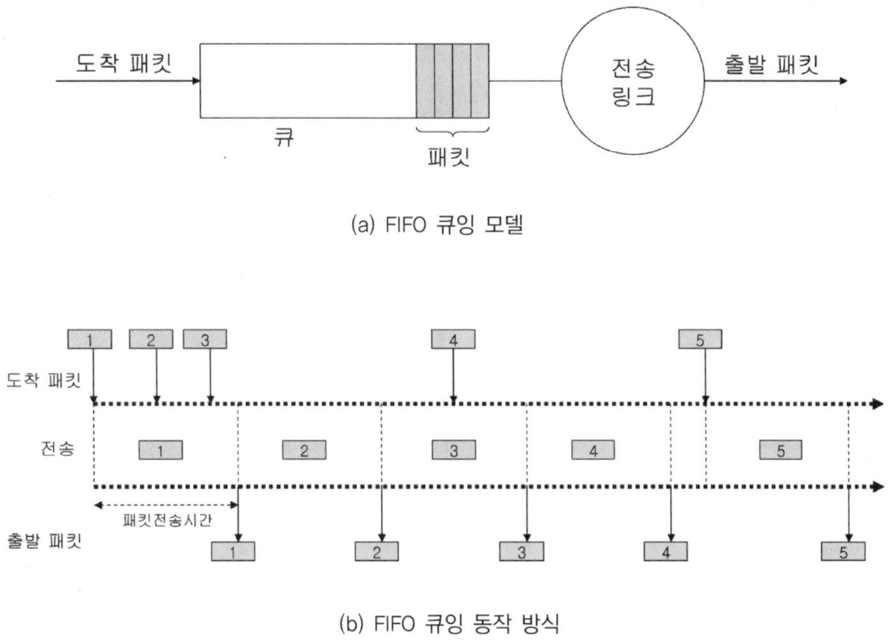

그림 5.3 FIFO 큐잉 모델과 동작 방식

우선순위 큐잉(Priority Queuing)은 전송 링크에 도착하는 패킷들을 우선 순위에 따라 등급화(classification)하고, 등급이 다른 패킷을 서로 다른 우선순위의 큐 자료 구조에 위치시킨다. 일반적으로 패킷의 등급화는 패킷 헤더에 포함된 명시적인 제어 정보(예, IPv4의 ToS 필드 정보)에 의해 이루어지거나, 출발지 IP 주소, 목적지 IP 주소, 출발지 포트 번호, 목적지 포트 번호 등의 조합에 의해 이루어질 수 있다. 우선순위 큐잉에서는 우선순위가 높은 큐의 패킷들이 우선순위가 낮은 큐의 패킷들보다 항상 먼저 전송된다. 즉, 우선순위가 높은 큐에 하나의 패킷이라도 존재하는 한 우선순위가 높은 큐의 패킷을 전송한다. 높은 우선순위의 큐에 패킷이 존재하지 않을 때에만 다음 우선순위 큐의 패킷들이 전송되고, 상위 우선순위의 큐들에 패킷이 존재하지 않으면 그 다음 우선순위의 큐의 패킷이 전송된다. 〈그림 5.4〉는 두 개의 우선순위 큐를 가지는 우선순위 큐잉 모델과 그 동작 방식을 예들 들어 보여주고 있다. 〈그림 5.4〉의 (b)에서 패킷1이 전송되고 있는 중에 패킷2와 패킷3이 각각 낮은 우선순위 큐와 높은 우선순위 큐에 도착한다. 패킷1의 전송이 종료되면 낮은 우선순위의 패킷2가 먼저 도착했음에도 불구하고 높은 우선순위의 패킷3을 먼저 전송하고 높은 우선순위 큐가 빌 때 패킷2를 전송한다.

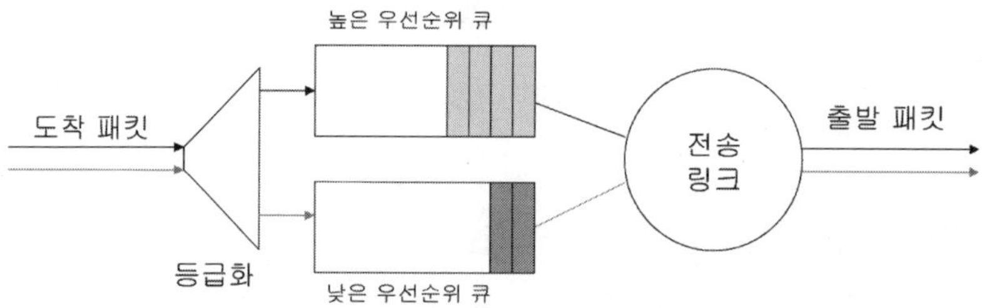

(a) 우선순위 큐잉 모델

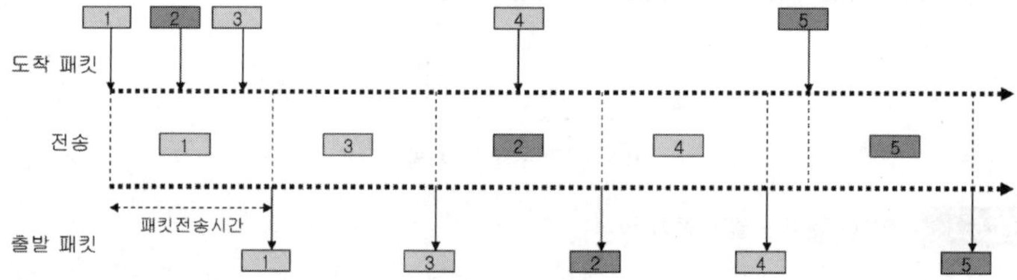

(b) 우선순위 큐잉 동작 방식

그림 5.4 **우선순위 큐잉 모델과 동작 방식**

우선순위 큐잉에서 우선순위가 높은 패킷들은 대역폭을 100% 활용할 수 있고 최소의 지연시간과 지터를 제공받을 수 있는 반면, 우선순위가 낮은 패킷들은 처리시간이 커지고 혼잡상황이 발생하는 경우 처리가 무한정 지연될 수 있다. 즉, 계속해서 우선순위가 높은 패킷이 도착하는 경우 우선순위가 낮은 패킷들은 전혀 처리

될 수 없는 상태(Starvation State)에 빠질 수 있다.

WFQ(Weighted Fair Queuing)은 FIFO 큐잉의 공정성(fairness)과 우선순위 큐잉의 차별화된 패킷 처리(Differentiated Packet Processing)를 적절하게 조합한 큐잉 기술이다. 우선순위 큐잉에서와 같이 WFQ에서도 전송 링크에 도착하는 패킷들이 우선순위에 따라 등급화되어 서로 다른 우선순위 큐 자료구조에 위치된다. 그러나 WFQ에서 패킷 전송은 우선순위 큐잉과 달리 가중치가 부여된 라운드 로빈(Weighted Round Robin) 방식으로 이루어진다. 즉, 각각의 우선순위 큐의 패킷들에 대해 가중치에 비례하는 시간만큼 돌아가면서 전송 링크 사용시간을 할애함으로써 각각의 등급 큐에 대해 우선순위에 비례하는 공정한 처리를 보장한다. 〈그림 5.5〉의 (b)는 라운드 로빈 처리 방식의 간단한 예를 보여주고 있다. 패킷1이 전송되고 있는 중에 도착한 높은 우선순위의 패킷2와 낮은 우선순위의 패킷3이 도착하는 경우, 큐 처리 순서에 의해 낮은 우선순위 등급 큐에 위치한 패킷3을 먼저 전송한 다음 높은 우선순위의 등급 큐에 위치한 패킷2를 전송한다.

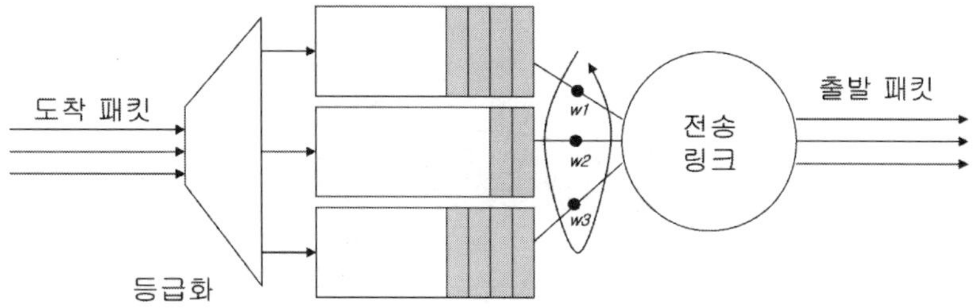

(a) WFQ(Weighted Fair Queuing) 모델

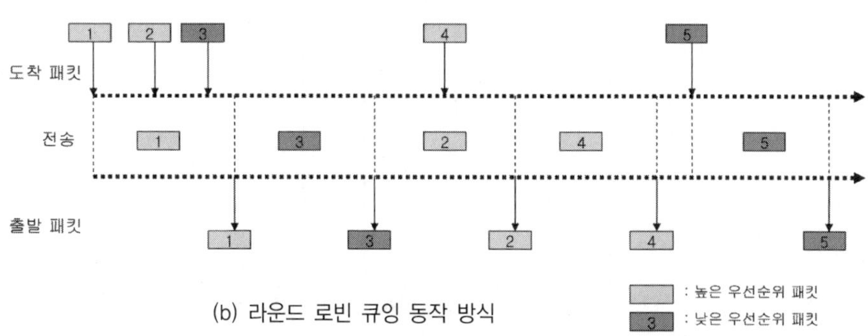

(b) 라운드 로빈 큐잉 동작 방식

그림 5.5 WFQ 모델과 라운드 로빈(Round Robin) 큐잉 동작

WFQ에서 등급 i의 큐에 가중치 w_i가 부여되는 경우 해당 큐는 전체 전송 시간 중 최소한 w_i / (Σ w_i) 만큼의 전송 시간 사용을 보장받는다. 따라서 링크의 전송 속도가 R인 경우 등급 i의 데이터 트래픽은 다음과 같은 대역폭(Ri)을 보장받음을 알 수 있다.

$$Ri = R \times \frac{w_i}{\sum w_i}$$

5.3.2 트래픽 쉐이핑(Traffic Shaping)

트래픽 쉐이핑(Traffic Shaping)은 물리적인 전송 속도가 계약된 대역폭 보다 큰 전송 링크에서 계약된 대역폭 보다 높은 속도로 수신되는 데이터 트래픽의 속도를 계약된 대역폭에 맞게 만드는 작업이다. 예를 들어 100Mbps 이더넷으로 ISP에 접속된 가입자가 10Mbps 대역폭 사용을 계약한 경우, ISP 라우터는 트래픽 쉐이핑을 통해 해당 가입자가 10Mbps 이상의 속도로 전송하는 트래픽을 평균 10Mbps의 트래픽으로 만들 수 있다.

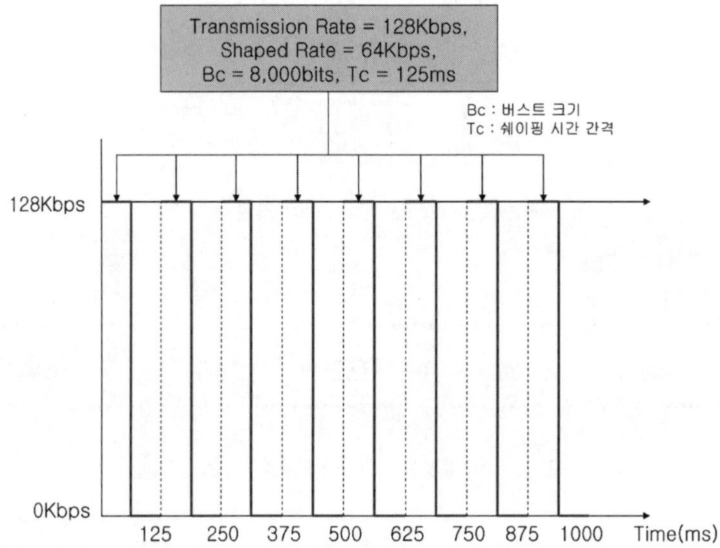

그림 5.6 트래픽 쉐이핑 예

트래픽 쉐이핑은 〈그림 5.6〉과 같이 일정한 시간 간격 동안 물리적인 전송 속도로 데이터를 전송하고, 다음 일정한 시간 간격 동안 전송을 중단하는 과정을 반복함으로써 이루어진다. 링크의 물리적인 전송 속도가 128Kbps이고 계약된 대역폭이 64Kbps인 경우 라우터는 일정 시간 간격 중의 1/2 시간 동안을 전송하고 1/2 시간 동안을 전송을 중단하는 과정을 반복함으로써 평균 전송 속도를 64Kbps로 만들 수 있다. 트래픽 쉐이핑의 중요한 목적은 특정 사용자가 계약된 대역폭 이상의 트래픽을 전송함으로써 동일한 링크를 공유하는 다른 사용자에게 할당된 대역폭을 부당하게 점유하는 것을 방지하기 위함이다. 트래픽 쉐이핑의 본래의 목적을 충실하게 달성하기 위해서는 트래픽 쉐이핑을 통해 평균 속도를 만드는 시간 간격의 크기를 적절하게 정의하는 것이 중요하다. 만약 평균 속도를 보장하는 시간 간격의 크기가 지나치게 크면 긴 시간 동안 물리적인 속도로 데이터를 전송하고 긴 시간 동안 전송을 중단하는 과정을 반복하게 될 것이다. 이 것은 링크의 공정한 공유를 저해하여 지연시간의 편차를 크게 만드는 요인이 된다.

웨이핑 시간 간격(Tc)은 한꺼번에 전송할 수 있는 트래픽의 양을 나타내는 버스트 크기(Burst Size, Bc)를 정의함으로써 정의된다. 쉐이핑 시간 간격은 버스트 크기를 링크의 계약 속도(Committed Information Rate, CIR)로 나눈 값이 된다.

$$Tc = \frac{Bc}{CIR}$$

따라서 링크 전송 속도가 TR(Transmission Rate)인 경우 트래픽 쉐이핑을 통해 Bc/TR 시간 동안 트래픽을 전송하고, (Tc − Bc/TR) 시간 동안 전송을 중단하는 과정을 반복함으로써 계약된 속도(CIR − Committed Information Rate)를 만든다.

데이터 트래픽이 일정한 시간 간격 동안 발생하지 않는 경우 다음 시간 간격에서 한꺼번에 전송할 수 있는 데이터양을 버스트 크기(Bc)외에 추가로 정의할 수 있으면 더욱 공정한 트래픽 쉐이핑 모델이 될 수 있을 것이다. 쉐이핑 시간 간격내에서 추가로 전송될 수 있는 데이터 크기를 초과 버스트 크기(Excess Burst Size, Be)라 한다. 〈그림 5.7〉은 〈그림 5.6〉를 초과 버스트 크기가 지원되는 모델로 확장한 트래픽 쉐이핑의 예를 보여준다. 〈그림 5.7〉에서 첫 번째 쉐이핑 시간 간격의 Bc가 8,000비트이고 Be가 8,000 비트이므로, 첫 번째 시간 간격에서는 링크 전송 속도(128Kbps)로 중단없이 전송함으로써 16,000 비트를 전송할 수 있고, 다음 시간 간격부터 초과 버스트 크기는 0이 된다. 해당 데이터 트래픽이 7번째 시간 간격에서 전혀 발생하지 않을 경우 8번째 시간 간격의 초과 버스트 크기는 다시 8,000 비트로 채워져 다음 시간 간격에서는 16,000 비트를 전송할 수 있다.

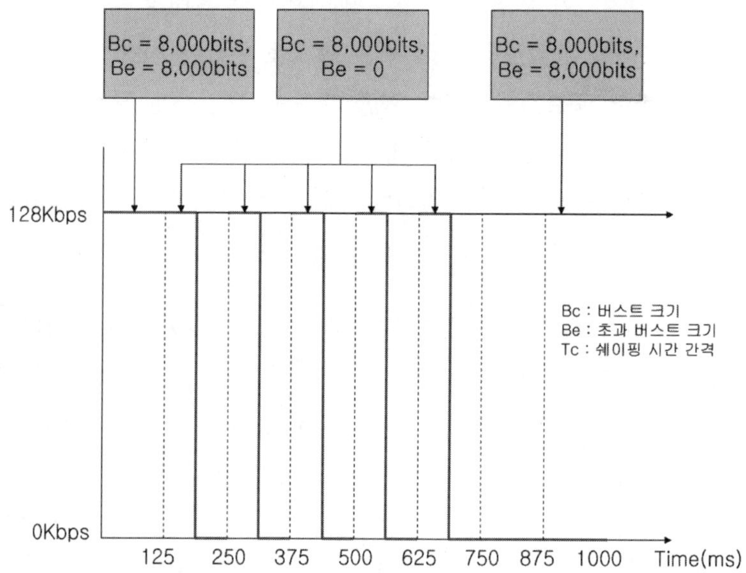

그림 5.7 초과 버스트 크기 사용 예

5.3.3 트래픽 폴리싱(Traffic Policing)

트래픽 폴리싱은 계약된 대역폭을 초과하는 데이터 트래픽을 어떻게 처리할 것인지를 결정하고 처리하는 작업이다. 트래픽 폴리싱은 특정 데이터 트래픽의 상태를 계약 상황과 비교 측정함으로써 해당 트래픽을 구성하는 각각의 패킷을 통과(pass)시키거나, 폐기(discard)시킬 수 있으며, 별도의 정보를 패킷에 표시하여 적절한 행위가 취해질 수 있게 할 수 있다. 일반적으로 트래픽 폴리싱은 〈그림 5.8〉의 리키 버켓(Leaky Bucket) 모델을 통해 수행된다. 리키 버켓 모델에서 버켓의 크기는 버스트 크기를 표현하고 버킷내의 토큰(token)은 버스트를 구성하는 데이터 전송 단위에 대한 전송 권한을 표현한다. 즉, 버킷의 각 토큰은 데이터 단위가 하나 전송될 때 마다 하나씩 소비된다. 토큰이 생성되는 속도를 나타내는 *r*은 일반적으로 계약된 대역폭(CIR)을 나타낸다. *r* 속도로 생성되는 토큰은 버켓에 저장되고 버켓이 다 차는 경우 새롭게 생성되는 토큰은 버려진다.

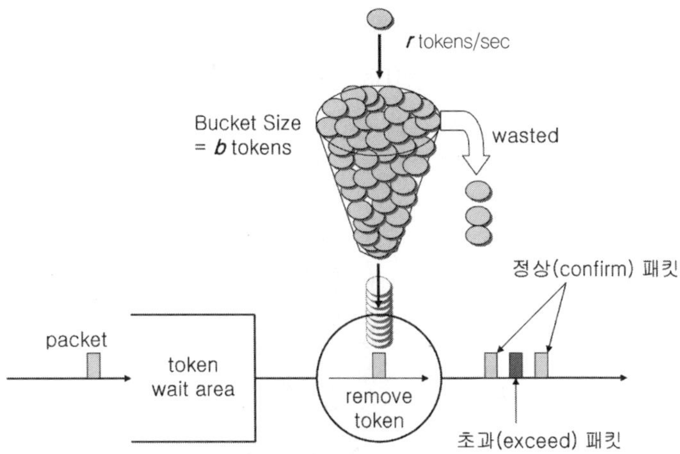

그림 5.8 **단일 전송율-단일 버켓 폴리싱 모델**

토큰에 해당되는 데이터 단위를 바이트(byte)로 가정할 때 버켓에 저장되는 토큰의 수는 다음과 같이 계산된다.

$$\text{토큰 수} = \frac{(\text{현재 패킷 도착 시간} - \text{직전 패킷 도착 시간}) \times \text{CIR})}{8}$$

그리고 패킷이 도착하면 먼저 패킷의 바이트 수와 버켓의 토큰 수를 비교하고, 패킷 바이트 수가 토큰 수보다 같거나 적으면 해당 패킷은 계약 대역폭내의 정상 패킷으로 판정되어 정상적으로 전송되고, 버킷의 토큰이 패킷 바이트 수만큼 줄어든다. 반면 패킷 바이트 수가 토큰 수보다 크면 해당 패킷은 계약 대역폭 초과 패킷으로 판정되어 폐기되거나 별도의 정보를 패킷에 표시하여 적절한 행위가 취해질 수 있게 할 수 있다. 이와 같이 CIR에 근거하여 하나의 토큰 생성율(Token Generation Rate)를 정의하고 패킷의 판정을 정상(confirm)과 초과(exceed) 두 가지로 판정하는 폴리싱 기법을 '단일 전송율-단일 버켓-두 가지 색갈'의 트래픽 폴리싱 기법(Single-Rate Single-Bucket Two-Color Traffic Policing)이라 한다.

단일 버켓 폴리싱 모델에서 버켓이 다 차면 나머지 토큰들은 버려진다. 그러나 초과 버스트 크기(Exceed Burst Size)를 지원하는 폴리싱 모델에서는 버스트 크기(Bc)를 초과하는 토큰들은 초과 버켓(Be Buket)에 저장되어 정규 버켓(Bc Bucket)의 토큰들이 다 사용되고 나면 사용될 수 있다.

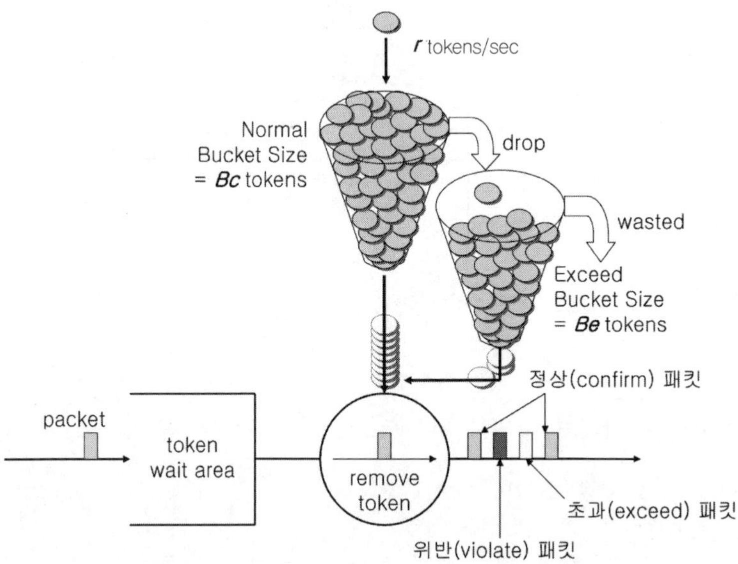

그림 5.9 단일 전송율-이중 버켓 폴리싱 모델

〈그림 5.9〉는 단일 전송율 이중 버켓 폴리싱 모델을 보여준다. 이 모델의 폴리싱에서는 패킷의 바이트 수가 정규 버켓(Bc Bucket)의 토큰 수보다 적거나 같으면 정상(confirm) 패킷으로 판정되어 정상적으로 전송되고, 정규 버킷의 토큰이 패킷 바

이트 수만큼 줄어든다. 패킷이 정상 패킷이 아니고 패킷의 바이트 수가 초과 버켓(Be Bucket)의 토큰 수보다 적거나 같으면 해당 패킷은 초과(exceed) 패킷으로 판정되어 적절한 표시 등의 행위가 이루어지고, 초과 버켓의 토큰 수가 패킷의 바이트 수만큼 줄어든다. 특정 패킷이 정상 패킷도 아니고 초과 패킷도 아닌 경우 해당 패킷은 위반(violate) 패킷으로 판정되고 폐기 등의 적절한 조치가 취해진다. 이와 같은 폴리싱 기법은 '단일 전송율-이중 버켓-세 가지 색갈'의 트래픽 폴리싱 기법(Single-Rate Dual-Bucket Three-Color Traffic Policing)이라 한다.

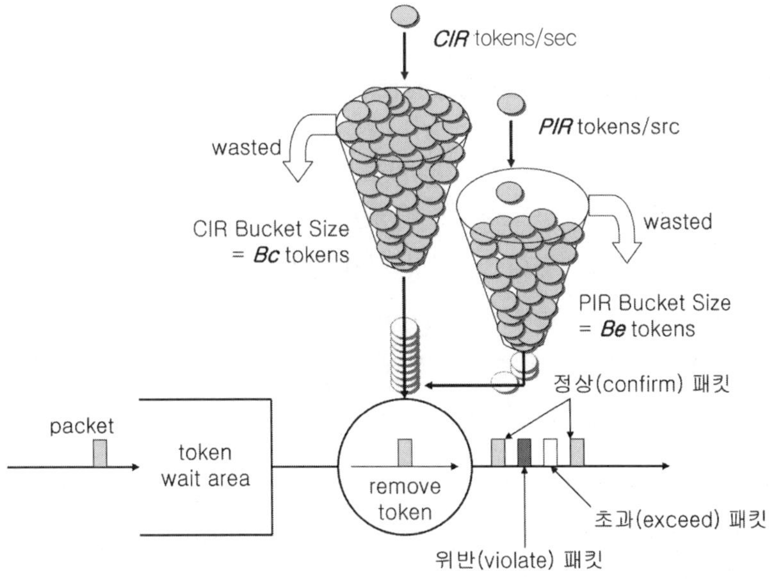

그림 5.10 이중 전송율-이중 버켓 폴리싱 모델

〈그림 5.10〉의 이중 전송율-이중 버켓 폴리싱 모델은 초과 버켓(Exceed Bucket)의 토큰이 정규 버켓(CIR 버켓)의 버려지는 토큰으로 채워지는 대신 짧은 시간 간격 동안 최대 전송 속도를 규정하는 PIR(Pick Information Rate) 속도로 자체적으로 채워진다. 이 모델의 폴리싱에서는 패킷의 바이트 수가 정규 버켓(CIR Bucket)의 토큰 수보다 적거나 같으면 정상(confirm) 패킷으로 판정되어 정상적으로 전송되고,

정규 버킷의 토큰이 패킷 바이트 수만큼 줄어들 뿐만 아니라 초과 버켓(PIR Bucket)의 토큰 수도 동일한 수만큼 줄어든다. 패킷이 정상 패킷이 아니고 패킷의 바이트 수가 초과 버켓(PIR Bucket)의 토큰 수보다 적거나 같으면 해당 패킷은 초과(exceed) 패킷으로 판정되어 적절한 표시 등의 행위가 이루어지고, 초과 버켓의 토큰 수가 패킷의 바이트 수만큼 줄어든다. 특정 패킷이 정상 패킷도 아니고 초과 패킷도 아닌 경우 해당 패킷은 위반(violate) 패킷으로 판정되고 폐기 등의 적절한 초치가 취해진다. 이와 같은 폴리싱 기법은 '이중 전송율-이중 버켓-세 가지 색갈' 의 트래픽 폴리싱 기법(Dual-Rate Dual-Bucket Three-Color Traffic Policing)이라 한다.

5.3.4 패킷 폐기 정책(Packet Discard Policy)

패킷 폐기 정책(Packet Discard Policy)은 라우터의 큐 자료구조가 다 채워져 오버플로우가 발생하거나 오버플로우가 예상될 때 패킷을 어떻게 폐기할 것인 지를 결정한다. 가장 간단하고 대표적인 패킷 폐기 정책은 오버플로우 발생시 큐 자료구조의 끝에 도착하는 모든 패킷들을 폐기하는 테일 드롭(Tail Drop)이다. 테일 드롭 폐기 정책은 간단하지만 실제 인터넷 환경에서 TCP 혼잡 제어(Congestion Control)로 인한 네트워크 사용율(Network Utilization) 저하 문제를 야기한다.

일단 라우터에서 패킷이 폐기되면 TCP는 혼잡 상황이 발생 한 것을 인지하고 혼잡 제어 알고리즘을 적용한다. 혼잡 제어의 기본은 한꺼번에 송신자가 전송할 수 있는 데이터양을 규정하는 혼잡윈도우크기(Congestion Window Size)를 최소값(1 MSS, Maximum Segment Size)으로 축소함으로써 송신자의 데이터 전송 속도를 최소로 줄이는 것이다. 이후 해당 송신자는 슬로우 스타트(Slow Start) 알고리즘을 통해 혼잡윈도우크기를 늘려간다. 테일 드롭의 발생은 여러 송신자에 의해 전송된 패킷들이 폐기될 수 있음을 의미한다. 따라서 패킷이 폐기된 모든 송신자는 동시에 혼잡윈도우크기를 최소값으로 축소함으로써 데이터 전송 속도를 낮추고, 이후 슬로우 스타트 알고리즘을 통해 속도를 천천히 높이게 될 것이다. 이 경우 필요 이상으로 갑자기 네트워크 사용율이 떨어지게 된다. 시간이 지나 각 송신자의 혼잡윈도우크기가 원래대로 회복되어 다시 테일 드롭이 발생하면 똑 같은 현상이 반복될 것이다. 테일 드롭으로 발생하는 이와 같은 현상을 〈그림 5.11〉과 같은 그래프로 표현할 수 있다. 결론적으로 테일 드롭 폐기 정책은 네트워크의 사용율을 저하시켜 전체 네트워크의 평균 성능을 저하시키는 결과를 초래하게 된다.

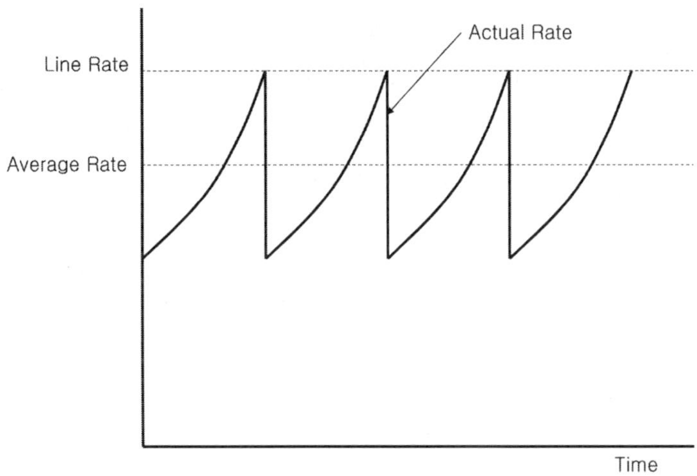

그림 5.11 태일 드롭(Tail Drop) 폐기 정책과 네트워크 성능

RED(Random Early Discard) 폐기 정책은 이름이 의미하는 바대로 큐 자료구조내의 임의의 패킷을 사전에 폐기하여 테일 드롭 발생 가능성을 줄임으로써 네트워크의 갑작스런 사용율 저하 현상을 방지한다. RED 폐기 정책에서는 큐 자료구조의 혼잡 상태를 미리 감지하여 임의의 패킷들을 폐기함으로써 큐 자료구조가 오버플로우되어 테일 드롭이 발생하는 것을 피할 수 있게 한다. RED에 의해 임의의 패킷이 폐기되면 해당 패킷의 송신자는 혼잡 제어 알고리듬을 적용함으로써 데이터 전송 속도를 낮추게 되고, 따라서 RED를 적용한 큐 자료구조에 도착하는 패킷량이 줄게 되어 결과적으로 큐 자료구조의 혼잡 상태 발생을 피할 수 있게 한다. RED에 의한 임의의 패킷 폐기는 폐기된 패킷의 송신자의 전송 속도만 줄이게 되므로 전체 네트워크의 사용율이 한꺼번에 저하되는 상황을 방지할 수 있다.

〈그림 5.12〉는 RED 폐기 정책의 동작 방식을 설명하고 있다. RED는 큐 자료구조의 평균 패킷 수, 즉 평균 큐 깊이(Average Queue Depth)를 최소 임계치(Minimum Threshold)와 최대 임계치(Maximum Threshold)와 비교함으로써 패킷 폐기 여부를 결정한다. 큐의 평균 패킷 수가 최소 임계치보다 커지면 RED는 임의의 패킷을 폐기하기 시작하여, 최대 임계치에 이를 때까지 폐기되는 패킷양을 미리 정해진 최대 폐기율(Maximum Discard Rate)까지 늘려간다. 큐의 평균 패킷 수가 최대 임계치보다 커지면 혼잡 상태 발생이 임박했음을 감지하고 모든 패킷을 폐기함으로써 라우터의 혼잡 상태 발생을 방지한다. 큐 평균 패킷 수의 최소 임계치와 최대 임계치, 그리고 최대 폐기율은 라우터 관리자에 의해 설정될 수 있다.

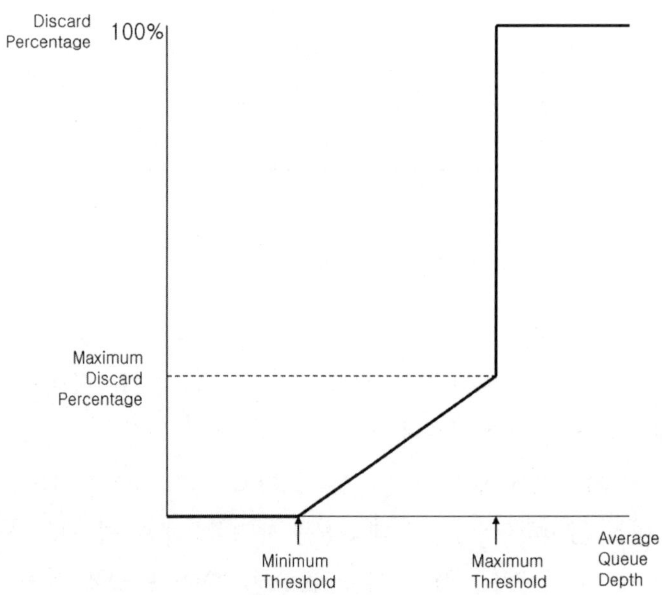

그림 5.12 RED(Random Early Discard) 폐기 정책

WRED(Weighted RED)는 임의의 패킷을 폐기하는 RED와 달리 패킷 유형(또는 등급)별로 폐기 가중치를 다르게 설정할 수 있게함으로써 패킷 유형별로 폐기 우선순위를 정의할 수 있게 한다. 〈그림 5.13〉은 IP 패킷의 ToS 필드의 우선순위

(precedence)값이 0인 패킷과 3인 패킷에 대한 WRED 폐기 정책의 실행 예를 보여준다. 〈그림 5.13〉에서 WRED는 우선순위가 높은(3) 패킷들에 대해서는 폐기를 시작하는 최소 임계치(Minimum Threshold)를 30으로 설정하는 반면, 우선순위가 낮은(0) 패킷들에 대해서는 최소 임계치를 20으로 설정한다. 따라서 큐의 평균 패킷 수가 20에 이르게 되면 우선순위가 0인 패킷들만 골라 일정한 율로 폐기한다. 그리고 우선순위가 3인 패킷들은 큐의 평균 패킷 수가 30에 이를 때 비로소 폐기되기 시작한다. 최대 폐기율(Maximum Discard Percentage)도 우선순위에 따라 다르게 설정할 수 있다.

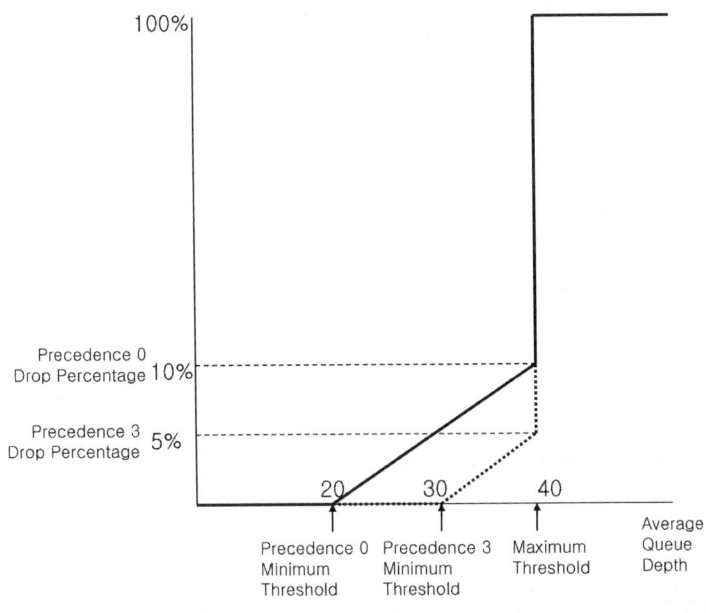

그림 5.13 WRED(Weighted RED) 폐기 정책 실행 예

WRED는 테일 드롭으로 인해 발생하는 네트워크 사용율 저하 문제를 해결한다. 〈그림 5.14〉는 WRED 폐기 정책을 적용했을 때의 네트워크 성능 변화를 보여준다. 뿐만 아니라 WRED 폐기 정책은 패킷의 우선 순위에 따라 폐기 가중치를 다르게 부여할 수 있게 함으로써 멀티미디어 트래픽 전송에 유용한 QoS 도구가 될 수 있

다. 실시간 오디오 또는 비디오 트래픽을 구성하는 패킷이 일단 폐기되면 낮은 지연시간 요구사항으로 인해 재전송 등을 통한 복구가 불가능하다. 반면 이메일, 파일 전송, 웹 서비스 응용과 같은 응용의 비실시간 트래픽은 일부 패킷이 폐기될 지라도 TCP 재전송을 통해 복구할 수 있는 충분한 지연시간 여유를 가질 수 있다. 따라서 실시간 오디오 또는 비디오 트래픽의 패킷에 대한 폐기 가중치를 비실시간 트래픽 패킷의 폐기 가중치보다 낮게 책정함으로써, 혼잡 상황이 발생하더라도 폐기를 방지하여 실시간 트래픽의 실시간성이 유지될 수 있게 할 수 있다.

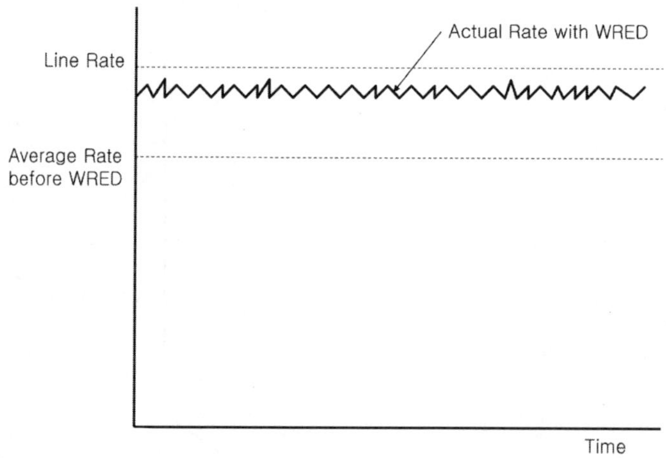

그림 5.14 WRED 폐기 정책과 네트워크 성능

5.1 IntServ QoS 제어 구조

5.4.1 플로우 기반(Flow-based) QoS 제공

QoS 제어 구조(Control Architecture)는 앞에서 설명한 여러 가지 QoS 제어 기술들을 사용하여 QoS를 어떻게 제공할 것이지를 총체적으로 규정한다. IntServ (Integrated Services) QoS 제어 구조는 특정 응용 서비스를 위한 데이터 패킷의 연

속을 나타내는 데이터 플로우(Data Flow) 단위로 QoS를 제공한다. 데이터 플로우는 다음의 1)~5) 사항들이 모두 만족되는 패킷들로 구성된다.

1) 동일한 트랜스포트 프로토콜을 사용하는 모든 패킷(TCP 또는 UDP)
2) 동일한 출발지 IP 주소(Source IP Address)를 가지는 모든 패킷
3) 동일한 출발지 포트 번호(Source Port Number)를 가지는 모든 패킷
4) 동일한 목적지 IP 주소(Destination IP Address)를 가지는 모든 패킷
5)동일한 목적지 포트 번호(Destination Port Number)를 가지는 모든 패킷

〈그림 5.15〉는 IntServ QoS 제어 구조에서 데이터 플로우 단위의 QoS 지원 모델을 보여준다.

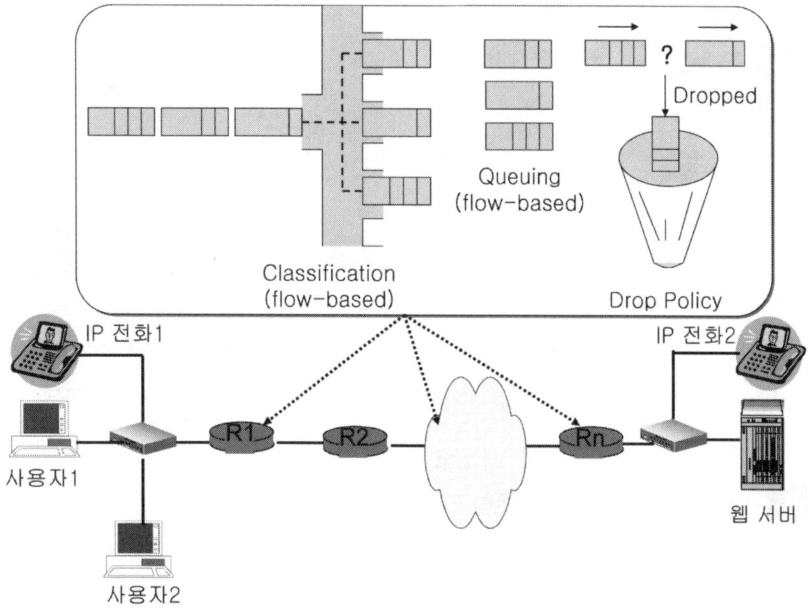

그림 5.15 플로우 기반 QoS 지원 모델

〈그림 5.15〉에서 데이터 플로우는 IP 전화1과 IP 전화2 사이의 전화 서비스를 위한 모든 패킷, 사용자1의 웹 브라우저와 웹 서버간의 웹 서비스를 위한 모든 패킷,

사용자2의 웹 브라우저와 웹 서버간의 웹 서비스를 위한 모든 패킷 등과 같이 다수 존재한다. IntServ QoS 제어 구조를 지원하는 모든 라우터는 각각의 패킷이 어느 데이터 플로우에 소속된 패킷인지를 구분하고, 서로 다른 플로우에 속한 패킷들에 대해 서로 다른 QoS 제어 기술들을 적용함으로써 데이터 플로우 단위의 차별화된 QoS 제공이 가능하게 한다. 〈그림 5.15〉에서와 같이 데이터 플로우 단위로 별도의 큐 자료 구조를 할당하고, 데이터 플로우 단위로 트래픽 쉐이핑과 폴리싱을 적용하며, 각각의 플로우에 대한 차별화된 대역폭(전송 링크 사용 가중치) 할당과 차별화된 패킷 폐기 정책을 적용할 수 있다.

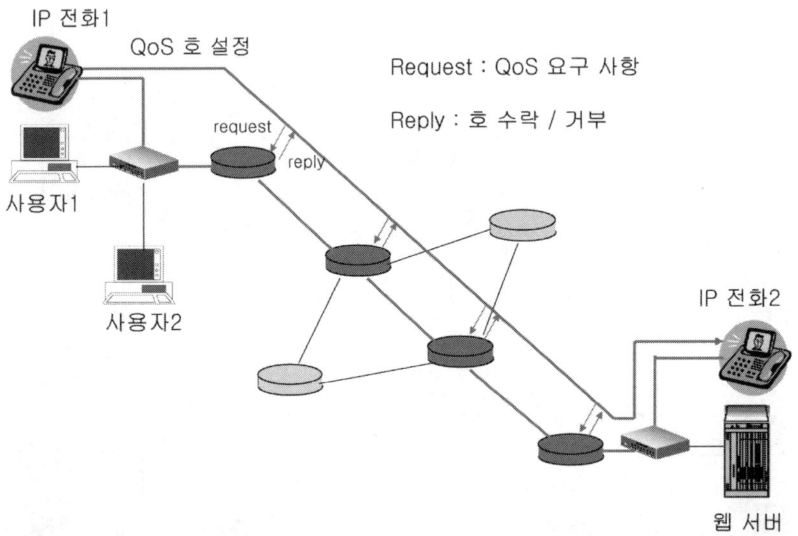

그림 5.16 **호 설정(Call Establishment) 과정**

IntServ QoS 제어 구조에서 전송 경로상의 각 라우터가 데이터 플로우 단위로 큐 자료 구조와 대역폭 등 통신 자원(Communication Resources)을 적절하게 할당할 수 있도록 필요한 정보를 전달하기 위해 RSVP(Resource reSerVation Protocol)를 정의한다. RSVP를 통해 송신자와 수신자간 통신 경로를 설정하고 경로상 라우터의 통신 자원을 할당하는 과정을 호 설정 과정(Call Establishment Process)이라 한다.

〈그림 5.16〉은 IntServ 제어 구조에서 RSVP를 사용한 데이터 플로우에 대한 호 설정 과정을 보여주고 있다. 호 설정을 필요로 하는 송신자 응용은 자신의 QoS 요구사항을 RSVP 호 설정 제어 메시지에 표시한다. 호 설정 과정에서 통신 경로상의 각 라우터는 호 설정 요구 메시지의 QoS 요구사항을 충족시킬 수 있는 충분한 통신 자원의 가용 여부를 확인한다. 가용 자원이 기존에 설정된 호들의 QoS 지원에 영향없이 해당 데이터 플로우의 QoS 요구 사항을 지원하기에 충분하면 필요한 자원을 예약하고, 예약된 자원이 해당 데이터 플로우 전송에 전용될 수 있게 함으로써 다른 데이터 플로우와 상관없이 QoS를 지원한다. 만약 가용 자원이 해당 데이터 플로우의 QoS를 지원하기에 충분하지 않다면 해당 라우터는 해당 호의 설정을 거부함으로써 네트워크상에 과다한 수의 호가 설정되어 기존 호들에 대한 QoS 제공이 불가능한 상황이 초래되지 않도록 한다. 즉, IntServ 제어 구조는 호 수락 제어(Call Admission Control)를 실시함으로써 데이터 플로우에 대한 QoS 보장이 용이하게 한다.

IntServ QoS 제어 구조에서 리키 버켓 트래픽 플리싱과 WFQ를 사용하여 QoS를 보장하는 간단한 예는 〈그림 5.17〉과 보여줄 수 있다. 호 설정을 요청하는 데이터 플로우가 리키 버켓 트래픽 폴리싱 메커니즘에 따라 r_i의 예약 속도를 가지고, 버스트 크기(Burst Size)가 b_i인 경우, 해당 데이터 플로우에 할당되는 대역폭 R_i (= $R \times w_i / (\Sigma\ w_i)$, R은 링크 전송 속도)가 r_i 보다 크면 해당 라우터는 예약 속도뿐만 아니라 최대 지연시간 d_{max}가 b_i / R_i보다 작게 되도록 보장한다(증명생략). 이와 같이 특정 라우터는 호 설정 과정에서 해당 데이터 플로우의 트래픽 특성 형태로 주어지는 QoS 요구사항을 분석하여 적절하게 해당 데이터 플로우를 위한 대역폭, 큐 자료구조의 크기 등을 할당함으로써 대역폭, 지연시간, 지터, 손실율 등의 네트워크 QoS 제어 요소를 적절한 범위내에 유지될 수 있도록 보장할 수 있다.

IntServ QoS 제어 구조의 가장 큰 장점은 데이터 플로우 별 차별화된 QoS 지원을 통해 각각의 응용 서비스가 요구하는 QoS를 매우 정밀하게 제공할 수 있다는 것이다. 반면 IntServ QoS 제어 구조는 사용자 응용이 QoS를 지원받기 위해 호스트가 반드시 RSVP를 지원하여야 하고, 네트워크는 호스트의 QoS 요구를 믿을 수 있어야 한다. 그리고 각 라우터는 자신이 처리하는 모든 데이터 플로우에 대한 상태를 구분하여 유지하고 각각에 대한 QoS 지원 메커니즘을 적용해야 하므로, 데이터 플로우의 수가 많은 대규모 네트워크에서는 확장성(scalibility) 문제에 직면할 수 있다. 특히 인터넷의 백본 라우터의 경우 데이터 플로우 QoS 지원으로 인한 복잡도가 처리 가능한 수준을 초과할 수도 있을 것이다.

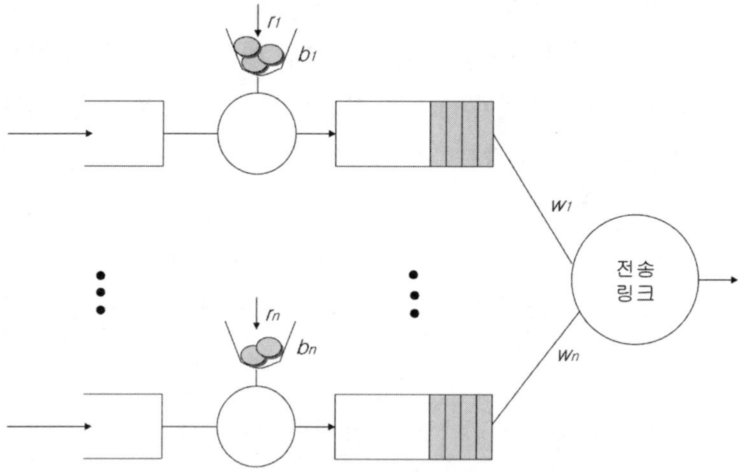

$$d_{max} = \frac{b_i}{R_i} \text{ if } R_i > V_i, \text{ where } R_i = R \times \frac{w_i}{\Sigma w_i}$$

그림 5.17 단일 전송율-단일 버켓 폴리싱과 WFQ를 사용한 QoS 지원 예

5.4.2 RSVP

RSVP는 데이터 트래픽의 특성을 표현하는 인자 집합인 Tspec(Traffic Specification)으로 표현되는 특정 데이터 플로우에 대해 수신자가 요구하는 서비스 품질(QoS-Quality of Service)을 표현하는 인자들의 집합인 Rspec(Reservation Specification) 수준의 서비스를 보장하기 위해 해당 데이터 플로우의 전송에 참여하는 라우터들의 자원을 예약한다. Tspec과 Rspec의 구체적인 사항들은 IETF(Internet Engineering Task Force) 표준 문서인 RFC2210과 RFC2215를 참고하길 바라고 여기서는 기본적으로 비트율(Bit Rate)로 표현되는 데이터 전송율(Transmission Rate)

을 중심으로 설명하고자 한다. RSVP는 기본적으로 하나의 송신자와 다수의 수신자를 가지는 멀티캐스트 전송에 대한 자원 예약을 지원한다. 그리고 송신자의 데이터 플로우 특성인 Tspec과 수신자의 데이터 플로우 특성인 Rspec은 다를 수 있으며 각 수신자의 능력, 즉 Rspec이 서로 다를 수 있다는 것을 가정한다.

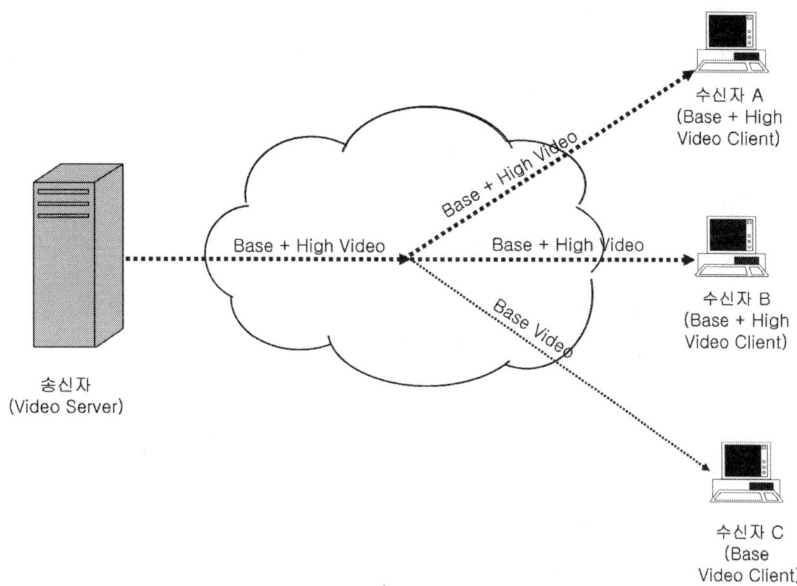

그림 5.18 비디오 멀티캐스트 예

〈그림 5.18〉는 수신자의 능력이 서로 다른 멀티캐스트 비디오 전송의 예를 보여주고 있다. 〈그림 5.18〉에서 비디오 서버에서 전송되는 비디오는 기본 해상도(Base Resolution)를 표현하는 부분과 고해상도(High Resolution)을 위해 추가되는 부분으로 계층적으로 부호화되어 전송되고, 수신자 A와 B는 기본과 고해상도 부분 모두를 수신하고 수신자 C는 기본 해상도 부분만 수신한다.

RSVP는 멀티캐스트 라우팅 프로토콜과 독립적으로 정의되며, 실제로 각 라우터가 어떻게 자원을 예약하는 지에 대해서도 관여하지 않는다. 다만, RSVP는 특정 멀티캐스트 라우팅 프로토콜에 의해 설정되는 멀티캐스트 전송 경로에 대해 각 수신자가 요구하는 Rspec의 내용을 적절하게 전달하는 역할만 수행한다. 이와 같은 역할 수행을 위해 RSVP는 두 가지 유형의 메시지를 정의한다. 첫번째 메시지는 경로 메시지(Path Message)이다. 특정 데이터 플로우에 대한 송신자는 멀티캐스트 라우팅 프로토콜에 의해 설정되는 멀티캐스트 경로를 따라 각각의 수신자에게 경로 메시지를 전송한다. 경로 메시지가 도착할 때마다 그 경로 메시지를 보낸 라우터의 주소를 기록한다. 이 주소는 다음에 Rspec으로 자원을 예약할 때 사용된다. 경로 메시지는 송신자가 전송할 데이터 플로우의 특성을 나타내는 Tspec을 포함한다. 하나의 수신자가 경로 메시지를 수신하면 예약 메시지(Reserve Message)를 보냄으로써 자원 예약을 기동한다. 예약 메시지에는 자신의 서비스 품질 요구사항을 나타내는 Rspec을 포함한다. 예약 메시지는 먼저 경로 메시지를 보낸 라우터에게 전달된다. 그리고 각 라우터는 반복적으로 자신에게 경로 메시지를 보낸 라우터에게 예약 메시지를 전달한다. 결과적으로 예약 메시지는 멀티캐스트 경로의 역 방향으로 전달된다.

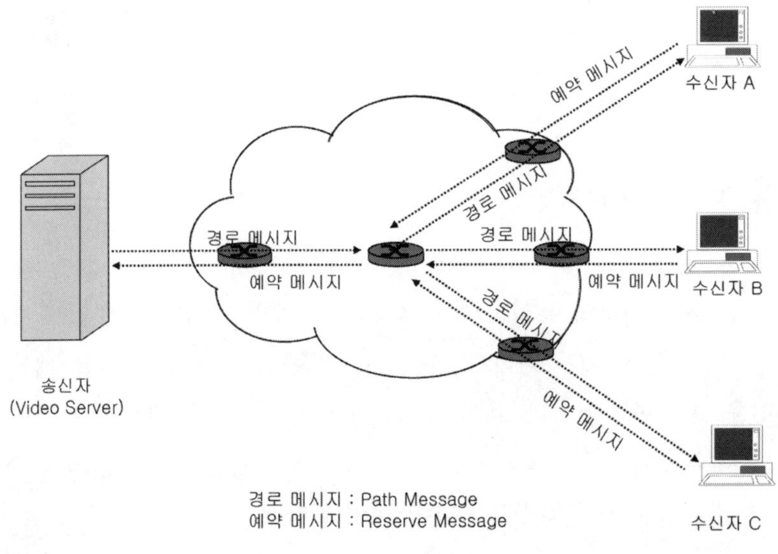

그림 5.19 **RSVP의 경로 메시지와 예약 메시지 전달 방향**

〈그림 5.19〉는 경로 메시지와 예약 메시지의 전달 방향을 보여주고 있다. 예약

메시지를 수신한 라우터는 예약 메시지의 Rspec을 해석하여 Rspec에서 요구하는 서비스 품질을 충족시키기 위한 자원(대역폭, 버퍼 등)의 가용 여부를 확인한 다음 가용 자원 중 일부를 예약한다. 만약 가용 자원이 충분치 않으면 자원 예약을 중지하고 오류 메시지를 수신자에게 보냄으로서 수락 제어(Admission Control)를 수행한다. 멀티캐스트 경로상의 하위의 라우터들로부터 특정 데이터 플로우에 대한 여러 개의 예약 메시지를 받는 라우터는 가장 높은 수준의 서비스 품질을 요구하는 하나의 예약 메시지에 따라 자원을 예약하고 이 메시지만을 자신의 상위 라우터에게 전달한다.

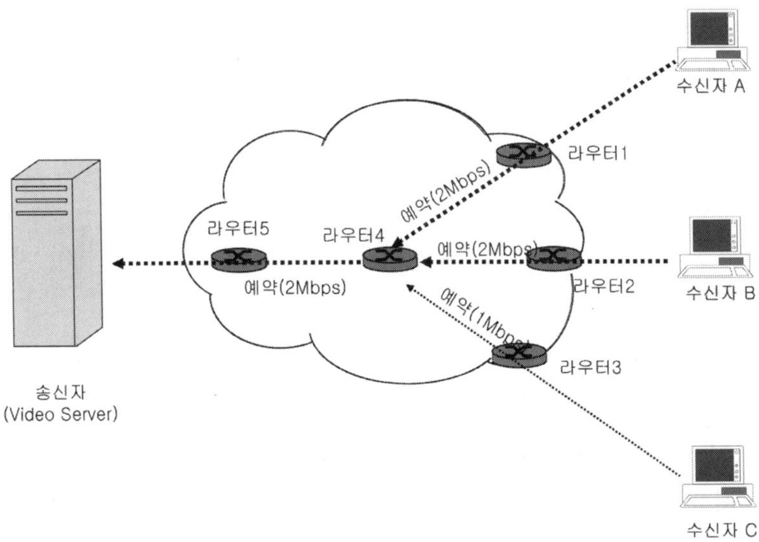

그림 5.20 자원 예약 메시지 통합

〈그림 5.20〉의 라우터4가 하위의 라우터1과 라우터2로부터 2Mbps의 전송율을 예약하는 메시지를 받고 라우터3으로부터 1Mbps를 예약하는 메시지를 받으면, 일단 2Mbps 전송율를 지원할 수 있는 자원을 예약한 다음 2Mbps 자원 예약 메시지 하나만을 자신의 상위 라우터인 라우터5에게 전달한다. 특정 데이터 플로우에 대한 자원 예약이 완료되면 예약된 자원을 지정된 데이터 플로우에 속한 데이터그램의

전송에만 사용함으로써 해당 데이터 플로우에 대해 보장형 서비스를 제공한다. RSVP는 특정 데이터 플로우의 지정 방식에 대해 규정하지는 않으나 송신자와 수신자의 IP 주소와 IP 데이터그램의 서비스 유형(Type of Service) 필드를 사용하여 지정할 수 있으며, IPv6의 경우 플로우 식별자(Flow Identifier) 필드가 별도로 제공되고 있다.

RSVP를 통한 자원의 예약 상태는 일정한 시간이 경과하면 해제된다. 즉, 자원 예약을 해제하는 별도의 메시지를 사용하지 않는다. 따라서 자원의 예약 상태를 계속 유지하려면 예약 메시지를 주기적으로 전송해야 한다. 이와 같이 일정 시간 동안만 유지되는 상태를 소프트 상태(Soft State)라 한다. RSVP가 회선 교환 방식의 전화망이나 가상 회선 교환 방식의 ATM(Asynchronous Transfer Mode)에서와 같이 해제 메시지를 보낼 때까지 자원의 예약 상태를 유지하는 하드 상태(Hard State)가 아닌 소프트 상태에 기반하는 이유는 멀티캐스트 경로상의 일부 라우터의 문제로 인해 경로가 갱신되는 경우에도 동작할 수 있게 하기 위함이다.

RSVP의 특징을 요약하면 다음과 같다.

- 멀티캐스트 전송 지원 : RSVP는 멀티캐스트 데이터 플로우에 대한 자원 예약을 지원한다.
- 수신자 주도 자원 예약 : RSVP의 자원 예약은 데이터 플로우의 송신자가 아닌 수신자 주도로 이루어진다.
- 이질적인 수신자 지원 : RSVP는 서로 다른 능력의 멀티캐스트 수신자를 지원하고, 서로 다른 능력의 수신자들로부터의 예약 메시지는 최고 수준의 서비스 품질을 요구하는 메시지로 통합되어 상위로 전달된다.
- 소프트 상태 : RSVP의 예약 상태는 일정 시간 동안만 유지되고 정해진 시간이 경과하는 동안 예약 메시지가 다시 도착하지 않으면 예약 상태가 해제된다.

5.5 DiffServ QoS 제어 구조

5.5.1 클래스 기반(Class-based) QoS 제공

DiffServ QoS 제어 구조는 IntServ 제어 구조의 확장성 문제를 해결하기 위한 대안으로 제시되었다. DiffServ 구조에서는 데이터 플로우 단위로 QoS를 제공하는 대신 인터넷 트래픽을 몇 개의 클래스(class)로 나누고, 서로 다른 클래스의 트래픽을 다르게 처리함으로써 트래픽 클래스별 차별화된 QoS를 제공한다. DiffServ QoS 제어 구조에서는 비록 서로 다른 데이터 플로우에 속한 트래픽이라 할 지라도 같은 클래스에 속한 트래픽은 동일하게 처리된다. 따라서 라우터는 몇 개로 정의되는 트래픽 클래스를 구분할 수 있는 정보만 유지하면 되고 데이터 플로우별 구별가능한 상태를 유지할 필요가 없으므로, IntServ QoS 제어 구조의 확장성 문제가 DiffServ 제어 구조에서는 발생하지 않는다.

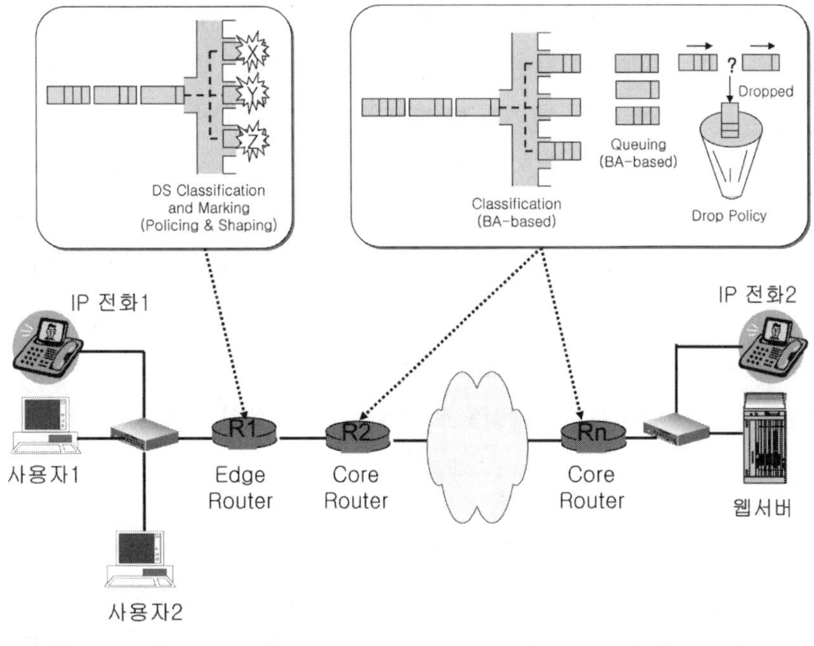

그림 5.21 DiffServ의 클래스 기반 QoS 지원 모델

〈그림 5.21〉는 DiffServ의 클래스 기반 QoS 지원 모델을 보여주고 있다. 인터넷 트래픽을 구성하는 각 패킷에 대한 클래스 판정은 미리 정해진 기준에 의거하여 인터넷의 입구에 해당되는 에지 라우터(Edge Router)에 의해 이루어진다. 클래스 판정을 위한 기준 정보는 여러 가지가 있을 수 있으며, 출발지 IP 주소, 목적지 IP 주소, 입력 인터페이스(Incoming Interface), 출발지 포트 번호, 목적지 포트 번호, URL의 일부 등의 조합이 사용될 수 있다. 예를 들어 ISP가 가입자별 사용료를 몇 개의 클래스로 차별화하고 사용료 클래스에 따라 차별화된 QoS를 제공하고자 하는 경우, 에지 라우터는 패킷의 출발지 IP 주소에 근거하여 각 패킷이 어느 클래스에 소속되었는지를 판정할 수 있을 것이다. 반면 기업체 네트워크에서 인터넷 전화 트래픽을 다른 트래픽에 비해 높은 수준의 QoS를 제공하고자 하는 경우 RTP(Realtime Transport Protocol)와 RTCP(Realtime Transport Control Protocol)가 사용하는 포트 번호를 해석함으로써 인터넷 전화 패킷을 판정할 수 있다.

DiffServ QoS 제어 구조에서 에지 라우터가 정해진 기준에 의거하여 패킷의 클래스를 나누는 작업을 DS 클래스화(Differentiated Services Classification)이라 한다. 에지 라우터에서 DS 클래스화 작업에 의해 클래스가 정해진 각 패킷은 해당 클래스를 나타내는 마크(mark)를 헤더의 특정 필드에 부착함으로써 나머지 라우터들이 각 패킷의 클래스를 쉽게 인식할 수 있게 한다. DiffServ QoS 제어 구조는 트래픽 클래스 마킹을 위해 기존의 IP 데이터그램의 ToS(Type of Service) 바이트를 DS(Differentiated Service) 필드로 재정의 하고, 트래픽 클래스 표시는 DS 필드내의 DSCP(DS Code Point) 필드에 표시된다. 특정 사용자로부터의 데이터 트래픽에 대한 폴리싱(policing)이 필요한 경우, 에지 라우터는 미리 정해진 사용자 트래픽 프로파일(예약 속도, 피크 속도, 버스트 크기, 초과 버스트 크기 등)에 따라 특정 사용자 트래픽을 구성하는 패킷들을 정상적으로 전달하거나, 쉐이핑할 수 있으며, 필요한 경우 다른 마크를 부착할 수도 있고 폐기할 수도 있다.

DiffServ QoS 제어 구조에서 코어 라우터들은 패킷의 DSCP 정보만을 사용하여 패킷의 클래스를 나눈다. 같은 DSCP 값을 가지는 패킷들은 소속된 데이터 플로우와 상관없이 동일한 행위를 하는 하나의 집약된 데이터 트래픽을 형성한다. 코어 라우터에서 같은 클래스의 트래픽을 BA(Behavior Aggregate) 데이터 트래픽이라 한다. 코어 라우터는 DSCP에 기반하여 특정 클래스의 BA 데이터 트래픽을 다른 클래스의 BA 데이터 트래픽과 구분하는 클래스화(classification) 작업을 수행하고, BA 데이터 트래픽 단위로 큐 자료 구조를 할당하고, 트래픽 폴리싱과 쉐이핑을 적용하며, 다른 BA 트래픽과 차별화된 대역폭 할당과 차별화된 패킷 폐기 정책을 적용함으로써 트래픽 클래스 단위의 차별화된 QoS를 제공한다.

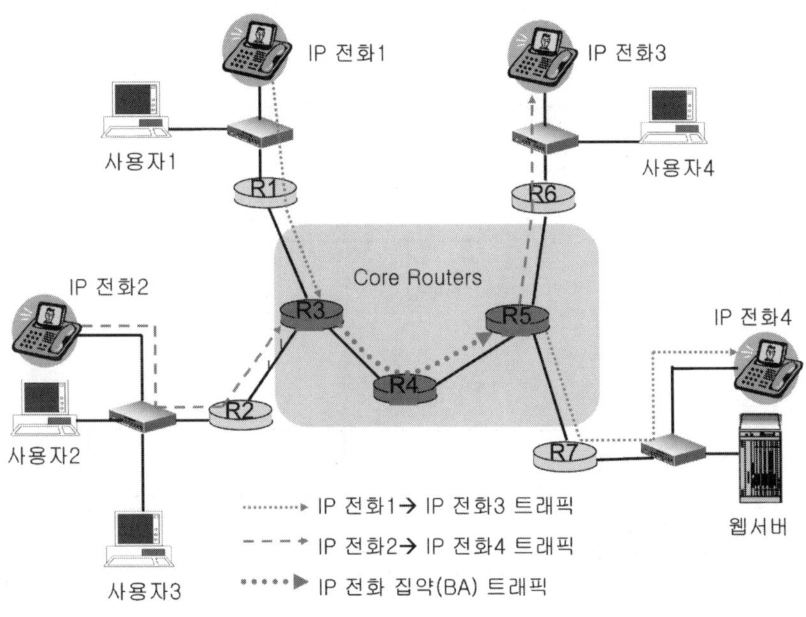

그림 5.22 DiffServ의 BA 데이터 트래픽 처리

〈그림 5.22〉은 DiffServ QoS 제어 구조에 의한 BA 트래픽 처리 예를 보여준다. 〈그림 5.22〉에서 IP 전화1은 IP 전화3과 IP 전화 데이터 플로우를 유지하고 있고, IP 전화2는 IP 전화4와 IP 전화 데이터 플로우를 유지하고 있다. 에지 라우터 R1과 R2는 IP 전화1과 IP 전화2로부터 유입되는 전화 패킷에 대해 IP 전화 클래스를 표시하는 동일한 마크를 DSCP 필드에 각각 표시한다. IP 전화1의 데이터 플로우와 IP 전화2의 데이터 플로우가 경유하는 코어 라우터 R3, R4, R5는 이들로부터 전송되는

패킷들의 DSCP를 해석하여 단지 IP 전화 트래픽 클래스의 패킷으로 통합 처리할 뿐, 어떤 IP 전화로부터 전송되는 패킷 인지를 구분할 필요가 없다. 따라서 DiffServ QoS 제어 구조에서는 데이터 플로우 단위의 QoS를 제공하는 IntServ 제어 구조의 확장성 문제가 발생하지 않는다.

5.5.2 DS 필드

앞에서 설명한 대로 DiffServ QoS 제어 구조에서 트래픽 클래스 정보를 나타내는 마크는 IPv4의 ToS(Type of Service 또는 Service Type) 바이트를 재정의한 DS(Differentiated Service) 필드의 DSCP(Differentiated Service Code Point) 필드에 표시된다.

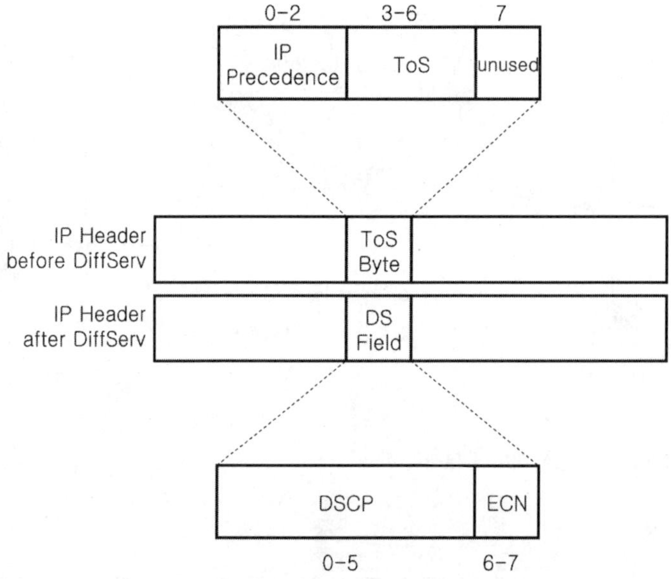

그림 5.23 IP ToS 바이트와 DS 필드

〈그림 5.23〉에서 보는 바와 같이 IPv4의 ToS 바이트는 3비트의 우선순위(precedence) 필드와 4비트의 ToS 필드로 정의된다. 우선순위 필드는 데이터 트래픽의 특정 클래스를 표시하기 위해 정의되었으며, 우선순위 필드의 값이 크면 클수

록 더 중요한 트래픽을 나타낸다. ToS 필드는 IP에 대하여 요구하는 서비스 유형을 지정하기 위한 것으로써, 비용 최소화(Minimize Cost – '0001') 서비스, 신뢰성 최대화(Maximize Reliability – '0010') 서비스, 처리율 최대화(Maximize Throughput – '0100') 서비스, 지연 시간 최소화(Minimize Delay – '1000') 서비스 유형, 그리고 정상(Normal or Default – '0000') 서비스 유형으로 구분한다. DiffServ QoS 제어 구조는 ToS 바이트는 6비트의 DSCP 필드와 2비트의 ECN(Explicit Congestion Notification) 필드로 구성되는 DS 필드로 재정의 된다. 6비트의 DSCP 필드는 DiffServ QoS 제어 구조가 64개의 서로 다른 데이터 트래픽 클래스를 지원할 수 있게 한다. DS 필드 정의 과정에서 4비트의 기존 ToS 필드의 의미는 완전히 무시되었다. 반면 처음 3비트의 우선순위 필드의 의미는 DS 필드 정의에서 그대로 유지된다. 즉, 우선순위 필드의 경우와 같이 DSCP의 처음 3비트의 값이 크면 클수록 더욱 중요한 트래픽을 나타낸다.

5.5.3 DiffServ PHB

라우터가 DSCP 필드 값에 의해 구분되는 특정 클래스의 BA 데이터 트래픽을 어떻게 처리할 것인 지는 PHB(Per Hob Behavior)에 의해 정의된다. PHB는 홉 단위, 즉 라우터 단위에서 BA 데이터 트래픽에 대해 적용될 적절한 행위를 규정한다. 서로 다른 PHB는 대응되는 클래스의 BA 데이터 트래픽이 다른 클래스의 BA 데이터 트래픽과 다른 성능을 제공받을 수 있게 한다. 비록 하나의 PHB는 트래픽 클래별 성능의 차이를 규정하되, 이러한 행위를 실현하기 위한 특정 메커니즘(버퍼 할당, 대역폭 할당, 패킷 폐기 정책 등)을 규정하지는 않는다. 따라서 어떤 메커니즘을 사용하여 PHB의 성능을 실현할 것인 지는 구현에 따라 달라질 수 있다.

DiffServ QoS 제어 구조에서 정의된 대표적인 PHB를 요약하면 〈표 5.4〉와 같다. BE(Best Effort) PHB는 기존 인터넷의 최선형 서비스를 지원하는 PHB를 나타내고, 라우터는 BE 클래스의 BA 데이터 트래픽에 대한 QoS 제공을 위해 특별한 처리를 할 필요가 없다. BE PHB는 DSCP 필드의 모든 비트가 0인 BA 데이터 트래픽에 대응된다. CS(Class Selector) PHB는 IPv4의 우선순위(precedence) 필드 정의와 역호환성(Backward Compatibility) 유지를 위해 사용된다. CS PHB가 적용되는 데이터 트래픽의 DSCP 필드의 마지막 3비트는 모드 0으로 지정되고, IPv4 우선순위 3비트를 사용하여 CS1에서 CS7까지 7개의 트래픽 클래스를 정한다. EF(Expedited Forwarding) PHB는 해당 클래스의 BA 트래픽에 대해 항상 설정된 대역폭 이상의 대역폭 사용을 보장함으로써 낮은 지연시간, 낮은 지터, 그리고 낮은 손실율을 보장한다. EF PHB가 적용되는 클래스의 데이터 트래픽을 다른 클래스의 데이터 트래픽으로부터 보호하기 위해 적절한 트래픽 폴리싱이 적용되어야 한다. EF PHB는 DSCP 필드의 값이 '101110'인 BA 데이터 트래픽에 대응된다.

표 5.4 DiffServ PHB 비교

PHB	설명	DSCP 이름
Best Effort (BE)	QoS 제공을 위한 특별한 처리가 없음	DSCP BE (default)
Class Selector (CS)	IP Precedence와의 역호환성을 위해 사용되며 DSCP의 마지막 3비트를 모두 0으로 지정. 값이 클수록 QoS 수준이 높다.	CS1, CS2, CS3, CS4, CS5, CS6, CS7
Assured Forwarding (AF)	4개의 큐(queue)에 대해 각각 최소한의 대역폭을 할당하고, 각 큐에 대해 3개의 폐기 임계치(Drop Threshold)를 설정.	AF11,AF12,AF13, AF21,AF22,AF23, AF31,AF32,AF33, AF41,AF42,AF43
Expedited Forwarding (EF)	낮은 지연시간/지터/손실율을 보장하기 위한 큐잉과, 다른 트래픽으로부터 EF 트래픽을 보호하기 위한 폴리싱 지원.	EF

AF(Assured Forwarding) PHB는 데이터 트래픽을 4개의 서로 다른 클래스로나누고, 특정 클래스의 데이터 트래픽에 대해 최소한으로 설정된 대역폭 이상의 대역폭 사용을 보장한다. AF PHB에서 각각의 클래스에 할당되는 최소한의 대역폭의 크기

를 다르게 함으로써 각각의 트래픽 클래스에 제공되는 네트워크의 성능을 다르게 할 수 있다. EF PHB와 달리 AF PHB는 각 클래스에 할당되는 최소한의 대역폭이 해당 클래스의 데이터 트래픽 처리에 부족할 수 있음을 가정하므로, 각 클래스의 데이터 트래픽에 속한 패킷에 대한 폐기 우선순위(Drop Precedence)를 정의한다. AF 클래스에 속한 패킷들은 3개의 서로 다른 폐기 우선순위(Low, Medium, High) 중 하나를 가질 수 있다. 따라서 AF PHB는 12개의 세부적인 PHB로 나누어지고 각 패킷은 12개의 DSCP 값을 가질 수 있음을 알 수 있다. AF PHB에서 나누어지는 세부적인 PHB는 AFxy로 표현된다. 여기서 x는 AF PHB의 세부 클래스를 나타내고, y는 각 클래스내의 패킷 폐기 우선순위를 나타낸다. AF PHB의 세부적 PHB 구분과 각각에 대한 의미, 그리고 DSCP 값은 〈표 5.5〉와 같다.

표 5.5 AH PHB의 세부 정의와 DSCP 값

	class 1	class 2	class 3	class 4
Low Drop Precedence	AF11, 001010	AF21, 010010	AF31, 011010	AF41, 100010
Medium Drop Precedence	AF12, 001100	AF22, 010100	AF32, 011100	AF42, 100100
High Drop Precedence	AF13, 001110	AF23, 010110	AF33, 011110	AF43, 100110

6 멀티미디어 트랜스포트 프로토콜

Chapter 06

06 멀티미디어 트랜스포트 프로토콜

6.1 TCP

6.1.1 TCP역할과 동작 원리

〈그림 6.1〉의 클라이언트-서버 통신에서 TCP의 역할을 보여주고 있다. TCP는 IP가 제공하는 클라이언트 호스트와 서버 호스트간의 비신뢰적인 데이터그램 전송 서비스를 사용하여 클라이언트 응용 프로세스와 서버 응용 프로세스간에 신뢰적인 데이터 스트림 전송 서비스를 제공한다.

여기서 데이터 스트림은 일정한 단위의 데이터의 연속을 의미하고 TCP에서 스트림의 데이터 단위는 바이트(Byte)이다. 파일 전송, 전자우편, 웹 서비스 등 많은 인터넷 응용들은 크기가 큰 정보의 효과적인 교환을 요구한다. 따라서 IP가 제공하는 최대 크기가 64K 바이트인 데이터그램 단위의 독립적인 데이터 전송 서비스를 이용할 경우 응용 프로세스가 데이터그램의 순서를 유지하기 위한 모든 기능을 수행해야 한다. TCP는 크기가 큰 응용 데이터를 IP를 통해 전송할 수 있는 작은 단위로 나누고 각 단위 마다 순서 번호(Sequence Number)을 부여함으로써 스트림 형태의 데이터 전송 서비스를 제공한다. TCP의 스트림 전송 서비스는 응용 프로세스간 크기가 큰 데이터 전송에 적합하다.

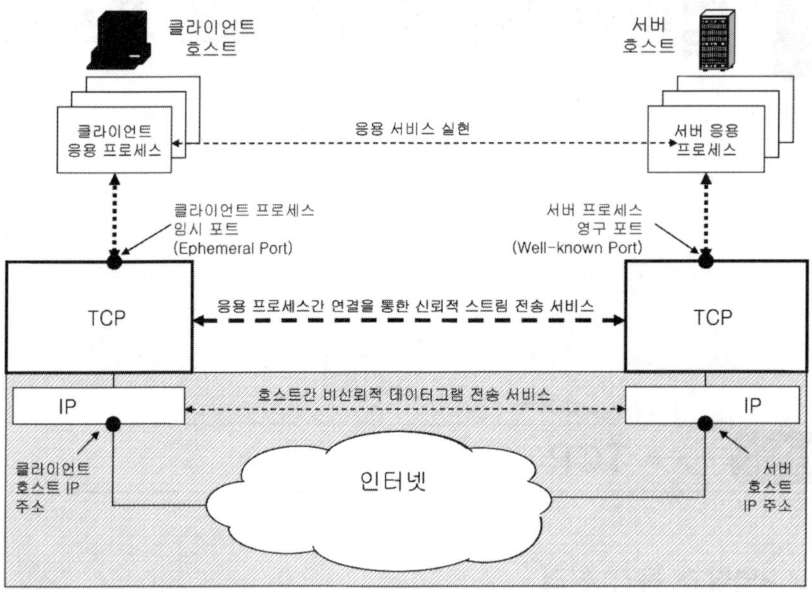

그림 6.1 TCP의 역할

응용 프로세스간 스트림 형태로 데이터를 전송하기 위해서는 데이터 스트림의 시작과 끝을 분명하게 표시할 수 있는 메커니즘이 필요하고, 특정 응용 프로세스간 교환되는 데이터 스트림을 다른 프로세스간 교환되는 데이터 스트림과 구분할 수 있어야 한다. TCP는 클라이언트 프로세스가 서버 프로세스와 연결(Connection)을 설정함으로써 구별 가능한 데이터 스트림 전송을 시작할 수 있게 하고, 설정된 연결을 해제함으로써 데이터 스트림 전송을 종료시킬 수 있게 한다. TCP 연결의 설정과 종료는 특수한 제어 메시지(세그먼트)를 교환함으로써 실현된다.

응용 프로세스간 데이터 스트림 전송에서 발생할 수 있는 오류는 전송 링크상의 잡음 등으로 인해 데이터의 일부 비트에 손상이 생기는 데이터 훼손, 혼잡한 인터넷 라우터 또는 수신 호스트의 버퍼 오버 플로우(Overflow) 등으로 인한 전체 데이터그램 분실로 발생하는 데이터 손실, 데이터그램 전달 경로 차이로 인해 발생하는 데이터 도착순서 뒤바뀜, 오류 복구를 위한 재전송 과정에서 발생하는 데이터의 중복 전달, 그리고 인터넷 혼잡 등으로 인한 지나친 지연 시간 등으로 나눌 수 있다.

TCP는 설정된 연결을 통해 전송하는 데이터 스트림에 대해 모든 종류의 오류를 탐지하고 복구함으로써 오류가 전혀 없는 신뢰적인 데이터 전송 서비스를 제공한다.

TCP의 오류 탐지는 첵섬(Checksum)과 순서 번호(Sequence Number) 확인을 통해 이루어지고, 오류의 복구는 재전송(Retransmission)을 통해 이루어진다. 그리고 수신자의 버퍼 오버플로우로 인해 발생하는 데이터 손실을 방지하기 위해 수신자가 송신자로 하여금 데이터 전송 속도를 조절할 수 있게 하는 흐름 제어(Flow Control) 서비스를 제공하고, 데이터 전송 경로 상의 라우터들의 버퍼 오버플로우로 인한 데이터 손실을 방지하기 위해 혼잡 제어(Congestion) 서비스를 제공한다. 이러한 신뢰적인 데이터 전송을 위한 모든 기능은 클라이언트 TCP와 서버 TCP의 내부에서 이루어지고 응용 프로세스는 단지 설정된 연결을 통해 데이터를 쓰고 읽기만 하면 된다.

6.1.2 연결 설정 서비스

TCP 연결은 논리적 의미의 연결로써 특정 응용 프로세스간 교환되는 정보를 다른 응용 프로세스간 교환되는 정보와 구분할 수 있는 메커니즘이다. 응용 프로세스간의 TCP 연결은 클라이언트 호스트내에서 클라이언트 프로세스를 유일하게 지정하는 클라이언트 TCP 포트 번호와 인터넷상에서 클라이언트 호스트를 유일하게 지정하는 클라이언트 IP 주소, 그리고 서버 호스트내에서 서버 프로세스를 유일하게 지정하는 서버 TCP 포트 번호와 인터넷상에서 서버 호스트를 유일하게 지정하는 서버 IP 주소를 지정함으로써 설정 가능하다. 즉, TCP 연결은 {클라이언트 IP 주소, 클라이언트 포트 번호, 서버 IP 주소, 서버 포트 번호}의 조합으로 식별된다.

클라이언트 프로세스의 통신 통로를 클라이언트 소켓(Client Socket)이라 하고, 클라이언트 소켓 주소는 클라이언트 프로세스를 유일하게 구분하는 {클라이언트 IP 주소, 클라이언트 TCP 포트 번호} 조합으로 구성된다. 클라이언트 TCP 포트 번호는 연결 설정 시에 TCP에 의해 동적으로 유일하게 부여된다. 따라서 클라이언트 소켓 주소는 클라이언트 연결 소켓 주소와 동일하고 따라서 클라이언트 소켓은 연결 설정 시에 생성되는 클라이언트 연결 소켓과 동일한 것으로 간주된다.

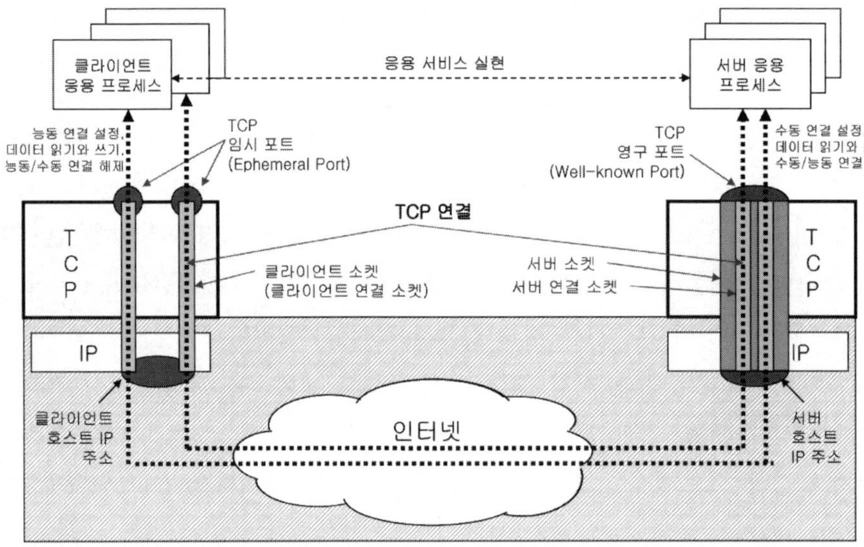

그림 6.2 TCP 연결 모델

클라이언트 프로세스의 통신 통로 : 클라이언트 소켓

클라이언트 소켓 주소 : {클라이언트 IP 주소, 클라이언트 포트 번호}

서버 프로세스의 통신 통로를 서버 소켓(Server Socket)이라 하고, 서버 소켓 주소는 서버 프로세스를 유일하게 구분하는 {서버 IP 주소, 서버 포트 번호} 조합으로 구성된다. 서버 TCP 포트 번호는 잘 알려진(Well-known) 번호로 영구적으로 사전에 부여된다. 따라서 서버 프로세스와 통신하고자 하는 모든 클라이언트 프로세스는 동일한 서버 소켓 주소로 지정되는 서버 소켓을 사용한다. 각 클라이언트는 서버 소켓 주소를 사용하여 TCP 연결 설정 메시지를 서버 프로세스에게 전달한다. 서버 프로세스는 연결 설정 요청 메시지를 수신할 수 있도록 서버 소켓 열고 기다린다. 서버 프로세스가 서버 소켓으로부터 연결 설정 요청 메시지를 수신하면 TCP 연결이 설정되고 TCP 연결을 통한 통신 통로로써 서버 연결 소켓(Server Connection Socket)을 생성한다. 서버 연결 소켓은 각 클라이언트 프로세스와의 TCP 연결 단위로 구분되어 식별되어야 하므로 서버 소켓 주소를 사용할 수 없다. 서버 연결 소켓 주소는 {클라이언트 IP 주소, 클라이언트 포트 번호, 서버 IP 주소, 서버 포트 번호}

조합으로 구성된다.

서버 프로세스의 연결 설정 요청 접수 통로 : 서버 소켓
서버 소켓 주소 : {서버 IP 주소, 서버 포트 번호}
서버 프로세스의 통신 통로 : 서버 연결 소켓
서버 연결 소켓 주소 : {클라이언트 IP 주소, 클라이언트 포트 번호, 서버 IP 주소, 서버 포트 번호}

따라서 〈그림 6.2〉에서 보는 바와 같이 TCP 연결은 클라이언트 TCP 소켓과 서버 TCP 연결 소켓의 조합으로 구성된다. 그리고 TCP 연결을 통한 클라이언트-서버 응용간의 데이터 전송은 연결 소켓에 대한 데이터의 읽기와 쓰기 동작으로 실현된다. 소켓으로 전송한 데이터는 목적지 포트 번호와 출발지 포트 번호를 포함하는 TCP 세그먼트 해더와 함께 전달되고, 또한 목적지 IP 주소와 출발지 IP 주소를 포함하는 IP 데이터그램에 캡슐화되어 전달되기 때문에 언제나 TCP 연결 단위로 구별되어 처리가 가능해진다.

TCP의 연결 설정 서비스는 클라이언트 응용 프로세스에 의해 능동적으로 개방(Open)되고 서버 응용 프로세스에 의해 수동적으로 개방된다. 즉 클라이언트 응용 프로세스는 자신의 TCP에게 특정 서버 프로세스로의 연결 설정을 직접 요청하고(Active Open), 서버 응용 프로세스는 자신의 TCP에게 연결 설정 준비가 완료되었음을 알리고 클라이언트로부터 연결 설정 요청을 기다린다(Passive Open). 클라이언트 프로세스는 자신의 TCP에게 서버 프로세스가 탑재된 서버 호스트의 IP 주소와 TCP 포트 번호(서버 소켓 주소)를 지정함으로써 특정 서버 프로세스와의 연결 설정을 요청한다. 지정된 서버 TCP 포트 번호는 서버 TCP가 특정 서버 응용 프로세스를 구별할 수 있도록 TCP 제어 정보(세그먼트)의 목적지 포트 번호 지정에 사용되고, 지정된 서버 호스트 IP 주소는 IP 데이터그램에 목적지 IP 주소를 지정하는 데에 사용된다. 연결 설정에 필요한 클라이언트 호스트의 IP 주소와 클라이언트 프로세스의 포트 번호(클라이언트 소켓 주소)는 클라이언트 응용 프로세스의 지정 없이 자신의 IP와 TCP가 자체적으로 확보한다.

클라이언트 응용 프로세스로부터 연결 설정 요청을 받은 클라이언트 TCP는 서버

TCP에게 SYN 세그먼트를 보냄으로써 연결 설정을 개시한다. SYN 세그먼트는 TCP의 프로토콜 데이터 단위인 〈그림 6.3〉의 TCP 세그먼트의 SYN 비트가 1로 설정된 세그먼트이다. SYN 세그먼트에는 출발지 포트 번호(Source Port Number)와 목적지 포트 번호(Destination Port Number)가 포함되고, 데이터 스트림의 시작 순서 번호를 나타내는 순서 번호(Sequence Number) 필드에 표시한다. 모든 TCP 세그먼트는 IP 데이터그램의 데이터로 갭슐화(Encapsulation)되어 전달되고, IP 데이터그램 전송 요청 시에 TCP는 응용 프로세스로부터 받은 목적지 IP 주소를 지정한다.

SYN 세그먼트를 수신한 서버 TCP는 목적지 포트 번호에 의해 지정된 수동 개방 상태의 서버 응용 프로세스에게 TCP 연결 설정 요청을 통보하고, 서버 응용 프로세스가 TCP 연결 설정 요청을 수락(Accept)하면 클라이언트 TCP에게 SYN+ACK 세그먼트를 보냄으로써 연결 설정 요청에 응답한다. SYN+ACK 세그먼트는 〈그림 6.3〉의 TCP 세그먼트의 SYN 비트와 ACK 비트가 동시에 1로 설정된 세그먼트이다. SYN+ACK 세그먼트는 클라이언트 TCP가 보낸 SYN 세그먼트의 수신 확인 기능과 서버 TCP로부터 클라이언트 TCP로 전달될 데이터 스트림의 순서 번호 초기화 기능을 동시에 구현한다. 먼저 순서 번호 필드에 자신의 데이터 스트림의 시작 순서 번호를 설정한다. 두 번째로 클라이언트 TCP의 SYN 세그먼트에 대한 수신 확인을 위해 확인 번호(Acknowledgement Number)에 SYN 세그먼트의 순서 번호에 1을 더한 값을 설정한다. 이 때 확인 번호의 의미는 다음에 수신할 데이터의 순서 번호를 표시한다. 그리고 서버 TCP는 수신 윈도우 크기(Receiver Window Size) 필드에 클라이언트 TCP가 사용할 윈도우 크기를 지정한다. 수신 윈도우 크기는 송신자가 수신자의 수신 확인 없이 송신할 수 있는 데이터의 최대 크기를 표시하는 것으로 흐름 제어에 사용된다. SYN+ACK 세그먼트의 출발지 포트번호와 목적지 포트번호는 SYN 세그먼트의 경우와 반대로 설정된다.

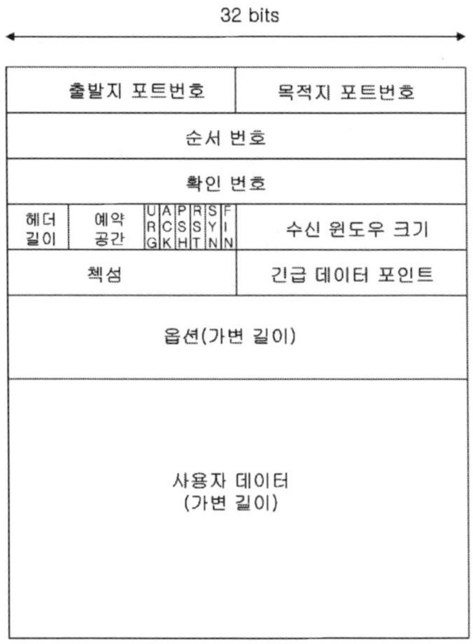

그림 6.3 TCP 세그먼트 포맷

SYN+ACK 세그먼트를 수신한 클라이언트 TCP는 연결 설정을 요청한 클라이언트 응용 프로세스에게 연결 설정을 통보하고, 서버 TCP에게 ACK 세그먼트를 보냄으로써 연결 설정을 완료한다. ACK 세그먼트는 〈그림 6.3〉의 TCP 세그먼트의 ACK 비트가 1로 설정된 세그먼트로써, 서버 TCP의 SYN+ACK 세그먼트에 대한 수신 확인 기능을 수행한다. 이 때 ACK 세그먼트의 확인 번호 필드에는 서버 TCP의 SYN+ACK 세그먼트의 순서 번호에 1을 더한 값을 설정하고, 수신 윈도우 크기에는 서버 TCP가 사용할 윈도우 크기를 지정한다.

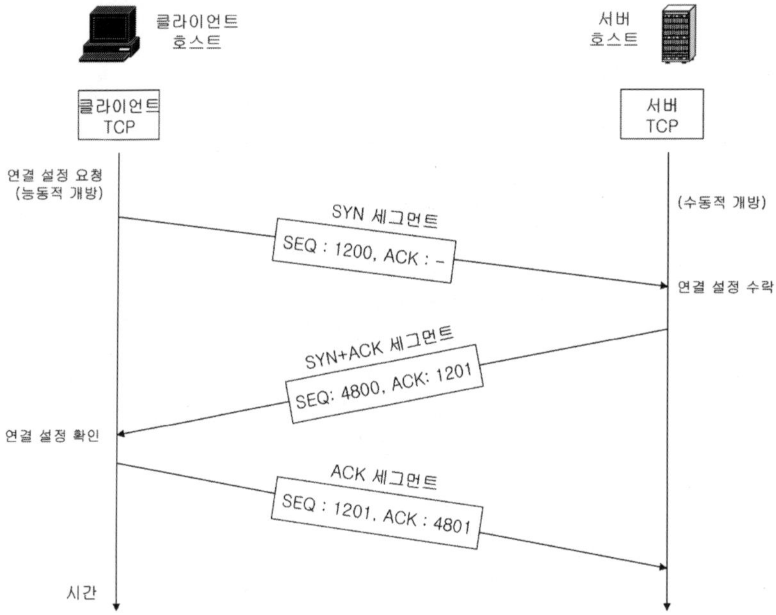

그림 6.4 3-단계 핸드셰이크 기반의 연결 설정

TCP의 연결 설정은 〈그림 6.4〉과 같이 클라이언트 TCP와 서버 TCP간에 3번의 세그먼트 교환을 통해 이루어짐을 알 수 있다. 이와 같은 연결 설정 절차를 3-단계 핸드셰이크(3-way Handshaking)라 한다. 클라이언트 TCP는 클라이언트 프로세스로부터 TCP 연결 설정을 요청(Request) 받으면(능동적 개방 – Active Open) 첫 번째 단계로 서버 TCP에게 SYN 세그먼트를 보내게 된다. 〈그림 20.4〉에서 클라이언트 TCP는 SYN 세그먼트를 통해 서버 TCP로 전송할 데이터 스트림의 초기 순서 번호(SEQ)를 1200으로 설정했음을 알 수 있고, 서버 TCP로부터 수신을 확인할 데이터가 없으므로 확인 번호(ACK)는 없음을 알 수 있다. SYN 세그먼트를 수신한 서버 TCP는 SYN 세그먼트에서 지정한 목적지 포트 번호의 서버 응용 프로세스에게 연결 설정 요청을 통지(Indicate)하고 수락 여부를 응답(Response) 받는다. 이 때 목적지 포트 번호로 지정된 서버 응용 프로세스는 클라이언트 프로세스로부터의 TCP 연결 설정 요청을 접수할 수 있는 상태, 즉 수동적 개방(Passive Open) 상태에 있어야 한다.

서버 응용 프로세스가 연결 설정 요청을 수락하면 서버 TCP는 두 번째 단계로 SYN+ACK 세그먼트를 보내는 바, 〈그림 6.4〉에서 확인 번호는 SYN 세그먼트의 순서 번호(1200)에 1을 더한 1201임을 알 수 있고, 서버 TCP에서 클라이언트 TCP로 송신할 데이터 스트림의 시작 순서 번호는 4800으로 설정했음을 알 수 있다. 서버 TCP로부터 SYN+ACK 세그먼트를 수신한 클라이언트 TCP는 연결 설정을 요청한 클라이언트 프로세스에게 연결 설정을 확인(Confirm)하고 서버 TCP에게 ACK 세그먼트를 보낸다. 〈그림 6.4〉에서 ACK 세그먼트의 순서 번호는 서버 TCP의 직전 확인 번호(1201)임을 알 수 있고, 확인 번호는 서버 TCP의 시작 순서 번호(4801)에 1을 더한 4801임을 알 수 있다.

6.1.3 데이터 전송 서비스

연결 설정 서비스를 통해 클라이언트 프로세스와 서버 프로세스간에 TCP 연결 설정이 완료되면 클라이언트 TCP 소켓 및 서버 TCP 연결 소켓의 생성과 연결이 완료되었음을 의미한다. TCP는 설정된 연결을 통해 양방향(Full-duplex) 데이터 전송 서비스를 제공한다. 클라이언트 응용 프로세스와 서버 응용 프로세스는 각각 클라이언트 소켓과 서버 연결 소켓을 통해 데이터 쓰기(Write) 동작을 수행함으로써 데이터를 송신하고, 읽기(Read) 동작을 수행함으로써 데이터를 수신한다. 응용 프로세스는 임의의 크기의 바이트 스트림을 소켓에 쓰거나 소켓으로부터 읽을 수 있다. 각 소켓은 송신 버퍼(Sending Buffer)와 수신 버퍼(Receiving Buffer)를 유지하고, 응용 프로세스가 쓰기 동작으로 송신한 데이터는 TCP에 의해 처리되기 전에 송신 버퍼에 저장되고, TCP에 의해 수신된 데이터는 수신 버퍼에 저장되어 응용 프로세스가 읽기 동작으로 수신하기를 기다린다.

송신 버퍼의 크기는 운영체제에서 자체적으로 결정하여 사용할 수 있지만, 수신 버퍼의 크기는 송신자에게 알려져 송신자로 하여금 수신 버퍼의 크기보다 큰 데이터를 한꺼번에 보내는 것으로 피하도록 해야 한다. 수신 버퍼의 최대 크기는 연결 설정 과정에서 교환되는 SYN+ACK 세그먼트와 ACK 세그먼트의 수신 윈도우 크기(Receiver Window Size)를 통해 송신자에게 통보한다. 수신 버퍼의 크기는 TCP가 송신자로부터 데이터를 수신하면 줄어들고, 응용 프로세스가 읽기 동작으로 수신 버퍼로부터 데이터를 수신하면 늘어난다. 따라서 수신자는 자신의 수신 버퍼의 상태를 송신자에게 수시로 통보하여 수신 버퍼의 상태에 따라 송신하는 데이터 양을 조절할 수 있게 하여야 한다. 이러한 작업을 흐름 제어(Flow Control)이라 하고 자세한 내용을 다음에 설명한다.

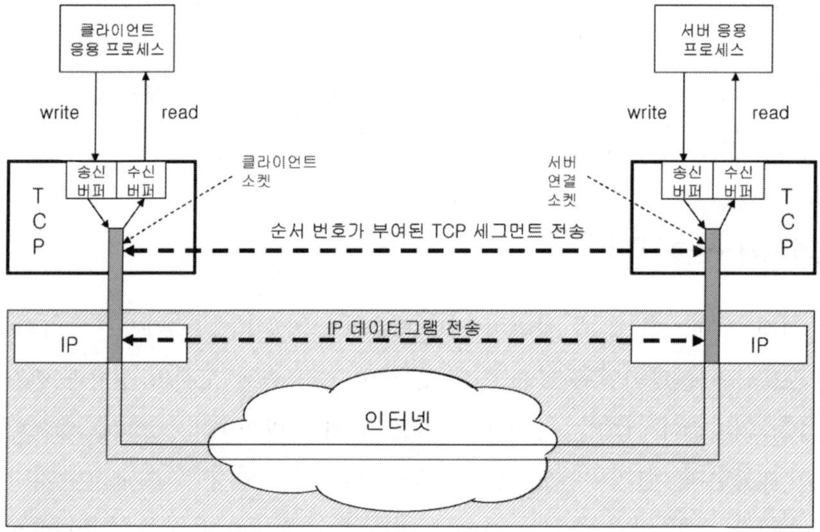

그림 6.5 TCP 데이터 전송 서비스 모델

응용 프로세스가 쓰기 동작으로 소켓의 송신 버퍼에 전달한 데이터는 TCP 세그먼트의 사용자 데이터 필드에 캡슐화되어 수신자 응용 프로세스에게 전송된다. TCP 세그먼트의 사용자 데이터의 최대 크기는 MSS(Maximum Segment Size)에 의해 제한된다. MSS의 기본값은 IP의 단편화를 방지하기 위해 536 바이트로 정의되어 있으나 연결 설정 시에 MSS 옵션 필드를 사용하여 최대 65,535 바이트까지 확장할 수 있다. 응용 프로세스가 쓰기 동작으로 송신 버퍼에 전달한 데이터의 크기가 MSS 보다 크면 TCP는 MSS 단위로 나눈 다음 수신자의 수신 윈도우를 고려하여 하나씩 전달한다. 이 때 데이터 세그먼트의 순서를 순서 번호 필드에 기록함으로써 모든 세그먼트가 순서에 맞게 도착했는지를 확인할 수 있게 한다. 데이터 세그먼트의 순서 번호는 연결 설정 과정에서 초기화된 순서 번호에 1을 더한 값부터 시작하고 바이트 스트림 전송을 지원하기 위해 바이트 단위로 순서를 부여한다. 즉, 특정 데이터 세그먼트의 순서 번호는 해당 데이터 세그먼트의 사용자 데이터의 첫 번째 바이트가 해당 소켓을 통해 송신한 전체 바이트 중 몇 번째 바이트인지를 표시한다. 따라서 i번째 데이터 세그먼트의 순서 번호가 K이고 해당 세그먼트의 사용자 데이터 크기가 L이면 i+1 번째 세그먼트의 순서 번호는 K+L이 된다.

만약 응용 프로세스가 송신 버퍼에 전달한 데이터의 크기가 작으면 여러 번의 쓰기 동작의 결과로 하나의 데이터 세그먼트를 만들 수 있다. 만약 응용 프로세스가 하나의 쓰기 동작의 결과를 하나의 세그먼트로 만들어 송신하기를 원하면 TCP에세 푸시(Push) 요구를 할 수 있다. 푸시 요구를 받은 TCP는 세그먼트 헤더의 PSH 비트를 1로 설정하여 세그먼트를 전송함으로써 수신 TCP가 수신 응용 프로세스에게 해당 데이터를 바로 전달할 수 있게 한다. 그리고 응용 프로세스가 데이터를 송신하고 있는 도중 긴급한 상황이 발생하여 특정 데이터를 긴급하게 전송해야 할 경우 (예를 들어 전송 중지 명령을 나타내는 Control C 제어 문자 데이터), 응용 프로세스는 TCP에게 긴급(Urgent) 데이터 전송을 요구할 수 있다. 긴급 데이터 전송 요구를 받은 TCP는 세그먼트 헤더의 URG 비트를 1로 설정하고, 세그먼트의 사용자 데이터 필드에서 긴급한 데이터의 시작 위치를 긴급 데이터 포인터 필드에 표시한다. 긴급 데이터를 포함하는 데이터 세그먼트를 받은 수신자 TCP는 이 사실을 수신자 응용 프로세스에게 알려 긴급 데이터를 먼저 처리할 수 있게 한다.

6.1.4 오류 제어

TCP의 오류 제어는 송신 데이터 세그먼트에 대한 수신 확인(Acknowledgement)과 재전송(Retransmission)을 통해 이루어 진다. 송신 TCP(Sending TCP)로부터 데이터 세그먼트를 수신한 수신 TCP(Receiving TCP)는 첵섬(Checksum) 계산을 통해 훼손 여부를 확인하고 훼손되지 않았으면 확인(ACK) 세그먼트를 통해 수신 사실을 송신 TCP에게 알려 준다. 만약 세그먼트가 훼손되었으면 단순히 해당 세그먼트를 폐기한다. 확인 세그먼트는 ACK 비트가 1로 설정된 세그먼트로써, 다음에 수신할 데이터 세그먼트의 순서 번호를 나타내는 확인 번호(Acknowledgement Number)

필드의 값은 수신된 세그먼트의 순서 번호(Sequence Number)에 사용자 데이터 필드의 크기를 더한 값이 된다. 확인 세그먼트를 수신한 송신 TCP는 수신자 TCP가 (확인 번호 −1) 번째 바이트까지 누적적으로(Cumulatively) 완전하게 수신하였음을 확인하게 된다.

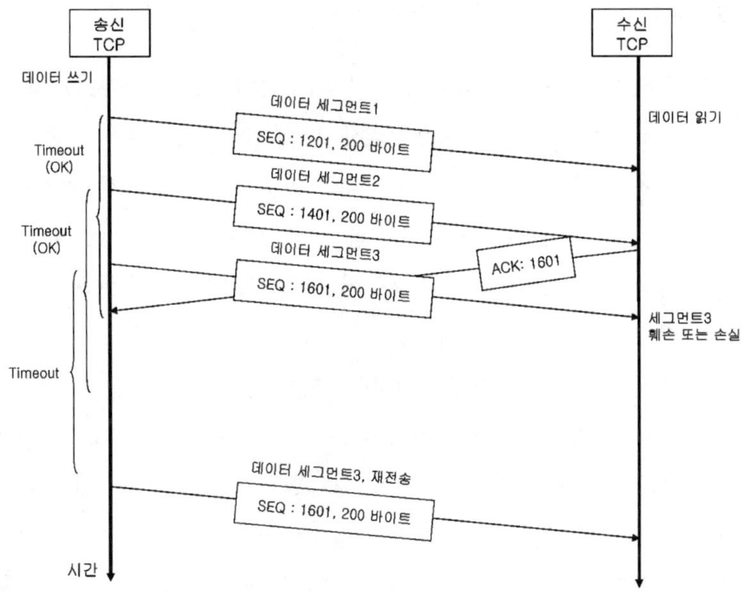

그림 6.6 **훼손 또는 손실 세그먼트 재전송**

만약 송신 TCP가 데이터 세그먼트 송신 시에 설정한 타이머(Timer)가 종료(Timeout)될 때까지 수신 확인 세그먼트를 수신하지 못하면, 송신 TCP는 송신한 데이터 세그먼트가 훼손되거나 손실된 것으로 간주하고 해당 세그먼트를 재전송한다. 〈그림 6.6〉은 훼손 또는 손실된 데이터 세그먼트의 재전송 과정을 보여주고 있다. 송신 TCP는 세그먼트1에 대한 시간 종료(Timeout) 전에 세그먼트2에 대한 수신 확인 세그먼트를 받았으므로 1600번째 바이트까지 누적적으로 완전하게 수신되었음을 확인한다. 그러나 세그먼트3에 대해서는 세그먼트3에 대한 시간 종료(Timeout)까지 수신 확인 세그먼트를 받지 못했으므로 세그먼트3을 재전송한다.

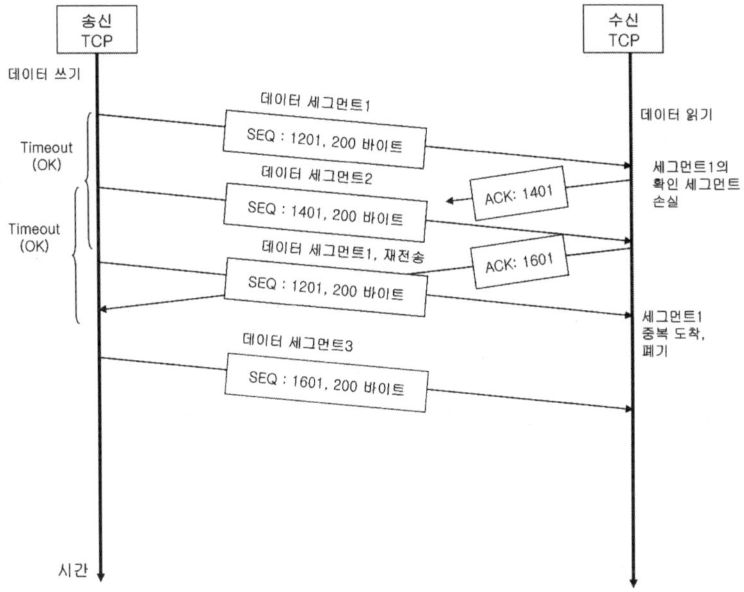

그림 6.7 확인 세그먼트 손실과 누적 확인

데이터 세그먼트뿐만 아니라 수신 확인 세그먼트로 전송 과정에서 훼손되거나 손실될 수 있다. 〈그림 6.7〉은 세그먼트1에 대한 수신 확인 세그먼트가 손실되어 시간 종료(Timeout) 후에 세그먼트1을 재전송하는 예를 보여주고 있다. 그러나 세그먼트2에 대한 확인 세그먼트는 시간 종료 전에 안전하게 도착하였다. 따라서 송신 TCP는 재전송한 세그먼트1의 확인 여부에 관계없이 세그먼트1과 세그먼트2가 누적적으로 완전하게 수신되었음을 확인할 수 있고, 수신 TCP는 중복되어 수신된 세그먼트1을 단순히 폐기한다.

시간 종료(Timeout) 기반의 재전송에서 중요한 문제는 재전송 타이머의 값을 얼마로 설정하느냐이다. 만약 재전송 타이머의 값이 지나치게 짧으면 전달중인 세그먼트에 대한 재전송을 초래할 수 있고, 반대로 타이머의 값이 지나치게 길면 재전송을 위해 대기하는 시간이 길어져 전체적인 지연 시간이 커지도록 만든다. 재전송 타이머의 값은 일반적으로 송신 TCP와 수신 TCP간 세그먼트의 왕복 전송에 걸리는 시간인 RTT(Round-Trip Time)의 두 배로 설정한다. RTT는 인터넷의 상태에 따라 달라질 수 있으므로 동적으로 계산해야 한다. RTT의 계산은 보통 다음과 같은 식으로 동적으로 계산함으로써 현재의 네트워크 상황을 반영할 수 있게 한다. 일반적으로 α 의 값은 0.9를 사용한다.

$$\text{RTT} = \alpha \times \text{이전 RTT} + (1 - \alpha) \times \text{현재 RTT}, \ 0 < \alpha < 1$$

재전송 타이머 기반의 재전송은 고속 통신 환경에서 지연 시간 증가의 주요 원인이 될 수 있다. 고속 통신 환경에서는 데이터 세그먼트가 손실된 후부터 재전송 타이머가 종료되기 전에 많은 수의 세그먼트를 전송할 수 있다. 손실된 이후에 전송된 세그먼트들은 수신 TCP에 의해 안전하게 수신될 수 있다. 그러나 재전송 타이머가 종료되어 손실된 데이터 세그먼트를 재전송될 때까지 수신 TCP는 대기 상태에 있어야 한다. 빠른 재전송(Fast Retransmission) 기법은 이런 문제에 대한 해결책으로 제시되었다.

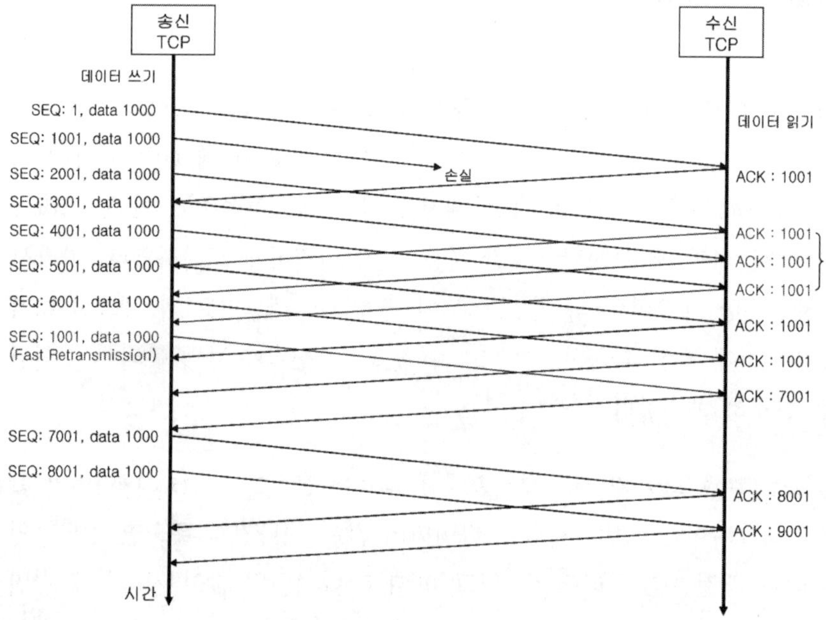

그림 6.8 중복 수신 확인에 의한 빠른 재전송

누적 수신 확인(Cumulative Acknowledgement) 기법을 사용하는 수신 TCP는 손실 세그먼트 이후에 수신된 완전한 데이터 세그먼트들에 대해서 새로운 수신 확인 세그먼트를 전송하는 대신에, 기존에 확인된 데이터 세그먼트(손실 세그먼트 이전의 세그먼트)에 대한 수신 확인 세그먼트를 중복하여 보내게 된다. 따라서 송신 TCP는 손실 세그먼트에 대한 재전송 타이머가 종료되기 전에 다수의 수신 확인 세그먼트를 중복하여 수신할 수 있다. 송신 TCP가 동일한 수신 확인 세그먼트를 3번 중복 수신하면, 재전송 타이머가 종료되지 않더라도 수신 확인된 세그먼트 이후의 데이터 세그먼트가 손실된 것으로 간주하고 해당 세그먼트를 재전송한다. 이와 같이 수신 확인 세그먼트의 중복 수신에 따른 재전송을 빠른 재전송(Fast Retransmission) 기법이라 한다. 〈그림 6.8〉은 중복 수신 확인에 의한 빠른 재전송 기법을 보여준다.

6.1.5 흐름 제어

흐름 제어는 송신 TCP가 지나치게 많은 데이터를 한꺼번에 송신함으로써 수신 TCP의 수신 버퍼가 넘쳐(Overflow) 데이터 손실이 발생하는 문제를 방지하는 메카니즘이다. 수신 TCP는 자신의 수신 버퍼내의 여유 공간의 크기를 송신 TCP에게 통지하고, 송신 TCP는 통지된 여유 공간 크기보다 적은 양의 데이터를 송신함으로써 흐름 제어를 실현한다. 수신 버퍼내의 여유 공간의 크기를 수신윈도우크기(RecvWindow-Receiving Window Size)라 한다. 수신윈도우크기의 최대값은 65,535 바이트이나 연결 설정 단계에서 윈도우 확장 인자 옵션을 사용하여 최대 2^{32}까지 확대할 수 있다. 연결 설정 초기에 수신윈도우크기는 수신버퍼크기(RecvBuffer-Receiving Buffer Size)와 동일하게 설정되지만, 시간이 지나 데이터가 수신되어 버퍼에 저장되고 그 중 일부가 읽기 동작을 통해 응용 프로세스로 전달됨에 따라 수신윈도우크기는 변화한다. 〈그림 6.9〉는 수신버퍼크기와 수신윈도우크기의 관계를 보여 준다.

수신 버퍼에 마지막으로 수신된 바이트의 번호를 마지막 수신바이트번호(LastByteRcvd)라 하고, 응용 프로세스에 의해 수신 버퍼로부터 마지막으로 읽은 바이트 번호를 마지막읽은바이트번호(LastByteRead)라 할 때, 해당 시점에서의 수신윈도우크기는 다음과 같이 결정된다.

수신윈도우크기 = 수신버퍼크기 - [마지막수신바이트번호 - 마지막읽은바이트번호]

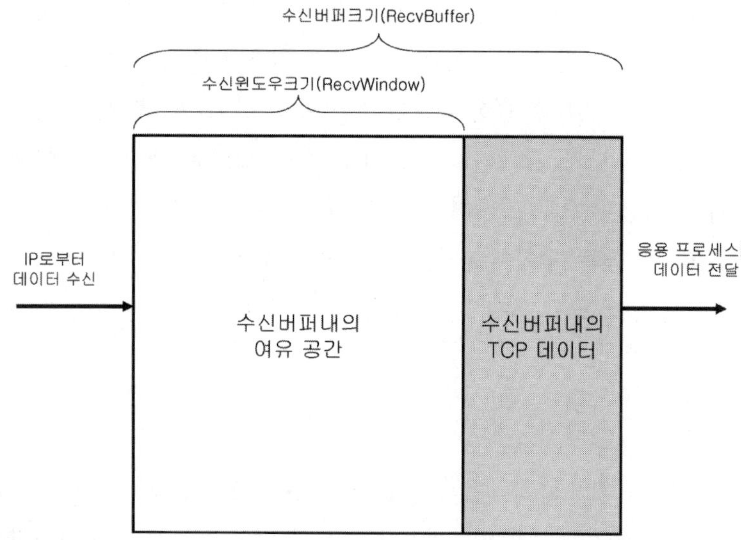

그림 6.9 **수신버퍼크기와 수신윈도우크기**

수신윈도우크기는 수신 TCP가 송신 TCP로 전달하는 세그먼트의 수신윈도우크기 필드에 포함되어 통보된다. 송신 TCP는 수신윈도우크기내에서 데이터를 전송하기 위해 마지막으로 송신한 바이트 번호와 확인 세그먼트를 통해 마지막으로 수신 확인된 바이트 번호의 차이가 항상 수신윈도우크기 보다 작게 유지한다. 즉, 마지막으로 수신 확인된 바이트 번호를 마지막수신확인번호(LastByteAcked)라 하고, 마지막으로 송신된 바이트 번호를 마지막송신바이트번호(LastByteSend)라 할 때 송신 TCP는 다음과 같은 관계가 항상 유지되게 한다.

마지막송신바이트번호 − 마지막수신확인바이트번호 ≤ 수신윈도우크기

만약 수신 TCP가 데이터를 추가로 수신하여 수신윈도우크기가 0이되면 수신 확인 세그먼트의 수신윈도우크기 필드의 값을 0으로 설정함으로써 송신 TCP가 더 이상의 데이터를 송신하지 못하도록 할 것이다. 송신 TCP는 수신 TCP로부터 변경된

수신윈도우크기가 도착하길 기다리고 있을 것이다. 그러나 수신 TCP는 더 이상 송신 TCP로 보낼 확인 세그먼트가 없으므로 응용 프로세스가 수신 버퍼로부터 데이터를 읽은 후에 수신윈도우크기가 늘어나더라도 이를 송신 TCP에게 통보할 방법이 없다. 이 경우 데이터 전송은 더 이상 진행되지 않는다. 이 문제는 수신위도우크기가 0일 때 송신 TCP가 윈도우 프로브(Probe)라 불리는 1바이트 데이터만을 포함하는 세그먼트를 주기적으로 수신 TCP에게 보냄으로서, 수신 TCP의 수신 확인 세그먼트를 통해 최신 수신윈도우크기 정보를 획득할 수 있게 한다.

6.1.6 효율적인 세그먼트 전송

TCP의 바이트 스트림 전송 특성은 어떤 상황에서 응용 프로세스가 작은 양의 데이터를 연속적으로 쓰기 동작을 통해 송신 버퍼에 전달하는 것을 허용한다. 작은 양의 데이터가 연속적으로 송신 버퍼에 도착할 때 송신 TCP는 각각의 데이터를 별도의 데이터 세그먼트로 만들어 수신 TCP에게 전달할 수도 있고, 여러 개의 데이터를 하나의 세그먼트로 만들어 전달할 수도 있다. 만약 적은 양의 데이터를 개별적인 세그먼트로 만들어 보내는 경우 사용자 데이터 대비 헤더에 포함되는 제어 정보가 많아져 전송 효율이 떨어진다. 예를 들어, 응용 프로세스가 1 바이트 단위로 송신 버퍼에 데이터를 천천히 쓰기 동작을 수행하는 경우, 송신 TCP는 1 바이트의 데이터만을 가지는 데이터 세그먼트를 송신하게 될 것이다. 이 경우 1 바이트의 데이터를 전달하기 위해 20 바이트 크기의 TCP 세그먼트 헤더 정보가 전달되어야 하고, TCP 세그먼트를 캡슐화하는 IP 헤더도 20 바이트가 전달되어야 한다. 즉, 1바이트의 데이터 전달을 위해 40 바이트의 제어 정보를 전달해야 하므로 데이터 전송 효율이 매우 낮아진다. 이런 상황이 응용 프로세스의 실행 속도(데이터 쓰기 속도)에 비해 전송 속도가 느린 네트워크에서 발생한다면 낮은 전송 효율로 인해 실제 데이터 전송 속도는 더욱 느려진다. 따라서 이런 경우는 여러 개의 데이터를 취합하여 하나의 데이터 세그먼트로 전송하는 것이 바람직하다.

여러 개의 데이터를 하나의 세그먼트로 취합하는 작업은 응용 프로세스가 쓰기 동작을 통해 송신 버퍼에 전달한 데이터가 TCP를 통해 송신되기 전에 송신 버퍼에서 대기하도록 요구한다. 그러나 대기 시간이 길어지면 응용 프로세스간 데이터 전송의 지연시간이 증가한다. 이런 상황이 응용 프로세스의 실행 속도(데이터 쓰기 속도)에 비해 전송 속도가 빠른 네트워크에서 발생한다면, 네트워크가 쉬는 상태에 있음에도 불구하고 응용 프로세스로부터 충분한 크기의 데이터가 송신 버퍼에 도착할 때까지 기다리는 결과를 초래하므로, 불필요하게 지연시간만 증가시키는 결과를 초래할 수 있다.

이러한 문제를 적적하게 해결하기 위하여 제시된 해결책이 Nagle 알고리즘이다. Nagle 알고리즘의 동작 절차는 다음과 같다.

1) 송신 TCP는 단지 1 바이트라 할지라도 송신 응용 프로세스로부터 송신 버퍼에 전달되는 첫 번째 데이터는 하나의 세그먼트로 전송한다.

2) 첫 번째 세그먼트를 전송한 후에 송신 TCP는 수신 TCP로부터 수신 확인 세그먼트를 수신하거나, 또는 응용 프로세스로부터 MSS 크기의 세그먼트를 구성할 수 있을 정도로 데이터가 도착할 때까지 송신 버퍼에 데이터를 저장한다. 앞의 두 가지 경우 중 한 경우가 발생하면 송신 TCP는 데이터 세그먼트를 수신 세그먼트에 전송한다.

3) 데이터 전송이 종료될 때까지 2)단계를 반복한다.

수신 측에서도 이와 유사한 문제가 발생할 수 있다. 수신 버퍼가 모두 데이터로 차게 되어 수신윈도우크기가 0으로 송신 TCP에 통보된 상태에서 수신 응용 프로세스가 한 바이트씩 데이터를 읽어간다고 가정하자. 수신 TCP는 한 바이트 크기의 수신윈도우크기를 송신 TCP에게 통보하고 송신 TCP는 한 바이트 데이터 세그먼트를 전송하는 절차를 반복하게 될 것이다. 이와 같은 수신 측으로부터 반복적으로 작은 크기의 수신윈도우크기 통보로 인해 발생하는 저 전송 효율 문제는 Clark 기법과 수신 확인 지연(Delayed Acknowledgement) 기법으로 해결한다.

Clark 기법은 송신 TCP로부터 데이터 세그먼트가 도착하면 수신 확인 세그먼트를 전송하되, 수신 버퍼에 MSS 크기의 세그먼트를 수용할 수 있는 여유 공간이 있거나 또는 적어도 반 이상의 수신 버퍼가 비어있을 때까지는 수신윈도우크기를 0으로 통보함으로써 송신 TCP가 작은 크기의 데이터를 전송하지 않도록 한다. 수신 확인 지연 기법(Delayed Acknowledgement)은 수신 버퍼에 충분한 여유 공간이 확보될 때까지 수신 확인 세그먼트 전송을 보류함으로써 송신 TCP로 하여금 작은 크기의 데이터 세그먼트를 전송하지 않도록 한다. 수신 확인 지연 기법을 사용할 경우 수신 측에서 발생하는 세그먼트의 수가 줄어들어 데이터 발생량이 감소하는 장점이 있으나, 수신 확인 지연이 커질 경우 재전송으로 이어질 가능성이 커지는 문제점이 있다. 따라서 수신 확인 지연 시간의 크기를 적절하게 유지하는 것이 중요하며 TCP에서는 0.5 초를 넘지 않도록 규정한다.

피기백(Piggyback)도 TCP의 효율적인 세그먼트 전송을 가능하게 하는 기법이다. 피기백 기법은 수신 TCP가 데이터 세그먼트를 수신한 후에 송신 TCP로 전송할 자신의 데이터가 있는 경우, 송신 TCP로부터 먼저 수신한 데이터 세그먼트에 대한 수신 확인 세그먼트와 자신이 전송할 데이터 세그먼트를 하나의 세그먼트로 통합하여 전송하는 기법이다. 피기백 기법은 전송되는 전체 세그먼트의 수를 줄임으로써 전송의 효율을 높인다.

6.1.7 혼잡 제어

TCP 세그먼트 전송에서 오류가 발생하는 가장 큰 이유는 TCP 세그먼트를 캡슐화한 IP 데이터그램이 인터넷상에서 전송되는 과정에서 손실되거나 지나치게 지연되기 때문이다. IP 데이터그램의 손실 또는 지나친 지연 발생은 해당 데이터그램이 통과하는 라우터에 처리 용량을 초과하는 양의 데이터가 도착함으로써, 라우터의 버퍼가 넘치거나(오버플로우) 버퍼 대기 시간이 길어지기 때문에 발생한다. 이와 같이 특정 라우터에 처리 용량을 초과하는 양의 데이터가 몰리는 현상을 혼잡(Congestion) 현상이라 한다. TCP는 신뢰적인 데이터 전송을 위해 대부분의 오류의 근원이 되는 혼잡 상황을 제어할 수 있는 혼잡 제어(Congestion Control) 메커니즘을 제공한다.

혼잡 제어도 흐름 제어와 같이 송신 TCP가 수신 확인 없이 전송할 수 있는 데이터 양을 조절함으로써 실현한다. TCP는 혼잡 제어를 위해 수신윈도우크기와 같은 개념의 혼잡윈도우크기(Congestion Window Size)를 유지한다. 송신 TCP가 실제로 전송할 수 있는 데이터 양은 현재의 수신윈도우크기와 혼잡윈도우크기 중 작은 값에 의해 결정된다. 즉, 송신 TCP는 다음과 같은 관계를 항상 유지한다.

마지막송신바이트번호 − 마지막수신확인바이트번호 ≤ min {수신윈도우크기, 혼잡윈도우크기}

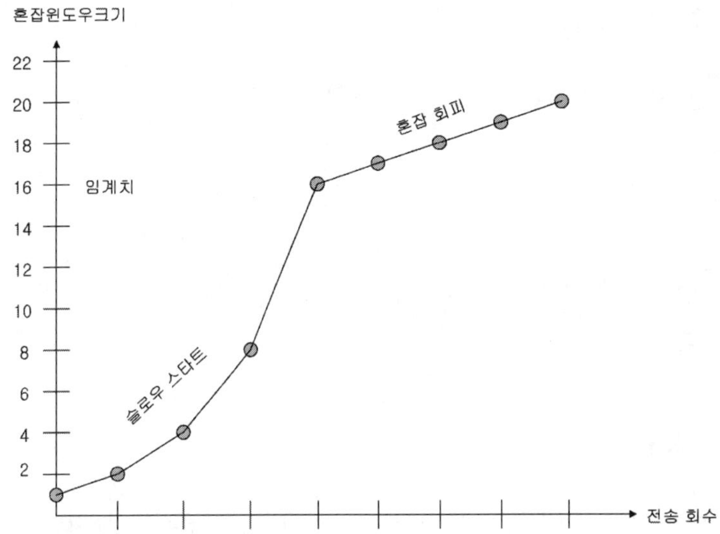

그림 6.10 **혼잡윈도우크기 증가 방식**

혼잡윈도우크기도 수신윈도우크기와 같이 시간이 지나감에 따라 네트워크의 상황에 따라 값이 변화한다. TCP 연결 설정 시 초기 혼잡윈도우크기 값은 1 MSS로 설정된다. 새로운 TCP 연결을 통해 전송되는 새로운 데이터로 인해 갑자기 혼잡 상황이 발생하는 것을 방지하기 위해 작은 크기의 혼잡윈도우크기를 설정하는 것이다. TCP 연결 설정 후 혼잡 상황이 발생하지 않으면 데이터 세그먼트에 대한 수신 확인 세그먼트를 받을 때 마다 혼잡윈도우크기를 2배씩 늘려간다. 즉, TCP 혼잡윈도우크기는 매 RTT(데이터 세그먼트 송신 개시 시점에서 수신 확인 세그먼트 수신 시점까지의 시간 간격) 마다 2배씩 지수적으로 증가한다. 이와 같이 혼잡윈도우크기를 초기에 작게 설정한 후 지수적으로 키워가는 기법을 슬로우 스타트(Slow Start)

기법이라 한다. 〈그림 6.10〉는 슬로우 스타트에 따른 혼잡윈도우크기 증가 방식을 보여 준다.

슬로우 스타트 기법은 초기에는 혼잡윈도우크기를 말 그대로 천천히 키워가지만 시간이 지나면 지수적 증가로 인해 빠른 속도로 증가하게 되어 혼잡 상황을 유발할 가능성이 커진다. 따라서 혼잡윈도우크기는 미리 정해진 임계치(Threshold)를 지나면 매 RTT 마다 1 MSS씩 선형적으로 증가하게 하여 혼잡을 회피할 수 있게 한다. 임계치 이후 혼잡윈도우크기의 선형적 증가 단계를 혼잡 회피(Congestion Avoidance) 단계라 한다. 초기에 혼잡윈도우크기에 대한 임계치는 보통 65Kbyte로 설정된다.

송신 TCP는 두 가지 사건의 발생을 통해 혼잡 상황을 인식한다. 첫 번째는 송신한 세그먼트 또는 수신 확인 세그먼트가 손실되어 재전송 타이머가 시간 종료(Timeout)되는 사건이다. 송신 TCP는 시간 종료 사건이 발생하면 네트워크가 혼잡 상태에 빠졌음을 인식하게 되고, 임계치를 현재 혼잡윈도우크기의 절반(1/2)로 설정하고 혼잡윈도우크기를 초기 상태, 즉 1 MSS 크기로 되돌린 후 슬로우 스타트 단계를 개시한다. 따라서 재전송 타이머가 시간 종료되어 재전송이 발생하면 혼잡윈도우크기는 1 MSS로 초기화되어 〈그림 6.10〉와 같이 증가하되 차이점은 임계치가 재전송전의 혼잡윈도우크기의 절반으로 설정된다는 점이다. 송신 TCP가 혼잡 상황을 인식하는 두 번째 사건은 빠른 재전송(Fast Retransmission)을 유발하는 수신 확인 세그먼트의 중복 수신이다. 수신 확인 세그먼트의 중복 수신에 의한 재전송은 손실된 세그먼트 이후에 전송한 3개 이상의 세그먼트들은 완전하게 전송되었음을 확인할 수 있다는 점에서 시간 종료(Timeout)에 의한 재전송과 다르다. 이 경우는 일부 세그먼트의 전송은 가능한 상태이므로 혼잡 상황이 그리 나쁘지 않다는 것을 보여주는 것이다. 따라서 중복 수신 확인에 의한 혼잡 상황에서는 슬로우 스타트 단계를 생략하는 빠른 회복(Fast Recovery) 기반의 혼잡 제어 기법을 적용한다. 빠른 회복 혼잡 제어 기법에서는 혼잡윈도도우크기를 1 MSS 대신 임계치(재전송시의 혼잡윈도우크기의 절반)로 설정하고 혼잡윈도우크기가 지수적으로 증가하는 대신 선형적으로 증가하게 조정한다. 〈그림 6.11〉은 혼잡 상황 발생에 따른 혼잡윈도우크기의 축소와 증가 방식을 보여주고 있다.

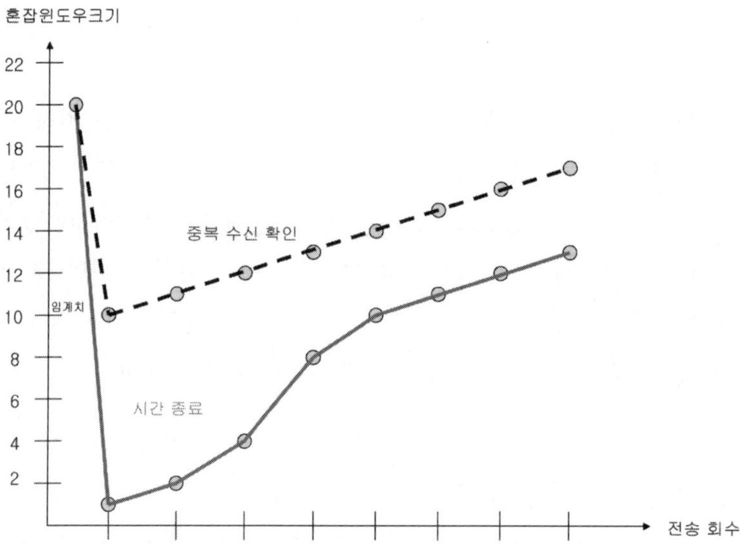

그림 6.11 혼잡 상황에 따른 혼잡윈도우크기 축소와 증가 방식

6.1.8 연결 해제 서비스

TCP의 바이트 스트림 전송은 연결 해제를 위한 특별한 세그먼트 교환을 통해 종료된다. 연결 해제는 데이터를 교환하는 클라이언트 프로세스와 서버 프로세스 중 어느 쪽도 기동(Initiation)할 수 있다. TCP 연결은 양방향 연결이므로 어느 한쪽에 의한 연결 해제는 자신으로부터의 데이터 전송만 종료시킨다. 따라서 양방향 연결을 종료시키기 위해서는 〈그림 6.12〉와 같은 4-단계 핸드셰이크 절차가 필요하다. 연결 해제 절차를 요약하면 다음과 같다.

1) 데이터 전송을 완료한 응용 프로세스는 연결 해제 서비스를 요청하면(일반적으로 Close 동작으로 실행), 연결 해제를 기동하는 기동자 TCP는 FIN 비트가 1로 설정된 FIN 세그먼트를 전송함으로써 연결 해제 절차를 개시한다.
2) FIN 세그먼트를 수신한 응답자 TCP는 FIN 세그먼트 수신을 확인하기 위해 수신 확인 세그먼트를 기동자 TCP에게 보낸다. 이 때 응답자 TCP는 기동자 TCP로부터의 데이터 전송이 종료되었음을 알 수 있으므로 자신의 응용 프로

세스의 데이터 읽기 동작을 종료시킨다(일반적으로 읽기 동작의 결과를 0으로 반환).

3) 응답자 TCP가 자신으로부터 전송될 데이터가 더 이상 없으면 FIN 세그먼트를 기동자 TCP에게 전송한다.
4) FIN 세그먼트를 수신한 기동자 TCP는 수신 확인 세그먼트를 응답자 TCP에게 전송한다.

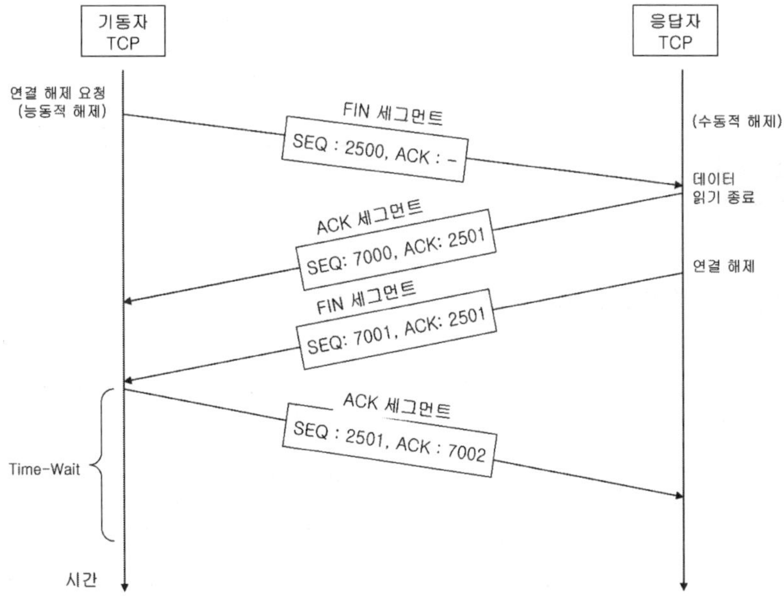

그림 6.12 4-단계 핸드셰이크 절차에 의한 연결 해제

기동자 TCP가 마지막 수신 확인(ACK) 세그먼트를 전송한 후에 일정 시간(30초 ~ 2분) 동안 시간-대기(Time-Wait) 상태에 들어간다. 이것은 마지막 수신 확인 세그먼트가 손실되어 응답자 TCP가 재전송할 수 있는 FIN 세그먼트를 처리할 수 있도록 하기 위함이다.

TCP 연결은 비정상적으로 해제될 수 있다. 비정상적인 연결 해제는 리셋(RST)

세그먼트 교환을 통해 이루어진다. 비정상적인 연결 해제는 다음과 같은 3 가지 경우에 발행할 수 있다

1) 클라이언트 TCP가 존재하지 않는 포트로 연결 설정을 요구하는 경우, 서버 TCP는 RST 세그먼트를 전송하여 요청된 연결을 비정상적으로 해제한다.
2) TCP가 동작 도중 비정상적인 상황이 발생했을 경우 RST 세그먼트 전송을 통해 비정상적으로 연결을 해제할 수 있다.
3) TCP 연결이 지나치게 긴 시간 동안 휴면(Idle) 상태에 있을 경우 RST 세그먼트 전송을 통해 연결을 비정상적으로 해제할 수 있다.

6.2 UDP

6.2.1 UDP의 역할과 동작 원리

UDP도 TCP와 마찬가지로 클라이언트 호스트내의 클라이언트 프로세스와 서버 호스트내의 서버 프로세스간 데이터 전송 서비스를 제공한다. 호스트 내에 존재하는 다수의 응용 프로세스 구분은 TCP와 같이 포트 번호(Port Number)를 통해 이루어지고, 서버 프로세스의 경우 영구 포트(Well-known Port Number)를 사용하고 클라이언트 프로세스의 경우 임시 포트 번호(Ephemeral Port Number)를 사용한다.

TCP는 전송하는 모든 데이터를 순서 번호를 가지는 스트림으로 처리함으로써 응용 프로세스간 임의의 크기의 데이터를 전송할 수 있게 하는 반면, UDP는 응용 프로세스가 전송을 의뢰한 데이터를 하나의 독립적인 전달 단위, 즉 데이터그램으로 만들어 단순히 목적지 프로세스에게 전달하는 데이터그램 전송 서비스만 제공한다. 즉, UDP는 데이터 스트림의 시작과 끝을 구분하는 연결 설정과 연결 해제 서비스 없이 데이터 전송 서비스만 제공한다. 따라서 사용자 프로세스는 한번에 UDP 데이터그램내에 포함될 수 있는 크기 이내의 데이터를 송신하여야 하며, 송신 의뢰된 데이터는 송신 UDP에 의해 데이터그램으로 만들어져 즉시 전달되고, 수신 UDP는

데이터그램 단위로 응용 프로세스에게 데이터를 전달한다.

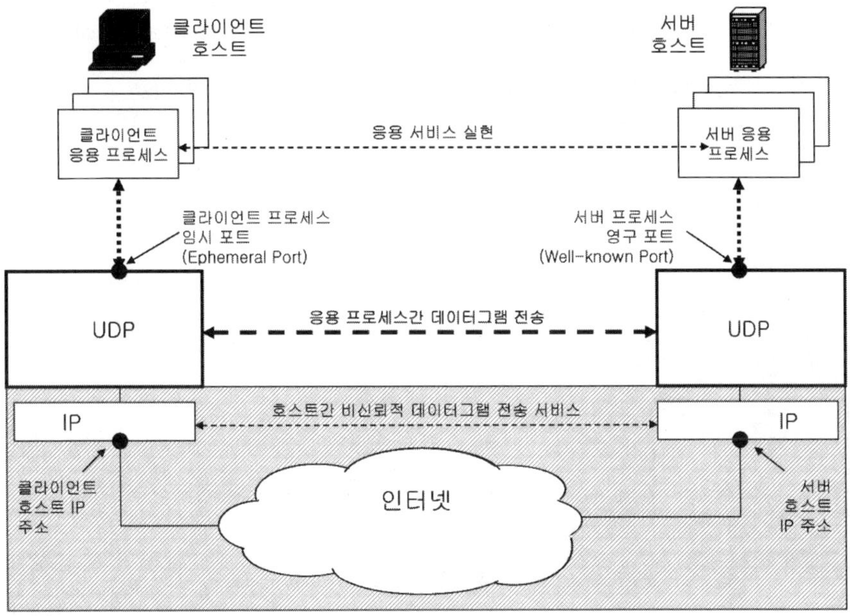

그림 6.13 UDP의 역할

UDP는 데이터그램의 훼손을 탐지할 수 있는 첵섬(Checksum) 기능 외에 신뢰적인 데이터그램 전송을 위한 어떤 기능도 수행하지 않는다. 따라서 데이터그램은 전송 과정에서 손실될 수 있고, 순서 바뀜 현상이 발생할 수 있으며, 수신 버퍼 오버플로우(Overflow)로 인해 손실될 수도 있다. 반면 UDP는 연결 설정을 위한 지연 시간을 피할 수 있고, 오류 제어와 흐름 제어로 인한 지연 시간을 피할 수 있기 때문에 TCP에 비해 빠른 데이터 전송을 실현할 수 있다.

6.2.2 UDP 데이터 전송 서비스

TCP에서와 마찬가지로 UDP 응용 프로세스의 통신 통로는 소켓으로 정의된다. 클라이언트 프로세스를 위한 클라이언트 소켓은 {클라이언트 IP 주소, 클라이언트

UDP 포트 번호}로 구성되는 UDP 클라이언트 소켓 주소로 지정되고, 서버 프로세스를 위한 서버 소켓은 {서버 IP 주소, 서버 UDP 포트 번호}로 구성되는 서버 소켓 주소로 지정된다. TCP와 달리 UDP는 연결 설정 과정이 없다. 따라서 클라이언트-서버간의 특정 통신을 구분할 수 있는 개별적인 연결 소켓을 통한 데이터 전송 대신 클라이언트 소켓과 서버 소켓을 통한 데이터 통신을 수행한다.

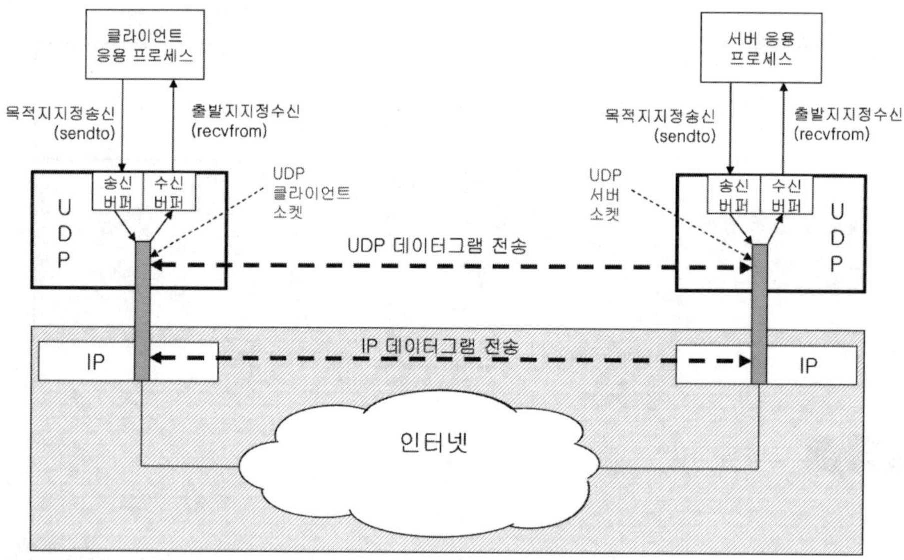

그림 6.14 UDP 데이터 전송 서비스 모델

UDP 크라이언트 소켓과 UDP 서버 소켓은 상호 연결된 상태가 아니므로 응용 프로세스가 UDP 소켓을 통해 데이터를 송신할 때에는 데이터와 함께 목적지 소켓 주소를 지정하는 목적지지정송신(sendto) 동작을 사용한다. TCP와 마찬가지로 서버 소켓 주소는 잘 알려진(Well-known) 포트 번호와 IP 주소를 가진다. 반면 클라이언트 소켓 주소의 임시(Ephemeral) 포트 번호는 클라이언트 프로세스로부터 목적지지정송신 동작을 처음 실행할 때 동적으로 할당된다.

목적지지정송신 동작으로 통해 응용 프로세스로부터 데이터가 송신 소켓에 전달되면 송신 UDP는 해당 데이터를 포함하는 UDP 데이터그램(Datagram) 만들어 IP를 통해 수신 UDP로 전송한다. UDP 소켓을 통해 데이터를 수신할 때에는 데이터와 함께 출발지 소켓 주소가 함께 수신되는 출발지반환수신(recvfrom) 동작을 사용한다. 응용 프로세스는 출발지반환수신 동작을 통해 수신된 데이터가 누구에 의해 송신되었는지를 파악 할 수 있다. 따라서 서버 프로세스가 여러 클라이언트로부터 서버 소켓을 통해 동시에 데이터를 수신하더라도 수신된 각각의 데이터를 송신자에 따라서 처리할 수 있다. 목적지지정송신(sendto) 동작과 출발지반환수신(recvfrom) 동작에서 지정되는 목적지 또는 출발지 소켓 주소의 IP 주소는 유니캐스트 주소뿐만 아니라 멀티캐스트 주소가 될 수 있다. 따라서 연결 설정을 위해 반드시 유니캐스트 주소를 사용해야 하는 TCP와 달리 UDP는 멀티캐스트 통신을 지원한다.

그림 6.15 UDP 데이터그램 포맷

UDP의 데이터그램 포맷은 〈그림 6.15〉와 같다. UDP 데이터그램은 제어 정보를 포함하는 헤더 부분과 응용 프로세스가 전송하고자 하는 데이터가 위치하는 데이터 부분으로 구성된다. 헤더 부분의 각 필드는 다음과 같다.

출발지 포트 번호(Source Port Number) – 출발지 포트 번호는 송신 UDP의 포트 번호다. 클라이언트 UDP가 송신자인 경우 출발지 포트 번호는 목적지지정송신 동작을 처음 실행할 때 동적으로 할당되는 임시 포트 번호가 되고, 반면 서버 UDP가 송신자가 되는 경우에는 잘 알려진(Well-known) 영구 포트가 출발지 포트가 될 것이다.

목적지 포트 번호(Destination Port Number) – 목적지 포트 번호는 목적지지정송신 동작에서 목적지 소켓 주소의 일부로 지정된다. 목적지가 서버 프로세스인 경우 목적지 포트 번호는 잘 알려진(Well-known) 영구 포트 번호가 되고, 반면 목적지가 클라이언트 프로세스인경우 목적지 포트 번호는 출발지지정수신 동작을 통해 알려진 클라이언트 임시 포트 번호가 될 것이다.

전체 길이(Total Length) – 전체 길이는 UDP 헤더와 데이터를 합한 UDP 데이터그램의 전체 길이를 정의한다. 하나의 UDP 데이터그램은 반드시 하나의 IP 데이터그램에 의해 전달되어야 한다. 따라서 UDP 데이터그램의 전체 길이는 IP 데이터그램의 전체 길이에서 IP 데이터그램 헤더 길이를 뺀 값과 같아진다. IP 데이터그램의 최대 길이는 65,535 바이트이고 IP 헤더의 최소 길이는 20 바이트이므로 UDP 전체 길이의 최대값은 65,515 바이트이다.

UDP 데이터그램 전체 길이 : IP 데이터그램 전체 길이 – IP 데이터그램 헤더 길이

첵섬(Checksum) - 첵섬은 UDP 헤더와 데이터를 모두 포함한 UDP 데이터그램 전체에 대해 오류를 탐지하기 위해 부가적으로 추가되는 정보이다.

6.2.3 UDP 첵섬(Checksum)

UDP 첵섬은 IP와 마찬가지로 전체를 16 비트 단위의 여러 조각으로 나누고, 나누어진 모든 조각을 1의 보수 연산을 통해 더하여 합을 구한 다음, 합에 대한 1의 보수 값을 구한 결과이다. 수신측에서는 수신된 데이터그램을 16 비트 단위로 나누어 여러 조각으로 나눈 다음 전체 합에 대한 1의 보수를 구한다. 1의 보수 연산의

정의에 의하여 이 값이 0이면 원래의 데이터그램이 오류없이 정상적으로 전달된 것을 의미하므로 받아 들이고, 그렇지 않으면 전송중에 데이터그램에 오류가 발생한 것으로 의미하므로 해당 데이터그램을 폐기한다. TCP 첵섬도 UDP와 같이 동작한다. 그러나 UDP 첵섬 계산은 UDP 데이터그램(TCP의 경우 TCP 세그먼트)뿐만 아니라 의사 헤더(Pseudo-Header)라 불리는 추가적인 정보를 포함하여 첵섬을 계산한다. UDP에서 첵섬 계산에 포함되는 전체 정보는 〈그림 6.16〉과 같다.

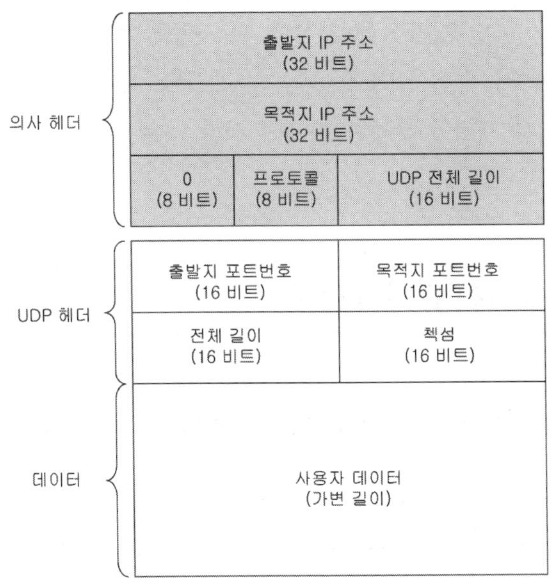

그림 6.16 **첵섬 계산에 포함되는 정보**

의사 헤더에는 IP 헤더의 출발지 IP 주소와 목적지 IP 주소, 그리고 프로토콜 필드의 정보가 포함되고 UDP 데이터그램 전체 길이 정보가 추가로 포함된다. 의사 헤더의 크기를 첵섬을 구하는 단위인 16 비트의 배수로 조정하기 위해 필요한 나머지 비트들은 0으로 채운다.

UDP (또는 TCP)의 첵섬 계산에 UDP 데이터그램(또는 TCP 세그먼트)외에 의사 헤더를 포함하는 이유는, 인터넷상의 데이터그램 전송 과정에서 UDP 데이터그램뿐만 아니라 의사 헤더에 포함된 관련 정보(출발지 IP 주소, 목적지 IP 주소, 프로토콜 필드 값)의 안전한 전송 여부를 함께 확인하기 위함이다. 만약 인터넷상에서 목적지 IP 주소 정보가 변경되었다면 UDP 데이터그램이 원래의 목적지가 아닌 다른 호스트로 전달되었을 것이다. 또한 프로토콜 필드 값이 변경되었다면 원래의 프로토콜이 아닌 다른 프로토콜로 정보가 전달되었을 것이다. 따라서 UDP 첵섬은 UDP 데이터그램의 오류를 탐지할 수 있을 뿐만 아니라 UDP 데이터그램이 원래의 목적지 호스트의 UDP에 안전하게 전달되었음을 확인할 수 있게 한다.

의사 헤더의 정보는 단지 첵섬을 계산할 때 사용될 뿐 실제로 수신 UDP로 전송되지는 않는다. 따라서 수신 UDP가 첵섬을 계산할 때에는 하위의 IP로부터 관련 정보를 입수하여 의사 헤더를 구성한 다음 수신한 UDP 데이터그램과 함께 사용한다.

6.3 RTP/RTCP

6.3.1 멀티미디어 트랜스포트 프로토콜 요구사항

컴퓨터를 포함하는 다양한 인터넷 단말 장치들이 오디오와 비디오를 포함하는 멀티미디어 데이터를 처리할 수 있게 되고, 통신망이 멀티미디어 데이터를 전송할 수 있을 정도로 고속화함에 따라 인터넷상에 다양한 멀티미디어 응용들이 개발되고 있다. 인터넷 멀티미디어 응용은 오디오 또는 비디오 스트리밍(Audio/Video Streaming), 인터넷 방송(Internet Broadcasting), 화상 전화(Audiovisual Telephony), 화상 회의(Audiovisual Conference), CSCW(Computer Supported Cooperative Working), 원격 강의(Tele-education)등을 포함한다. 멀티미디어 응용의 오디오와 비디오와 같은 연속 미디어(Continuous Media) 데이터는 기존의 텍스트와 이미지와 같은 불연속 미디어(Discrete Media)와 다른 통신 요구 사항을 가진다.

〈표 6.1〉은 멀티미디어 통신의 요구 사항을 보여주고 있다. 오디오와 비디오 데이터는 일반적으로 사람의 감각 기관(시각, 청각 등)에 의해 인지되고 해석된다. 즉,

오디오와 비디오 데이터의 품질은 사람의 감각 기관에 의해 판단된다. 사람의 감각 기관의 특성상 오디오나 비디오 데이터가 전송 중에 일부 손상되거나 손실되더라도 품질에 영향을 미치지 않을 수 있다. 반면 만약 오디오나 비디오 데이터가 사용자가 기대하는 시간 내에 전송되지 않으면 사용자가 통신을 계속 수행할 수 없을 정도의 문제를 야기할 수 있다. 예를 들어 화상 전화 서비스의 경우 사용자간 음성 또는 비디오 데이터의 왕복 지연 시간이 400ms를 초과하면 화상 전화를 계속 진행하기 어려워진다. 반면 음성 데이터가 일부 손상되거나 비디오 데이터가 일부 손상되더라도 비디오 전화를 계속 진행하는 데에 큰 문제를 야기하지 않는다. 따라서 많은 멀티미디어 응용에서 오디오와 비디오 데이터 전송에서 오류의 완벽한 제어보다는 지연 시간을 최소화하는 실시간 전송이 더 중요하게 요구된다.

표 6.1 멀티미디어 통신 요구 사항

항목	요구 사항
실시간 통신 (Real Time Communication)	- 지연 시간(Delay Time) 최소화 - 오류 복구 보다 지연 시간 최소화가 중요
미디어내 동기화 (Intra-media Synchronization)	- 미디어 스트림의 패킷간 시간 관계 복원 - 시간 관계를 표시하는 시간 정보 추가 전송
다중 스트림 통신 (Multi-stream Communication)	- 하나의 응용에서 여러 개의 미디어 스트림 동시 전송 - 스트림을 구분할 수 있는 정보 추가 전송
미디어간 동기화 (Inter-media Synchronization)	- 서로 다른 스트림의 패킷간 시간 관계 복원 - 스트림간 시간 관계를 표시하는 시간 정보 추가 전송
적응형 통신 (Adaptive Communication)	- 통신 상황에 따라 동적인 코덱(Codec) 선택 - 통신 상태 정보 전송
다자간 통신 (Multi-user Communication)	- 기존의 IP 멀티캐스트 기능 수용 - 멀티캐스트 IP 주소 지원
스트림 변환과 믹싱 (Stream Translation and Mixing)	- 다수의 사용자로부터의 스트림을 믹싱(Mixing) 후 전송 - 송신자로부터의 스트림을 수신 가능한 형태로 변환하여 전송

많은 멀티미디어 응용이 요구하는 또 다른 통신 요구 사항 중의 하나는 동기화

(Synchronization) 서비스이다. 멀티미디어 응용의 오디오와 비디오는 연속적인 패킷(Packet Stream)을 생성하고 스트림상의 패킷들은 시간적인 관계를 가진다. 예를 들어 PCM(Pulse Coded Modulation) 오디오 데이터의 경우 매 125us 마다 1 바이트씩 데이터가 생성되고 매 20ms 마다 160 바이트 크기의 패킷이 생성된다. 따라서 송신자 측에서 생성되는 PCM 오디오 패킷들은 20ms의 고정 길이 시간 간격을 가진다. 이러한 시간 간격은 최종적으로 스피커를 통해 재생될 때 반드시 유지되어야 한다. 그렇지 않으면 오디오 데이터의 원래의 연속성이 훼손되어 오디오의 서비스 품질이 저하된다. 인터넷은 기본적으로 최선형 서비스를 제공하므로 지연 시간(Delay Time)이 가변적이다. 이는 오디오 또는 비디오의 패킷간 시간 간격이 인터넷을 통한 전송 과정에서 일정하게 유지될 수 없음을 의미한다. 따라서 수신 측에서 오디오와 비디오 데이터의 재생전에 원래의 시간 간격을 복원하기 위해서는 이에 필요한 시간 정보가 포함되어 전달되어야 한다. 이와 같이 하나의 연속 미디어 내에서 패킷간의 시간 간격을 복원하는 작업을 미디어내 동기화(Intra-media Synchronization)라 한다.

기존의 대부분의 인터넷 응용에서는 클라이언트 포트에 의해 지정되는 클라이언트 프로세스와 서버 포트에 의해 지정되는 서버 프로세스간에 단일 스트림 통신이 이루어진다. 즉, 하나의 프로세스는 하나의 포트를 통해 하나의 데이터 스트림을 송신하거나 수신한다. 예를 들어, E-mail 서비스의 경우 임시 포트 번호에 의해 지정되는 클라이언트 SMTP(Simple Mail Transfer Protocol))와 영구 포트 번호 25번에 의해 지정되는 서버 SMTP간에 텍스트, 이미지, 오디오, 그리고 비디오로 구성될 수 있는 E-mail을 TCP를 통해 순차적으로 전송한다. FTP(File Transfer Protocol)의 경우에도 임시 포트 번호에 의해 지정되는 클라이언트 FTP와 영구 포트 번호 20번에 의해 지정되는 서버 FTP간에 지정된 파일을 순차적으로 전송한다. 그러나 많은 멀티미디어 응용의 경우 특성이 다른 여러 개의 미디어 스트림을 동시에 전송해야 한다. 예를 들어 화상 회의 서비스와 데이터 공유 서비스를 기본적으로 제공하는 CSCW(Computer Supported Cooperative Working)의 응용의 경우, 오디오와 비디오, 그리고 공유 데이터 스트림이 동시에 전송될 수 있어야 하고 수신측에서 구별되어 처리될 수 있어야 한다. 따라서 멀티미디어 응용에서는 다중 스트림을 구분하여 전송할 수 있는 메커니즘을 제공해야 한다.

다중 스트림 전송에서 고려되어야 할 추가적인 요소는 스트림간의 시간 관계 유지 문제이다. 오디오와 비디오와 같은 연속 미디어 스트림은 미디어내 패킷간의 시간 관계뿐만 아니라 미디어간 패킷간에도 시간 관계를 가진다. 예를 들어 화상 회의에서 특정 비디오 화면 발생시에 발생되는 오디오는 목적지에서 재생될 때에도 동일한 비디오 화면과 함께 재생되어야 한다. 그러나 인터넷의 최선형 서비스 특성상 각각의 미디어 스트림이 독립적으로 전송될 때 미디어 스트림의 패킷간의 시간 관계가 일정하게 유지될 수가 없다. 따라서 수신측에서 각각의 미디어 스트림들을 재생하기 전에 원래의 상호간 시간 관계를 복원하기 위해서는 이에 필요한 시간 정보가 수신측에 전달되어야 한다. 이와 같이 두 개 이상의 미디어 스트림간의 시간 관계를 복원하는 작업을 미디어간 동기화(Inter-media Synchronization)라 한다.

일반적으로 오디오와 비디오와 같은 연속 미디어의 데이터 발생량은 어떤 코덱(Codec – Coding and decoding)을 사용하느냐에 의해 결정되고, 대부분의 미디어의 경우 품질 요구 정도에 따라 다양한 코덱을 사용할 수 있으며, 동일한 코덱을 사용하는 경우에도 샘플링 율(Sampling Rate) 조정 등으로 데이터 발생량을 조정할 수 있다. 따라서 멀티미디어 통신 시에는 상황에 따라 코덱을 적절하게 선택함으로써 최상의 통신 서비스 품질을 유지할 수 있다. 예를 들어 네트워크의 혼잡 상황(Congestion State) 등으로 인해 패킷 손실율이 높아지면 데이터 발생량이 적은 코덱으로 변경하고, 반대로 네트워크의 상황이 양호할 때에는 데이터 발생량이 많지만 보다 품질이 좋은 코덱을 선택할 수 있다. 이와 같이 멀티미디어 통신에서는 미디어 스트림의 특성이 상황에 적응하여 동적으로 변화될 수 있는 적응형 통신(Adaptive Transmission)을 제공할 필요가 있다.

인터넷 방송, 화상 회의, CSCW 등 인터넷상의 많은 멀티미디어 응용들은 다자간 통신을 기반으로 수행된다. 따라서 인터넷상의 멀티미디어 통신에서는 멀티캐스트 IP 주소 기반의 주소 체계를 지원할 수 있어야 한다. 또한 다자간에 오디오와 비디오와 같은 연속 미디어를 효율적으로 지원하기 위해 각 사용자간 직접적인 미디어 스트림 전송대신, 다수의 사용자로부터 발생하는 미디어 스트림을 섞어 하나의 미디어 스트림으로 만들어 수신자에게 전송할 필요가 있다. 또한 송신자로부터의 미디어 스트림의 형태를 믹서(Mixer) 또는 수신자가 수신할 수 있는 형태로 변환하여 전송할 필요가 있다.

6.3.2 RTP/RTCP의 역할과 동작 원리

RTP(Reamtime Transport Protocol)와 RTCP(Realtime Transport Control Protocol)은 멀티미디어 응용이 요구하는 통신 요구 사항을 지원하기 위한 트랜스포트 프로토콜로 개발되었으며, RTP는 미디어 스트림의 전송을 담당하고 RTCP는 미디어 스트림 전송을 제어(Control)하는 데에 필요한 제어 정보 전송을 담당한다. RTP와 RTCP도 기본적으로 많은 멀티미디어 응용들이 공통적으로 사용할 수 있는 트랜스포트 프로토콜로 동작해야 하므로, 트랜스포트 프로토콜이 가져야 하는 다수의 응용 프로세스에 대한 다중화(Multiplexing)와 역다중화(Demultiplexing) 기능과 오류 검출을 위한 첵섬(Checksum) 기능 등을 제공해야 한다. 그러나 RTP와 RTCP는 자체적인 다중화/역다중화와 첵섬 기능을 정의하는 대신 기존의 UDP를 사용하고 멀티미디어 전송을 위해 필요한 트랜스포트 기능을 추가하는 방식으로 설계되었다. 〈그림 6.17〉은 RTP/RTCP의 프로토콜 구조를 보여준다.

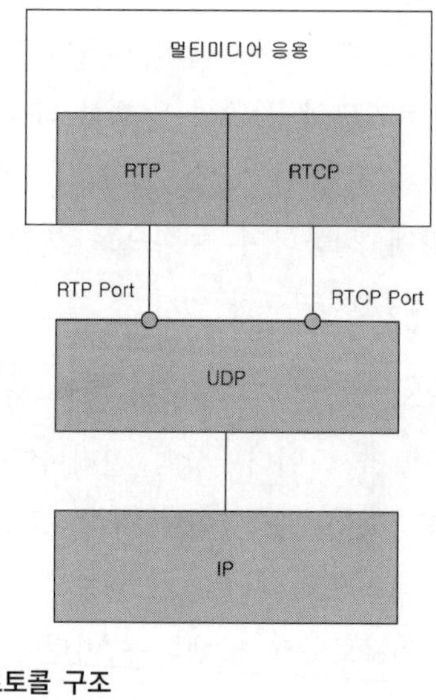

그림 6.17 RTP/RTCP 프로토콜 구조

RTP와 RTCP가 TCP 대신 UDP를 사용하여 정의한 이유는 TCP가 가지고 있는 지연 시간증가 요소를 피하기 위함이다. TCP는 기본적으로 완전한 오류 복구를 목표로 설계되었으므로 수신 확인과 재전송을 위한 인위적인 지연 전송, 수신 버퍼 상태에 따른 인위적인 지연 전송, 그리고 네트워크 상태에 따른 인위적인 지연 전송 등 많은 추가적인 지연 시간 증가 요소를 가지고 있다. 따라서 오류 복구 보다 지연 시간의 최소화가 중요한 멀티미디어 응용의 경우 TCP는 부적합하다.

RTP/RTCP는 UDP 서비스를 사용하기 위해 각각 별도의 포트 번호(Port Number)를 가진다. RTP와 RTCP는 정해진 포트 번호를 사용하지 않으며 다만 RTCP의 포트 번호는 RTP 포트 번호 보다 1이 큰 번호를 사용한다. 정확한 RTP 포트 번호 정보는 응용 프로토콜이 별도의 정보 교환 채널을 통하여 상호 교환한다. RTP와 RTCP는 UDP의 사용자 프로토콜로 정의되므로 엄밀히 말하면 〈그림 6.17〉에서 보는 바와 같이 RTP와 RTCP는 응용 계층 프로토콜이다. 그러나 RTP와 RTCP는 많은 멀티미디어 응용들이 사용하는 연속 미디어 스트림의 종단간 전송에 필요한 공통적인 기능을 제공하므로 의미적으로 멀티미디어 트랜스포트 프로토콜 역할을 수행한다. 다만 RTP와 RTCP는 포트와 IP 주소를 근간으로 개발된 TCP와 UDP의 소켓 인터페이스를 제공할 수 없고, 응용 프로그램들이 공통적으로 사용할 수 있는 라이브러리 형태로 서비스를 제공해야 한다.

RTP의 역할은 멀티미디어 응용의 멀티미디어 전송에 필요한 공통적인 정보를 전송하기 위한 포맷을 정의하는 것에 한정된다. 해당 정보를 어떻게 생성하고 생성된 정보를 어떻게 사용하는 지는 응용에서 정의되어야 한다. 예를 들어 멀티미디어 응용이 요구하는 미디어내 동기화 서비스를 제공하기 위해 RTP는 패킷간 시간 관계 정보를 표시할 수 있는 타임 스탬프(Time Stamp) 필드에 대해 정의하지만, 송신자가 타임 스탬프에 어떤 값을 설정하고 수신자가 이 값을 이용하여 어떻게 미디어내 동기화를 실현하는 지에 대해서는 정의하지 않는다. 미디어내 동기화는 전적으로 응용에서 수행된다. 이 것은 RTCP의 경우도 마찬가지이다. RTCP는 단지 송신자와 수신자가 전송 상태에 관한 정보를 교환할 수 있는 정보에 대한 포맷만 정의할 뿐 이 정보를 어떻게 사용하는 지에 대해서는 정의하지 않는다.

6.3.3 RTP 패킷과 서비스

〈그림 6.18〉은 RTP 패킷의 포맷을 보여준다. RTP 패킷은 다른 트랜스포트 프로토콜의 경우와 마찬가지로 헤더와 데이터 영역으로 구성되고, RTP 패킷은 UDP 데이터그램에 캡슐화되어 목적지 포트 번호에 의해 지정되는 목적지 RTP에 전달된다.

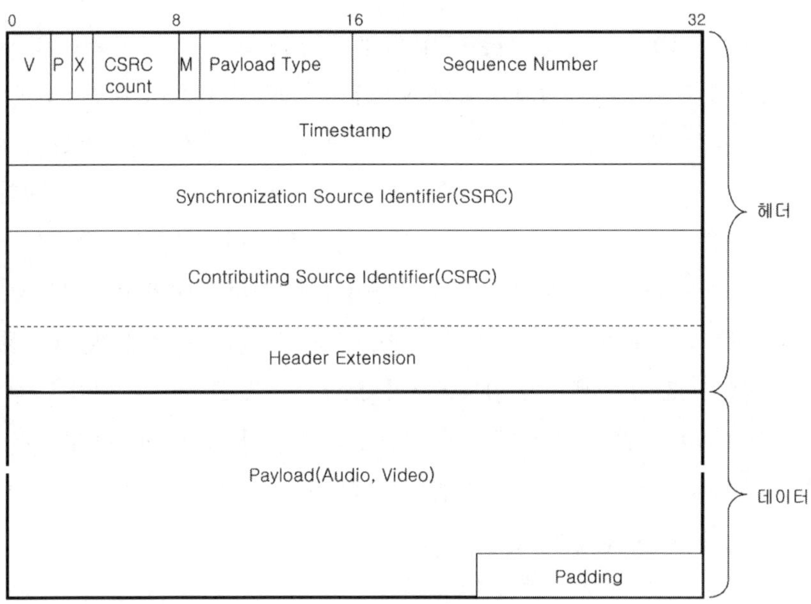

그림 6.18 RTP 패킷 포맷

페이로드 유형(Payload Type) : RTP 패킷의 페이로드 유형 필드는 RTP를 통해 전송되는 미디어 스트림의 유형을 나타낸다. 미디어 스트림의 유형은 코덱(Codec)에 따라 결정되므로 페이로드 유형은 코덱의 유형을 표시한다. 페이로드 유형 정의는 미디어 스트림의 샘플링율(Sampling Rate)를 포함함으로써 해당 미디어 스트림 패킷간의 시간 간격 표시 단위를 제공한다. 예를 들어 페이로드 유형 번호 0인 PCM μ-low 오디오는 8Khz 샘플링율을 가지므로 시간 표시 단위는 1/8000초, 즉 125 μs가 한 단위가 된다. 그리고 비디오의 경우 항상 90Khz 샘플링율을 가지도록 정의함으로써 시간 표시 단위가 1/90000초가 되도록 정의한다. 페이로드 유형은 통신 중에 변경될 수 있다. 예를 들어 네트워크의 상황이 좋지 않아 오류 발생율이 증가할 경우 데이터 발생량이 적은 코덱을 선택하고, 해당되는 페이로드 유형을 RTP 패킷에 표시함으로써 수신자에게 변경 사실을 통보한다. 따라서 페이로드 유형 필드는 멀티미디어 통신 요구 사항 중 적응형 통신 지원에도 활용될 수 있다.

타임스탬프(Timestamp) : 32 비트 타임스탬프 필드는 RTP 패킷의 첫 번째 바이트의 샘플링 시점을 상대적으로 표시한다. 타임스탬프의 시간 표시 단위는 샘플링 시간 간격을 사용한다. 따라서, 예를 들어, PCM μ-low 오디오 스트림을 20ms 단위로 나누어 패킷을 만들 경우, 하나의 패킷에 1 바이트 길이의 160개의 샘플이 포함되므로 타임스탬프는 RTP 패킷 마다 160씩 증가한다. 그리고 90Khz 샘플링율을 가지는 비디오가 30 프레임율을 가질 경우 인접한 비디오 프레임을 전송하는 RTP 패킷의 타임스템프는 3000씩 증가한다. 만약 하나의 비디오 프레임을 여러 개의 RTP 패킷으로 전송하는 경우 프레임을 구성하는 패킷들은 동일한 타임스탬프를 가질 것이다. 중요한 것은 타임스탬프의 값이 첫 번째 RTP 패킷의 타임스탬프 값으로부터의 상대적인 시간 간격을 표시할 뿐 절대적인 시간을 표시하지 않는다. 그리고 타임스템프의 값은 미디어 스트림의 패킷 발생이 잠시 중단되는 경우(예, 음성 오디오 스트림의 묵음 구간)에도 일정율로 계속 증가한다. 수신자는 RTP 패킷의 타임스탬프 정보를 사용하여 송신측에서 미디어 스트림 생성 시의 패킷간 시간 간격을 복원하는 미디어내 동기화(Intra-media Synchronization) 작업을 수행할 수 있다. 음성 스트림의 묵음 구간과 같이 미디어 스트림내에 비활성 구간(Inactive Interval)이 포함된다 할지라도 타임스탬프는 일정율로 증가하기 때문에 수신측에서 비활성 구간의 크기를 정확하게 복원할 수 있다.

순서 번호(Sequence Number) : 순서 번호 필드는 RTP 패킷의 생성 순서를 표시한다. 바이트 단위의 순서 번호를 사용하는 TCP와 달리 RTP는 패킷 단위의 순서 번호를 사용한다. 즉, RTP 패킷의 순서 번호는 매 패킷 마다 1씩 증가하고 시작 번호는 임의의 번호를 사용한다. 수신자는 순서 번호를 사용하여 RTP 패킷의 손실, 중복, 그리고 순서 바뀜 여부를 확인할 수 있다. RTP 패킷 오류의 처리는 전적으로 응용에 의해 이루어진다. 순서 번호는 타임스탬프와 달리 비활성 구간에서는 증가하지 않는다. 따라서 비활성 구간 후에 생성되는 패킷의 경우 타임스탬프는 직전 패킷에 비해 비활성 구간의 크기만큼 증가하나 순서 번호는 단지 1만 증가 한다.

동기 소스 식별자(SSRC - Synchronization Source Identifier) : 32 비트 동기 소스 식별자 필드는 특정 미디어 스트림의 소스 식별 정보를 표시하는 데 사용된다. 동기 소스 식별자는 특정 미디어 스트림이 시작될 때 임의의 32 비트 값으로 설정되고, 만약 같은 값이 두 개의 서로 다른 소스에 할당되면 새로운 값을 할당한다. 동기 소스 식별자는 특정 미디어 스트림을 다른 미디어 스트림과 구별하는 데에 사용된다. RTP에서 하나의 미디어 스트림은 하나의 동기 소스에서 생성되는 일련의 RTP 패킷으로 정의된다. 그리고 같은 호스트 IP 주소와 같은 포트 번호로 전송되는 모든 미디어 스트림을 세션(Session)으로 정의된다. 동기 소스 식별자 필드는 RTP로 하여금 다중 스트림 통신을 지원할 수 있게 한다.

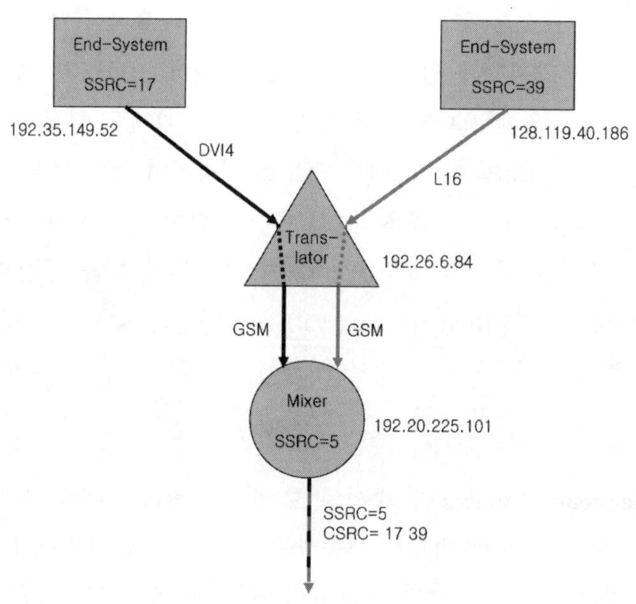

그림 6.19 미디어 변환기(Translator), 믹서(Mixer), 기여 소스 식별자

기여 소스 식별자(Contributing Source Identifier) : 기여 소스 식별자 필드는 둘 이상의 동기 소스로부터 생성되는 미디어 스트림들이 믹서(Mixer)에 의해 믹싱(Mixing)되어 새로운 미디어 스트림을 생성하는 경우, 믹싱된 새로운 스스림의 동기 소스는 믹서에 의해 새롭게 부여되고 원래의 미디어 스트림의 동기 소스 식별자는 기여 소스 식별자 필드에 포함된다. 〈그림 6.19〉는 서로 다른 유형의 두 미디어 스트림이 미디어 변환기(Translator)를 통해 믹싱가능한 동일한 유형의 미디어 스트림으로 변환되고, 믹서(Mixer)에 의해 믹싱되어 하나의 새로운 미디어 스트림을 생성하는 환경에서 동기 소스 식별자와 기여 소스 식별자 부여 메커니즘을 보여주고 있다.

기타 : 여러 개의 미디어 스트림이 믹싱될 때 기여 소스의 개수는 4 비트 CSRC 개수(CSRC Count) 필드에 표시된다. 기여 소스의 최대 개수는 15로 제한된다. 2 비트 V 필드는 RTP의 버전을 나타내고 현재 버전 값은 2이다. P 비트는 RTP 패킷의 데이터 필드의 끝에 유효한 데이터가 아닌 0의 값을 가지는 바이트들이 특수한 목적으로 채워졌는 지를 표시한다. 0의 값의 특수 바이트 채우기는 일정 크기의 패킷을 요하는 암호화 알고리즘 등에 사용된다. X 비트는 RTP 헤더가 확장되었는 지를 표시하고 X 비트가 1인 경우 동일한 크기의 확장 헤더가 추가된다. M 비트는 미디어 스트림상에서 특정 RTP 패킷을 표시할 필요가 있을 때 설정한다. 예를 들어 비디오 프레임의 시작 패킷을 표시할 때 사용된다.

6.3.4 RTCP

RTCP(Realtime Transport Control Protocol)은 RTP를 통해 이루어지는 멀티미디어 스트림 전송의 상태 및 제어 정보(Status & Control Information)를 전송하는 프로토콜이다. RTCP에서 상태 정보는 송신자와 수신자 모두 전송할 수 있으며, 송신자는 SR(Sender Report) 패킷을 통해 자신의 상태 정보를 전송하고, 수신자는 RR(Receiver Report) 패킷을 통해 자신의 상태 정보를 전송한다. 송신자가 모든 수신자에게 주기적으로 전송하는 SR 패킷에는 수신자가 RTP 패킷의 손실율(Loss Rate)를 계산하는 데에 필요한 정보와 여러 개의 스트림간의 미디어간 동기화(Inter-media Synchronization)에 필요한 정보가 포함된다. SR 패킷에 포함되는 주요 정보는 다음과 같다.

SR 패킷의 주요 정보 :

- SR 패킷이 생성되는 RTP 스트림의 SSRC
- SR 패킷이 생성되는 시점의 RTP 스트림의 타임스탬프와 실제 시간
- SR 패킷이 생성되는 시점까지 전송된 RTP 패킷의 총 수
- SR 패킷이 생성되는 시점까지 전송된 총 바이트 수

SR 패킷의 타임스탬프와 실제 시간 정보는 미디어간 동기화를 위해 제공된다. RTP 패킷의 타임스탬프 정보는 해당 RTP 스트림이 생성되기 시작한 시점으로부터의 상대적인 시간 간격만 표시할 뿐 절대적인 시간을 표시하는 것은 아니다. 따라서 RTP 타임스탬프는 같은 미디어 스트림내의 RTP 패킷들간의 미디어내 동기화(Intra-media Synchronization)에는 충분한 시간 관계 정보를 제공하지만, 서로 다른 미디어 스트림의 RTP 패킷들간의 미디어간 동기화(Inter-media Synchronization)에는 충분한 정보를 제공할 수 없다. 서로 다른 미디어 스트림의 RTP 패킷의 생성 시점을 비교할 수 있는 정보는 SR 패킷의 실제 시간과 실제 시간에 대응되는 RTP의 타임스탬프로 제공된다. 〈그림 6.20〉은 오디오와 비디오 스트림의 SR 패킷에 포함되는 실제 시간과 대응되는 RTP 타임스탬프의 관계를 보여주고 있다.

같은 실제 시간을 사용하는 송신자들에 의해 전송되는 오디오와 비디오 스트림의 경우, 각 스트림의 SR 패킷의 실제 시간과 대응되는 타임스탬프 값을 기준으로 RTP 패킷의 타임스탬프에 대응되는 실제 시간을 계산하고, 이들을 비교함으로써 오디오와 비디오의 RTP 패킷간의 시간 관계를 복원하여 미디어간 동기화를 실현할 수 있다. RTCP를 통한 미디어간 동기화는 실제 시간을 기준으로 이루어지므로 서로 다른 실제 시간을 사용하는 송신자에 의해 전송되는 미디어 스트림간에는 적용될 수 없다.

같은 실제 시간을 사용하는 송신자에 의해 전송되는 스트림에 대한 구분은 송신자에 의해 전송되는 SDES(Source Description) 패킷의 CNAME(Canonical Name) 정보를 통해 이루어진다. CNAME은 RTP 스트림들을 생성하는 응용 프로세스를 유일하게 구분하는 이름이다. 예를 들어 응용 프로세스의 소유자의 E-mail 주소 등이

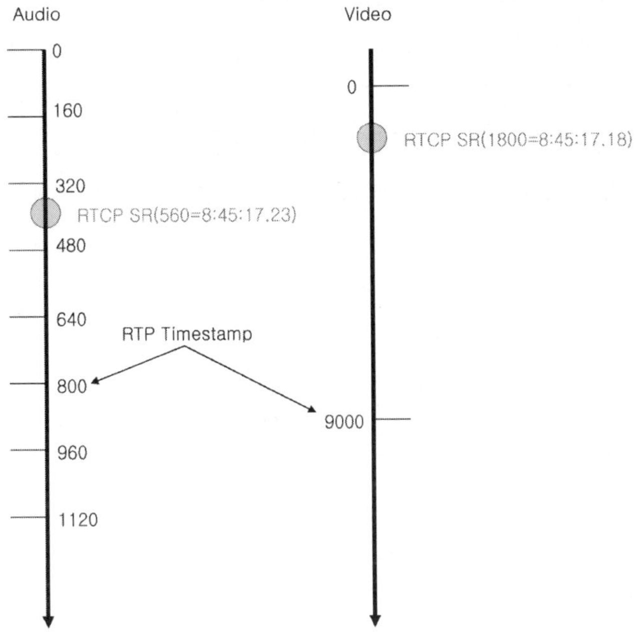

그림 6.20 SR 패킷의 실제 시간과 RTP 타임스탬프

CNMAE이 될 수 있다. RTCP의 SDES 패킷에는 송신자의 CNMAE과 함께 SSRC 정보가 포함된다. 따라서 서로 다른 SSRC를 가지는 두 개의 미디어 스트림이 같은 CNAME을 가지면 같은 실제 시간을 사용하는 송신자에 의해 전송되는 것으로 간주된다.

수신자가 송신자에게 전송하는 RR(Receiver Report) 패킷에는 송신자가 해당 미디어 스트림의 전송 상태를 판단할 수 있는 상태 정보가 포함된다. RR 패킷에 포함되는 주요 정보는 다음과 같다.

RR 패킷의 주요 정보 :

- RR 패킷이 생성되는 RTP 스트림의 SSRC
- RTP 패킷 손실율
- RTP 패킷 스트림에서 마지막으로 수신된 순서 번호
- RTP 패킷 지연 시간의 편차(지터 – Jitter)

RR 패킷을 수신한 송신자는 RTP 패킷의 손실율과 지터 정보를 사용하여 해당 미디어 스트림의 현재 상태를 판단할 수 있다. 만약 패킷 손실율이 높고 지터가 크면 네트워크의 혼잡 상황으로 인해 미디어 스트림의 전송이 원할하지 못함을 의미하므로, 송신자는 네트워크의 혼잡 상황을 개선하여 수신율을 높이고 지터를 줄일 수 있도록 패킷 발생량이 적은 페이로드 유형을 선택할 수 있다.

7 멀티미디어 이메일과 웹 서비스

7.1 이메일과 SMTP

7.2 웹 서비스와 HTTP

Chapter 07

멀티미디어 이메일과 웹 서비스

7.1 이메일과 SMTP

7.1.1 이메일 시스템의 구성과 동작 원리

〈그림 7.1〉은 이메일 시스템(E-mail System)의 구성을 보여준다. 이메일 시스템은 메일 클라이언트(Mail Client)와 메일 서버(Mail Server)로 구성된다. 메일 클라이언트는 사용자로 하여금 메일을 작성하고, 송신하고, 수신하며, 관리할 수 있는 기능을 제공한다. 메일 서버는 메일 클라이언트가 작성한 메일을 전송하는 기능을 제공하고, 다른 메일 서버로부터 메일을 수신하는 기능을 제공하며, 수신한 메일을 메일 클라이언트에게 전달하는 기능을 제공한다.

메일 클라이언트는 사용자와 대화를 위한 사용자 인터페이스(UI-User Interface)와 메일 서버와의 대화를 위한 사용자 에이전트(UA-User Agent)로 구성된다. 사용자 에이전트는 표준 메시지 포맷에 따라 메일을 작성하고, 만약 메일 클라이언트와 메일 서버가 같은 컴퓨터내에 존재하지 않는다면 사용자 에이전트는 메일을 송신하거나 수신하기 위해 표준 프로토콜에따라 메일 서버와 통신한다. 사용자 에이전트는 메일을 송신할 때 SMTP(Simple Mail Transfer Protocol)을 사용하고, 메일을 수신할 때는 POP3(Post Office Protocol version 3)나 IMAP(Internet Mail Access Protocol)과 같은 메일 접속 프로토콜(Mail Access Protocol)을 사용한다.

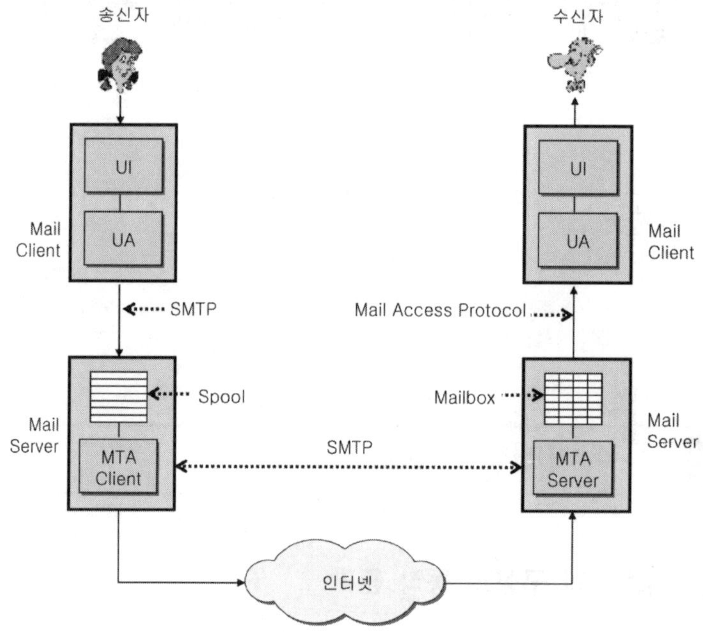

그림 7.1 인터넷 멀티미디어 데이터 표현

메일 클라이언트로부터 전달된 메일은 메일 서버(Mail Server)의 스풀(Spool)에 저장된다. 송신을 위해 스풀에 저장된 메일은 메시지 전송 에이전트(MTA-Message Transfer Agent)에 의해 수신자(receiver)가 연결된 메일 서버의 MTA로 전송된다. 이 때 송신자의 MTA는 MTA 클라이언트가 되고 수신자 메일 서버의 MTA는 MTA 서버가 되며, MTA 클라이언트와 MTA 서버간 통신은 SMTP에 따라 이루어진다. 수신자 메일 서버의 고장 등으로 인해 메일을 전송할 수 없으면 해당 메일을 송신자의 메일 서버의 스풀에 일정 시간 동안 저장되고, MTA 클라이언트는 약 30분마다 메일 전송을 재시도 하고, 만약 정해진 시간 동안 모든 재시도가 실패하면 송신자 메일 서버는 송신자 메일 클라이언트에게 메일 전송 실패를 통보한다. 송신자 MTA 클라이언트로부터 수신된 메일은 수신자 MTA 서버에 의해 수신자별로 정해진 메일박스에 저장되고, 수신자별 메일박스의 메일은 수신자 사용자 에이전트에 의해 수신되고 관리된다. 수신자 사용자 에이전트는 수신자 메일 서버의 메일박스에 저장된 메일을 편리한 시간에 메일 접속 프로토콜을 통해 수신할 수 있다.

7.1.2 이메일 주소

이메일 주소는 사용자의 메일박스 이름(Mailbox Name)과 메일 서버가 탑재된 호스트의 도메인 이름(Domain Name)으로 구성되고 이들간 구분은 @에 의해 이루어진다. 〈그림 7.2〉의 (a)는 이메일 주소의 구조를 보여주고 있다. 메일박스 이름은 해당 메일 서버를 사용하는 모든 사용자에 대해 유일하게 주어지는 지역 이름(Local Name)으로써, 다른 메일 서버에서는 같은 메일박스 이름을 사용해도 무방하다. 이메일 주소는 캐노니컬 주소(Canonical Address)와 별칭 주소(Alias Address)로 구분된다. 캐노니컬 주소는 일반적으로 사용자별로 할당되는 주소이고, 별칭 주소는 캐노니컬 주소 대신 사용할 수 있는 주소이다. 별칭 주소는 다수의 사용자의 메일 주소 목록을 하나의 메일 주소로 표현하고자 할 때와 메일 게이트웨이(Mail Gateway)를 사용할 때 주로 사용한다. 〈그림 7.2〉의 (b)는 이메일의 별칭 주소 예를 보여주고 있다.

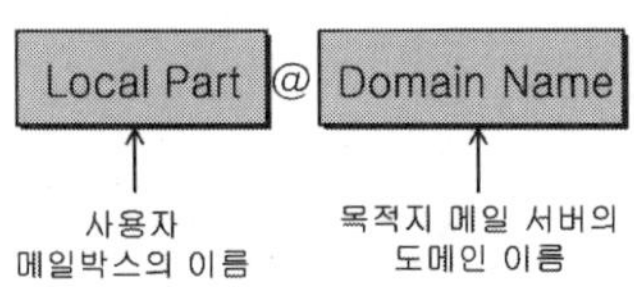

(a) 이메일 주소 구조

별칭	목록
friends	friends park@abc.com, john@xyz.co.kr, park@yyy.com, kim@zzz.co.kr
customers	george@abc.com, john@xyz.co.kr, lee@yyy.com, smith@xxx.com
tennis	park@abc.com, kim@xyz.co.kr , lee@yyy.com, moon@xxx.com

(b) 이메일 별칭 주소 예

그림 7.2 이메일주소 구조와 별칭

별칭으로 사용할 수 있는 부분은 이메일 주소의 지역 이름(Local Name)에 한정된다. 즉, 별칭은 특정 메일 서버의 메일박스의 이름으로 주어진다. 따라서 〈그림 7.2〉 (b)의 별칭이 kut.ac.kr 도메인 이름을 가지는 메일 서버에서 정의되었으면 별칭의 전체 주소는 각각 friends@kut.ac.kr, customers@kut.ac.kr, tennis@kut.ac.kr이 된다. 특정 메일 서버가 메일을 수신하면 메일 주소의 지역 이름 부분, 즉 메일박스 이름을 검사하여 별칭 주소인지 검사한다. 메일박스 이름이 별칭 데이터베이스에 포함되어 있으면 해당 메일은 별칭 주소에 대응되는 주소 목록의 모든 메일 주소로 재전송된다. 이 경우 해당 메일 서버는 수신한 메일을 다른 목적지로 전달하는 메일 게이트웨이(Mail Gatwway)로 동작한다. 예를 들어 kut.ac.kr 메일 서버가 friends@kut.ac.kr 주소를 가지는 메일을 수신하면 먼저 메일박스 이름이 별칭 데이터베이스에 포함되어 있는지 검사한다. 검사 결과 별칭임이 확인되었으므로 해당 메일은 별칭에 대응되는 모든 메일 주소, 즉 park@abc.com, john@xyz.co.kr, park@yyy.com, kim@zzz.co.kr로 전달된다. 이 때 kut.ac.kr 메일 서버는 해당 메일에 대한 게이트웨이로 동작한다.

7.1.3 이메일 메시지 포맷

일반적으로 우리가 사용하고 있는 편지와 같이 이메일은 봉투(Envelope)와 메시지(Message) 부분으로 구성된다. 일반 편지에서와 같이 이메일 봉투에는 이메일을 전송하는 데에 필요한 정보(수신자 이메일 주소, 송신자 이메일 주소, 날짜 등)가 포함된다. 이 정보는 이메일을 전송하기 위한 제어 정보로 사용된다. 메시지는 이메일 시스템을 통해 전송할 사용자 데이터로써 헤더(Header)와 몸체(Body)로 구성된다. 헤더 부분에는 송신자(Receiver), 수신자(Receiver), 제목(Subject) 등 메시지 주변 정보가 라인(Line) 형태로 포함되고, 각 라인은 키워드(Keyword), 콜론(:), 부가 정보, 그리고 라인 종단(두 개의 제어 문자 〈CR〉〈LF〉)으로 구성된다. 헤더에는 다음과 같은 키워드가 포함될 수 있다.

From : 송신자

To : 수신자

Cc : 복사본 수신자

Date : 메시지가 전송된 날짜

Subject : 메시지 주제
Reply-To : 응답이 전송될 주소
기타.

헤더와 몸체(Body)는 라인 종단(〈CR〉〈LF〉) 제어 문자만 포함되는 빈 라인(Empty Line)으로 구분된다. 몸체에는 메시지의 내용이 라인 형태로 포함되고, 각 라인은 라인 종단 제어 문자(〈CR〉〈LF〉)로 끝난다. 그리고 메시지는 단지 마침표(.)만으로 이루어지는 라인에 의해 종료된다. 〈그림 7.3〉은 이메일 메시지의 포맷을 보여준다. 앞의 설명에서 알 수 있는 것처럼 이메일 메시지의 봉투(Envelope), 헤더(Header), 그리고 몸체(Body) 부분은 제어 문자(Control Characters)와 출력가능 문자(Printable Characters)로 구성되는 ASCII 문자로 구성되는 텍스트 라인의 연속으로 이루어진다. 이는 초기 이메일이 문자로 구성되는 텍스트 메시지만을 전송하기 위한 목적으로 개발되었기 때문이다.

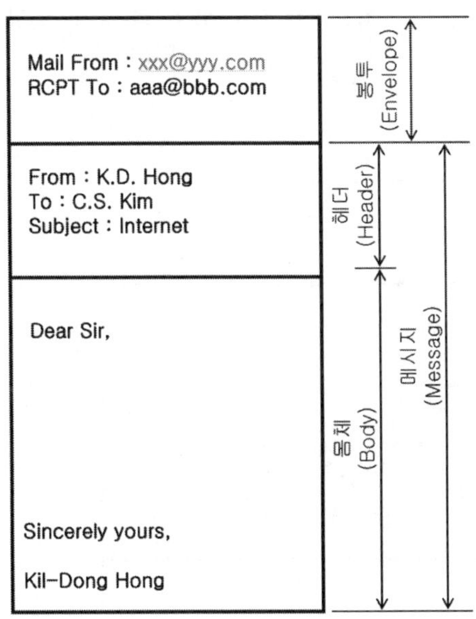

그림 7.3 이메일 메시지 포맷

이메일 전송에서 제어용으로 사용되고 있는 ASCII의 제어 문자와 동일한 바이트를 포함할 수 있는 이진(Binary) 문서로 구성되는 메시지는 이메일 메시지에 포함될 수 없다. 그러나 텍스트 외에 기본적으로 이진 문서인 이미지(Image), 오디오(Audio), 비디오(Video)를 포함하는 멀티미디어 메시지를 사용하는 현재에도 여전히 ASCII 텍스트 포맷의 이메일 메시지를 전송하는 SMTP(Simple Mail Transfer Protocol)를 사용하고 있다. 이것은 SMTP의 단순함과 편리성 때문이다. MIME은 ASCII 텍스트로만 구성될 수 있도록 정의된 메시지를 확장하여 멀티미디어 메시지를 구성할 수 있도록 하는 기술이다.

7.1.4 MIME

MIME은 기존의 메일 메시지 포맷에 MIME 헤더를 추가하고 컨텐트 전송 인코딩(Content-Transfer-Encoding) 기법을 통해 이진(Binary) 메시지를 ASCII 텍스트 메시지로 변환함으로써, ASCII 텍스트 메시지만 전송할 수 있는 SMTP 기반의 기존 이메일 시스템으로 하여금 멀티미디어 메일을 지원할 수 있게 한다. 변환된 메시지는 수신 이메일 클라이언트에 의해 원래의 이진 메시지로 환원된다. MIME으로 확장된 메시지의 포맷은 〈그림 7.4〉와 같다.

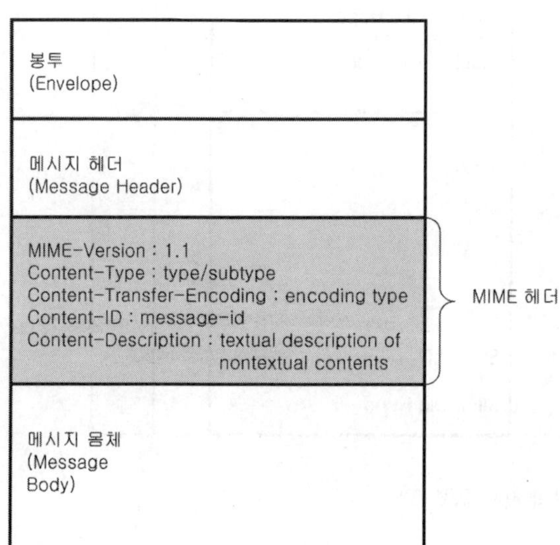

그림 7.4 MIME 메시지 포맷

MIME-버전(MIME-Version)은 사용하고 있는 MIME의 버전을 표시한다. 컨텐트 유형(Content-Type) 필드는 메시지 몸체에 포함된 컨텐트의 유형를 규정한다. 컨텐트 유형은 유형(type)과 부유형(subtype)의 2 단계로 표현된다. 예를 들어 컨텐츠 유형이 텍스트(Text)인 경우 부유형은 플래인(Plain) 텍스트와 HTML 텍스트로 구분될 수 있다. 만약 부유형이 HTML 텍스트인 경우 수신자 메일 클라이언트는 HTML 편집기를 이용하여 이메일을 처리할 것이다. 이미지(Image) 컨텐트 유형은 JPEG과 GIF 부유형을 가질 수 있다. 기타 컨텐트 유형은 오디오(Audio), 비디오(Video), 응용(Application), 멀티파트(Multipart) 등이 있다. 오디오와 비디오 유형의 부유형은 각각에 대한 세부적인 인코딩 방식을 규정하는 반면 응용 유형의 경우 마이크로소프트의 MSWORD 또는 아도브의 PostScript 등이 부유형이 될 수 있다. 그리고 멀티파트 유형은 메시지의 몸체에 여러 개의 유형의 컨텐츠가 독립적으로 포함되어 있음을 규정한다. 컨텐트와 컨텐트는 두 개의 하이픈(--)과 유형 필드 다음에 주어지는 인수(Parameter)로 구성되는 라인에 의해 구분되고, 각 컨텐트는 컨텐트 유형(Content-Type) 필드와 컨텐트 전송 인코딩(Content-Transfer-Encoding) 필드를 포함한다. 예를 들어 컨텐트 유형이 "Content-Type: multipart/mixed; Boundary = StartOfNextPart"로 주어졌을 때 메시지 구성 예는 〈그림 7.5〉와 같다.

```
From: scpark@kut.ac.kr
To: kim@abc.com
Subject: 사진
MIME-Version: 1.0
Content-Type: multipart/mixed; boundary=StartOfNextPart
--StartOfNextPart
Dear Kim, Please find the picture encloded.
--StartOfNextPart
Content-Transfer-Encoding: base64
Content-Type: image/jpeg
base64 encoded data .....
.........................
......base64 encoded data
--StartOfNextPart
How do feel the picture?
```

그림 7.5 멀티파트(Multipart) 메시지의 예

MIME 헤더의 컨텐트 전송 인코딩(Content-Transfer-Encoding) 필드는 ASCII 텍스트가 아닌 컨텐트(예, 이미지, 오디오, 비디오, 응용)를 ASCII 텍스트로 변환하는 방식을 규정한다. 대표적인 컨텐트 인코딩 방식은 Base64이다. Base64 인코딩 방식은 임의의 이진 데이터를 ASCII 문자 중 이 메일 전송에서 제어용으로 사용하는 제어 문자(Control Characters)가 아닌 64개의 프린트가능 문자(Printable Characters)로 변환한다. 〈그림 7.6〉의 (a)는 Base64 인코딩 방식을 위한 변환 테이블이다. 여기서 ASCII의 프린트가능 문자가 94개 임에도 불구하고 64개의 문자만을 선택한 이유는 이진 데이터를 6비트 단위로 나누어 7비트 ASCII 제어 문자와 충돌을 피해 쉽게 인코딩하기 위함이다. 〈그림 7.6〉의 (b)는 Base64 인코딩 방식을 예를 들어 설명하고 있다.

값	코드	값	코드	값	코드
0	A	23	X	46	u
1	B	24	Y	47	v
2	C	25	Z	48	w
3	D	26	a	49	x
4	E	27	b	50	y
5	F	28	c	51	z
6	G	29	d	52	0
7	H	30	e	53	1
8	I	31	f	54	2
9	J	32	g	55	3
10	K	33	h	56	4
11	L	34	i	57	5
12	M	35	j	58	6
13	N	36	k	59	7
14	O	37	l	60	8
15	P	38	m	61	9
16	Q	39	n	62	+
17	R	40	o	63	/
18	S	41	p		
19	T	42	q		
20	U	43	r		
21	V	44	s		
22	W	45	t		

(a) Base64 인코딩 테이블

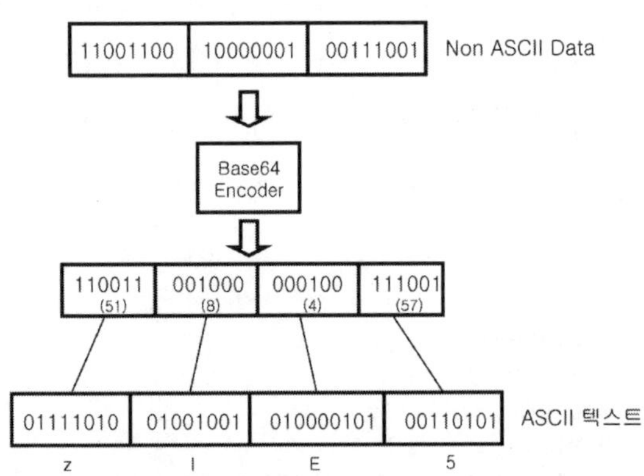

(b) Base64 인코딩 예

그림 7.6 Base64 인코딩

먼저 이진 데이터를 6비트 단위로 구분하고 Base64 인코딩 테이블을 이용하여 각 단위의 값에 대응 문자 코드를 해석한다. 그런 다음 Base64의 문자 코드에 대응되는 ASCII 문자 코드를 취함으로써 ASCII 텍스트를 생성한다. 이와 같이 변환할 경우 이진 데이터는 항상 ASCII 문자 중 Base64 인코딩 테이블에 정의된 64개의 프린트가능 문자에 대응되는 ASCII 문자로만 변환되므로 ASCII 제어 문자와 충돌을 피할 수 있다. 반면 이진 데이터를 Base64 인코딩 방식으로 ASCII 텍스트로 변환할 경우 6 비트의 이진 데이터가 1 바이트의 ASCII 문자로 전송되어야 하므로 25%의 데이터 증가가 유발된다.

7.1.5 SMTP

SMTP(Simple Mail Transfer Protocol)는 ASCII 텍스트로 구성된 메일 메시지를 전송하기 위해 사용하는 프로토콜이다. 메일 클라이언트와 메일 서버가 서로 다른 컴퓨터에 위치하는 경우 메일 클라이언트의 사용자 에이전트는 SMTP를 사용하여 메일 서버의 메시지 전송 에이전트에게 메시지를 전송한다. 그리고 메일 클라이언트로부터 수신한 메일 메시지의 수신자가 다른 메일 서버의 사용자이면 송신자 메일 서버의 메시지 전송 에이전트는 수신자 메일 서버의 메시지 전송 에이전트에게 SMTP를 사용하여 메일 메시지를 전송한다. SMTP는 기본적으로 송신자가 수신자에게 메시지를 전송할 때 사용하는 푸시(Push) 형태의 프로토콜이므로 메일 클라이언트가 메일 서버로부터 메일 메시지를 가져올 때는 사용하지 않는다. 이 경우에는 별도의 메일 접속 프로토콜(Mail Access Protocol)을 사용한다. SMTP는 송신자가 클라이언트가 되어 TCP 연결을 설정함으로써 개시되고, SMTP 서버의 영구 포트(Well-known) 번호는 25번이다.

SMTP는 명령(Commands)과 응답(responses) 메시지를 사용하여 메일 메시지를 전송한다. 〈그림 7.7〉는 SMTP에서 사용되는 명령과 응답 메시지의 예를 보여주고 있다. SMTP 명령과 응답 메시지들은 SMTP 연결 설정, 메일 메시지 전송, 그리고 연결 해제를 위한 제어용 메시지이다. 모든 명령과 응답 메시지는 라인 종단을 표시하는 두 개의 제어 문자 〈CR〉〈LF〉로 끝난다. 〈그림 7.8〉은 SMTP 연결 설정과 연결 해제 과정에서 명령과 응답 메시지의 교환 절차를 보여주고 있다.

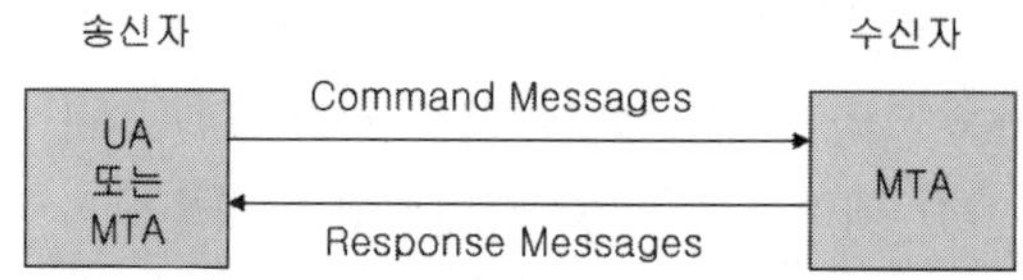

(a) SMTP Command Messages

Command	Description
HELO	Sender's Host Domain Name
MAIL FROM	Sender's Mail Address
RCPT TO	Recipient's Mail Address
DATA	Start of Message Transmission
QUIT	End of Message Transmission
VRFY	Verify Recipient's Mail Address
NOOP	Check Recipient's Status
etc.	

(b) SMTP Command Messages

Code	Meaning
250	Request Command Completed
220	Service Ready
251	User Not Local; Forwarded
450	Mailbox Not Available
500	Command Syntax Error
502	Command Not Implemented
554	Transaction Failed
etc.	

(c) SMTP Response Messages

그림 7.7 SMTP 메시지

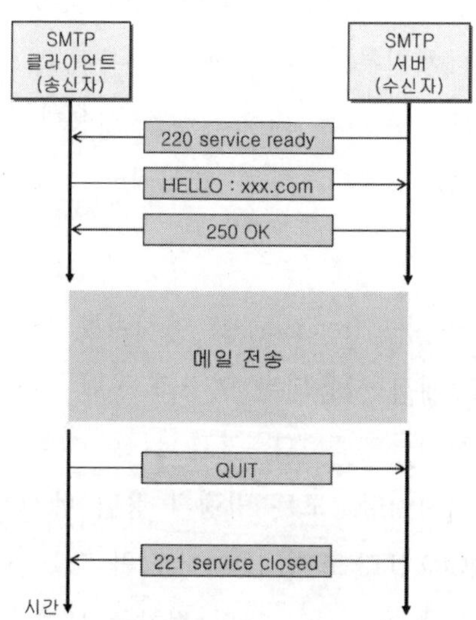

그림 7.8 SMTP 연결 설정과 해제 절차

메일 메시지 전송은 송신자가 수신자와 TCP 연결을 설정함으로써 시작된다. TCP

연결 설정이 완료되면 SMTP 서버(메일 메시지 수신자)는 메일 메시지를 받을 준비가 되었음을 알리는 220 코드의 응답 메시지를 보낸다. 220 응답 메시지를 수신한 SMTP 클라이언트(송신자)는 자신의 도메인 이름을 포함하는 HELO 명령 메시지를 보내어 자신이 누구인 지를 알려준다. HELO 명령 메시지를 수신한 SMTP 서버는 명령 메시지 처리가 완료되었음을 알리는 250 응답 메시지로 응답한다. HELO 명령 메시지에 대한 응답 메시지를 수신하면 SMTP 클라이언트는 메일 메시지를 송신할 수 있다. 메일 메시지 송신이 완료되면 SMTP 클라이언트는 QUIT 명령 메시지를 보내 SMTP 연결 종료를 명령하고, SMTP 서버는 221 코드의 응답 메시지를 보내 연결 종료를 확인한다. SMTP 연결이 종료되면 SMTP 클라이언트는 TCP 연결을 해제한다.

SMTP 연결 설정이 완료되면 SMTP 클라이언트와 SMTP 서버 사이에 메일 메시지가 전송될 수 있다. 메일 메시지 전송의 제어 정보인 봉투(Envelope) 정보는 각각 연관된 명령 메시지를 통해 전송되고, 메시지의 헤더와 몸체 전송은 DATA 명령을 통해 개시되고 마침표(.) 라인을 전송함으로써 종료된다. 〈그림 7.9〉는 메일 메시지 전송 절차를 보여준다.

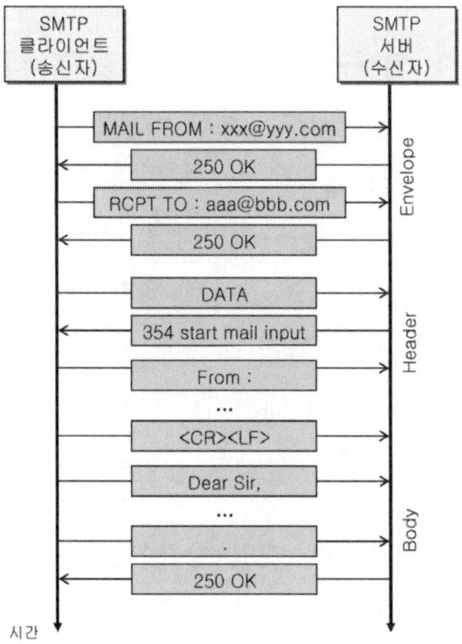

그림 7.9 메일 메시지 전송 절차

SMTP 클라이언트는 송신자의 이메일 주소를 포함하는 MAIL FROM 명령 메시지를 보내어 송신자를 소개한다. MAIL FROM 명령 이름과 송신자 이메일 주소는 콜론(:)으로 구분된다. MAIL FROM 명령에 대해 SMTP 서버는 250 코드의 응답 메시지로 응답한다. 그런 다음 SMTP 클라이언트는 수신자의 이메일 주소를 포함하는 RCPT TO 명령 메시지를 전송하고, SMTP 서버는 250 코드의 응답 메시지로 응답한다. 만약 SMTP 서버와 연결된 수신자가 여러 명일 경우 직전 과정을 반복한다.

송·수신자의 이메일 주소 정보에 해당되는 봉투 정보 전송을 위한 명령 메시지와 응답 메시지의 교환이 완료되면 SMTP 클라이언트는 DATA 명령 메시지를 전송함으로써 메시지 자체의 전송을 개시를 통보하고, DATA 명령 메시지에 대해 SMTP 서버는 메시지 입력 시작을 의미하는 354 코드의 응답 메시지를 보냄으로써 메시지 전송 개시를 허락한다. SMTP 클라이언트는 메시지 내용을 연속된 라인으로 전송한다. 각 라인은 〈CR〉〈LF〉로 끝난다. SMTP 서버가 메시지 내용의 마지막을 의미하는 마침표(.) 라인을 수신하면 250 코드의 응답 메시지를 SMTP 클라이언트에게 전송함으로써 DATA 명령이 수행이 완료되었음을 통보한다.

7.1.6 메일 접속 프로토콜 : POP3와 IMAP

SMTP는 기본적으로 TCP 연결을 설정한 상태에서 이메일 메시지를 전송한다. 따라서 SMTP 서버가 활성(Active) 상태에 있지 않으면 TCP 연결을 할 수 없기 때문에 SMTP를 통한 이메일 메시지 전송은 불가능하다. 이것은 메일을 수신하는 SMTP 서버는 항상 활성 상태에 있어야 함을 의미하고, 사용하지 않을 때 전원을 차단하는 사용자 PC와 같은 컴퓨터는 SMTP 서버로 동작하기에 부적합함을 의미한다. 이러한 이유로 많은 기관에서는 항상 활성 상태에 있는 메일 서버를 메일을 수신하는 SMTP로 동작하게 하고, 수신된 메일 메시지는 SMTP를 통해 사용자 PC로 저장하는 대신 메일 서버내에 각 사용자 별로 할당된 메일박스에 저장된다.

사용자는 자신의 PC에서 동작하는 메일 클라이언트를 통해 원할 때 메일 서버를 접속하여 자신의 메일박스의 메일 메시지를 다운로드 받아 읽고 관리한다. 사용자 PC의 메일 클라이언트가 메일 서버내 특정 메일박스의 메일 메시지를 읽고 관리할 수 있게 하는 프로토콜이 메일 접속 프로토콜(Mail Access Protocol)이다. 메일 접속 프로토콜은 SMTP와 달리 메일 클라이언트가 메일 서버로부터 메일 메시지를 가져올 때 사용하는 풀(Pull) 형태의 프로토콜이다. 대표적인 메일 접속 프로토콜은 POP3(Post Office Protocol version 3)와 IMAP (Internet Mail Access Protocol)이다.

POP3는 TCP상에서 동작하며 메일 서버측 영구 포트 번호(Well-known Port)는 110번이다. 메일 클라이언트의 POP3 클라이언트와 메일 서버의 POP3 서버간 TCP 연결이 설정되면 POP3는 인증(Authentication), 트랜젝션(Transaction), 그리고 갱신(Update) 단계를 수행한다. 인증 단계에서 메일 클라이언트는 POP3를 통해 사용자 이름(user 명령)과 비밀번호(pass 명령)를 메일 서버에게 보내 메일 서버에 등록된 사용자인 지를 확인 받음으로써 POP 세션(Session)을 개시한다. 트랜젝션 단계에서 POP3를 사용하여 메일 클라이언트는 메일 서버로부터 메일 리스트를 가져오고(list 명령), 메일 메시지를 가져오며(retr 명령), 삭제(dele 명령)할 수 있다. POP 세션은 종료(quit) 명령을 통해 종료되고, 세션이 종료되면 갱신 단계로 진입하여 해당 사용자의 메일박스로부터 트랜섹션 단계에서 삭제한 메일 메시지를 삭제한다.

POP3의 문제점은 사용자가 메일 서버내의 자신의 메일박스의 메일을 자신이 원하는 방식으로 관리하는 것을 허용하지 않는다는 것이다. POP3를 사용하는 사용자는 자신의 메일 메시지를 계층 구조의 폴더 등으로 관리하기 위해 일단 메일박스로부터 자신의 PC로 메시지를 다운로드해야 한다. 즉, POP3는 메일 서버내에 자신의 메일 관리를 위한 폴드의 생성과 관리를 허용하지 않는다. 따라서 사용자가 이동하여 다른 컴퓨터를 통해 메일 서버에 접속하는 경우 해당 사용자는 단지 메일 서버의 메일박스의 메일 메시지만 확인할 수 있을 뿐, 자신의 PC에 유지되고 있는 폴더들의 메일 메시지를 확인할 수 없다. IMAP은 이와 같은 POP3의 문제점을 개선하기 위해 개발되었다. IMAP은 메일 서버내에 메일 메시지 관리를 위한 폴더의 생성, 폴더간 메일 메시지의 이동, 폴더로부터 메일의 삭제 등의 기능을 제공함으로써 사용자가 메일 서버내에서 자신의 메일을 관리할 수 있게 한다. 따라서 이동 사용자는 메일 서버에 접속하여 자신이 관리하고 있는 메일 폴더들의 메일을 확인할 수 있다. 따라서 IMAP은 이동 사용자가 웹 브라우저를 통해 자신의 메일 서버의 메일박스 접근을 가능하게 하는 웹 메일을 지원할 때 유용하게 사용될 수 있다.

7.2 웹 서비스와 HTTP

7.2.1 웹 시스템 구성과 동작 원리

웹 시스템은 클라이언트 응용 프로그램인 웹 브라우저(Web Browser)를 통해 분산 하이퍼미디어 형태의 웹 서버의 웹 문서를 다운로드 받을 수 있게 한다. 웹 브라우저와 웹 서버간 통신은 HTTP(Hyper Text Transfer Protocol)을 통해 이루어진다. 〈그림 7.10〉는 웹 시스템의 구성을 보여준다.

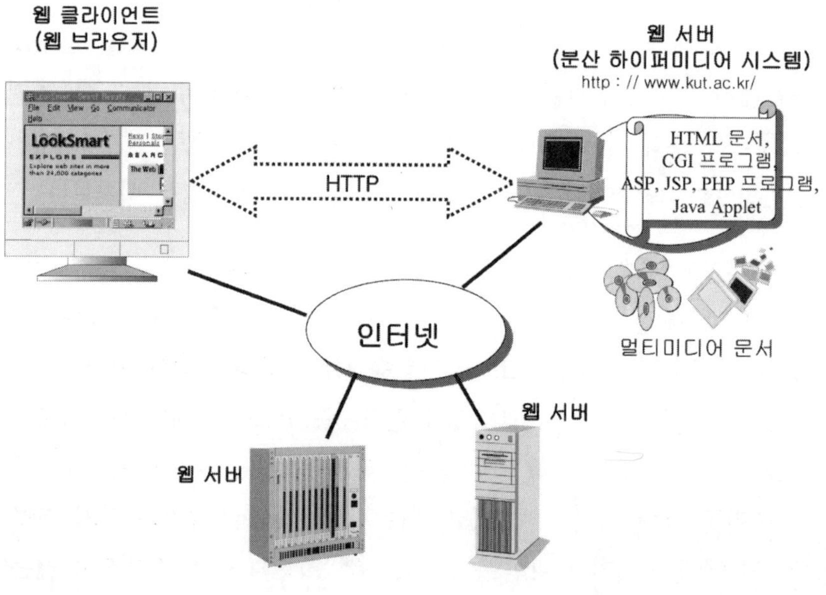

그림 7.10 웹 시스템의 구성

웹 서버의 문서들은 마치 거미줄처럼 하이퍼 링크(Hyper Link)로 연결될 수 있고, 하이퍼 링크로 연결된 문서들은 특정 컴퓨어터의 동일한 웹 서버에 존재할 수도 있고 다른 컴퓨터의 웹 서버에 존재할 수도 있다. 사용자는 하이퍼 링크를 통해 연결된 웹 문서를 웹 브라우저를 통해 항해하듯이 차례대로 접근할 수 있다. 사용자는 접근하고자 하는 웹 문서를 URL(Uniform Resource Locator)을 통해 지정하거나 하이퍼 링크 클릭을 통해 지정한다. 하이퍼 링크는 내부적으로 URL 정보를 포함하고 있다. 웹 서버의 각 문서는 다양한 웹 브라우저가 동일하게 해석할 수 있는 언어로 작성되고, 문서의 내용은 문자로 구성되는 텍스트뿐만 아니라 이미지(Image), 오디오(Audio), 비디오(Video)등 멀티미디어를 포함할 수 있다.

웹 브라우저는 특정 도메인 이름을 가지는 호스트에 탑재된 웹서버의 특정 문서를 지정하여 HTTP를 통해 다운로드 받고, 다운로드 받은 문서의 내용을 해석하여 사용자 인터페이스를 통해 출력하는 기능을 수행한다. 웹 브라우저는 서로 다른 기관에서 개발된 다양한 종류의 제품이 존재할 수 있으나, 모든 웹 서버의 웹 문서들이 HTML(Hyper Text Markup Language)과 같은 표준 문서 작성 언어로 작성되고 표준 통신 프로토콜인 HTTP를 통해 웹 서버와 통신하므로, 서로 다른 웹 브라우저들의 웹 서버 접근에 대한 호환성이 보장된다.

HTTP는 하이퍼 링크로 연결된 문서들을 효율적으로 전송할 수 있도록 정의되었다. 만약 하나의 문서를 전송하기 위해 연결 설정, 문서 전송, 연결 해제와 같은 복잡한 단계의 절차가 필요하다면 하이퍼 링크를 통해 연결된 문서를 전송할 때 마다 많은 시간이 소요되므로 비효율적이다. 따라서 HTTP는 하이퍼 링크로 연결된 웹 문서 전송을 위해 단지 해당 웹 문서의 URL을 포함하는 간단한 요청 메시지(Request Message)를 통해 웹 문서 전송을 개시하고, 웹 서버는 요청 메시지의 URL에 의해 지정된 웹 문서(웹 페이지)를 응답 메시지(Response Message)로 전달함으로써 웹 문서 전송을 완료한다. HTTP는 초기 비록 텍스트 문서들이 하이퍼 링크로 연결된 하이퍼 텍스트 전송을 위해 개발되었으나 수정 없이 멀티미디어 문서를 포함하는 하이퍼 미디어 전송에도 적용된다. 이는 이메일 전송의 SMTP(Simple Mail Transfer Protocol)와 같이 메시지 몸체(Message Body)를 MIME(Multi-purpose Internet Mail Extension) 형식으로 전송하기 때문이다.

7.2.2 웹 서버와 웹 페이지

웹 서버는 웹 페이지(Web Page)로 불리는 문서들의 저장소(Store)이다. 웹 페이지는 웹 서버에서 사용 가능한 기본 단위이다. 웹 페이지는 일반 문서와 달리 다른 웹 페이지를 연결하는 하이퍼 링크(Hyper Link)를 포함할 수 있으며, 각 웹 페이지는 고유의 URL(Uniform Resource Locator)를 가진다. 특정 웹 서버에서 다른 웹 페이지를 찾아갈 수 있는 전체적인 정보를 제공하는 웹 페이지를 해당 웹 서버의 홈 페이지(Home Page)라 하고, 특정 웹 서버에 대한 URL은 그 서버의 홈 페이지의 URL로 주어진다.

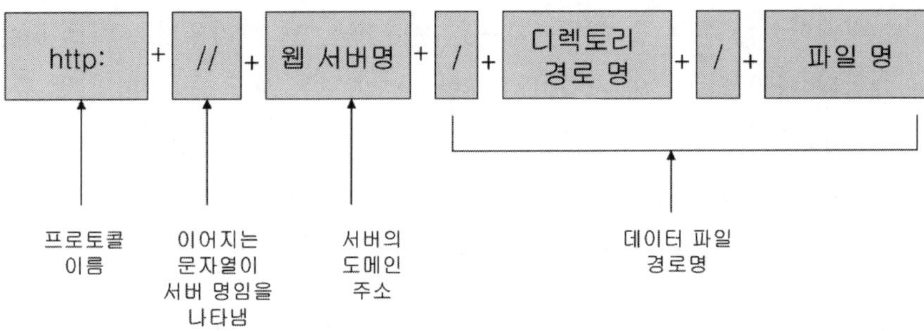

(a) URL 구조

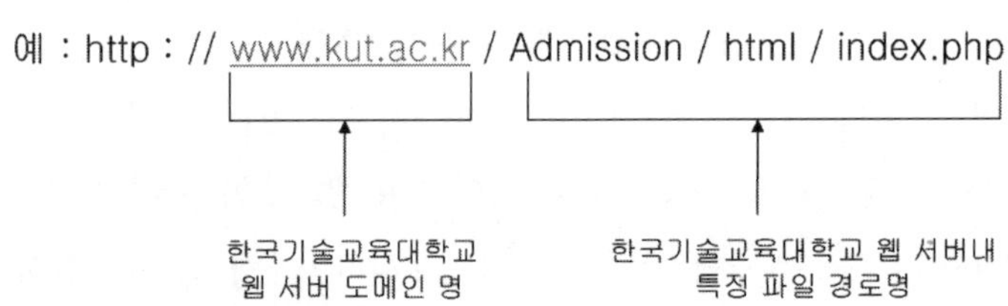

그림 7.11 URL 구조와 예

URL은 어떤 종류의 문서든 상관없이 특정 문서의 인터넷상 위치를 유일하게 지시하기 위한 위치 지정 표준이다. 웹 페이지의 URL은 먼저 웹 페이지 전송 수단인 http를 기술함으써 웹 문서임을 표시한다. 일반적으로 웹 서버의 웹 페이지들은 웹 서버가 위치한 컴퓨터의 파일 시스템의 파일 형태로 저장된다. 따라서 특정 웹 페이지에 대한 URL은 〈그림 7.11〉과 같이 웹 페이지임을 표시하는 키 워드(http://)와 해당 웹 페이지를 포함하는 웹 서버가 탑재된 호스트 컴퓨터의 도메인 이름(Domain Name), 그리고 해당 웹 페이지를 저장하는 파일의 파일 시스템내 경로 이름(Path Name)으로 구성된다.

파일 경로 이름은 유닉스 또는 리눅스(UNIX/LINUX) 파일 경로 이름 지정 방식과 동일하게 디렉토리와 디렉토리를 슬래시(/)로 구분하여 표시한다. 〈그림 7.11〉의 (b)는 www.kut.ac.kr이라는 도메인 이름의 컴퓨터에 위치한 한국기술교육대학교 웹 서버의 '학교소개 웹 페이지'의 URL 예를 보여주고 있다. 한국기술대학교 웹 서버의 시작 웹 페이지, 즉 홈 페이지에 대한 URL은 'http://www.kut.ac.kr/index.php'이다. 그러나 일반적으로 경로 이름(index.php)을 생략하고 웹 서버의 도메인 이름(http://www.kut.ac.kr)만으로 표시하는 것은, 한국기술대학교 웹 서버에 홈 페이지는 항상 하나만 존재하므로 굳이 URL에 표시하지 않아도 기본값으로 인식될 수 있기 때문이다.

웹 서버의 웹 페이지를 상호 연결하는 하이퍼 링크를 표시하는 방식은 웹 문서 작성 언어에 따라 다를 수 있으나, 웹 문서의 특정 위치에 연결하고자 하는 다른 웹 문서의 URL 정보를 표시함으로써 하이퍼 링크를 생성한다. 예를 들면 HTML로 작성된 어떤 웹 문서의 '한기대'라는 단어에 한국기술교육대학교 홈 페이지 문서를 연결하기 위한 하이퍼링크 생성은, '한기대'라는 단어를 〈A HREF="http://www.kut.ac.kr"〉 태그와 〈/A〉 태그로 감싸로록 표시함으로써 지시된다.

```
<HTML>
............
이 문서는 <A HREF="http://www.kut.ac.kr">한기대</A>의 박승철 교수에 의
해 작성되었다.
............
</HTML>
```

위의 HTML 문서가 웹 브라우저에 의해 아래와 같이 해석되어 '한기대'가 한국기술대학교 홈 페이지를 연결하는 하이퍼 링크임을 알 수 있게 표시되고, 사용자는 한국기술대학교 웹 서버의 URL 정보를 포함하는 하이퍼 링크인 '한기대'를 클릭함으로써 한국기술교육대학교 홈 페이지를 접근할 수 있다.

> ....
> 이 문서는 한기대의 박승철 교수에 의해 작성되었다.
> ....

이와 같이 하이퍼 링크는 URL을 기반으로 설정되기 때문에 동일한 웹 서버내의 문서뿐만 아니라 서로 다른 웹 서버의 웹 문서들을 연결할 수 있다. 따라서 웹 시스템은 인터넷으로 연결된 어떤 컴퓨터에 위치한 웹 서버의 문서도 하이퍼 링크로 서로 연결할 수 있는 분산 시스템(Distributed System)이다.

7.2.3 웹 문서 유형

초기 웹 서버의 웹 문서는 문자로 구성되는 텍스트로 작성되었기 때문에 하이퍼 링크를 포함하여 하이퍼텍스트(Hypertext)로 불리어졌으나, 현재는 이미지, 오디오, 비디오 등 멀티미디어를 포함하여 하이퍼미디어(Hypermedia)로 작성된다. 하이퍼미디어 웹 문서를 작성하는 방법은 웹 문서 작성 언어에 의해 결정된다. 가장 대표적인 웹 문서 작성 언어는 HTML이다. HTML은 하이퍼미디어 마크업(Markup) 언어로써 인쇄과정 중 원고에 이탤릭체(Italic), 글자 크기, 위치 등을 표기하여 인쇄 형식(Style)을 지시하는 것과 같이 문서의 형식을 표현한다.

HTML은 기본적으로 태그(Tag)를 통하여 문서의 형식을 표시하고, 태그의 종류는 문서 구조 관련 태그, 문자 관련 태그, 문서 배치(Layout) 관련 태그, 목록 관련 태그, 링크 관련 태그, 배경 관련 태그, 멀티미디어 관련 태그, 표 관련 태그, 프레임 관련 태그, 폼(Form) 관련 태그 등을 포함한다. 문서 구조 관련 태그는 HTML 문서의 시작과 끝을 표시하는 태그, 문서의 헤더(Header)의 시작과 끝을 표시하는 태그, 그리고 문서의 몸체(Body)를 표시하는 태그를 포함한다. 문자 관련 태그는 문자 크기와 글꼴(Font)을 표시하는 태그, 글자 색상 표시 태그, 글자 모양 변경 태그 등을 포함한다. 문서 배치 관련 태그는 줄 바꾸기 태그, 수평선 만들기 태그, 문단 정렬하기 태그, 주석문 달기 태그, 구역 구분하기 태그 등을 포함한다. 목록 관련 태그는 순서있는 목록 만들기 태그, 순서없는 목록 만들기 태그, 제목과 내용 지정하기 태그 등을 포함한다. 링크 관련 태그는 다른 문서 연결하기 태그, 책 갈피 사용하기 태그, 다른 사이트로 연결하기 태그, 이메일 연결하기 태그 등을 포함한다. 배경 관련 태그는 배경 색상 변경 태그, 그림 배경 지정하기 태그, 텍스트 색상 지정하기 태그 등을 포함한다. 멀티미디어 관련 태그는 웹 페이지에 음악 넣기 태그, 그림 관련 태그 등을 포함한다. 표 관련 태그는 테이블 관련 태그, 셀 내용 정렬 관련 태그, 셀 병합하기 태그 등을 포함한다. 프레임 관련 태그는 프렘임 문서 만들기 태그, 다중 프레임 만들기 태그, 프로팅 프레임(Floating Frame) 만들기 태그 등을 포함한다. 폼 관련 태그는 텍스트 입력 상자 만들기 태그, 패스워드(Password) 입력 상자 만들기 태그, 체크(Check) 상자 만들기 태그, 버튼 만들기 태그, 풀 다운 메뉴 만들기 태그, 리스트 메뉴 만들기 태그, 명령 버튼 만들기 태그, 메모 입력 상자 만들기 태그 등을 포함한다. 여기서 개별적인 태그에 대한 구체적인 설명은 생략한다.

웹 문서는 정적 문서(Static Document), 동적 문서(Dynamic Document), 그리고 활성 문서(Active Document) 등 3가지의 유형으로 구분된다. 앞에서 설명한 HTML 문서들은 일단 한번 만들어지면 문서의 내용과 형식이 변하지 않는 정적 문서이다. 해당 문서를 접근하는 웹 브라우저는 언제나 동일한 내용과 형태의 문서를 화면에 출력하게 된다. 이와 같은 정적 문서 형식의 웹 페이지는 마크업 언어의 특성상 문서 작성이 간편하고, 한번 작성된 문서는 변화되지 않으므로 문서의 내용을 검증하기가 쉬우며, 문서 내용 작성을 위한 중간 과정이 없으므로 문서 출력 성능이 우수한 장점이 있다. 반면 정적 문서는 유연성(Flexibility)이 떨어지는 단점이 있다. 정적 문서는 내용이 변경될 때마다 관리자에 의해 갱신되어야 한다. 관리자에 의한 갱신 작업은 문서를 수작업으로 다시 작성하는 것을 의미하므로 시간과 노력이 많이 소모된다. 따라서 정적 문서 유형은 자주 변경되는 정보를 보고하는 웹 페이지 작성에 부적합하다.

7.2.4 동적 문서

동적 문서는 미리 정의된 형식의 문서로 존재하는 대신 문서를 만드는 응용 프로그램 형태로 존재한다. 웹 브라우저가 특정 웹 문서를 요청하면 웹 서버는 해당 응용 프로그램을 실행하고 그 결과 만들어지는 문서를 브라우저에게 반환한다. 응용 프로그램은 현재의 상태 또는 현재 수집된 정보에 근거하여 실행되도록 작성될 수 있으므로, 동적 문서는 시간에 따라 변하는 정보를 보고하는 문서 작성에 적합하다. 예를 들면, 현재의 주가 정보, 현재의 기상 정보, 현재 매표 상황 등을 보고하기 위한 웹 페이지 작성에 동적 문서를 적용하면 유용하다. 만약 정적 문서로 이와 같은 정보를 보고하는 웹 페이지를 작성하는 경우, 웹 서버 관리자가 아무리 짧은 시간 간격으로 웹 문서를 수동으로 갱신하더라도 현재의 정보를 충분히 전달하기 어려울 것이다.

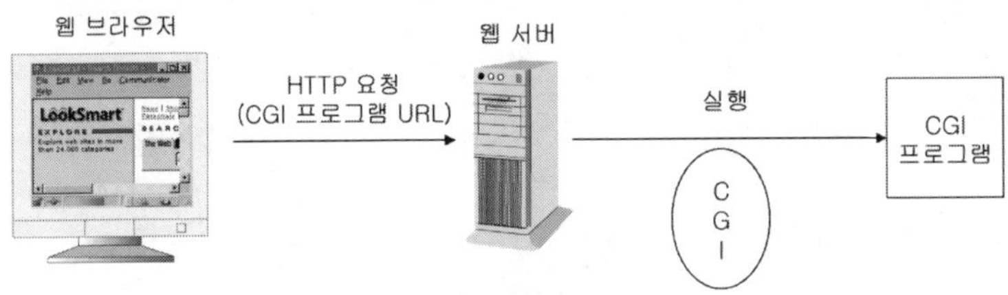

(a) 동적 문서 요청

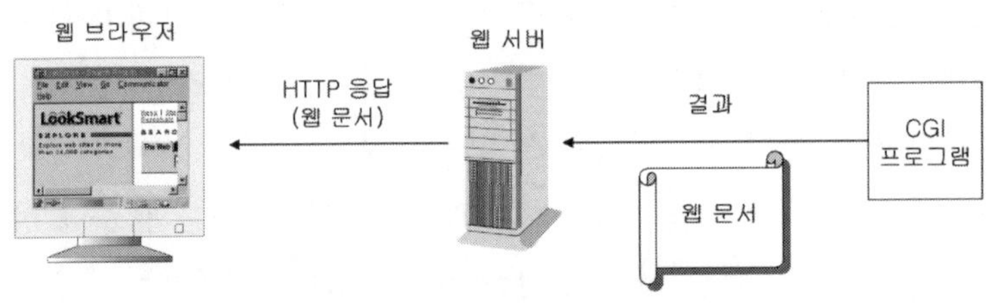

(b) 동적 문서 응답

그림 7.12 **동적 문서 처리 절차**

동적 문서 생성을 위한 응용 프로그램은 CGI(Common Gateway Interface) 표준에 따라 작성된다. CGI는 프로그래밍 언어 그 자체를 정의하지는 않으며 단지 웹 서버와 응용 프로그램간 표준 인터페이스를 정의한다. 예를 들면 CGI는 동적 웹 문서 요청시 웹 브라우저가 웹 서버에게 전달하는 정보(사용자가 폼에 입력한 정보)를 CGI 응용 프로그램에게 전달하는 방식을 정의하고, CGI 응용 프로그램이 생성하는 문서의 형식을 정의한다. 프로그래머는 CGI 프로그램 작성을 위해 FORTRAN, C/C++, Java 등과 같은 일반 프로그램 언어를 사용할 수 있고, 필요하면 Perl, TCL,

또는 UNIX Shell과 같은 스크립트 언어를 사용할 수도 있다. 그러나 일반적으로 HTML 문서와의 원활한 통합을 지원할 수 있도록 동적 문서 전용으로 개발된 ASP(Active Server Pages), JSP(Java Server Pages), 그리고 PHP(Perl Helper Pages) 등과 같은 서버 스크립트 언어를 사용한다. 〈그림 7.12〉는 CGI 프로그램 형태의 동적 문서 처리 절차를 나타낸다.

동적 문서 처리에서 중요한 문제는 웹 브라우저가 CGI 프로그램에게 데이터를 전달하는 방법이다. 일반적으로 컴퓨터에서 사용자가 프로그램에게 데이터를 전달하는 방법은 명령어 인자로 전달하는 방법, 환경 변수로 전달하는 방법, 그리고 표준 입력 방식으로 전달하는 방법이 있다. 웹 브라우저와 CGI 프로그램간에도 유사한 데이터 전달 방식을 사용한다. 웹 브라우저가 CGI 응용 프로그램에게 데이터를 전송하는 방식은 GET 방식과 POST 방식이 있다. GET 방식은 사용자가 입력할 데이터를 CGI 프로그램의 URL 정보에 연결하여 웹 서버에게 전달하고, 웹 서버는 이 정보를 환경 변수(QUERY_STRING)에 저장하여 CGI 프로그램이 수행될 때 사용할 수 있게 한다. URL 정보와 사용자 입력 데이터의 구분은 물음표(?)로 한다. 다음은 GET 방식으로 "name"과 "age" 변수를 가지는 HTML의 폼 태그를 이용하여 CGI 프로그램에 데이터를 전달하는 예를 보여준다.

http://test.kut.ac.kr/cgi-bin/test-cgi?name=xxx&age=yy

GET 방식의 가장 큰 문제점은 QUERY_STRING 환경변수의 크기가 한정되어 있기 때문에 CGI 프로그램으로 전달할 수 있는 데이터의 크기에 제한이 있다는 것이다. 따라서 방명록과 같이 크기가 큰 데이터를 전달할 경우 GET 방식을 사용하기가 어렵다. 또한 GET 방식의 경우 전달되는 데이터가 사용자들이 눈으로 확인할 수 있는 URL에 포함되어 전달되기 때문에 보안상 문제가 될 수 있다. POST 방식은 일반 프로그램의 표준 입력 방식과 같은 방식으로 사용자 데이터를 CGI 프로그램에 전달한다. POST 방식에서는 사용자 입력 데이터를 별도의 폼(Form)에 담아 HTTP 요청 메시지를 통해 웹 서버에 전달하고, CGI 프로그램은 폼에 있는 데이터를 표준 입력으로 사용할 수 있다. POST 방식에서 사용하는 폼의 크기에는 제한이 없기 때문에 크기가 큰 사용자 데이터를 CGI 프로그램에 전달하기에 적합하고 보안 측면에서 GET 방식보다 우수한다. 따라서 CGI 프로그램 전용 언어를 사용하여 CGI 프로그램을 작성하는 대부분의 경우 POST 방식을 사용한다.

```
<html>
  <head><title>Form Collection 예제</title></head>
  <body  bgcolor="white">
    <center>

    <hr>
     Request Object의 Form Collection 예제<br><br>
    <form method = "post"  action = "FormCollection.asp">
    이름 :
    <input type="text" name="이름">
    <br><br>
    학번 :
    <input type="text" name="학번">
    <br><br>
    소속 :
    <input type="text" name="소속">
   <br><br>
   <input type="submit" value="입력">
   </form>
   <hr>
  </body>
</html>
```

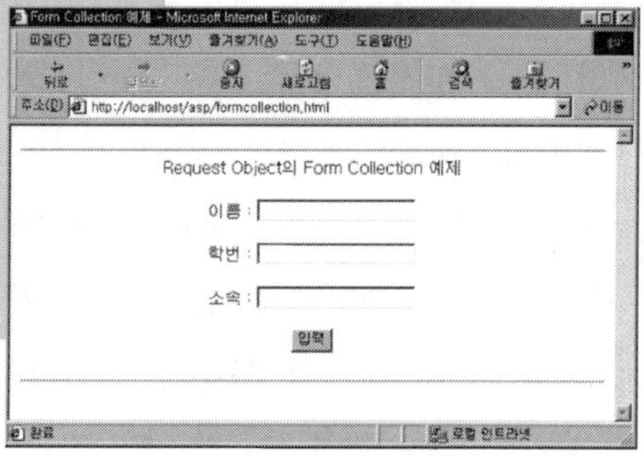

그림 7.13 POST 방식 CGI 프로그램 호출을 포함하는 HTML 예제

〈그림 7.13〉은 HTML과 통합된 ASP CGI 프로그램(FormCollection.asp)에게 POST 방식으로 사용자 입력을 전달하기 위한 폼 태그 구성 예와 폼 입력 형식을 보여주고 있다. 사용자가 입력한 "이름", "학번", "소속" 정보는 폼에 저장되어 "FormCollection.asp" CGI 프로그램에 전달된다.

7.2.5 활성 문서

활성 문서는 동적 문서와 같이 웹 문서를 생성하는 프로그램 형태로 존재하지만 웹 서버측에서 실행되는 대신 클라이언트인 웹 브라우저에서 실행되어 웹 문서를 생성한다. 〈그림 7.14〉는 활성 문서의 처리 절차를 보여주고 있다. 사용자에 의해 요청된 활성 문서는 프로그램 형태로 웹 브라우저에 전달되고, 웹 브라우저에서 실행되기 때문에 변경되는 정보를 즉시 출력하거나 연속적으로 변하는 애니메이션 등의 작성에 적합하다. 연속적으로 변하는 정보를 동적 문서로 작성한다고 가정하면, 해당 동적 문서를 생성하는 CGI 프로그램은 서버측에서 항상 실행중인 상태로 존재해야 하고, 실행 결과는 실시간으로 웹 브라우저에게 전달되어야 할 것이다. 이 경우 많은 동적 문서를 처리하야 하는 서버측에 과도한 부하가 유발되고, 동시에 서버로부터 웹 브라우저로의 데이터 트래픽으로 인한 네트워크상의 부하가 유발된다. 활성 문서의 경우 일단 서버가 활성 문서 프로그램을 전송하면 서버는 실행 또는 갱신에 대한 책임이 없고, 각 활성 문서 프로그램의 실행은 클라이언트의 웹 브라우저내에서 지역적으로 실행된다. 따라서 서버와 네트워크상의 부하 유발을 방지할 수 있다.

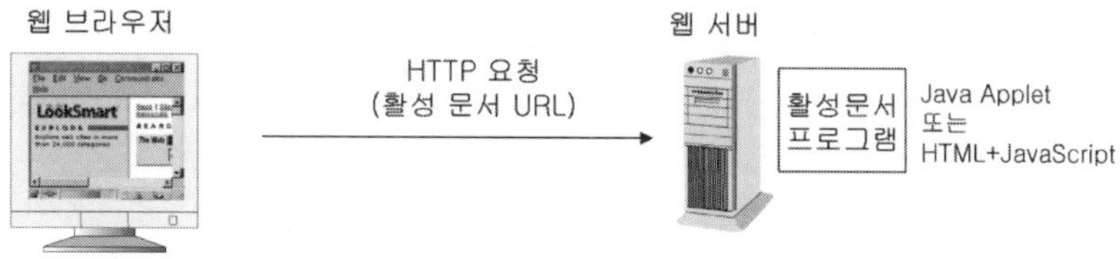

(a) 활성 문서 요청

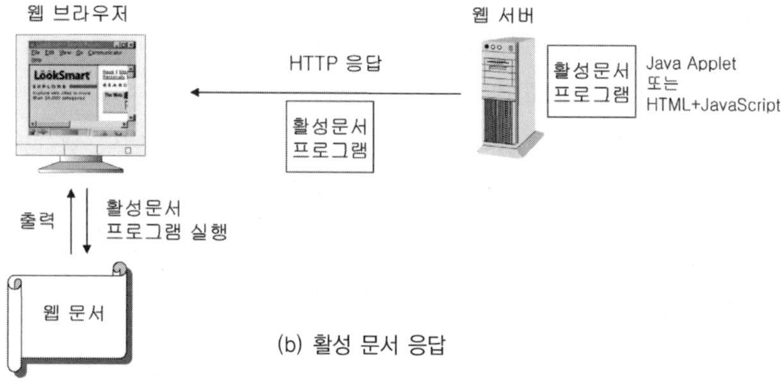

(b) 활성 문서 응답

그림 7.14 활성 문서의 처리 절차

활성 문서의 단계별 처리 절차는 다음과 같다.

(1) 서버측에서 프로그래머는 소스 코드로 작성된 프로그램을 작성하고 이를 파일로 저장한다.
(2) 서버측에서 프로그래머는 소스 코드를 컴파일하여 이진 코드를 생성하고 이를 파일로 저장한다. 사용자는 활성 문서 생성을 위해 URL을 통하여 이 파일을 참조한다.
(3) 웹 브라우저는 이진 코드로 저장된 파일의 복사본을 요청한다. 서버는 이 파일을 압축하여 전달할 수 있다.
(4) 웹 브라우저는 자신의 실행 환경 소프트웨어와 결합하여 이진 코드를 실행가능한 코드를 만든다.
(5) 웹 브라우저는 실행가능한 코드를 실행하고 결과를 출력한다.

일반적으로 활성 문서를 위한 프로그램은 주로 Java 언어로 작성되고, JavaScript를 사용하여 HTML과 통합된 문서를 작성할 수 있다.

7.2.6 웹 브라우저

일반적으로 웹 브라우저는 제어기(Controller), 클라리언트 프로토콜, 그리고 인터프리터(Interpreter)로 구성된다.

제어기는 키보드나 마우스로부터 사용자 입력을 받아 클라이언트 프로토콜을 사용하여 서버 문서를 다운로드 한다. 그리고 제어기는 다운로드된 문서가 인터프리터를 통해 화면에 출력되도록 한다. 웹 브라우저는 단지 웹 서버의 웹 문서뿐만 아니라 FTP(File Transfer Protocol)를 통해 파일 전송 서비스를 제공하고, SMTP (Simple Mail Transfer Protocol)를 통해 E-mail 서비스를 제공할 수 있으며, Telnet과 같은 다른 응용 서비스를 통합적으로 제공할 수 있다. 따라서 웹 브라우저는 웹 문서 전송을 위한 HTTP뿐만 아니라 다양한 클라이언트 응용 프로토콜을 제공한다. 웹 브라우저가 사용하는 클라이언트 응용 프로토콜은 URL의 첫 번째 필드에 프로토콜을 명시함으로써 구분된다. 예를 들어 특정 FTP 서버의 특정 파일의 URL은 다음과 같이 표현된다.

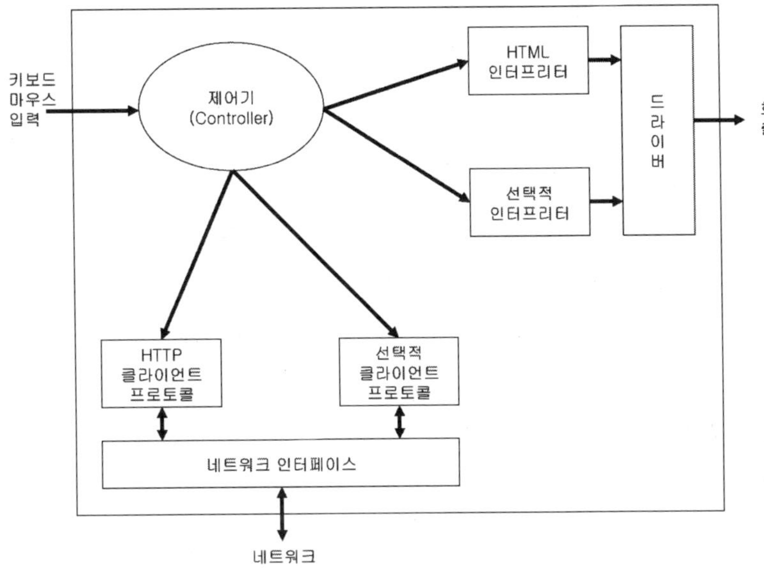

그림 7.15 웹 브라우저 구조

ftp ://ftp.ime.kut.ac.kr/pub/scpark/network/client.c

인터프리터는 문서 작성 언어에 따라 여러 가지 종류가 있으며, 대표적인 HTML 인터프리터와 Java 인터프리터외에도 WML(Wireless Access Protocol Markup Language), XML(Extensible Markup Language)등에 대한 인터프리터들이 있다. 웹 브라우저의 일반적인 구조는 〈그림 7.15〉과 같다. 웹 브라우저는 웹 서버 접속의 성능 향상을 위한 중요한 수단으로 캐싱(Caching) 기법을 지원한다. 즉, 웹 브라우저는 다운로드한 문서를 일정 시간 동안 자신의 디스크 캐쉬(Cache)상에 저장하고, 사용자가 동일한 문서의 다운로드를 요청할 때 웹 서버를 접근하는 대신 자신의 디스크 캐쉬의 문서를 접근하게 한다. 이러한 캐싱 기법은 네트워크 지연 시간을 생략할 수 있게 하므로 웹 서비스의 극적인 성능 향상을 가져온다. 그러나 캐싱은 많은 양의 하드 디스크를 필요로 할 수 있고, 특히 웹 서버의 문서 갱신 상황을 적절하게 반영하지 못 할 수 있기 때문에 주의가 필요하다. 이러한 문제를 해결하기 위해 웹 서버는 특정 문서의 캐싱 시간을 지정하고, 지정된 시간이 초과되면 웹 브라우저의 디스크 캐쉬에서 제거되도록 할 수 있다. 그리고 해당 웹 문서가 갱신되지 않은 경우에만 하드 캐쉬의 문서를 사용하도록 지정할 수 있다.

7.2.7 HTTP

HTTP는 웹 브라우저와 웹 서버간 웹 문서를 어떻게 요청하고 요청된 웹 문서를 어떻게 전송하는 정의하는 프로토콜이다. HTTP는 단지 웹 브라우저로부터 웹 서버로 전달되는 요청(Request) 메시지와 웹 서버로부터 웹 브라우저로 전달되는 응답(Response) 메시지만을 사용하고, 하나의 요청 메시지에 대해 하나의 응답 메시지가 대응되는 매우 단순한 비상태형(Stateless) 프로토콜이다. HTTP는 별도의 연결 설정 및 해제 과정이 필요 없고 상태 정보를 유지할 필요가 없기 때문에 하이퍼링크(HyperLink)로 연결된 문서들의 접근과 전송을 효율적으로 지원할 수 있다. 사용자가 웹 브라우저를 통해 웹 페이지를 요청할 때(URL 입력 또는 하이퍼링크 클릭) 웹 브라우저는 해당 웹 페이지에 대한 HTTP 요청 메시지를 웹 서버에게 보낸다. 웹 서버는 HTTP 요청 메시지를 수신하고 요청된 웹 페이지를 포함하는 HTTP 응답 메시지를 웹 브라우저에게 전달함으로써 웹 서버 접근이 완료되고, HTTP는 다음 요청 메시지를 위한 어떤 상태 정보도 유지하지 않는다.

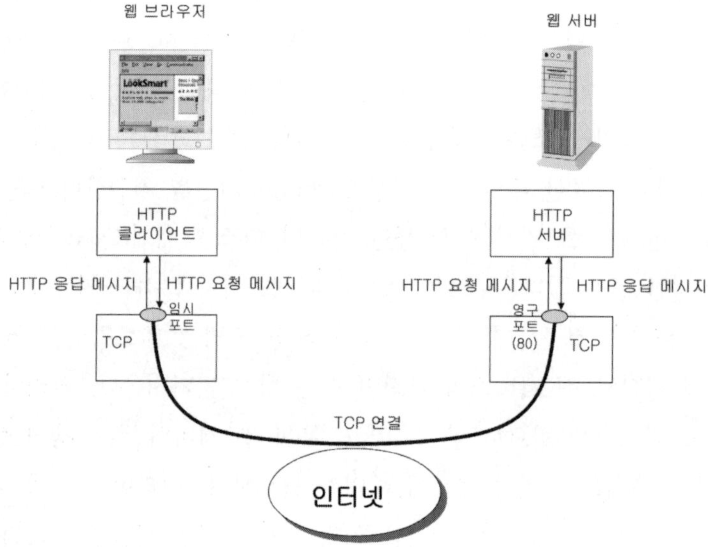

그림 7.16 HTTP 동작 모델

HTTP는 TCP를 사용하여 자신의 요청 메시지와 응답 메시지를 전송하고 웹 서버를 위한 영구 포트(Well-known Port) 번호는 80이다. HTTP가 TCP를 사용하는 방법은 비지속(Non-Persistent) 연결 방식과 지속(Persistent) 연결 방식이 있다. 비지속 연결 방식은 TCP 연결을 통해 하나의 웹 페이지만을 전송하는 방식이다. 즉, 웹 브라우저의 클라이언트 HTTP는 요청 메시지를 보내기전에 웹 서버와 TCP 연결을 설정하고, 설정된 TCP 연결은 해당 웹 페이지가 응답 메시지를 통해 전송된 후에 해제된다. 만약 웹 브라우저가 동일한 웹 서버에 존재하는 다른 웹 페이지를 접근하는 경우 클라이언트 HTTP는 새로운 TCP 연결을 설정한다. 따라서 비지속 연결 방식을 사용하여 동일한 웹 서버을 반복적으로 접근하는 경우 각각 3-단계 핸드쉐이킹과 4-단계 핸드쉐이킹 기반으로 동작하는 TCP 연결 설정과 해제에 따른 지연 시간 증가와 처리 복잡도 증가로 인한 웹 서비스 성능 저하를 피할 수 없다. 지속 연결 방식에서 웹 서버는 HTTP 응답 메시지를 보낸 후에 TCP 연결을 그대로 유지한다. 그리고 같은 웹 브라우저와 같은 웹 서버간의 이후의 요청 메시지와 응답 메시지는 같은 TCP 연결을 통해 전송된다. 따라서 비지속 연결 방식의 TCP 연결 설정과 해제 과정 반복에서 오는 지연 시간 증가와 처리 복잡도 증가를 방지할 수 있다. 일반적으로 HTTP 서버는 미리 정해진 일정 시간 동안 TCP 연결을 사용하지 않으면 해당 연결을 해제한다. 비지속 연결 방식과 지속 연결 방식 사용 여부는 HTTP 요청 메시지에 표시할 수 있다.

7.2.8 HTTP 요청 메시지

HTTP 요청 메시지는 ASCII 문자로 표현되고 〈그림 7.17〉과 같이 요청 라인(Request Line), 헤더 라인(Header Line), 그리고 엔티티 라인(Entity Line)으로 구성되고, 엔티티 라인은 웹 브라우저가 웹 서버에게 POST 방식으로 사용자 정보를 전달하는 경우에 선택적으로 사용된다. 요청 라인은 요청의 종류를 나타내는 메소드(Method)와 요청 대상 웹 페이지의 URL, 그리고 HTTP의 버전 필드를 포함한다. 요청 라인의 각 필드와 필드는 공백 문자인 〈SP〉로 구분되고, 요청 라인의 끝은 라인 종단을 나타내는 〈CR〉와 〈LF〉 제어 문자 쌍으로 표현된다. 요청 라인의 메소드는 GET, HEAD, POST, PUT, DELETE 등을 포함할 수 있다. GET 메소드는 웹 서버로부터 문서를 읽어오기를 원할 때 사용한다. 만약 GET 메소드로 읽을 문서를 생성하는 프로그램에게 폼 태그를 통해 사용자 입력을 전달하는 경우, 사용자 입력은 엔티티 라인에 포한되는 대신 URL 필드에 포함되어 전송된다. HEAD 메소드는 문서 자체가 아니라 문서에 대한 어떤 상태 정보를 원할 때 사용된다. 이 경우 HTTP 응답 메시지에는 웹 문서는 포함되지 않고 단지 해당 웹 문서에 대한 상태 정보만 포함된다. POST 메소드는 웹 브라우저가 웹 서버에게 별도의 폼으로 통해 사용자 입력을 전달하고자 할 때 사용된다. 이 경우 폼 태그를 통한 사용자 입력은 URL 필드 대신 엔티티 라인에 포함되어 전달된다. DELETE 메소드는 서버의 웹 페이지를 삭제하기 위해 사용된다.

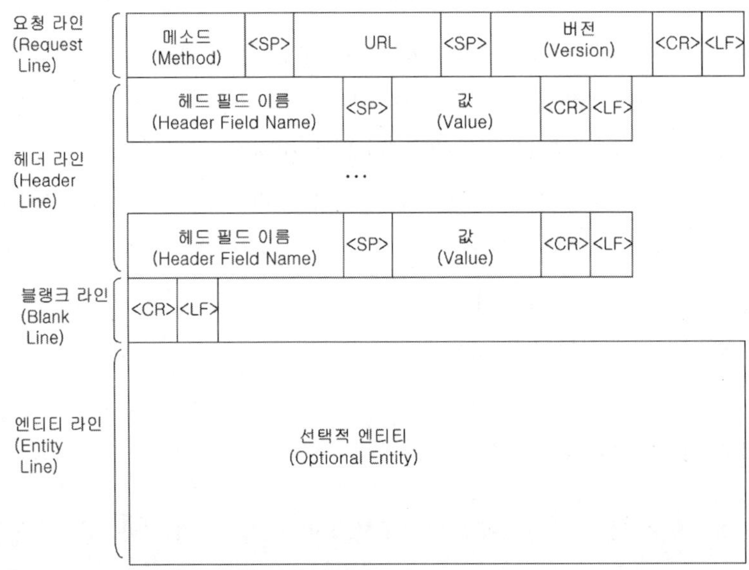

그림 7.17 요청 메시지 포맷

헤더 라인은 웹 브라우저와 웹 서버 사이에 웹 페이지 교환에 필요한 추가적인 정보를 포함한다. 예를 들면 'Connection' 헤더 라인은 TCP 연결이 비지속(Non-Persistent) 연결인지 아니면 지속(Persistent)연결인지를 나타내고, 'Accept' 헤더 라인은 웹 브라우저가 처리할 수 있는 미디어 포맷을 나타낸다. 그리고

'Accept-charset', 'Accept-encoding', 'Accept-language'는 각각 웹 브라우저가 처리할 수 있는 문자 집합(Character Set), 부호화 방식(Encoding Type), 그리고 언어(Language)를 나타낸다. 또한 'If-modified-since' 헤더 라인은 해당 웹 페이지가 지정된 날짜 이후에 갱신되었으면 전송하도록 명령할 때 사용된다.

예를 들어 HTTP 요청 메시지는 다음과 같이 작성될 수 있다.

```
GET /www.kut.ac.kr/page.html HTTP1.1
Connection : close
User-agent : Mozilla/4.0
Accept : text/html, image/gif, image/jpeg
Accept-language : kr
If-modified-since : Mon, 10 Jan 2005
```

7.2.9 HTTP 응답 메시지

요청 메시지와 마찬가지로 HTTP 응답 메시지도 ASCII 문자로 표현되고 〈그림 7.18〉과 같이 상태 라인(Status Line), 헤더 라인(Header Line), 그리고 엔티티 라인(Entity Line)으로 구성된다. 상태 라인은 HTTP 버전과 상태 코드, 그리고 상태 문구를 포함한다. 예를 들어 상태 코드 '200'과 상태 문구 'OK'는 웹 브라우저의 요청이 성공적으로 수행되었음을 의미한다. 응답 메시지의 헤더 라인은 'Connection', 'Date', 'MIME-version', 'Server', 'Content-type', 'Content-Encoding', 'Content-length', 'Last-modified' 등을 포함한다. 'Connection' 헤더 라인은 요청 메시지의 경우와 동일하고, 'Date'는 응답 메시지가 만들어진 시간, 'MIME-version'은 엔티티 작성에 사용된 MIME의 버전, 'Server'는 서버 이름과 버전을 각각 나타낸다. 그리고 'Content-type', 'Content-Encoding', 'Content-length', 'Last-modified' 헤더 라인은 각각 웹 페이지를 구성하는 미디어의 유형, 웹 페이지를 구성하는 미디어에 대한 부호화 방식, 웹 페이지 길이, 그리고 최근 갱신 날짜를 나타낸다.

엔티티 라인에는 요청한 문서가 포함된다. 웹 브라우저는 헤더 라인의 'Content-encoding' 정보를 이용하여 웹 문서의 원래 내용을 복원하고, 'Content-type' 정보를 이용하여 복원된 문서를 적절하게 처리한다. 요청 메시지의 메소드가 HEAD인 경우 웹 문서 전송이 생략되므로 응답 메시지에 엔티티 라인은 포함되지 않는다.

예를 들어 HTTP 응답 메시지는 다음과 같이 작성될 수 있다.

```
HTTP/1.1 200 OK
Connection : close
Date : Mon, 10 Jan 2005 12:00:00 GMT
Server : Apache/1.3.0
Last-modified : Sat, 8 Jan 2005 12:00:00 GMT
Content-length : 6800
Content-type : text/html

(------------ data ------------------------)
```

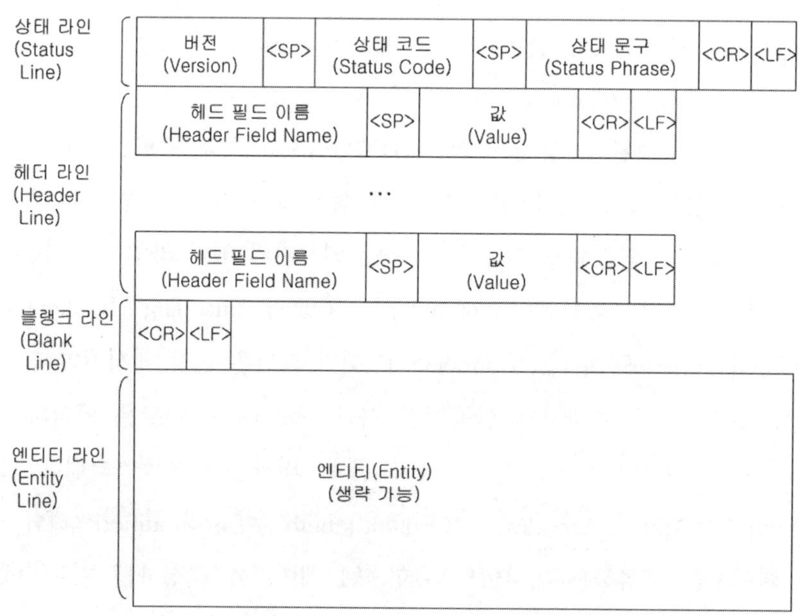

그림 7.18 HTTP 응답 메시지 포맷

8 H.323 - 패킷 기반 멀티미디어 통신 시스템

Chapter 08

H.323 - 패킷 기반 멀티미디어 통신 시스템

8.1 개요

8.1.1 H.323 시스템 구성

H.323은 ITU-T(International Telecommunications Union - Telecommunications Sector)에서 개발한 패킷 기반 멀티미디어 통신 시스템(Packet-based Multimedia Communications Systems) 표준이다. ISDN상에서의 멀티미디어 화상 회의 서비스(Multimedia Conferencing Services)를 제공하기 위해 개발된 H.320 표준에 기초한 H.323은 1996년 LAN 환경에서 멀티미디어 회의 응용을 지원하기 위해 개발되었다. 그 후 H.323은 인터넷을 포함하는 다양한 패킷 기반 네트워크에서 인터넷 전화를 포함하는 다양한 실시간 멀티미디어 통신 응용을 지원할 수 있도록 지속적으로 확장되고 개선되어 왔다.

〈그림 8.1〉에서 보는 것처럼 H.323 멀티미디어 시스템은 단말기(terminals), MCU(Multipoint Control Unit), 게이트키퍼(gatekeeper), 그리고 게이트웨이(gateway)로 구성된다. H.323 단말기는 H.323 표준을 지원하는 인터넷 전화기, 비디오 전화기, 그리고 PC 등을 포함한다. 일반적으로 H.323 단말기는 아날로그 음성 신호를 디지털 음성 신호로 변환한 후 압축하고 또 그 반대의 과정을 수행하는 음성 코덱(Voice Codec), 비디오 신호를 처리하는 비디오 코덱(Video Codec), 오디오/비디오 디지털 신호 전송 모듈, 회의통신에 참여하는 단말기간 특정 데이터 응용을 공유할

수 있게 하는 T.120 모듈, 그리고 H.323 호 제어를 담당하는 호 제어 모듈(Call Control Module)로 구성된다.

H.323 MCU는 두 개 이상의 종단 장치(Endpoint Systems)가 참여하는 다자간 회의(Multipoint Conferences)를 관리하는 역할을 수행한다. MCU는 다자간 회의를 제어하기 위해 종단 시스템간에 교환하는 호 제어 메시지(Call Control Messages)를 효과적으로 제어하는 MC(Multipoint Controller)와 미디어 믹싱(Media Mixing) 그리고/또는 미디어 교환(Media Switching)을 담당하는 MP(Media Processor)로 구성된다. MCU는 반드시 MC를 포함해야 하지만 MP는 선택적으로 포함할 수 있다. 예를 들어 각각의 단말기가 여러 개의 단말기로부터 수신되는 오디오 신호를 혼합(mixing)하여 하나의 오디오 신호로 만들 수 있는 능력을 가지고 있는 경우 MCU는 오디오 믹서(Audio Mixer)를 가지고 있을 필요가 없을 것이다. 그리고 각각의 단말기가 회의에 참여하고 있는 모든 사용자로부터 비디오 신호를 수신하여 적절하게 처리할 수 있는 능력을 가지고 있는 경우, MCU는 현재 오디오 신호를 송신하고 있는 단말기로부터 송신되는 비디오 신호를 선택하여 모든 사용자에게 전송하는 비디오 교환기(Video Switch) 기능을 구현할 필요가 없을 것이다.

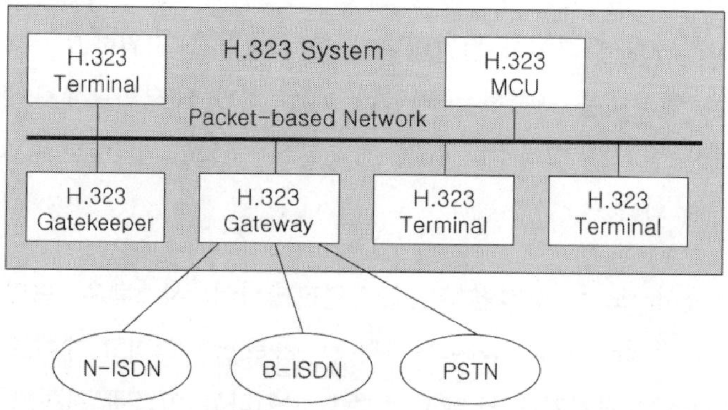

MCU : Multipoint Control Unit
N-ISDN : Narrowband Integrated Services Digital Network
B-ISDN : Broadband ISDN
PSTN : Public Switched Telephone Network

그림 8.1 H.323 멀티미디어 시스템의 구성

게이트키퍼는 H.323 시스템의 선택적인 요소이긴 하지만 멀티미디어 통신 사용자의 편리성을 제고하고 H.323 종단 시스템의 복잡성을 덜 수 있는 다양한 서비스를 제공한다. 게이터키퍼가 제공하는 서비스는 사용자 정보 등록 서비스(Registration Service), 사용자가 편리하게 사용할 수 있는 별칭 이름과 IP 주소간 변환 서비스(Address Resolution Service), 사용자의 접근 권한을 점검하고 허가하는 수락 제어 서비스(Admission Control Service), 그리고 단말기 또는 게이트웨이의 상태 모니터링 서비스(Status Monitoring Service) 등을 포함한다. 필요한 경우 게이터키퍼는 H.323 종단 시스템간에 교환되는 제어 정보를 대신 전달함으로써 종단 시스템의 복잡도를 덜어주고, 과금(billing)과 보안(security) 등의 서비스가 효과적으로 이루어질 수 있게 한다.

게이트웨이는 H.323 시스템과 N-ISDN(Narrowband Integrated Services Digital Network) 기반의 H.320 시스템, B-ISDN(Broadband ISDN) 기반의 H.321 시스템, 그리고 기존의 전화 시스템과 같은 다른 시스템을 연결하는 정합 장치(Interface Equipment)이다. 게이트웨이는 일반적으로 H.323 제어 정보와 다른 시스템의 제어 정보를 변환하고 처리하는 미디어 게이트웨이 제어기(Media Gateway Controller)와 H.323의 미디어 표현 방식과 다른 시스템의 미디어 표현 방식을 상호 변환하고 처리하는 미디어 게이트웨이(Media Gateway)로 구성된다. 예를 들어 H.323 시스템과 PSTN을 연결하는 H.323-PSTN 게이트웨이는 H.323 제어 정보(H.225)와 PSTN 호 제어 정보(CCS No. 7)를 변환하는 미디어 게이트웨이 제어기와, H.323 시스템이 사용하는 G.723.1/G.729 등의 형식의 음성 신호를 PSTN에서 사용하는 PCM(Pulse Coded Modulation) 형식의 음성신호와 변환하는 미디어 게이트웨이로 구성된다.

8.1.2 H.323 프로토콜 구조

H.323 표준은 패킷 기반 멀티미디어 통신 시스템을 구성하기 위해 필요한 여러 개의 표준을 어떻게 사용할 것인 지를 규정하는 우산형 표준(Umbrella Standard)이다. H.323 표준이 참조하는 대표적인 표준 프로토콜은 H.225.0, H.245, RTP/RTCP, 그리고 T.120이고, H.323이 사용하는 프로토콜들의 계층 구조는 〈그림 8.2〉와 같다.

H.225.0 표준은 H.323 통신 단위인 호(call)를 설정하고, 제어하고, 해제하는 기능을 정의하는 호 신호방식(Call Signaling) 부분과 H.323 단말과 게이트키퍼간 교환되는 제어 메시지와 처리 절차를 정의하는 RAS(Registration, Admission, Status) 부분으로 구성된다. H.225.0 RAS 표준은 UDP를 사용하여 자신의 메시지를 교환하고, H.225.0 신호방식(signaling) 표준은 기본적으로 TCP를 사용하고 선택적으로 UDP도 사용할 수 있다.

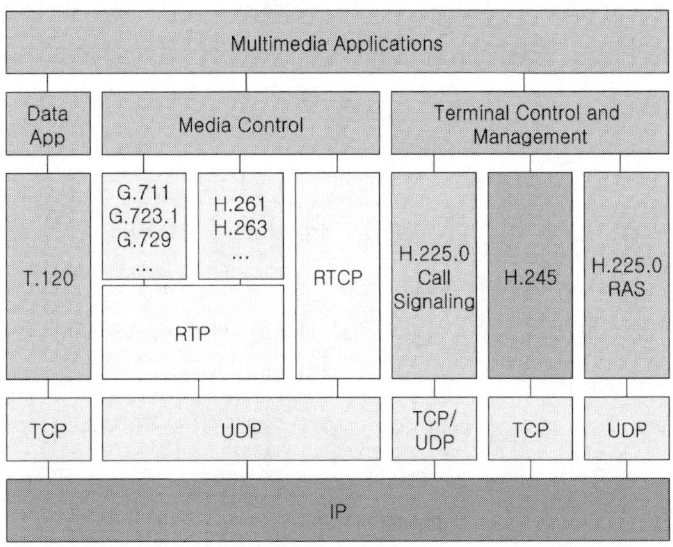

그림 8.2 H.323 프로토콜 구조

H.245 표준은 H.323 시스템을 구성하는 종단 시스템간 멀티미디어 스트림 전송을 제어한다. 멀티미디어 통신에 참여하는 H.323 종단 시스템들은 H.245 표준을 사용하여 사용할 미디어 코덱 집합 등(Capability Set)을 협상하고, 통신상의 주.종 역할(Master/Slave)을 결정하며, 미디어 스트림을 전송할 논리적 채널(Logical Channel)을 설정한다. H.245 표준은 일반적으로 자신의 제어 메시지를 교환하기 위해 H.225.0과 별도의 TCP 연결을 설정한다. 그러나 성능 제고를 위해 H.245 메시지를 H.225.0 제어 메시지에 포함시켜 H.225 TCP 연결을 통해 교환하는 H.245 터널링(tunneling) 기법을 사용할 수도 있다.

H.323 종단 시스템간 오디오와 비디오 데이터 스트림은 RTP와 RTCP를 통해 전송되고, 데이터 응용 공유를 위한 T.120 데이터 스트림은 TCP를 통해 전송된다. 오디오/비디오 스트림의 코덱 유형(Codec Type)은 H.245 능력 집합(Capability Set) 협상 과정에서 결정되고, RTP와 RTCP 포트 번호는 H.245의 논리적 채널 설정 과정에서 결정된다.

〈그림 8.2〉에 표현된 프로토콜 외에도 H.323은 여러 개의 다른 표준 프로토콜을 참조한다. H.235 표준은 H.323 종단 시스템간 안전 모드(Secure Mode) 동작 절차를 규정하고, H.246 표준은 H.323 게이트웨이의 구제적인 동작 절차를 정의한다. 그리고 H.332 표준은 H.323의 밀접하게 결합된 다자간 통신(Tightly Coupled Conferencing)을 느슨하게 결합된 다자간 통신(Loosely Coupled Conferencing)으로 확장할 수 있게 한다. 일반적으로 밀접하게 결합된 다자간 통신은 소규모 회의 응용에 적용되고, 느슨하게 결합된 다자간 통신은 대규모 청중(audience)을 포함하는 대규모 회의 응용에 적용된다.

8.1.3 H.323의 역사

1996년 6월 버전1이 발표된 이후 H.323은 많이 개선되고 확장되어 2003년 7월 버전5가 확정되었다. 초기 H.323은 성능과 복잡도와 관련된 많은 문제점을 안고 있었다. H.323 시스템이 미디어 스트림을 전송하기 위해서는 H.225.0 제어 채널용 TCP 연결 설정, H.225.0 호 설정 메시지 교환, H.245 제어 채널용 TCP 연결 설정, 미디어 스트림 제어 메시지 교환, 그리고 미디어 스트림 전송용 논리적 채널 설정 등의 과정을 순차적으로 거쳐야 하기 때문에 초기 지연시간이 길고 소프트웨어가 복잡할 수 밖에 없었다. 그리고 H.323 버전1에서는 보안과 관련된 어떤 기능도 제공하지 않았다.

1998년 발표된 H.323 버전2는 버전1의 많은 문제점들은 개선하였다. 특히 H.225.0 호 설정(Call Setup) 메시지 수신 후에 바로 미디어 스트림을 송신할 수 있게 허용하는 빠른 연결(Fast Connect) 절차를 도입함으로써 초기 H.323에 제기된 성능과 관련된 문제점들을 해결하였다. 그리고 H.235 표준 사용하여 H.323 종단 시스템간 안전 모드 절차를 도입함으로써 인증(authentication), 무결성(integrity), 비부인(non-repudiation), 프라이버시 서비스 등을 제공할 수 있게 하였다. 또한 H.323 버전2는 T.120 표준을 H.323 시스템에 통합 방법을 명확하게 정의함으로써 T.120 관련 상호동작성(inter-operability)를 높였다.

표 8.1 H.323의 역사

버전	년도	주요 내용
H.323v1	19956	H.225.0, H.245
H.323v2	1998	T.120 Integration, Fast Connect, H.235(Security)
H.323v3	1999	UDP Signaling, H.323 on ATM
H.323v4	2000	Fast Connect with H.245 Procedure, H.323 URL, HTTP Control Channel
H.323v5	2003	User, Terminal and Service Mobility, Service Control Transport Protocol

1999년에 발표된 H.323 버전3에서는 H.225.0 호 신호방식(Call Signaling) 표준의 선택적인 UDP 사용 절차를 규정하고, ATM(Asynchronous Transfer Mode)상에서 H.323 지원 방법을 정의하였다. 2000년의 버전4는 빠른 연결 절차에서 H.245 제어 절차를 수행할 수 있는 방법을 도입하고, H.323 URL(Uniform Resource Locator)를 정의하였으며, HTTP 제어 채널을 사용하여 부가 서비스를 제공할 수 있는 방안이 도입되었다. 2003년에 발표된 버전5는 H.323 시스템에서 사용자, 단말기, 그리고 서비스의 이동성을 지원할 수 있는 방법이 제시되었으며, TCP와 UDP 뿐만 아니라 SCTP를 제어 정보 교환용으로 사용할 수 있게 하였다.

8.2 H.323 기본 동작 절차

8.2.1 고정 IP 단말기간 일대일 통신

H.323 표준의 동작 절차에 대한 이해를 돕기 위해 먼저 가장 기본적인 IP 단말기와 IP 단말기간 일대일 H.323 통신에 대해 살펴본다. 실제로 대부분의 H.323 단말기는 동적(유동) IP 주소를 사용하지만, 여기서 IP 단말기는 잘 알려진(well-known) 고정 IP 주소(Fixed IP Address)를 가지는 H.323 단말기를 가정한다. 이 경우 호출자(caller)는 자신이 알고 있는 IP 주소를 사용하여 피호출자(callee)를 직접 호출할 수 있다. <그림 8.3>은 고정 IP 단말기간 일대일 통신 절차를 개략적으로 보여준다.

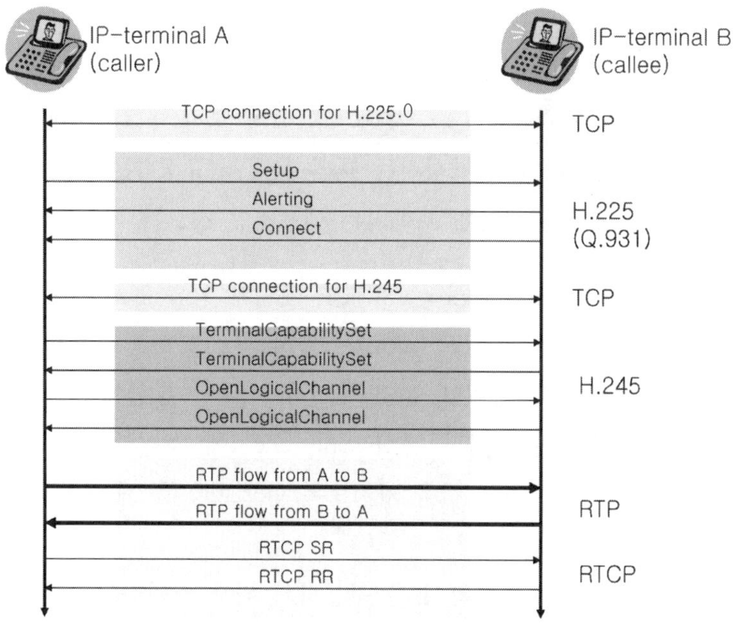

그림 8.3 고정 IP 단말기간 일대일 통신 절차

호출자 IP 단말기 A는 먼저 피호출자 IP 단말기 B에게 H.225.0 호 제어 메시지를 전달하기 위한 TCP 연결을 설정한다. 이 때 피호출자의 TCP 포트 번호는 1720

이 사용된다. H.225.0 호 제어 메시지는 Q.931 ISDN 호 제어 메시지와 호환되므로 H.225.0 메시지 교환을 위한 TCP 연결을 Q.931 채널이라 한다. 설정된 TCP 연결을 사용하여 호출자 단말기는 피호출자에게 호 설정(Call Setup) 메시지를 전송함으로써 H.225.0 호 설정을 개시한다. 호 설정이 완료되면 호출자 단말기는 피호출자 단말기와 H.245 제어 메시지를 교환하기 위한 TCP 연결을 다시 설정한다. H.245 TCP 연결을 통하여 호출자와 피호출자 단말기는 전송할 미디어 스트림 유형을 결정하는 코덱 유형을 포함하는 단말기능력집합(TerminalCapabilitySet)을 협상하고, 협상을 통해 확정된 유형의 미디어 스트림을 전송하기 위한 논리적 채널(Logical Channel)을 설정한다. 논리적인 채널 설정이 완료되면 비로소 각각의 단말기는 자신의 미디어 스트림을 RTP/RTCP를 사용하여 상대방 단말기에게 전송함으로써 H.323의 실질적인 통신을 개시한다.

8.2.2 H.225.0 호 설정

H.225.0 호 설정 절차를 보다 구체적으로 살펴 보자. 〈그림 8.4〉에서 보는 것처럼 호 설정(Call Setup) 제어 메시지는 호의 특성을 규정하는 여러 개의 정보를 포함한다. 호 설정 제어 메시지에 포함되는 대표적인 정보는 다음과 같다.

- 메시지 유형(Message Type) : SETUP 메시지 임을 표시한다.
- 호 참조 값(Call Reference Value) : 특정 피호출자와 교환하는 호 제어 메시지를 구분하기 위한 값이다. MCU를 통한 다자간 통신에서 피호출자를 SETUP 메시지를 사용하여 다자간 통신(conference)에 초대할 때, 각각의 피호출자마다 서로 다른 호 참조 값을 가지도록 함으로써 호 제어 메시지를 구분할 수 있다.
- 호 식별자(Call ID) : 특정 호를 구분하기 위한 식별자이다.
- 회의 식별자(Conference ID) : 특정 회의형 통신(conference)을 구분하는 식별자이다. 특정 회의로부터 탈퇴한 사용자가 그 회의에 다시 참여(join)하고자 할 때 호 식별자와 호 참조 값은 변하지만 회의 식별자는 변하지 않는다.
- 종단 장치 유형(Endpoint Type) : 종단 장치의 유형을 PC, MCU, Gateway 등으로 표시한다.

- 호 유형(Call Type) : 호의 유형은 Point-to-Point, Multipoint 등으로 표시한다.
- 호출자 식별자(Caller ID) : 호출자의 별칭 주소(Alias Address)
- 피호출자 식별자(Callee ID) : 피호출자 별칭 주소
- 회의 목적(ConferenceGoal) : SETUP 메시지의 목적이 회의를 생성(create)하기 위한 것인지, 특정 사용자를 기존 회의에 초대(invite)하기 위한 것인지, 아니면 기존 회의에 참여(join)하기 위한 것인 지를 표시한다.

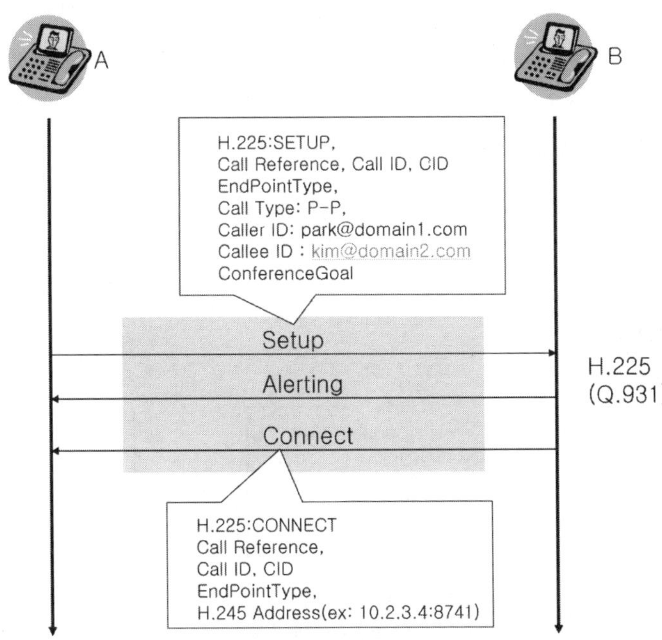

그림 8.4 고정 IP 단말기간 호 설정 절차

SETUP 메시지를 수신한 피호출자 단말기는 ALERTING 메시지를 호출자 단말기에게 전달하여 전화기의 벨 소리가 울리고 있음을 알리고, 사용자가 전화기를 들면 CONNECT 메시지를 호출자 단말기에 전달함으로써 호 설정 요구를 수락한다. CONNECT 메시지에는 SETUP 메시지로부터 복사한 호 식별자(Call ID), 호 참조 값(Call Reference Value), 회의 식별자(Conference ID) 정보 외에, 종단 장치의 유형과 호출자가 H.245 TCP 연결을 설정할 IP 주소와 포트 번호가 포함된다.

8.2.3 H.245 능력 협상과 주종 관계 결정

호출자 IP 단말기가 CONNECT 메시지에 포함된 IP 주소와 포트 번호로 피호출자 IP 단말기와 H.245 TCP 연결 설정을 완료하면, 각각의 단말기는 동시에 능력 협상 절차(Terminal Capability Negotiation Procedure)를 시작할 수 있다. H.245 단말기 능력 협상 절차는 〈그림 8.5〉과 같이 이루어진다. 호출자 단말기는 피호출자 단말기에게 단말기능력집합 (TerminalCapabilitySet) 메시지를 전달함으로써, 자신이 수신할 수 있는 미디어 스트림들과 각 미디어 스트림의 코덱 유형들을 제시한다. 〈그림 8.5〉에서 단말기능력집합 메시지에 포함된 능력테이블(CapabilityTable) 필드는 비디오 스트림을 위한 H.261 비디오 코덱, 오디오 스트림을 위한 G.711 오디오 코덱과 G.729 오디오 코덱, 그리고 데이터 응용 공유를 위한 T.120 프로토콜을 포함한다.

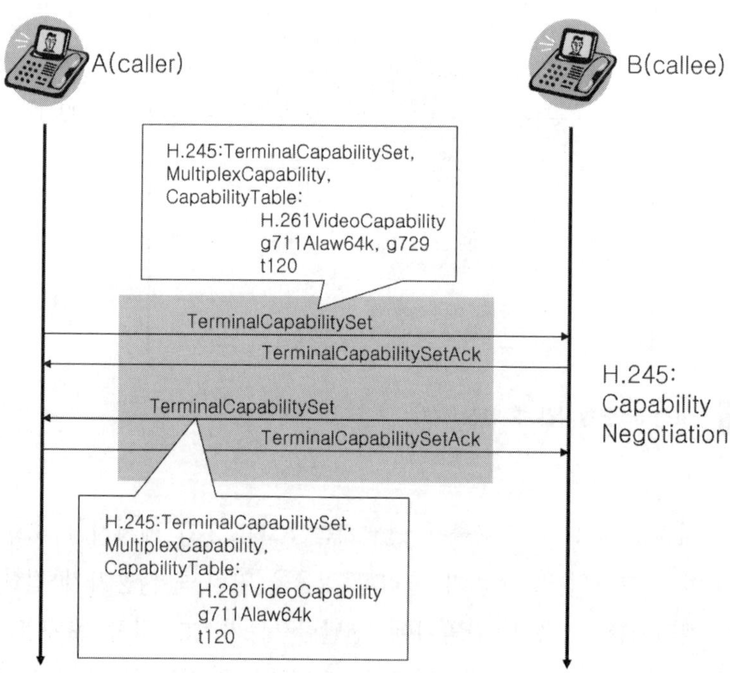

그림 8.5 H.245 단말기 능력 집합 협상 절차

단말기능력집합 메시지를 수신한 피호출자 단말기는 호출자 단말기에게 단말기능력집합확인(TerminalCapabilitySetAck) 메시지를 전달함으로써 호출자 단말기의 코덱 지원 능력을 확인한다. 마찬가지로 피호출자 단말기는 자신의 단말기능력집합 메시지를 호출자 단말기에게 전달함으로써 자신이 수신할 수 있는 미디어 스트림들과 각 미디어 스트림의 코덱 유형들을 피호출자 단말기에게 제시하고, 호출자 단말기는 단말기능력집합확인 메시지로 응답한다.

단말기 능력 협상이 완료되면 각각의 단말기는 상호간에 주종결정(MasterSlave-Determination) 메시지 교환을 통해 주종(Master-Slave) 관계를 결정한다. H.323에서 종단 시스템의 주종 관계 결정에서 MCU가 가장 높은 우선순위를 가지고, 게이트키퍼, 게이트웨이, 그리고 단순 단말기 순서로 우선순위를 가진다. 만약 통신에 참여하는 종단 시스템간에 코덱 유형 등의 충돌(conflict) 상황이 발생한다면(특히, 회의형 통신에서) 주(master) 종단 시스템이 이를 해결할 수 있는 권한을 가지고, 모든 종(slave) 종단 시스템은 주 종단 시스템의 요구를 수용해야 한다.

8.2.4 H.245 논리적 채널 설정과 미디어 스트림 전송

능력 협상과 주종 관계 결정이 완료되면 각 단말기는 오디오, 비디오, 그리고 데이터 스트림 전송을 위한 논리적 채널(Logical Channel)들을 설정한다. T.120 데이터 스트림 전송을 위한 채널을 제외한 오디오와 비디오 채널은 단방향(unidirectional) 채널이다. 따라서 각 단말기는 자신이 송신할 미디어 스트림들을 위한 논리적 채널들을 모두 설정해야 한다. 〈그림 8.6〉은 단말기 A와 단말기 B가 오디오 논리적 채널을 설정하는 과정을 보여준다. 단말기 A는 논리적채널개방(OpenLogicalChannel) 메시지를 단말기 B에게 전송함으로써 오디오 논리적 채널 설정을 요청한다. 논리적채널개방 메시지는 다음과 같은 정보를 포함한다.

- 논리적 채널 번호(Logical Channel Number) : 논리적 채널 식별자
- RTCP RR 포트 번호 : RTCP RR 메시지 수신 포트 번호. 상대방 단말기는 이 포트를 사용하여 RTCP RR(Receiver Report) 메시지를 송신할 수 있다.
- 데이터 유형(오디오 코덱) : 능력 협상 과정에서 상대방에 제시한 능력 집합에

서 선택된다.

- 세션 ID : 세션 식별자. 기본적으로 오디오 세션은 1, 비디오 세션은 2, 데이터 세션은 3의 세션 ID 값을 가진다. 세션은 같은 유형의 여러 개의 미디어 스트림을 통합 관리할 수 있게 한다.
- RTP 페이로드 유형(Payload Type) : RTP의 대응되는 페이로드 유형을 표시한다.
- 묵음 제거(Silence Suppression) : 묵음 구간(Silence Period)제거 여부를 표시한다.

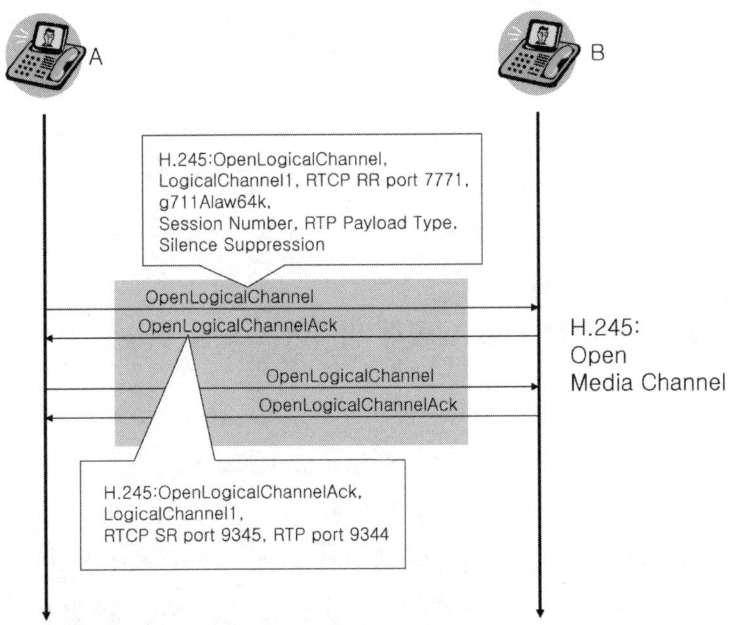

그림 8.6 **논리적 채널 설정 절차**

논리적채널개방 메시지를 수신한 단말기 B는 논리적채널개방확인 (OpenLogical-ChannelAck) 메시지를 단말기 A에게 응답함으로써 논리적 채널 설정 요구를 수락한다. 논리적채널개방확인 메시지는 단말기 A가 오디오 스트림을 전송할 RTP 포트 번호와 RTCP SR(Sender Report) 메시지를 전송할 RTCP 포트 번호를 포함한다. 반면, 동일한 절차를 통해 단말기 B는 단말기 A로의 단방향 오디오 논리적 채널을 설정할 수 있다.

〈그림 8.6〉의 단말기 A에서 단말기 B로 설정된 오디오 논리적 채널을 통한 RTP 데이터 흐름과 RTCP 메시지 교환 방식은 〈그림 8.7〉과 같이 될 것이다. 오디오 스트림은 RTP 패킷의 연속으로 단말기 B가 지정한 RTP 포트(9344)로 전송된다. 그리고 RTP 데이터 패킷들의 수신 상태 정보는 단말기 B의 RR 메시지를 통해 단말기 A가 지정한 RTCP 포트(7771)로 전달되고, 송신자의 상태 정보는 단말기 A의 SR 메시지를 통해 단말기 B가 지정한 RTCP 포트(9345)로 전달된다.

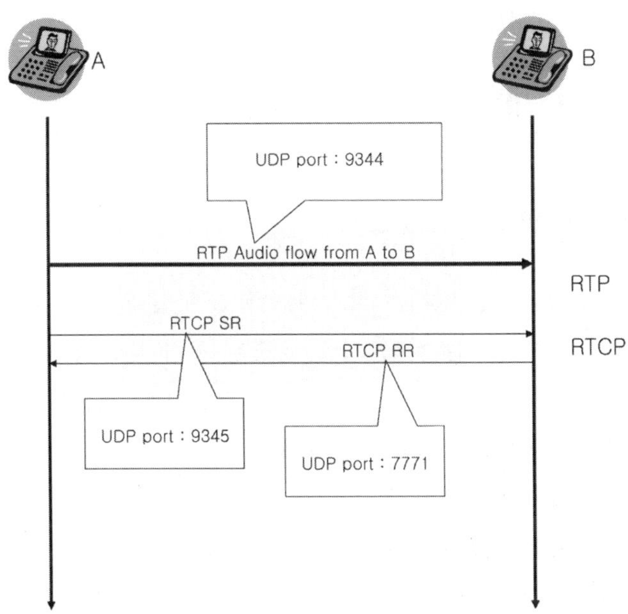

그림 8.7 RTP 데이터 흐름과 RTCP 메시지 교환

8.2.5 호 해제

앞의 예제에서 터미널 A가 H.323 호를 해제하고자 하는 경우 터미널 A는 자신이 설정한 각각의 논리적 채널 마다 H.245 논리적채널폐쇄(CloseLogicalChannel) 메시지를 보냄으로써 논리적 채널을 해제한다. 논리적채널폐쇄 메시지를 수신한 터미널

A는 논리적채널폐쇄확인(CloseLogicalChannelAck) 메시지를 응답함으로써 논리적 채널 해제 요구를 접수한다. 모든 논리적 채널의 폐쇄가 완료되면 터미널 A는 H.245 세션종료명령(EndSessionCommand) 메시지를 보내고, 상대방 터미널 A로부터 동일한 메시지의 수신을 기다린다. 터미널 A와 마찬가지로 터미널 B도 자신이 설정한 모든 논리적 채널을 해제하고 터미널 A에게 세션종료명령 메시지를 보낸다. 터미널 B로부터 세션종료명령 메시지를 수신한 터미널 A는 H.245 TCP 연결을 폐쇄한다. 마지막으로 터미널 A와 B는 H.225 해제완료(ReleaseComplete) 메시지를 상호 교환함으로써 H.323 호의 해제를 확인한 후 H.225 TCP 연결을 폐쇄한다.

8.3 게이트키퍼와 RAS

8.3.1 게이트키퍼의 역할과 토폴로지

앞에서 설명한 H.323 통신 예제는 각각의 단말기가 잘 알려진 고정 IP 주소를 가지는 것으로 가정하였으나 대부분의 실제 환경은 이와 다르다. 현재 많은 사용자(특히 가정 가입자, Residential Subscribers)들은 인터넷에 접속할 때마다 다른 IP 주소가 할당될 수 있는 동적(유동) IP 주소를 사용한다. 따라서 H.323은 게이트키퍼를 통해 사용자가 고정적으로 사용하는 별칭 이름(H.323 도메인 이름, 전화 번호 등)을 IP 주소로 변환하는 서비스를 제공한다. 이를 위해 H.323 단말기는 자신이 활성화될 때 자신의 별칭 이름과 IP 주소를 담당 게이트키퍼에 등록한다. 특정 단말기와 H.323 호 설정을 하고자 하는 단말기는 게이트키퍼로부터 자신이 알고 있는 별칭 이름과 대응되는 IP 주소를 얻은 다음 호 설정을 개시할 수 있다. H.323 게이트키퍼는 주소 등록과 변환 서비스 외에 여러 가지 네트워크 기반 부가 서비스를 제공할 수 있다. 예를 들어 피호출자 또는 종단 장치의 상태 변화(잠정적인 위치 이동, 통화 중, 잠정적인 통신 거부, 대체 피호출자 지정, 게이트웨이 과부하 등)에 따라 적절한 호 전달(Call Forward), 호 수락 제어(Call Admission Control), 호 경로 변경 등의 서비스를 제공할 수 있으며, 중앙 집중형의 과금(billing)과 보안(security)

서비스를 제공할 수도 있다.

하나의 게이트키퍼는 여러 개의 종단 장치(단말기, MCU, 게이트웨이)들을 관리할 수 있으며, 하나의 게이트키퍼에 의해 관리되는 영역을 존(zone)이라 한다. 여러 개의 존은 다시 하나의 관리 도메인(Administration Domain)을 형성하는 데, 일반적으로 관리 도메인은 ISP(Internet Service Provider) 또는 엔터프라이즈 네트워크가 된다. 〈그림 8.8〉은 일반적인 게이트키퍼의 토폴로지(topology)를 나타낸다. 〈그림 8.8〉의 경계 요소(Border Element)는 관리 도메인과 관리 도메인을 연결하는 게이트키퍼이다. 자신이 담당하고 있지 않은 종단 시스템에 대한 서비스 요청을 받은 게이트키퍼는, 자신의 경계 요소 게이트키퍼를 통해 다른 관리 도메인의 게이트키퍼 서비스를 요청할 수 있다.

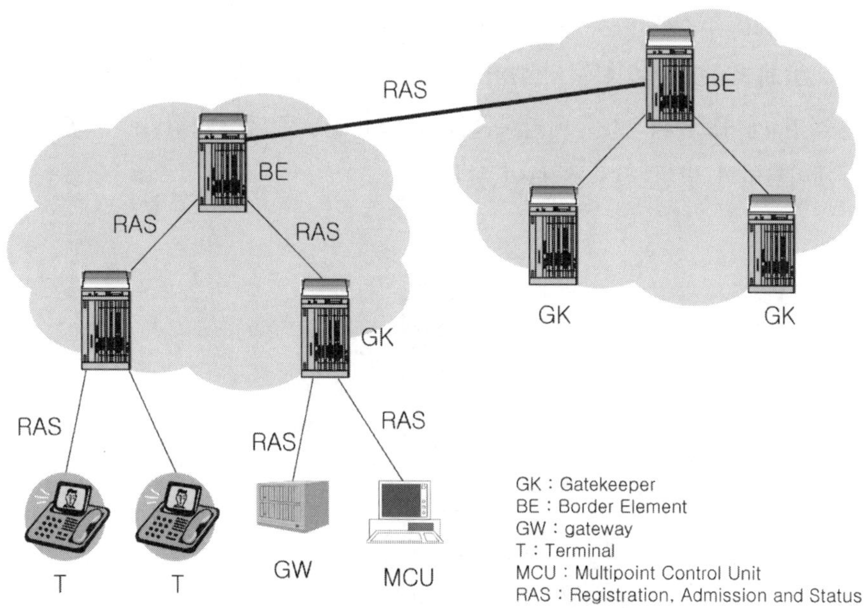

그림 8.8 게이트키퍼 토폴로지

종단 시스템과 게이트키퍼, 게이트키퍼와 게이트키퍼간의 통신은 H.225.0 RAS (Registration, Admission and Status) 표준을 따른다.

8.3.2 RAS

8.3.2.1 게이트키퍼 발견(Gatekeeper Discovery)

H.323 종단 시스템이 RAS 표준을 통하여 게이터키퍼와 통신하기 위해서는 먼저 자신을 관리할 게이트키퍼의 IP 주소를 알아야 한다. 간단한 구현의 경우 종단 시스템에서 수동적으로 게이트키퍼의 IP 주소를 설정할 수 있다. 어떤 경우에는 DHCP를 통해 IP 주소를 알 수 있는 특정 TFTP 서버로부터 게이트키퍼의 IP 주소를 포함하는 구성 정보를 담고 있는 구성 파일을 다운로드하여 자동적으로 게이트키퍼의 IP 주소를 설정할 수 있다. 그러나 이러한 게이트키퍼 IP 주소 설정 방식은 H.323 단말기의 이동성을 효과적으로 지원하는 데에 어려움이 있다. 예를 들어 H.323 단말기를 여러 존으로 이동시킬 필요가 있는 경우 각 존에 진입할 때 마다 게이트키퍼의 IP 주소를 다시 설정해야 하는 번거러움이 따른다. H.323은 단말기의 이동성을 효과적으로 지원하고, 여러 개의 게이트키퍼로의 부하 분산을 지원하기 위해 동적인 게이트키퍼 발견 메커니즘을 RAS의 일부로 정의하였다. 〈그림 8.9〉는 RAS의 게이트키퍼 발견 절차를 보여준다.

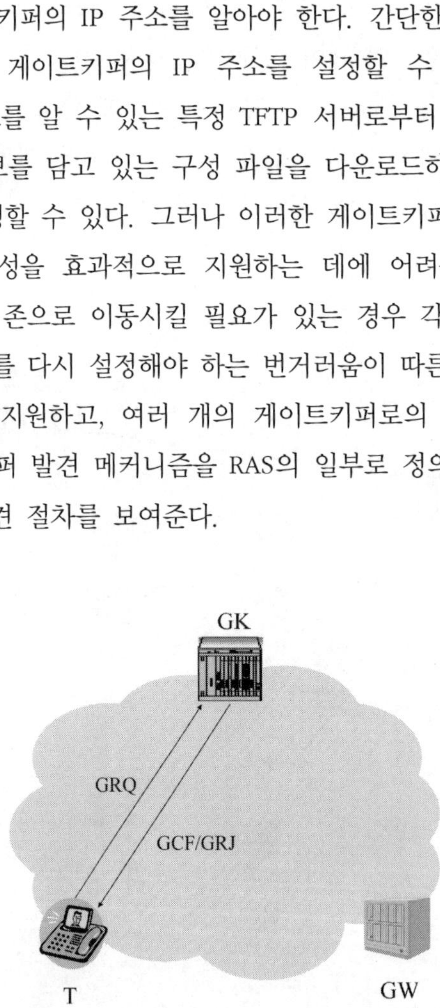

그림 8.9 게이트키퍼 발견 절차

게이트키퍼를 발견하기 위해 H.323 단말기는 GRQ(Gatekeeper Request) 메시지를 멀티캐스트 주소 224.0.1.41과 UDP 프트 번호 1718로 송신한다. 지역 네트워크에 존재하는 게이트키퍼를 먼저 발견하기 위해 GRQ 메시지는 작은 크기의 TTL(Time To Live)(예, 1) 값의 IP 데이터그램으로 전달된다. 만약 게이트키퍼를 발견하지 못하면 TTL을 늘려갈 수 있다. 모든 게이트키퍼는 멀티캐스트 주소 224.0.1.41의 멤버로 가입되어야 하고 UDP 포트 1718을 통해 GRQ 메시지를 기다리고 있어야 한다. GRQ 메시지를 수신한 게이트키퍼는 자신의 이름, 자신의 유니캐스트 주소, 자신의 유니캐스트 포트 번호(일반적으로 1719), 그리고 백업 게이트키퍼 정보를 포함하는 GCF(Gatekeeper Confirm) 메시지를 응답한다. 지역 네트워크에 여러 개의 게이트키퍼가 존재하는 경우 GRQ를 송신한 H.323 단말기는 여러 개의 GCF 메시지를 수신할 수 있으며, 단말기는 그 중에서 하나의 게이트키퍼를 선택할 수 있다. 만약 특정 게이트키퍼가 과부하 또는 보안 문제 등으로 인해 해당 단말기에 대한 게이트키퍼 서비스를 제공할 수 없는 경우 GRJ(Gatekeeper Reject) 메시지를 응답할 수 있다.

8.3.2.2 게이트키퍼 등록(Gatekeeper Registration)

〈그림 8.10〉는 RAS의 게이트키퍼 등록 절차를 보여준다.

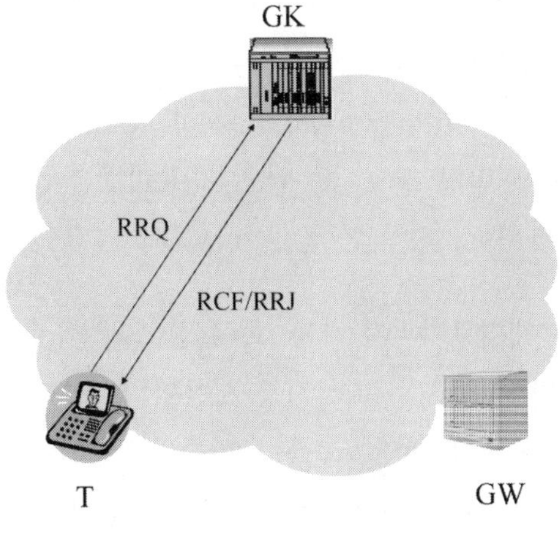

그림 8.10 게이트키퍼 등록 절차

게이트키퍼를 발견한 H.323 단말기는 자신의 별칭 이름 리스트(Alias List)와 H.225.0 호 제어용 IP 주소와 포트 번호 등의 정보와, 필요하면 등록 정보에 대한 유효 기간을 정의하는 TTL(Time To Live) 정보를 포함하는 RRQ(Registration Request) 메시지를 UDP를 사용하여 게이트키퍼에게 전송한다. RRQ의 송신자가 게이트웨이인 경우 별칭 이름 리스트가 매우 클 수도 있다. TTL을 설정한 경우 단말기는 주기적으로 RRQ 메시지를 전송하여 등록 상태를 갱신한다. RRQ 메시지를 수신한 게이트키퍼는 유일한 종단 식별자(Endpoint Identifier)를 포함하는 RCF (Registration Confirm) 메시지를 응답한다. 이 후 해당 단말기에서 생성되는 모든 RAS 메시지는 할당된 종단 식별자를 포함해야 한다. 게이트키퍼는 단말기에게 RRJ(Registration Reject) 메시지를 응답함으로써 등록을 거부할 수 있다.

8.3.2.3 호 수락 요청(Call Admission Request)

특정 호출자 H.323 터미널이 피호출자와 H.323 호 설정을 하기 위해서는 게이트키퍼로부터 해당 호에 대한 허가(permission)을 획득해야 하고, 게이트키퍼는 단말기의 호 수락 요청(Call Admission Request)을 허가할 때 H.225.0용 TCP 연결 설정을 위한 IP 주소와 포트 번호를 반환한다. H.323 RAS 호 수락 절차는 〈그림 8.11〉와 같이 이루어진다. 〈그림 8.11〉의 (a)에서와 같이 호출자 터미널은 자신의 게이트키퍼에게 ARQ(Admission Request) 메시지를 보내 피호출자와의 호 설정을 수락해 줄 것을 요청한다. ARQ 메시지는 게이트키퍼가 할당한 종단 식별자 (Endpoint Identifier), 호 유형(Point-to-Point, Multipoint 등), 호 설정 모델(직접 모드, 간접 모드), 피호출자 별칭 정보, 호 참조 값(Call Reference Value), 호 식별자, 그리고 대역폭 요구사항 등의 정보를 포함한다.

ARQ 메시지를 받은 게이트키퍼가 해당 호 설정 요구를 수락하면 ACF(Admission Confirm) 메시지를 반환한다. ACF 메시지는 사용할 호 설정 모델, H.225.0 IP 주소와 포트 번호, 그리고 허용된 대역폭등을 포함한다. 게이트키퍼가 해당 호 설정을 수락할 수 없는 경우 ARJ(Admission Reject) 메시지를 반환함으로써 호 설정 수락 요청을 거부할 수 있다. H.323은 게이트키퍼 기반의 두 가지 서로 다른 호 설정 모델을 지원한다. 하나는 호출자와 피호출자가 직접 H.225.0 및 H.245 TCP 연결을 설정하고 제어 메시지를 교환하는 직접 모드(Direct Mode) 호 설정 모델이고, 다른 하나는 게이트키퍼가 중간에서 제어 메시지를 대신 중계하는 게이트키퍼-라우팅 간접 모드(Indirect Mode) 호 설정 모델이다. 직접 모드 호 설정 모델이 사용되는 경우 호 수락 요청은 호출자측에서 뿐만 아니라 피호출자측에서도 이루어진다. 〈그림 8.11〉의 (b)와 같이 호출자로부터 호 설정 요청 메시지(SETUP)를 직접 수신한 피호출자(여기서는 게이트웨이)는 호 설정을 처리하기 전에 자신의 게이트키퍼에게 해당 호의 수락 여부를 확인한다. 피호출자측 게이트키퍼는 인증 과정 등을 통해 호 설정을 허가할 수 있다.

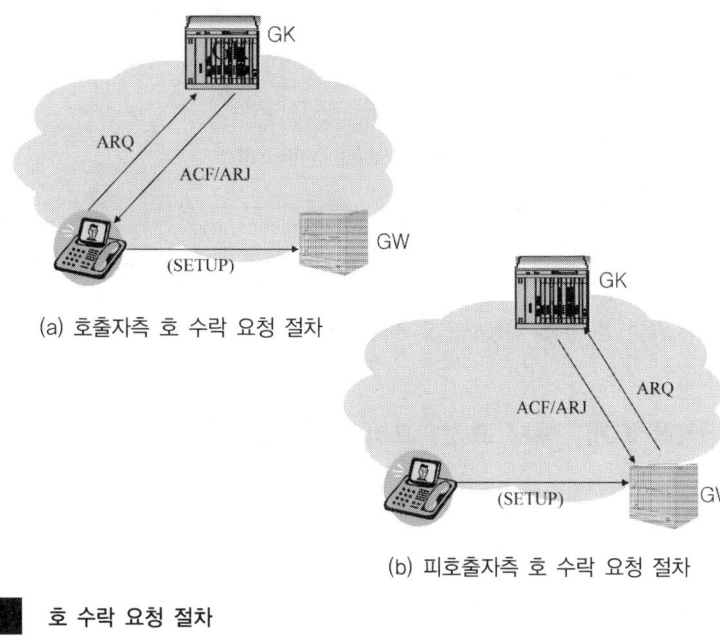

그림 8.11 호 수락 요청 절차

호출자 단말기로부터 ARQ 메시지를 받은 게이트키퍼가 피호출자 별칭 이름에 대한 IP 주소를 가지고 있지 않은 경우, 해당 게이트키퍼는 LRQ(Location Request) 메시지를 다른 게이트키퍼에게 보내 IP 주소를 해결한다. 특정 게이트키퍼가 별칭 이름에 대한 IP 주소 해결을 위해 어떤 게이트키퍼에게 LRQ 메시지를 보낼 것인지는, 자신이 보유하고 있는 다른 게이트키퍼에 대한 구성 정보를 사용하거나

DNS(Domain Name System)을 사용할 수 있다. LRQ 메시지는 여러 개의 게이트키퍼에 의해 중계될 수 있으며, 최종적으로 별칭 이름에 대한 IP 주소 정보를 가지고 있는 게이트키퍼에 의해 LCF 메시지가 반환되어 LRQ 메시지의 최초 발신자에게 전달된다. 〈그림 8.12〉은 LRQ/LCF 메시지를 이용하는 호 수락 요청 절차를 보여주고 있다.

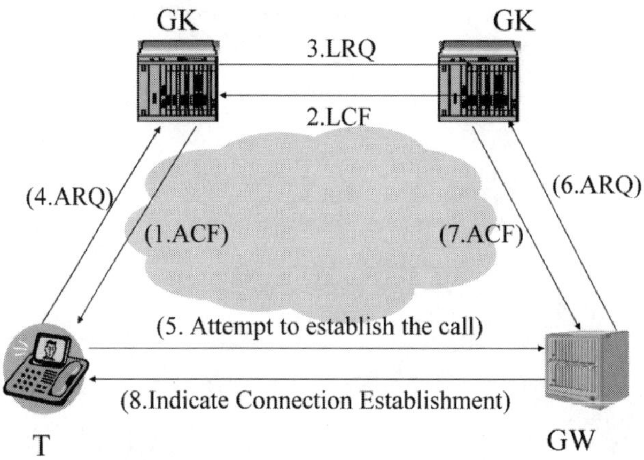

그림 8.12 LRQ/LCF 메시지를 이용하는 호 수락 요청 절차

8.3.2.4 대역폭 요청, 해제 요청, 그리고 정보 요청

호 설정이 완료된 후 필요하면 H.323 종단 장치는 BRQ(Bandwidth Request) 메시지를 게이트키퍼에게 보냄으로써 추가적으로 대역폭을 요청하거나 대역폭을 축소할 수 있다. BRQ 메시지를 받은 게이트키퍼는 BCF(Bandwidth Confirm) 메시지로 응답한다. 설정된 호가 종료되면 각 종단 시스템은 DRQ(Disengage) 메시지를 자신의 게이트키퍼에게 보냄으로써 호 해제를 요청한다. DRQ 메시지를 받은 게이트키퍼는 DCF(Disengage Confirm) 메시지로 응답함으로써 호 해제 요청을 확인한다. 게이트키퍼는 각 종단 시스템의 호 상태를 파악하기 위해 IRQ(Information Request) 메시지를 종단 시스템에게 전송할 수 있다. IRQ 메시지를 받은 종단 시스템은 IRR(Information Response) 메시지를 통해 호와 관련된 자세한 정보를 제공한다.

8.4 게이트키퍼 지원 직접 모드 호 설정 모델

8.4.1 직접 모드 호 설정

H.323 멀티미디어 시스템에서 게이트키퍼가 사용될 때 H.323 호는 직접 모드(Direct Mode)와 게이트키퍼-라우팅 간접 모드(Gatekeeper-routing Indirect Mode) 방식으로 설정될 수 있다. 〈그림 8.13〉는 직접 모드 호 설정 절차를 보여준다. xx-1234567 번호를 가지는 PSTN 전화기와 H.323 호 설정을 시도하는 호출자 단말기는 RAS의 호 수락 요청 절차 과정을 통해 PSTN 게이트웨이의 IP 주소(10.1.2.3)와 포트 번호(1720)를 획득한다. 그리고 호출자 단말기는 PSTN 게이트웨이와 직접 H.225.0 호 제어를 위한 TCP 연결을 설정하고 호 설정 요청 메시지(SETUP)를 전송한다.

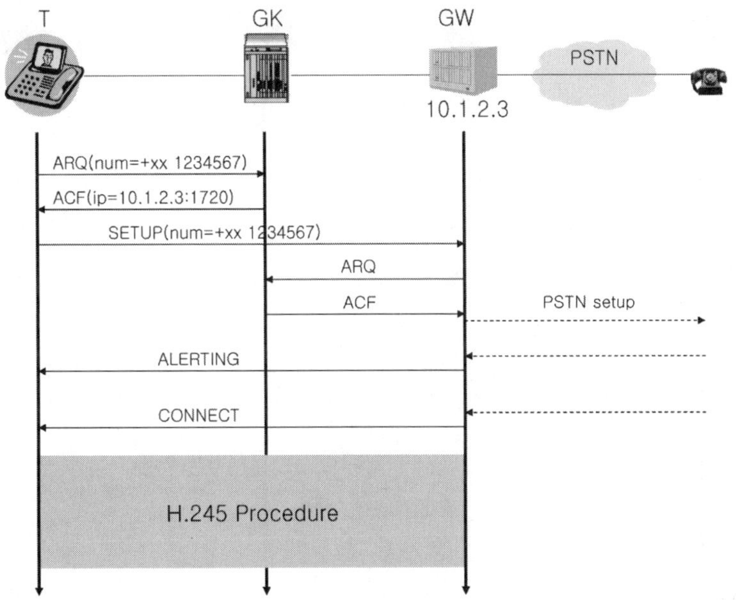

그림 8.13 직접 모드 호 설정 절차

SETUP 메시지를 수신한 게이트웨이는 자신의 게이트키퍼와 해당 호에 대한 수락 요청 절차(ARQ/ACF)를 진행한 후 PSTN 전화 설정 작업을 개시하고, 전화 신호가 정상적으로 피호출자 전화기로 전달되고 있음을 ALERTING 메시지를 통해 호출자 단말기에게 전달한다. 그리고 피호출자 전화기의 사용자가 전화를 받으면 게이트웨이는 CONNECT 메시지를 호출자 단말기에게 전송한다. CONNECT 메시지를 수신한 호출자 단말기는 게이트웨이와 H.245 TCP 연결을 설정하고 H.245 제어 절차를 개시한다. 이 절차는 앞에서 설명한 고정 IP 단말기간 H.245 제어 절차와 동일하다.

8.4.2 직접 모드 호 해제

피호출자 전화기의 사용자가 전화를 끊는 경우 게이트웨이는 해당 호의 해제 절차를 진행한다. 〈그림 8.14〉는 직접 모드 호 해제 절차를 보여주고 있다.

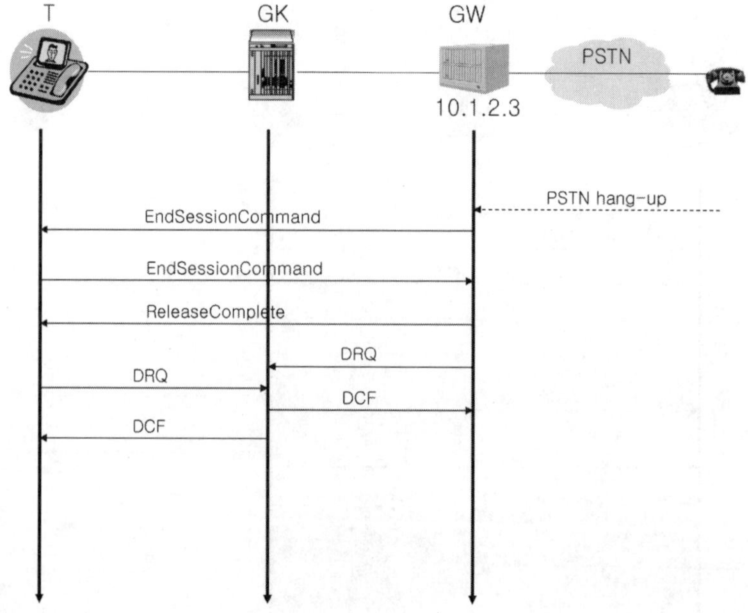

그림 8.14 직접 모드 호 해제 절차

먼저 게이트웨이는 H.245 논리적 채널 폐쇄 절차를 통해 해당 논리적 채널을 폐쇄하고 H.245 세션종료명령(EndSessionCommand) 메시지를 호출자 단말기에게 송신한다. 호출자 단말기로부터 동일한 메시지를 수신하면 게이트웨이는 H.245 TCP 연결을 폐쇄한다. 그리고 게이트웨이와 단말기는 해제완료(ReleaseComplete) 메시지를 상호 교환함으로써 H.323 호의 해제를 확인한 후 H.225 TCP 연결을 폐쇄한다. 마지막으로 게이트웨이와 단말기는 자신의 게이트키퍼에게 호 해제 요청(DRQ) 메시지를 보냄으로써 호 해제를 통보하고, 호 해제 확인(DCF) 메시지를 통해 확인받는다.

8.5 게이트키퍼-라우팅 간접 모드 호 설정 모델

8.5.1 직접 모드 호 설정 모델의 문제점

앞에서 설명한 직접 모드 호 설정 모델은 구현이 간단하고 게이트키퍼가 고장이 나더라도 진행중인 H.323 호들은 영향을 받지 않는 장점이 있는 반면 몇 가지 문제점을 내포하고 있다. 첫째, 직접 모드 호 설정 모델은 게이트키퍼에 의한 부가 서비스 제공에 제한이 따른다. 직접 모드 호 설정 모델에서는 ACF 메시지를 통해 피호출자 종단 시스템(단말기, 게이트웨이)에 대한 주소 변환 작업을 완료한 게이트키퍼는 이 후 호 설정 작업에 전혀 관여할 수가 없다. 따라서 피호출자 종단 시스템(예, 게이트웨이)이 혼잡(congestion) 등의 이유로 해당 호 설정 요청을 접수할 수 없는 상황이 발생하더라도, 게이트키퍼가 호를 다른 게이트웨이로 동적으로 재전달(Dynamic Call Redirect)하거나 호 설정 실패 이유를 네트워크 안내 서버(Announcement Server)에게 제공하는 등의 부가 서비스를 제공할 수 없다.

둘째, 신뢰성 있는 과금 정보 수집의 어려움도 직접 모드 호 설정 모델의 문제점 중의 하나이다. 직접 모드 호 설정 모델에서 과금 주체는 H.323 호의 시작과 종료 시점을 종단 시스템이 게이트키퍼에게 전송하는 ARQ 메시지와 DRQ 메시지의 도착 시점을 기준으로 파악할 수 있다. 그러나 신뢰할 수 없는 종단 시스템이 실제 호가 종료되지 않은 상태에서 DRQ 메시지를 보낼 수 있기 때문에 신뢰성 있는 과금

금 정보 수집이 어려울 수 있다.

셋째, 직접 모드 호 설정 모델은 보안이 취약한 단점을 가지고 있다. 직접 모드 호 설정 모델에는 임의의 종단 시스템이 게이트키퍼를 통해 다른 종단 시스템의 IP 주소를 쉽게 확보할 수 있고, 그 정보를 서비스 거부 공격(Denial-of-Service Attack) 등에 사용할 수 있다.

8.5.2 간접 모드 호 설정과 해제

게이트키퍼-라우팅 간접 모드(Gatekeeper-routing Indirect Mode) 호 설정 모델은 종단 시스템간 H.225.0 호 제어 메시지와 H.245 미디어 제어 메시지 교환이 게이트키퍼를 경유하여 이루어지도록 한다. 따라서 간접 모드 호 설정 모델에서는 게이트키퍼가 호 제어 메시지를 모두 파악할 수 있으므로 호 설정 상태에 따른 적절한 부가 서비스를 제공할 수 있고, 자신이 처리하는 호 제어 정보를 기반으로 신뢰성 있는 과금 정보 수집이 용이하며, 종단 시스템에게 신호 정보(IP 주소 등)를 제공할 필요가 없으므로 직접 모드 호 설정 모델의 보안 문제 발생이 방지될 수 있다.

〈그림 8.15〉은 2개의 게이트키퍼가 모두 제어 정보를 라우팅하는 간접 모드 호 설정 절차를 보여주고 있다. 간접 모드 호 설정에서 게이트키퍼는 LCF, ACF의 H.225.0 IP 주소를 자신의 IP 주소로 설정함으로써 H.225.0 TCP 연결 설정이 자신들을 경유하여 설정되도록 함을 알 수 있다. 따라서 모든 H.225 제어 메시지는 2개의 게이트키퍼를 경유하여 종단간에 전송된다. 〈그림 8.15〉에서 첫 번째 게이트키퍼(10.1.1.2)는 직접 모드 호 설정 모델을 지원한다면, 터미널로부터 H.225 TCP 연결이 두 번째 게이트키퍼(10.1.2.3)로 직접 설정될 것이다. 피호출자 종단 시스템(10.1.2.3)의 H.245 주소를 포함한 ALERTING 메시지를 전달하는 게이트키퍼는 각각 자신의 H.245 주소를 제공함을 알 수 있다. 따라서 H.225 TCP 연결과 마찬가지로 H.245 TCP 연결도 게이트키퍼를 경유하여 설정되고, 게이트키퍼가 H.245 제어 메시지를 라우팅함을 알 수 있다.

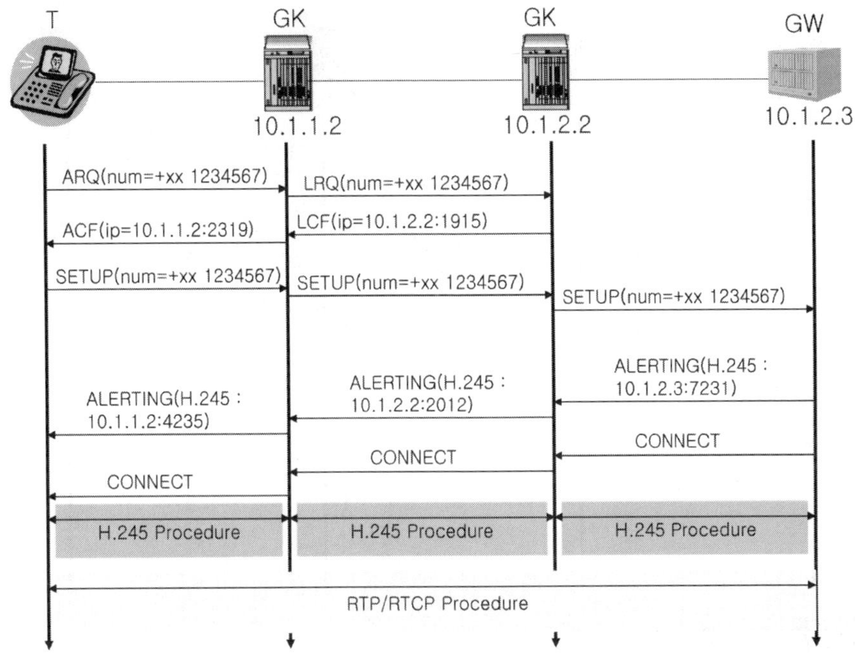

그림 8.15 간접 모드 호 설정 절차

게이트키퍼-라우팅 간접 모드 호 설정 모델에서도 RTP/RTCP 미디어 스트림은 종단 시스템간에 직접 전송된다. 간접 모드 호 설정 모델에서 종단 시스템간 미디어 스트림 직접 전송은 게이트키퍼의 복잡도를 줄여 확장성(scalability)을 용이하게 한다. 그리고 미디어 스트림 전송 경로가 게이트키퍼를 경유할 필요 없이 최적화된 경로를 선택할 수 있게 함으로써 미디어 스트림의 낮은 전송 지연(Low Latency)을 실현할 수 있게 한다.

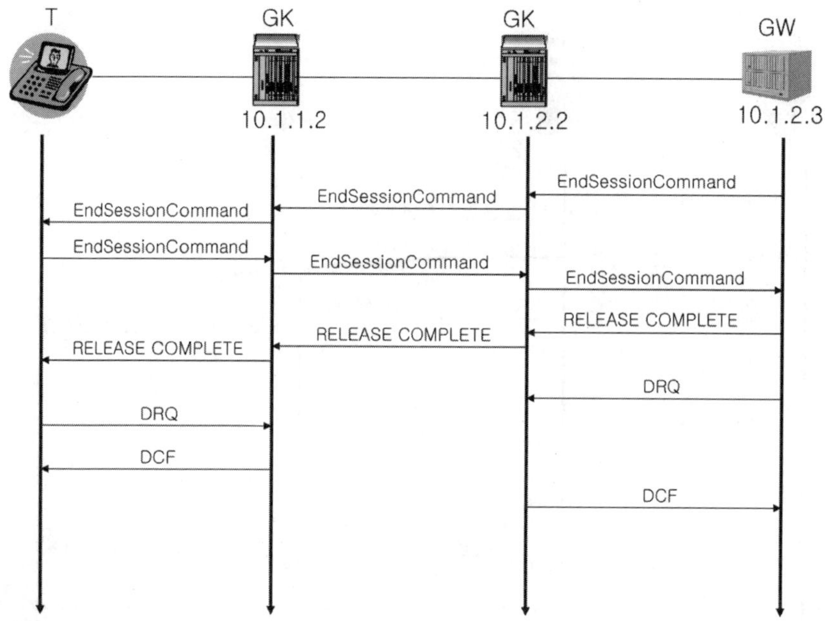

그림 8.16 간접 모드 호 해제 절차

게이트키퍼-라우팅 간접 모드 호 해제 절차는 호 해제 관련 H.245 제어 메시지와 H.225 제어 메시지의 전달이 게이트키퍼를 경유하는 점을 제외하면 직접 모드 호 해제 절차와 유사하다. 〈그림 8.16〉은 간접 모드 호 해제 절차를 보여준다.

8.6 MCU 기반 회의 통신

8.6.1 MCU(Multipoint Control Unit)

다수의 사용자가 참여하는 다자간 통신(Multipoint Communication)을 일반적으로 회의(conference)라 한다. 회의 통신(Conference Communication)은 일대일 통신(Point-to-Point Communication)과 분명하게 구분되는 2 가지 기능을 가진다. 첫번째는 다자간 통신 제어 기능(Multipoint Control) 기능이다. 다자간 통신 제어 기능은 회의 통신에 대한 특정 사용자의 참여 허가 기능, 새로운 사용자 초대 기능, 특정 사용자에 대한 미디어 전송 권한 부여 기능 등을 포함한다. H.323 회의 통신에서 다자간 통신 제어 기능을 담담하는 실체(entity)를 다자간 통신 제어기(MC-Multipoint Controller)라 한다.

회의 통신에서 요구되는 두번째 기능은 미디어 스트림의 다자간 통신 처리 기능(Multipoint Processing)이다. 특정 회의 통신에 다수의 사용자가 동시에 대화를 하는 경우 각각의 단말기는 자신의 미디어 스트림(오디오, 비디오)을 동시에 멀티캐스트하고, 모든 수신 단말기는 각 송신 단말기로부터의 미디어 스트림을 믹싱(mixing)하여 처리할 수 있어야 할 것이다. 미디어 스트림 멀티캐스팅과 다수의 수신 미디어 스트림의 믹싱 기능은 단말기의 미디어 스트림 처리 복잡도를 증가시킨다. 따라서 복잡한 미디어 스트림 처리를 감당할 능력이 없는 단순한 단말기 사용자는 회의 통신 참가가 제한되는 결과가 초래될 것이다. 단말기를 대신하여 미디어 스트림의 다자간 통신 처리 기능을 담당하는 네트워크상의 실체(entity)를 다자간 통신 처리기(MP-Multipoint Processor)라 한다. MP는 다수의 미디어 스트림을 수신하여 믹싱한 다음 하나의 스트림으로 만들어 각각의 단말기에 송신하는 믹서(mixer)로 구현될 수 있고, 여러 개의 미디어 스트림을 수신한 다음 그 중 하나의 미디어 스트림을 선택하여 각 단말기로 전송하는 스위치(switch)로 구현될 수도 있다. 일반적으로 오디오 회의 통신에서 MP는 믹서로 구현되고 비디오 회의형 통신에서 MP는 스위치로 구현된다.

H.323에서 하나의 MC와 선택적으로 하나 또는 그 이상의 MP를 포함하는 호출가능한(callable) 특수한 종단 시스템을 MCU(Multipoint Control Unit)라 한다. 회의 통신에서 MP의 사용 여부와 어떤 MP를 사용할 것인지는 회의 통신 환경에 따라 다를 수 있다. 〈그림 8.17〉에서 보는 것과 같이 믹서 또는 스위치형 MP가 사용되는 회의 통신을 중앙집중형 회의(Centeralized Conference)라 하고, MP를 경유하지 않고 종단 시스템 상호간에 직접 미디어 스트림이 전송되는 회의 통신을 분산형 회의(Decentralized Conference)라 한다.

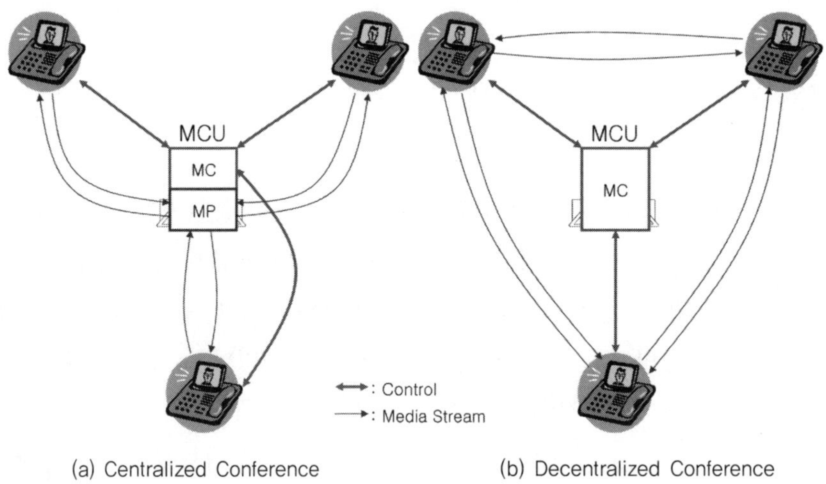

그림 8.17 중앙집중형(centralized) 회의와 분산형(decentralized) 회의

8.6.2 회의 제어(Conference Control)

8.6.2.1 회의 생성(Conference Creation)

회의(conference)의 생성은 MCU를 피호출자(callee)로 새로운 호(call)를 설정함으로써 가능하다. 즉, 회의를 생성하고자 하는 단말기는 값이 "생성(Create)"으로 설정된 회의 목적(ConferenceGoal) 매개변수와 전역적으로 유일하게 할당된 회의 식별자(Conference ID) 매매변수를 포함하는 호 설정 제어 메시지(SETUP)를 MCU에게 전송한다. SETUP 메시지는 다른 사용자들이 쉽게 사용할 수 있는 회의의 별칭 이름(예: myconference@mymcu.com)을 포함할 수 있을 것이다. MCU는 미리 예약한 정보등을 통해 회의 생성 호 설정 요청의 수락 여부를 판정한다. MCU가 해당 회의 호 설정 요청을 수락하기로 결정하면 MCU는 CONNECT 메시지로 응답하고 나머지 절차는 일반적인 호 설정 절차와 다를 바가 없으며, 주종(Master-Slave) 관계 결정 과정에서는 항상 MCU가 주 종단 시스템이 된다. MCU는 MCLocation-Indication 메시지를 호출자 단말기에 보냄으로써 주 종단 시스템이 자신임을 표시하고, terminalNumberAssign 메시지를 통해 단말기 번호를 부여한다. 이 때 부여된

단말기 번호는 RTP 패킷의 동기 소스 식별자(SSRC) 필드의 일부로 사용된다.

8.6.2.2 회의 초대(Conference Invitation)

회의에 참여하고 있는 단말기는 다른 단말기를 회의에 초대(invitation)할 수 있다. 〈그림 8.18〉은 회의 초대 절차를 보여주고 있다. 회의 초대 절차는 초대자(invitor)가 피초대자(invitee)의 주소(park@domain.com)를 포함하는 SETUP 메시지를 MCU에게 전함으로써 개시된다. 회의 초대를 위한 SETUP 메시지는 초대하고자 하는 회의 식별자(Conference ID)를 포함하고, 새로운 호 참조 값(CRV=2)을 가지며, 값이 "invite"로 설정된 회의 목적(ConferenceGoal) 매개변수를 포함한다. SETUP 메시지를 수신한 MCU는 이 메시지를 피초대자 단말기에게 전달하고, 피초대자 단말기는 CONNECT 메시지를 MCU에게 응답한다. 이 시점에서 MCU는 초대자 단말기에게 호 참조 값(CRV=2)을 포함하는 해제 완료(RELEASE COMPLETE) 메시지를 보내 초대를 위한 H.225.0 절차가 완료되었음을 통보한다. 그리고 MCU는 피초대자 단말기와 H.245 TCP 연결을 설정하고, 단말기 능력 협상(Terminal Capability Negotiation) 절차를 진행하고 주종 관계를 결정한다. MCU는 MCLocation-Indication 메시지를 피초대자 단말기에 보냄으로써 주 종단 시스템이 자신임을 표시하고, MultipointConference 메시지를 초대자 단말기와 피초대자 단말기에 보내 피초대자를 포함하는 회의가 개시됨을 통보한다. 그리고 피초대자 단말기에게 단말기 번호를 지정한다. 만약 회의에 다른 참여자가 존재하고 있으면 MCU는 H.245 terminalJoinedConference 메시지를 다른 참여자들에게 보내 새로운 단말기의 참여 사실을 알려준다.

새로 초대된 단말기는 회의의 기존 미디어 스트림과 호환되지 않는 단말기 능력(Terminal Capability)을 가지고 있을 수 있다. 따라서 MCU는 모든 단말기에게 communicationModeCommand 메시지를 보내 각 미디어 스트림에 대해 허용되는 새로운 전송 모드 집합(Transmitting Modes Set)을 알려준다. 그리고 MCU는 논리적채널개방(OpenLogicalChannel) 메시지를 종단 시스템들에게 전송함으로써 논리적 채널을 설정하고, 종단 시스템들은 MCU에게 논리적채널개방 메시지를 전송함으

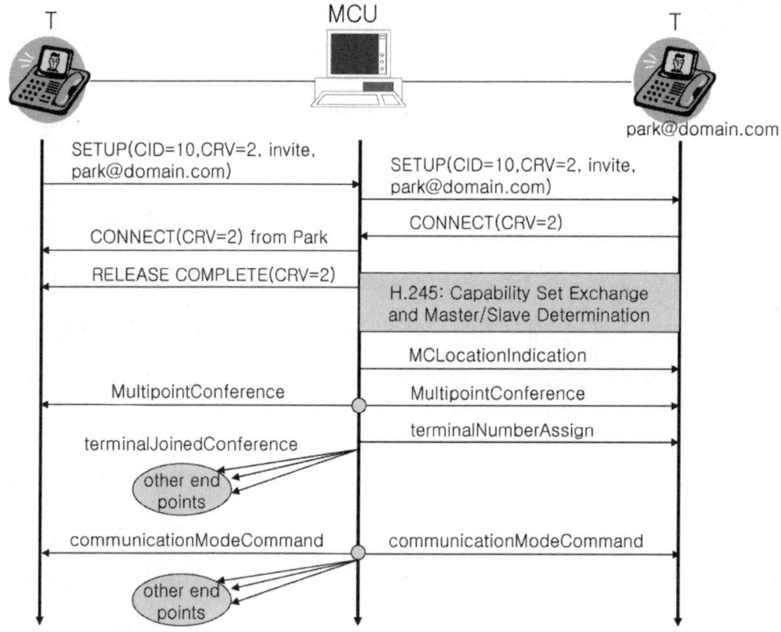

그림 8.18 회의 초대 절차

로써 자신의 논리적 채널을 설정한다.

8.6.2.3 회의 참가(Conference Join)

특정 단말기가 진행중인 회의에 참가(join)하기 위해 회의 식별자(CID)와 값이 "join"으로 설정된 회의 목적(ConferenceGoal) 정보를 포함하는 SETUP 메시지를 MCU에게 전송한다. 해당 단말기가 회의의 별칭 정보만 알고 있는 경우 별칭 정보를 SETUP 메시지에 포함시킬 수 있다. 이후의 절차는 회의 초대 절차와 유사하다.

8.7 H.323 시스템 최적화

8.7.1 H.323 시스템의 성능 문제

〈그림 8.19〉에서 보는 것처럼 비록 가장 간단한 고정 IP 단말기간이라 할 지라라도 H.323 호 설정은 다음과 같이 여러 번에 걸친 메시지 교환을 통해 이루어진다.

첫째, H.225 TCP 연결 설정을 위한 SYN 세그먼트와 SYN+ACK 세그먼트 교환
둘째, H.225 SETUP 메시지와 CONNECT 메시지 교환
셋째, H.245 TCP 연결 설정을 위한 SYN 세그먼트와 SYN+ACK 세그먼트 교환
넷째, H.245 단말기능력집합(TerminalCapabilitySet) 메시지 상호 교환
다섯째, H.245 논리적채널개방(OpenLogicalChannel) 메시지 상호 교환

일반적으로 원거리 통신 망(Wide Area Network)에서 메시지 호출자 단말기와 피호출자 단말기간에 메시지를 한번 교환하는 데 걸리는 시간(RTT-Round Trip Time)은 수십~수백 밀리초(ms)가 걸린다. 적어도 5 RTT를 필요로 하는 간단한 H.323 호 설정 과정도 긴 지연 시간이 소요됨을 알 수 있다. 하나 이상의 게이트키퍼가 관여하는 복잡한 게이트키퍼-라우팅 간접 모드 호 설정 과정은 보다 긴 지연 시간을 필요로 한다. 따라서 H.323 호 설정 모델을 실제 환경에서 적용하기 위해서는 호 설정 지연 시간을 수용가능한 수준으로 축소하는 것이 무엇보다 중요함을 알 수 있다.

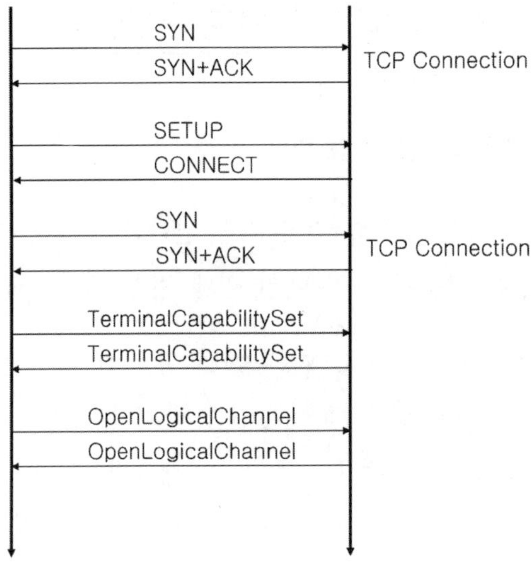

그림 8.19 H.323 호 설정을 위한 메시지 교환 과정

8.7.2 빠른 연결(Fast Connect) 기법

H.323 호 설정의 긴 지연 시간 문제를 해결하기 위해 H.323 버전2에서 도입된 솔루션이 빠른 연결(Fast Connect) 기법이다. 빠른 연결 기법은 H.225.0 SETUP 메시지 수신 후에 미디어 스트림 전송을 위한 논리적 채널이 즉시 설정될 수 있게 함으로써 호 설정 지연 시간을 크게 줄일 수 있게 한다. 빠른 연결 기법의 기본 개념은 SETUP 메시지와 CONNECT 메시지 교환 과정이 H.245의 단말기 능력 협상과 논리적 채널 개방 과정을 포함하도록 함으로써, 별도의 H.245 채널 설정을 불필요하게 만드는 것이다. 즉, 빠른 연결 기법을 적용하는 경우 H.245 표준은 생략된다.

빠른 연결 기법이 사용하여 H.323 호 설정이 이루어지는 경우 호 설정 요청을 위한 SETUP 메시지는 'fastStart'라 불리는 다소 복잡한 자료 구조의 매개변수를 포함한다. fastStart 매개변수는 호출자 단말기가 수신할 준비가 되어 있는 모든 미디어 채널에 대한 설명과 자신이 제공할 송신 미디어 채널에 대한 설명 정보를 포함한다. 이 설명 정보는 사용할 코덱(codec), 수신 포트 번호 등을 포함한다. CONNECT 메시지의 fastStart 매개변수는 SETUP 메시지에서 제안된 미디어 채널 정보중에서 선택된 정보를 포함한다. 〈그림 8.20〉은 빠른 연결 절차를 보여준다. 피호출자 단말기는 SETUP 메시지를 수신한 직후 호출자 단말기가 제안한 수신 채널 정보중의 하나를 선택하여 바로 RTP 스트림 전송을 개시할 수 있다. 마찬가지로 호출자 단말기도 CONNECT 메시지를 수신한 직후 RTP 스트림 전송을 개시할 수 있다.

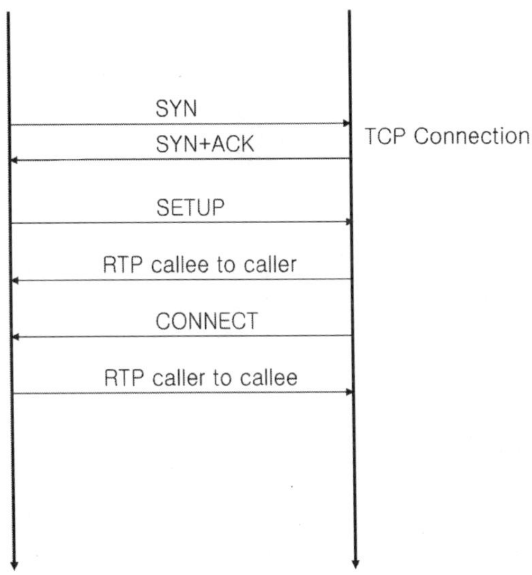

그림 8.20 빠른 연결 절차

〈그림 8.20〉이 보여주는 것처럼 빠른 전송 기법을 사용할 경우 호 설정 지연 시간을 크게 줄일 수 있다. 따라서 빠른 연결 기법은 한 번 호 설정이 이루어지면 호가 종료될 때까지 동적인 호 제어가 거의 필요하지 않은 VoIP 전화와 같은 응용에 매우 효율적으로 적용될 수 있다. 그러나 H.245의 회의 제어 기능 등을 필요로 하는 멀티미디어 회의 응용과 같은 복잡한 응용은 H.245가 생략된 빠른 연결 기법을 적용할 수 없다.

8.7.3 H.245 터널링 기법

H.245 터널링 기법은 H.245를 생략하는 빠른 연결 기법과 달리 H.245를 사용하되, H.245 메시지를 H.225.0 메시지에 캡슐화함으로써 별도의 H.245 TCP 연결 설정을 불필요하게 만드는 기법이다. 〈그림 8.21〉은 H.245 터널링을 위한 메시지 갭슐화의 예를 보여주고 있다.

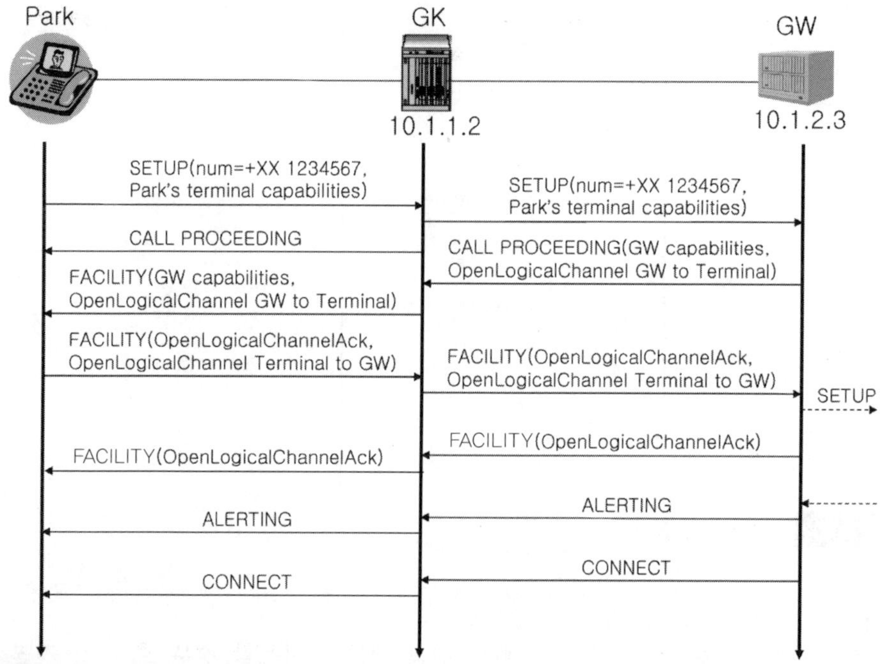

그림 8.11 H.245 터널링과 메시지 갭슐화

H.245 메시지는 현재 전송될 H.225 메시지의 하나의 매개변수(H245Control)로 포함된다. 만약 전송될 H.225 메시지가 없는 시점에 H.245 메시지를 전송할 필요가 있는 경우에는 H.225 FACILITY 메시지를 사용하여 캡슐화하여 전송한다.

9 SIP - 멀티미디어 세션 제어 프로토콜

Chapter 09

SIP–멀티미디어 세션 제어 프로토콜

9.1 개요

9.1.1 SIP 서비스

SDP(Session Description Protocol, RFC2327)에서 처음 소개된 세션(session)은 다수의 송신자와 수신자간에 여러 개의 미디어를 전달하는 데이터 스트림의 집합으로 정의된다. 인터넷에서는 전화, 비디오 회의, 데이터 공유, 프레즌스와 인스턴트 메시징 등 다양한 서비스 제공을 위한 여러 가지 형태의 세션들이 정의될 수 있다. 이와 같이 다양한 서비스를 효과적으로 제공하기 위한 세션은 다수의 멀티미디어 스트림을 포함할 수 있어야 하고, 다수의 사용자가 참여할 수 있어야 하며, 세션을 구성하는 멀티미디어 스트림과 참여자는 동적으로 변경될 수 있어야 한다. 새로운 미디어 스트림이 진행중인 세션에 추가될 수 있고, 기존의 스트림이 삭제될 수 있으며, 코덱(codec) 유형등 스트림의 특성이 변경될 수도 있어야 한다. 새로운 사용자가 세션에 초청될 수 있고 기존 사용자가 세션으로부터 탈퇴할 수도 있어야 한다. 또한 사용자는 주소의 변경없이 자유롭게 이동할 수 있으며, 사용자의 현재 위치와 현재 사용중인 단말기의 종류와 무관하게 해당 사용자로의 세션이 설정되고 유지될 수 있어야 한다.

SIP(Session Initiation Protocol)는 인터넷의 다양한 형태의 세션을 설정(setup)하고, 해제(termination)하고, 변경(modification)하는 등의 제어 서비스를 편리하고 효

과적으로 제공하기 위해 IETF(Internet Engineering Task Force)에서 개발된 세션 제어 프로토콜이다. SIP에는 다음과 같은 서비스가 포함된다.

사용자 주소(User Address)와 사용자 위치(User Location) 지정 서비스 - SIP는 세션 사용자를 편리한 방법으로 유일하게 지정할 수 있는 사용자 주소 체계를 정의한다. 그리고 지정된 사용자가 현재 사용하고 있는 단말기의 위치 정보(IP 주소 등)를 동적으로 파악할 수 있는 메커니즘을 제공한다.

- 사용자 상태 확인(User Availability) 서비스 – 지정된 사용자가 현재 세션을 수용할 수 있는 상태에 있는 지를 파악할 수 있게 하고, 사용자의 통신 참여 의향을 파악할 수 있게 한다.
- 단말기 능력(Terminal Capability) 확인 서비스 – 세션에 참여하는 단말기의 능력(처리가능한 미디어 유형 등)을 상호 확인하고, 세션에서 사용할 미디어 스트림의 종류와 특성을 협상할 수 있게 한다.
- 세션 설정(Session Setup) 서비스 – 호출자 단말기와 피호출자 단말기간 통신이 가능한 상태로 만드는 세션 설정 서비스를 제공한다. SIP에서 세션을 설정하는 작업을 호(call) 설정이라 칭하기도 한다.
- 세션 관리(Session Management) 서비스 – 미디어 스트림 추가 / 삭제 / 변경(Stream Addition/Deletion/Modification), 사용자 추가(User Addition), 세션 해제(Session Termination) 등 진행 중인 세션에 대한 관리 서비스를 제공한다.

비록 SIP가 자신의 제어 메시지에 간단한 데이터 정보를 포함하여 전송하는 서비스를 제공하지만, 일반적으로 SIP 단말기간 교환되는 데이터 스트림은 세션 설정 과정에서 지정되는 별도의 트랜스포트 프로토콜을 통해 SIP 제어 메시지와 분리되어 전송된다. 프레즌스 서비스와 인스턴트 메시징 서비스와 같이 단말기간 교환되는 사용자 정보가 간단한 경우에는 SIP 제어 메시지에 사용자 정보가 포함되어 전송될 수 있다. 반면, 오디오나 비디오 스트림과 같은 사용자 정보는 RTP/RTCP와 같은 별도의 트랜스포트 프로토콜을 통해 독립적으로 처리됨으로써 미디어 스트림의 특성에 맞는 전송 서비스가 제공될 수 있게 한다.

9.1.2 SIP 시스템 구성

SIP 시스템에서 사용자에게 응용 서비스를 제공하는 종단 장치(Endpoint Device)는 UA(User Agent)로 정의된다. UA는 사용자를 대신하여 SIP 서비스를 요청하는 UAC(User Agent Client)와 요청받은 서비스에 대해 사용자를 대신하여 응답하는 UAS(User Agent Server)로 구성된다. SIP를 탑재한 IP폰, PC, 화상 회의 단말, PDA, 휴대폰 등이 UA가 될 수 있다. 모든 SIP 사용자는 이메일 주소와 같은 SIP 주소를 가진다. SIP 주소와 IP 주소간의 변환은 각 UA가 사용자의 SIP 주소와 자신의 IP 주소를 레지스트라 서버(Registrar Server)에 등록함으로써 제공된다. UA는 SIP 주소와 IP 주소간 변환 정보외에 사용자 상태에 따른 호(call) 처리 방법(예 - reditect), 접근 제어(예-특정 사용자로부터의 세션 요청 거부) 정보 등을 등록할 수 있다. 예를 들어, 출장등으로 사용자의 위치가 변경되는 경우 변경된 위치 정보가 원래의 레지스트라 서버에 등록됨으로써, 해당 사용자 주소로의 세션 설정 요청이 변경된 위치로 방향재지정(redirect)될 수 있게 한다. 사용자가 통화중 상태에 있거나 통화를 할 수 없는 상태에 있을 경우 대신 통화할 대체 SIP 주소(예 - 비서의 SIP 주소 등)를 등록할 수도 있다.

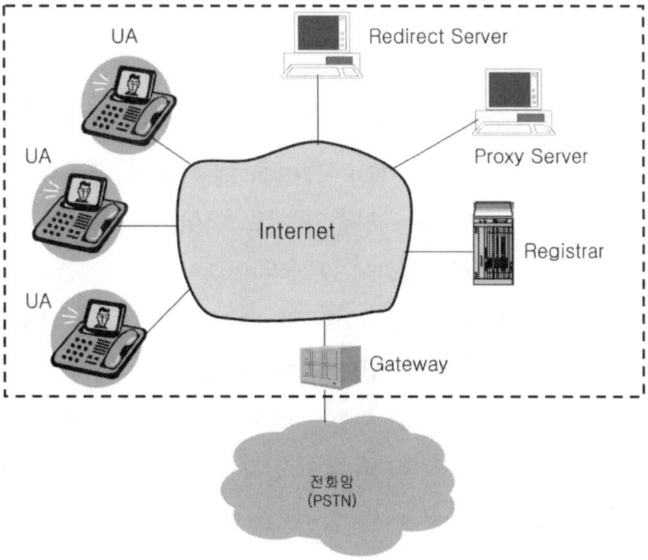

그림 9.1 SIP 시스템의 구성

〈그림 9.1〉의 SIP 시스템에서 리다이렉트 서버(Redirect Server)는 UAC에게 특정 서비스를 요청할 대상을 알려주는 서버이다. UAC로부터 특정 서비스 요청을 받은 리다이렉트 서버는 해당 서비스 수행을 위해 UAC가 접촉해야 할 대상 목록(Contact List)에 대한 정보를 제공한다. 리다이렉트 서버는 접촉 대상에 대한 정보를 레지스트라 서버로부터 입수할 수 있다. 프락시 서버(Proxy Server)는 특정 UAC로부터 수신한 서비스 요청을 적절한 접촉 대상에게 전달하고, 그 실행 결과가 다시 해당 UAC에게 전달될 수 있게 지원한다. 프락시 서버는 서비스 요청 또는 응답 메시지의 단순한 전달 역할 외에, 사용자 인증(User Authentication), 접근 제어(Access Control) 등의 서비스를 UA를 대신하여 제공할 수 있다. 프락시 서버는 서비스 요청 메시지를 전달할 접촉 대상에 대한 정보, 사용자 인증 정보, 그리고 접근 제어 정보 등을 레지스트라 서버를 통해 입수할 수 있다. 게이트웨이(gateway)는 SIP 시스템과 다른 시스템(예-기존 전화망)을 연결하여 서비스가 연동될 수 있게 만드는 장치이다.

9.1.3 SIP 프로토콜 구조

IETF의 SIP와 유사한 서비스를 제공하는 ITU-T의 H.323은 세션에 대응 되는 호 제어를 위한 프로토콜(H.225.0)과, 호에 포함된 미디어 스트림 전송을 위한 논리적인 채널 제어를 위한 프로토콜(H.245)를 분리하여 정의한다. 이에 반해 SIP에서는 세션과 미디어 스트림이 통합적으로 제어된다. SIP가 세션과 미디어 스트림을 통합적으로 제어할 수 있게 만드는 것은 SDP이다. SDP는 SIP가 제어할 세션에 대한 구체적인 사양을 정의할 수 있게 하는 일종의 기술 언어(Description Language)이다. SDP에 의해 정의된 세션 사양은 세션에 포함된 미디어 스트림에 대한 사양을 포함한다. SIP는 세션 사용자들이 SDP로 정의된 세션 사양을 상호 교환하고 협상함으로써 원하는 사양의 세션을 설정할 수 있게 한다. 따라서 SIP는 호 설정과 논리적 채널 설정이 순차적으로 이루어지는 H.323에 비해 세션 설정 절차가 간단하고 세션 설정에 걸리는 지연 시간이 작은 이점이 있다. SIP는 세션이 진행 중인 상태에서 새로운 세션 사양을 교환함으로써 미디어 스트림의 특성을 변경하는 등의 세션 제어 작업을 수행할 수 있게 한다.

<그림 9.2>는 멀티미디어 인터넷 프로토콜 구조에서 SIP와 관련 프로토콜의 위치를 보여준다. SDP로 정의되는 세션 사양 정보는 SIP 메시지에 포함되어 전달된다. SIP는 기본적으로 하위의 트랜스포트 프로토콜과 독립적으로 동작할 수 있게 정의되었다. SIP 제어 메시지는 임의의 TCP나 UDP에 의해 전송될 수 있다. 그러나 트랜스포트 프로토콜에 대한 별도의 지정이 없으면 UDP를 기본 프로토콜로 사용하고, 기본 포트 번호는 5060이다. SIP는 세션 제어 프로토콜로서 미디어 스트림 전송을 위한 프로토콜을 별도로 지정할 수 있다. 미디어 스트림 전송 프로토콜은 SDP로 정의되는 세션 사양에 포함되고, 일반적으로 오디오와 비디오와 같은 멀티미디어 스트림은 RTP/RTCP에 의해 전송된다.

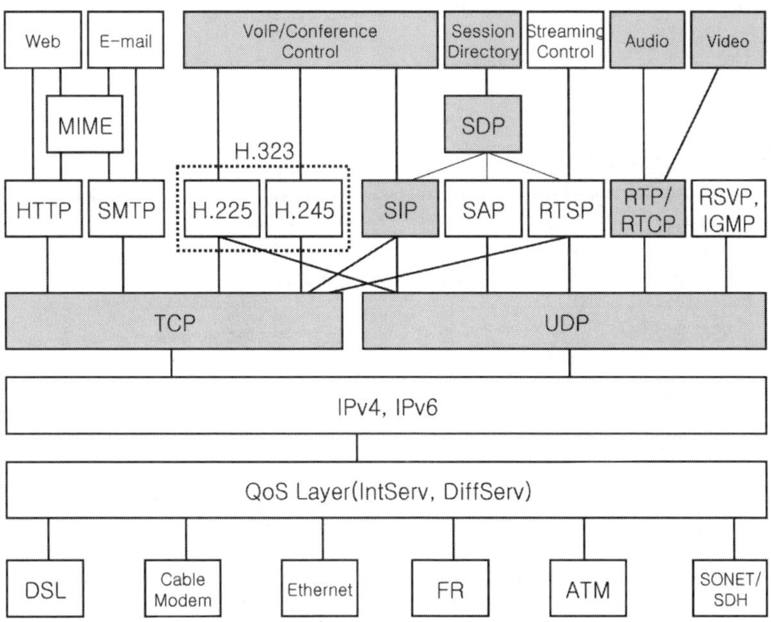

그림 9.2 SIP와 관련 프로토콜의 위치

9.1.4 SIP 관련 프로토콜

SIP는 1999년 3월에 RFC2543으로 처음 소개된 이후 많은 개선 작업을 거쳐 2002년 6월 RFC3261로 정의되었다. RFC3261이 확정 발표된 이후에도 SIP는 꾸준히 확장되고 있다. RFC3262는 TRYING, RINGING 등과 같은 임시 응답 메시지(Provisional Response Messages)의 신뢰적인 전송을 위해 추가적으로 정의되었으며, 주로 기존 전화망과의 연동 서비스 제공을 위해 필요하다. RFC3263은 SIP 서버의 위치를 찾는 방법을 기술하고 있으며, RFC3264는 SDP를 사용하여 미디어 스트림의 특성을 보다 분명하게 협상하는 방법을 규정한다. SIP는 HTTP와 같이 텍스트형(Text-oriented) 프로토콜이면서 요청 메시지(Request Message)와 응답 메시지(response Message)로 구성되는 트랜잭션(transaction) 기반의 간단한 동작 구조를 가진다. 따라서 SIP는 요청 메시지의 새로운 메소드(method)와 그에 따른 응답 메시지를 정의함으로써 새로운 서비스를 위해 쉽게 확장될 수 있다. RFC3265와 RFC3428은 사용자의 통신 능력과 통신 의향 정보를 제공하는 프레슨스 서비스(Presence Service)와 인스턴트 메시징 서비스 제공을 위한 SIP의 확장에 대해 각각 기술한다.

표 9.1 SIP 관련 프로토콜

RFC	제목
RFC 2327	Session Description Protocol
RFC 3261	Session Initiation Pr otocol(new)
RFC 3262	Reliability of Provisional Responses in SIP
RFC 3263	SIP : Locating SIP Servers
RFC 3264	An Offer/Answer Model with SDP
RFC 3265	SIP : Specific Event Notification
RFC 3428	SIP Extensions for Instant Messaging

9.2 SIP 기본 동작 절차

9.2.1 고정 IP UA간 일대일 통신

SIP 표준의 동작 절차에 대한 이해를 돕기 위해 가장 기본적인 고정 IP UA간 일대일 SIP 통신에 대해 살펴본다. 일반적으로 UA는 DHCP(Dynamic Host Configuration Protocol) 등에 의해 동적으로 할당되는 동적(유동) IP 주소를 가지지만, 여기서는 동작 절차의 단순화를 위해 고정 IP 주소를 가지는 것으로 가정한다. 이 경우 클라이언트 UA(UAC)는 서버 UA(UAS)를 IP 주소를 사용하여 직접 호출할 수 있다. 〈그림 9.3〉는 고정 IP UA간 일대일 통신 절차를 개략적으로 보여주고 있다.

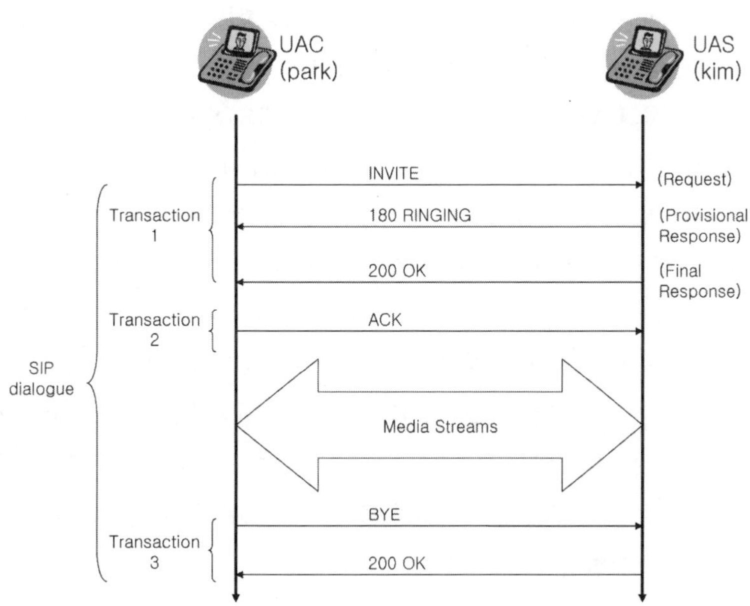

그림 9.3 고정 IP UA간 일대일 통신 절차

UAC와 UAS간 통신은 특정 서비스 요청을 위해 상대방에게 송신하는 요청 메시지(Request Message)와, 요청 메시지의 실행 결과를 응답하기 위해 송신하는 응답 메시지(Response Message)의 교환을 통해 이루어진다. 요청 메시지의 유형은 메소드(method)로 정의되고, 메소드는 INVITE, ACK, BYE, CANCEL, REGISTER, CANCEL, OPTIONS, PRACK, SUBSCRIBE, NOTIFY 등을 포함한다. 응답 메시지는 요청 메소드의 실행 결과를 표시하는 상태 코드(State Code)와 응답 상태를 설명하는 정보를 포함한다. 응답 메시지는 요청 메소드의 실행 상태에 대한 임시 결과를 응답하는 임시 응답 (Provisional Response) 메시지와, 마지막 결과를 응답하는 최종 응답(Final Response) 메시지로 구분된다. 특정 요청 메시지에 대해 최종 응답 메시지를 교환하기까지의 통신 과정은 트랜잭션(transaction)으로 정의된다. 어떤 트랜잭션의 경우 응답 메시지가 생략될 수도 있다(예-ACK 요청 메시지). SIP에서 UAC와 UAS간 다이얼로그(dialogue)는 트랜잭션의 연속으로 이루어진다.

〈그림 9.3〉에서 UAC는 UAS에게 INVITE 요청 메시지를 보냄으로써 해당 UAS를 세션에 초대한다. 이 과정은 UAC가 UAS를 호출(call)하는 작업에 해당되므로 호 설정(Call Setup) 과정이라 부르기도 한다. 이 때 UAC는 SDP로 기술된 세션에 대한 사양(specification)을 UAS에게 제안(offer)한다. INVITE 요청 메시지를 수신한 UAS는 현재 호 설정 상태를 나타내는 임시 응답 메시지(180 RINGING)를 UAC에게 보내고, 최종적으로 피호출자(kim)가 호 설정 요청을 수락하면(예-전화 응답) 최종 응답 메시지(200 OK)를 보낸다. UAS는 200 OK 메시지를 통해 UAC가 제안한 세션 사양에 대해 답(answer) 함으로서 UAC와 UAS간 세션 사양에 대한 합의를 이루고, 이후 합의된 세션을 통해 상호 통신한다. 최종 응답 메시지를 받은 UAC는 ACK 요청 메시지를 통해 수신을 확인함으로써 해당 UAS에 대한 초대 작업(해당 피호출자로의 호 설정 작업)을 완료하고, UAC와 UAS는 세션 사양에서 지정된 트랜스포트 프로토콜 정보(IP 주소, 트랜스포트 프로토콜 종류, 포트 번호 등)를 사용하여 미디어 스트림을 상호 교환한다.

통신을 완료한 UAS는 BYE 요청 메시지를 UAC에게 송신함으로써 해당 세션으로부터 탈퇴를 요청할 수 있고, UAC는 200 OK 응답 메시지를 통해 성공적인 탈퇴 결과를 응답한다. BYE 요청 메시지를 통한 세션 탈퇴 과정은 피호출자로부터의 호 해제(Call Release) 과정과 동일하다.

9.2.2 SIP 요청 메시지

SIP 요청 메시지는 HTTP 요청 메시지와 유사한 포맷을 가진다. 〈그림 9.4〉는 SIP 요청 메시지 포맷을 보여준다. SIP 요청 메시지는 ASCII 텍스트로 구성되는 시작 라인(Start Line), 다수의 헤더 라인(Header Line), 그리고 메시지 몸체(Message Body)로 구성되고, 각 라인의 끝은 라인 종단을 표시하는 제어 문자 조합(〈CR〉〈LF〉)으로 표시된다. 시작 라인은 요청 메소드(method)와 요청 메시지의 목적지 주소(Request URI), 그리고 SIP 버전 정보가 포함된다.

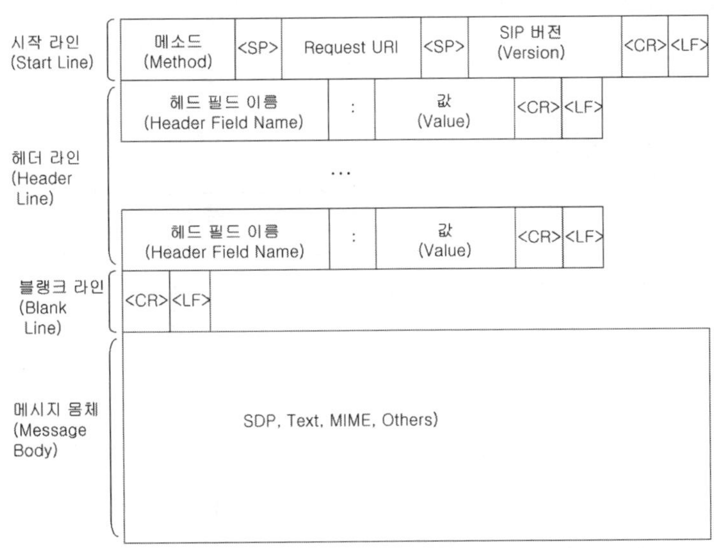

그림 9.4 SIP 요청 메시지 포맷

〈표 9.2〉에 나타낸 SIP 메소드들 중에 INVITE, ACK, BYE, CANCEL, OPTIONS, REGISTER 메소드는 RFC 3261에 정의되어 있고, PRACK은 RFC 3262, SUBSCRIBE와 NOTIFY는 RFC 3265에, 그리고 UPDATE 메소드는 RFC 3311에 정의되어 있다. 시작 라인의 목적지 주소 정보(Request URI)는 최종 목적지 주소가 아닌 다음 목적지 주소를 나타낸다. 따라서 요청 메시지가 여러 개의 프락시 서버를 거쳐 전달될 경우 시작 라인의 목적지 주소는 다음 프락시 서버 주소로 변경된다.

SIP 요청 메시지는 HTTP의 경우와 같이 메시지에 관한 제어 정보를 담은 선택적인 다수의 헤더 라인을 포함할 수 있다. 헤더의 종류는 〈표 9.2〉과 같이 Via, Max-Forwards, From, To, Call-ID, CSeq, Contact, Content-Length, Content-Type 등을 포함한다. 추가적으로 SIP 요청 메시지는 HTTP에서 사용하는 Accept, Accept-Language 등을 지원하고, 등록(registration) 또는 탐색 시간을 제한하는 Expires, Priority, Subject 등의 헤더를 지원한다.

SIP 메시지의 몸체는 메시지가 전달할 컨텐트를 포함한다. 메시지 몸체에 포함되는 컨텐트는 SDP로 기술된 세션 사양, 일반 텍스트, MIME 데이터 등이 될 수 있다. 대부분의 SIP 메시지는 SDP 메시지 몸체을 가지는 반면, 인스턴트 메시지 서비스를 위한 MESSAGE 요청 메시지의 경우 일반 텍스트 또는 MIME 몸체를 가진다.

표 9.2 SIP 메소드와 헤더 필드

SIP 메소드	설명
INVITE	- 용자를 세션에 초대. 사용자로의 호 설정 요청
ACK	- 서버로부터 최종 응답(Final Response) 수신에 대한 확인
BYE	- 호 해제 요청
CANCEL	- 이전 요청 취소
OPTIONS	- 상대방 능력(capability)에 대 한 질의
REGISTER	- 현재의 위치 정보 등록
PRACK	- 임시 응답(Provisional Response) 확인(RFC 3515)
SUBSCRIBE	- 특정 사건 통지(Specific Event Notification) 요청(RFC 3265)
NOTIFY	- 특정 사건 통지(RFC 3265)
MESSAGE	- 인스턴트 메시지(Instant Message) 송신(RFC 3428)
UPDATE	- 미디어 세션 매개변수 변경(RFC 3311)

헤더 필드	설명
Via	- 요청 메시지의 전달 경로 표시. 응답 메시지 전달 경로 선택과 전달 경로상 루프(loop) 탐색에 사용
Max-Forwards	- 요청 메시지가 통과할 수 있는 최대 프락시 서버의 개수. 루프를 통한 요청 메시지의 무한정 전달 방지에 사용
From	- 요청 메시지 생성자의 주소
To	- 요청 메시지의 최종 목적지 주소
Call-ID	- 호출자에 의해 유일하게 할당되고, 일련의 메시지를 그룹 단위로 묶기 위해 사용.
CSeq	- 트랜잭션을 식별하고 순서를 구분하기 위한 순서 번호. 트랜잭션내의 메시지는 동일한 CSeq 값을 가짐.
Contact	- 후속 요청 메시지들을 위해 UA가 접촉할 대상 정보
Content-Length	- 메시지 몸체의 크기
Content-Type	- 메시지 몸체의 유형

9.2.3 SIP 응답 메시지

IP 요청 메시지에 대한 응답 메시지는 임시 응답(Provisional Response) 메시지와 최종 응답(Final Response) 메시지로 구분되고, SIP 서버는 하나의 요청 메시지에 대해 여러 개의 응답 메시지를 응답할 수 있다. 1xx 상태 코드를 가지는 임시 응답 메시지는 트랜잭션 종료와 무관한 정보 전달 목적으로 보내지는 반면, 최종 응답 메시지(2xx, 3xx, 4xx, 5xx, 6xx)는 해당 요청 메시지에 의해 기동된(initiated) 트랜잭션을 종료시킨다.

SIP 응답 메시지도 HHTP 응답 메시지와 유사한 포맷을 가진다. 〈그림 9.5〉는 SIP 응답 메시지의 포맷을 보여주고 있다. SIP 응답 메시지는 상태 라인(State Line), 다수의 헤더 라인(Header Line), 그리고 메시지 몸체(Message Body)로 구성된다.

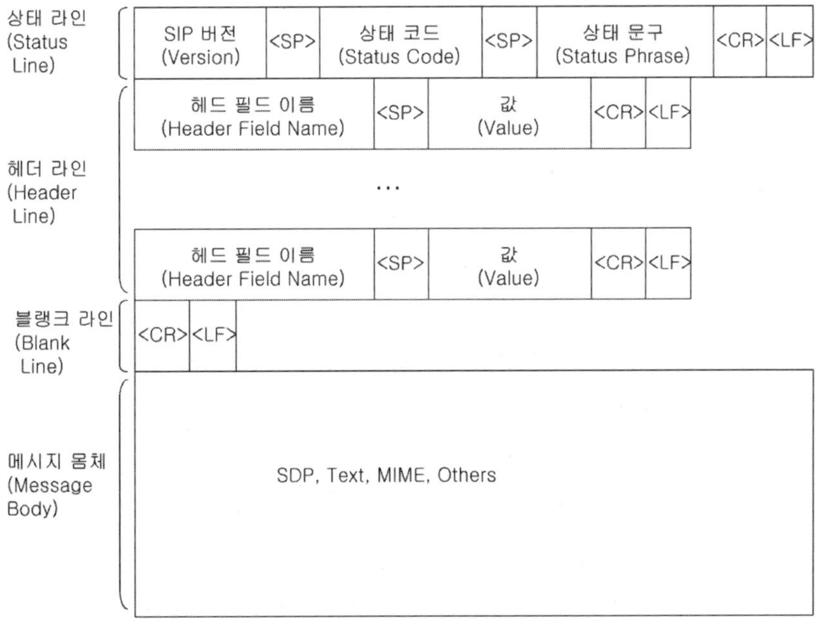

그림 9.5 SIP 응답 메시지 포맷

〈표 9.3〉에서 보는 바와 같이 응답 메시지는 상태 라인의 상태 코드(State Code)에 의해 6개의 클래스로 구분된다. 정보 클래스(Informational Class) 응답 메시지는 1xx의 상태 코드를 가지고, 현재 요청의 처리 상태에 대한 정보 전달 목적으로 사용된다. 성공 클래스(Success Class) 메시지는 2xx 상태 코드를 가지고, 요청이 성공적으로 처리되었음을 응답한다. 방향재지정 클래스(Redirection Class) 응답 메시지는 요청을 완료하기 위해 추가적인 행위가 다른 대상에 의해 수행되어야 함을 알려주고, 후속 요청 메시지가 전달되어야 할 대상을 지정한다. 300 응답 메시지는 요청 RUI에 표시된 목적지 주소 대신 접촉할 수 있는 접촉대상 목록(Contact List)를 회신할 때 사용된다. 301 응답 메시지는 요청 URI의 사용자가 더 이상 주어진 URI로 접촉될 수 없음을 알리고, 새로운 위치를 Contact 헤더에 표시한다. 302 응답 메시지는 Expire 헤더에 표시된 시간 동안 요청 URI 대신 임시로 접촉할 새로운 대상의 위치를 회신할 때 사용된다. 305 메시지는 요청 URI의 사용자를 접촉하기 위해 사용해야할 프락시 서버의 위치를 회신한다. 4xx 상태 코드는 클라이언트 오류(Client Error) 클래스 응답 메시지를 나타내고, 5xx 상태 코드는 서버 오류(Server Error) 클래스 응답 메시지를, 그리고 6xx 상태 코드는 전반적인 실패(Global Failure) 클래스 응답 메시지를 나타낸다.

9.2.4 기본 호 설정 예제 분석

〈그림 9.6〉는 고정 IP UAC가 다른 고정 IP UAS를 세션에 초대하는 기본적인 호 설정 절차를 보여주고 있다. 호 설정 요청을 위해 UAC가 맨 처음 생성하는 요청 메시지의 시작 라인은 INVITE 메소드, 요청 RUI(kim@220.68.70.247), 그리고 SIP 버전(SIP/2.0)을 포함하고 있다. 요청 URI는 트랜스포트 프로토콜에 대한 별도의 지시 정보를 포함하고 있지 않으므로 이 INVITE 요청 메시지는 UDP를 통해 전송되고 목적지 포트 번호는 5060을 사용한다. INVITE 요청 메시지는 Via, Call-ID, From, To, Cseq, Content-Type, Content-Length 헤더 라인을 포함한다. Via 헤더는 응답 메시지 전송을 위해 사용될 트랜스포트 프로토콜(UDP)과 포트 번호(3456)를 포함하고, Via 헤더 라인의 Branch 매개변수는 프락시 서버(Forking 프락시 서버)에 의해 생성되는 트랜잭션이 여러 개가 되는 경우 각각의 트랜잭션을 구분할 수

표 9.3 SIP 응답 상태 코드

상태	코드 설명
1xx	Informational
100	TRYING
180	RINGING
181	CALL IS BEING FORWARDED
182	QUEUED
2XX	OK
3xx	Redirection
300	Multiple Choices
301	MOVED PERMANENTLY
302	MOVED TEMPORARILY
305	USE PROXY
4xx	Client Error
400	BAD REQUEST
401	UNAUTHORIZED
402	PAYMENT REQUIRED
403	FORBIDDEN
404	NOT FOUND
...	
5xx	Server Error
500	INTERNAL SERVER ERROR
501	NOT IMPLEMENTED
6xx	Global Failure
600	BUSY EVERYWHERE
606	NOT ACCEPTABLE

있도록 제공된다.

Call-ID 헤더는 전역적으로 유일한 식별자를 생성하기 위해 요청 메시지를 생성하는 UA의 IP주소(192.68.70.242)에 지역적으로 유일한 식별자를 연결하는 방식을 사용한다. From 헤더에는 요청 메시지의 생성자의 주소와 다이얼로그(dialogue)내에서 요청 메시지 생성자를 분명하고 쉽게 식별할 수 있는 태그(tag) 매개변수를 포함한다. To 헤더는 INVITE 요청 메시지의 최종 목적지를 포함하고, Cseq 헤더는 트랜잭션 번호를 포함한다. Content-type 헤더는 메시지 몸체의 컨텐트가 SDP 데이터임(application/sdp)을 표시하고, Content-length 헤더는 메시지 몸체의 크기가 98 바이트임을 보여준다.

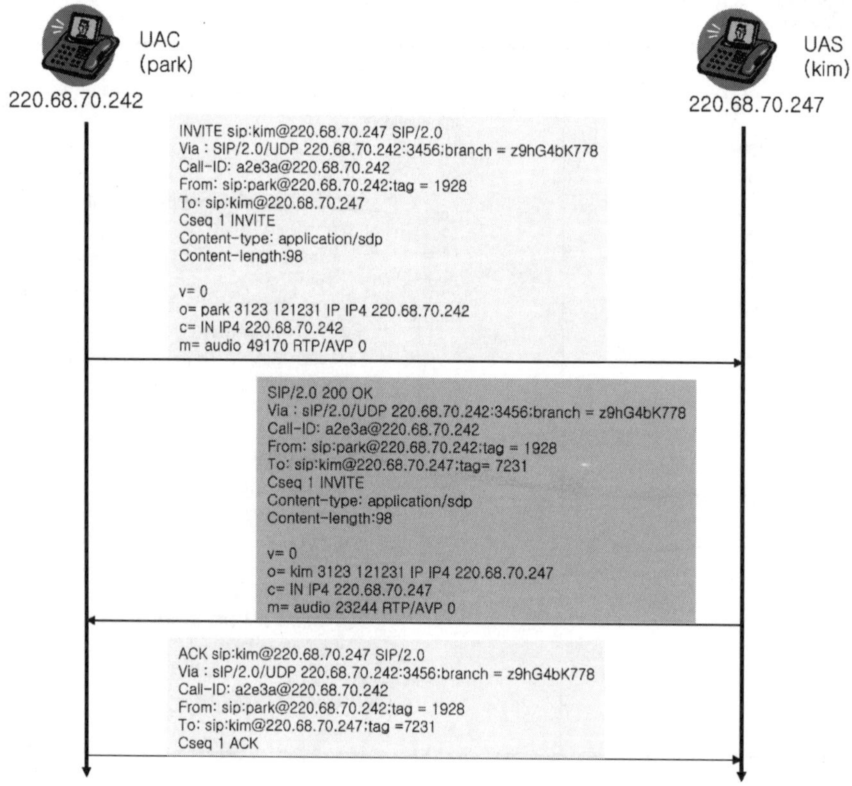

그림 9.6 기본 호 설정 절차

INVITE 요청 메시지의 몸체에 포함된 SDP로 기술된 세션 사양은 세션 소유자(o=owner)에 대한 정보(사용자 ID, 세션 ID, 버전, 네트워크 유형, 주소 유형, 세션 주소)와 연결(c=connection)에 대한 정보(네트워크 유형, 주소 유형, 연결 주소), 그리고 미디어에 대한 정보를 포함한다. INVITE 요청 메시지의 SDP 미디어 정보는 미디어 유형(audio), 수신 포트 번호(49170), 트랜스포트 프로토콜(RTP/AVP), 그리고 페이로드 유형(0 = PCMU) 정보를 포함하고 있음을 알 수 있고, 현재 세션에서 전송할 미디어 스트림이 PCMU 오디오 스트림이고, RTP(Audio/Video Profile)를 통해 전송하며, UAC가 사용할 포트 번호는 49170임을 나타낸다.

INVITE 요청 메시지를 수신한 UAS는 호 설정 성공을 회신하는 200 OK 응답 메시지를 UAC에게 전송한다. 응답 메시지의 Via, Call-ID, From 헤더는 요청 메시지의 Via, Call-ID, From 헤더를 그대로 복사하여 사용한다. 반면 To 헤더는 응답 메시지를 생성한 UAS를 분명하고 쉽게 식별할 수 있는 태그(tag) 매개변수를 추가적으로 포함한다. 하나의 요청 메시지에 대해 응답 메시지를 생성하는 UAS가 여러 개가 될 수 있으므로 To 태그는 각각의 UAS에 의해 추가되어야 한다. UAC는 To 태그를 사용하여 각각의 UAS를 구분할 수 있다. 응답 메시지의 몸체에 포함된 SDP 세션 사양은 UAS를 위한 세션 사양(소유자 정보, 연결 정보, 미디어 정보)를 포함한다. 응답 메시지의 미디어 정보로부터 UAS는 PCM 오디오 스트림을 위해 RTP를 사용하고 23244 포트 번호를 사용함을 알 수 있다.

200 OK 응답 메시지를 받은 UAC는 ACK 요청 메시지를 UAS에게 전송함으로써 새로운 사용자(sip:kim@220.68.70.247)를 세션에 초대하기 위한 호 설정 작업이 완료되었음을 통보한다.

9.3 SDP와 미디어 스트림 제어

9.3.1 SDP

SIP의 세션 사양을 기술하기 위해 사용되는 SDP(Session Description Protocol)은 원래 멀티캐스트 인터넷(mBone)상에서 수신자가 참여할 멀티캐스트 세션의 특성을 기술하기 위해 개발되었다. 수신자가 멀티캐스트 세션에 참여하기 위해서는 멀티캐스트 주소(Multicast Address), UDP 포트 번호, 세션에서 사용되는 오디오 그리고/또는 비디오 코덱, 세션 설명 정보(세션 이름 등), 그리고 접촉 창구 정보(Contact Information) 등이 필요하다. SDP는 멀티캐스트 세션뿐만 아니라 다양한 형태의 응용을 위한 다양한 세션 정보를 기술할 수 있도록 정의되었다. SDP로 기술된 세션 사양은 mBone을 위한 SAP(Session Announcement Protocol), 스트리밍 서비스를 위한 RTSP(Real-Time Streaming Protocol), 그리고 대화형 멀티미디어 서비스를 위한 SIP(Session Innitiation Protocol) 등 다양한 응용 프로토콜에서 사용되고 있다.

표 9.4 SDP 세션 설명 매개변수

매개변수		설명	포맷	비고
Session	Media			
v=		Protocol Version	v=0	M
o=		Owner/creator and session identifier	o=〈username〉 〈session id〉 〈version〉 〈network type〉 〈address type〉 〈address〉	M
s=		Session name	s=〈session name〉	M
i=		Session information	i=〈free text session description〉	O
u=		URI of description	u=〈URI〉	O
c=		Connection information	c=〈network type〉 〈address type〉 〈connection address〉	O
b=		Bandwidth information	b=〈modifier〉:〈bandwidth-value in Kbps〉	O
k=		Encryption key	k=〈method〉:〈encryption key〉	O
a=		Zero or more session attributes	a=〈attribute〉 or a=〈attribute〉:〈value〉	O
	m=	Media name and transport address	m=〈media〉〈port〉 〈transport〉 〈format list〉	M
	i=	Media title		O
	c=	Connection information		O
	b=	Bandwidth information		O
	k=	Encryption key		O
	a=	Zero or more media attribute lines		O

SDP로 기술되는 하나의 세션 사양은 전체 세션에 적용되는 세션 설명 부분(Session Description Section)과 여러 개의 미디어 설명 부분(Media Description Section)으로 구조화 되고, 각 부분은 〈CR〉〈LF〉 제어 문자 조합으로 끝나는 〈매개변수〉 = 〈값〉 형태의 여러 개의 라인으로 구성된다. 세션 설명 부분은 'v = …'으로 시작되고, 미디어 설명 부분은 'm = …'으로 시작된다.

〈표 9.4〉는 SDP 세션 사양을 기술하기 위한 각 부분의 매개변수와 매개변수의 포맷, 그리고 각 매개변수의 필수/선택 여부를 보여주고 있다.

9.3.2 미디어 스트림 제어

SIP는 UAC와 UAS간 대화형 통신에 적합하도록 SDP를 사용하여 세션에서 사용할 미디어 스트림을 제어할 수 있게 한다. SIP 미디어 스트림 제어는 미디어 스트림 협상(Media Stream Negotiation)과 미디어 스트림 동적 변경(Media Stream Dynamic Change)를 포함한다. SIP 미디어 스트림 제어는 SDP 제안과 응답 모델(SDP Offer/Answer Model)에 기반하여 수행된다.

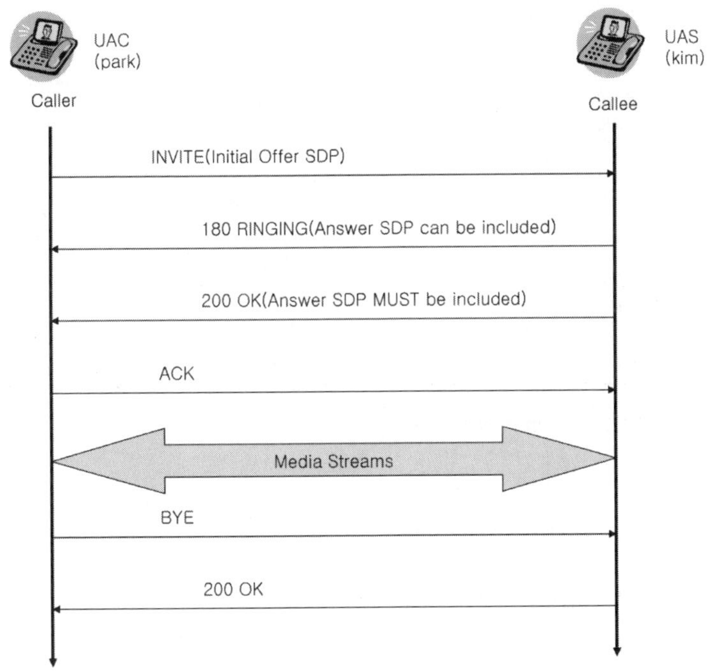

그림 9.7 미디어 스트림 협상 절차(예)

〈그림 9.7〉에서와 같이 세션에서 사용될 미디어 스트림에 대한 SDP 제안(SDP Offer)은 UAC에 의해 생성되는 INVITE 요청 메시지의 몸체내에 포함되어 UAS에게 전달된다. UAC로부터 SDP 제안을 받은 UAS는 응답 메시지를 통해 SDP 응답(SDP Answer)을 회신하고, UAC는 ACK 요청 메시지를 전송함으로써 미디어 스트림 협상을 완료한다. SDP 제안이 UAS의 응답 메시지에 의해 먼저 제안되고, SDP 응답이 UAC의 ACK 메시지에 의해 응답될 수도 있다.

```
v= 0

o= park4898446519 4898446519 IN
IP4 park.somedomain.com

s=

c= IN IP4 park.somedomain.com

t = 0 0

m= audio 41732 RTP/AVP 0 8
a= rtpmap: 0 PCMU/8000
a= rtpmap: 8 PCMA/8000

m= video 43221 RTP/AVP 31
a= rtpmap: 31 H261/90000

m= video 49222 RTP/AVP 32
a= rtpmap: 32 MPV/90000
```

```
v= 0

o= kim 4898446820 4898446820 IN
IP4 kim.somedomain.com

s=

c= IN IP4 kim.somedomain.com

t = 0 0

m= audio 51762 RTP/AVP 8
a= rtpmap: 8 PCMA/8000

m= video 53221 RTP/AVP 31
a= rtpmap: 31 H261/90000

m= video 0 RTP/AVP 32
```

그림 9.8 SDP 제안/응답(Offer/Answer)(예)

〈그림 9.8〉은 SDP 제안과 응답의 예를 보여주고 있다. 하나의 SDP 제안은 0 또는 1 개 이상의 미디어 스트림 설명을 포함한다. 각 미디어 스트림 설명은 'm = …'로 시작되는 미디어 라인과 'a = …'로 시작되는 다수의 선택적인 속성(attribute) 라인으로 구성된다. 미디어 라인의 포맷 리스트는 우선 순위 순서에 따라 표현되고, 응답자(answerer)는 수용가능하다면 첫번째 포맷을 선택해야 한다. 〈그림 9.8〉 (a)의 SDP 제안의 첫번째 미디어 설명은 오디오 스트림에 대해 RTP 페이로드 유형 0(PCMU)과 8(PCMA) 포맷을 제안하고 있고, 제안자(offerer)는 PCMA 보다 PCMU 포맷을 선호함을 보여준다. 다음에 나타난 속성 라인은 각각 0과 1 스트림 포맷이 RTP 페이로드 유형과 대응됨으로 보여주고, 샘플링 율(Sampling Rate)에 대한 정보를 포함한다. 현재 정의된 표준 RTP 페이로드 유형은 〈표 9.5〉와 같다.

표 9.5 RTP 페이로드 유형(Payload Type)

Payload Type)	Encoding	Name(A/V	Clock Rate	Channels(A)
0	PCMU	A	8000	1
2	G721	A	8000	1
3	GSM	A	8000	1
5	DV14	A	8000	1
7	LPC	A	16000	1
8	PCMA	A	8000	1
10	L16	A	8000	2
11	L16	A	44100	1
15	G728	A	8000	1
26	JPEG	V	90000	
31	H.261	V	90000	
32	MPV	V	90000	
33	MP2T	AV	90000	
34	H.263	V	90000	

SDP 제안에 포함된 'm = …'로 시작된 다수의 미디어 라인은 제안자가 이 미디어 스트림들을 동시에 송신하거나 수신하기를 원함을 표현한다. 따라서 〈그림 9.8〉의 SDP 제안은 H.261 비디오 스트림과 MPV 비디오 스트림을 동시에 사용할 것을 제안하고 있음을 알 수 있다. 각 미디어 스트림에 대한 송.수신 제안은 속성 라인을 통해 'recvonly', 'sendonly', 'sendrecv', 그리고 'inactive'로 제안할 수 있고, 기본 속성은 'sendrecv'이다. 유니캐스트(unicast) 미디어 스트림의 경우 'recvonly' 속성은 제안자가 해당 스트림을 수신만 하겠다는 의미이고, 'sendonly'는 송신만, 그리고 'sendrecv'는 송신과 수신을 하겠다는 의미를 전달한다. 'inactive' 속성은 해당 미디어 스트림이 비활성 상태임을 표시한다. 반면 멀티캐스트(multicast) 미디어 스트림에서 'sendonly'와 'recvonly'는 더 이상 제안자로부터의 미디어 스트림의 방향을 의미하지 않는다. 멀티캐스트 미디어 스트림을 위한 'recvonly' 속성은 멀티캐스트 주소에 가입한 모든 참가자가 해당 멀티캐스트 주소와 포트로 미디어의 수신만 가능하다는 것을 의미하고, 'sendonly'는 송신만 가능하다는 것을 의미한다.

응답자에 의한 SDP 응답은 SDP 제안을 기반으로 작성되는 것이 일반적이다.

SDP 응답과 제안에서 'm = …'로 시작되는 미디어 라인은 일대일로 대응되어야 한다. SDP 응답의 각 미디어 라인은 최소한 하나 이상의 미디어 포맷을 포함해야 한다. 미디어 라인의 미디어 포맷은 SDP 제안의 해당 미디어 포맷 리스트 중에서 선택하는 것이 일반적이나 새로운 포맷을 추가할 수도 있다. 만약 응답자가 수용할 수 있는 미디어 포맷이 없으면 해당 미디어 스트림 수용을 거절한다. 특정 미디어 스트림 수용을 거절하고자 하는 경우 해당 미디어 라인의 포트 번호를 0으로 설정한다. 〈그림 9.8〉의 (b)에서 SDP 응답은 SDP 제안의 오디오 미디어 포맷 0과 8중에 8(PCMA)를 선택하고, MPV 비디오 스트림을 거절함을 알 수 있다. 이와 같이 UAC와 UAS간에 미디어 스트림 협상이 완료되면 UAC와 UAS는 PCMA 오디오와 H.261 비디오 스트림을 상호간에 전송할 수 있다.

SDP 제안자(offerer)와 응답자(responder)는 새로운 SDP 제안(offer)을 제안함으로써 현재 진행중인 세션의 미디어 스트림을 변경(modify)하고, 추가(add)하거나, 삭제(delete)할 수 있다. 새로운 SDP 제안은 RFC 3311의 UPDATE 요청 메시지를 통해 전송된다. 새로운 SDP 제안의 소유자(o=) 라인은 버전을 제외한 나머지 값이 기존 제안의 소유자 라인과 동일해야 한다. SDP 제안에 변경이 있는 경우 버전은 1이 증가된다. 기존 제안의 미디어 라인(m=)은 반드시 새로운 제안의 미디어 라인에 나타나야 하고, 새로운 미디어 라인이 추가될 수 있다. 특정 미디어 스트림의 삭제는 해당 미디어 라인의 포트 번호를 0으로 설정함으로써 가능하다.

9.4 레지스트라 서버(Registrar Server)

9.4.1 SIP 주소 체계

많은 경우 SIP 사용자의 UA는 고정 IP 주소 대신 ISP나 DHCP 서버에 의해 동적으로 할당되는 동적(유동) IP 주소를 사용한다. 그리고 하나의 SIP 사용자가 여러 개의 SIP 단말기를 사용할 수 있고, 사용자 그리고/또는 사용자 단말기는 특정 위치에 고정되는 대신 자유롭게 이동할 수 있다. 따라서 SIP 통신에서 특정 사용자를 호출(세션 초대)할 때 해당 사용자를 위한 UA의 IP 주소를 미리 알고 있는 것으로 가정하는 것은 비현실적이다. 대신 SIP는 사용자별로 하나 이상의 고유한 SIP 주소를 할당하고, UA로 하여금 사용자의 SIP 주소와 자신의 IP주소를 레지스트라(registrar) 서버에 등록하게 함으로써 UA의 IP 주소를 동적으로 파악할 수 있게 한다. SIP 사용자가 이동을 할 경우에는 새로운 위치 정보를 자신의 레지스트라 서버에 추가로 등록함으로써 자신의 원래의 SIP 주소로 호출된 세션 초대의 방향을 재지정(redirection)할 수 있게 한다.

표 9.6 SIP URI 포맷과 예제

	설명
포맷	SIP-URI = SIP: [userinfo@]host[:port][;URI-parameters] usreinfo = user/telephone-number URI-parameters = transport-param/uer-param/ method-param/maddr-param/ ttl-param/other-param
예제	park@kut.ac.kr park@kut.ac.kr:1234 park@kut.ac.kr:1234;transport=UDP 192.190.234.3:8001 +82-123456789@abc.com;user=phone newcomer@reg.usergroup.com;method=REGISTER

SIP 주소는 HTTP의 URL(Uniform Resource Locator)을 일반화시킨 개념인 URI (Uniform Resource Indicator)로 정의되고, SIP-URI 포맷은 〈표 9.6〉에서 보는 것처럼 이메일 주소와 유사하다. SIP 주소는 도메인 이름(Fully Qualified Domain Name) 또는 IP 주소로 표환되는 호스트(host) 주소 앞에 @로 구분되는 사용자 정보(userinfo)를 붙여서 만들 수 있다. 사용자 정보는 사용자 식별자(user ID) 또는 전화 번호가 될 수 있고, SIP 주소가 특정 서버를 지칭하는 경우에는 생략될 수도 있다. 그리고 필요하면 호스트 주소 뒤에 서버 포트 번호를 지정할 수 있고, TCP 또는 UDP 사용을 지정하는 프랜스포트 매개변수(transport-param), 전화 사용자와

IP 사용자를 구분하는 사용자 매개변수(user-param), 요청 메소드를 지정하는 메소드 매개변수(method-param), 부하 분산 등을 위해 요청 URI(Request-URI) 대신 메시지를 전송할 주소를 지정하는 maddr 매개변수(maddr-param), 그리고 TTL(Time To Live) 값을 지정하는 TTL 매개변수를 추가 할 수 있다.

9.4.2 레지스트라 서버

레지스트라 서버는 UA가 REGISTER 요청 메시지를 통해 위치 정보를 등록하는 서버이다. UA가 자신의 위치 정보를 등록할 레지스트라 서버를 발견하는 방법은 3가지가 있을 수 있다. 첫째, 수동으로 레지스트라의 IP 주소를 설정하거나 TFTP 서버 등을 통해 부팅 시에 자동으로 설정하는 방법이다. 이 방법은 사용자 또는 UA 단말기의 이동할 때 마다 주소 설정 작업을 수동으로 반복해야 하는 어려움이 있다. 두번째 방법은 REGISTER 요청 메시지에 표현된 SIP 주소(URI)를 DNS(Domain Name System)를 사용하여 IP 주소로 변환하는 방법이다. 이 방법은 레지스트라의 SIP 주소를 알고 있음이 전제되어야 사용할 수 있다. 세번째 방법은 잘 알려진 멀티캐스트 주소(sip.mcat.net:224.0.1.75)를 사용하는 방법이다. 이 방법은 레지스트라의 주소를 알지 못하는 경우에도 자동으로 레지스트라 서버를 발견할 수 있는 장점이 있다. 그러나 H.323 게이트키퍼 발견의 경우와 달리, SIP에서는 등록이 정상적으로 이루어진 후에도 갱신 등을 위한 레지스트라와의 모든 통신이 멀티캐스트 방식으로 이루어져야 하므로 네트워크의 트래픽이 증가하는 문제가 발생한다.

〈그림 9.9〉는 REGISTER 요청 메시지를 통한 위치 정보 등록과 레지스트라에 등록된 위치 정보의 활용 절차를 보여준다. UA는 REGISTER 요청 메시지의 To 헤더 라인에 표시된 자신의 SIP 주소(sip:kim@abc.com)에 대한 위치 정보(sip:kim@12.34.56.78)를 Contact 헤더 라인에 표시함으로써 SIP 주소에 대응되는 현재의 위치 정보를 레지스트라에 등록한다. 등록되는 현재 위치 주소를 접촉 주소(Contact Address)라 한다. From 헤더 라인은 등록자의 주소를 표시하고 제3자에 의한 등록이 아닌 경우에는 To 헤더 값과 동일하다. Expires 헤더는 등록 정보의 유효 기간(2 시간)을 표시한다. 유효 기간이 지난 등록 정보는 레지스트라에서 삭제

되므로 UA는 자신의 위치 정보를 주기적으로 등록해야 한다. REGISTER 요청 메시지는 여러 개의 Contact 헤더 라인을 포함할 수 있고, SIP 주소의 어떤 포맷이든 사용할 수 있으며, mailto: 형식의 이메일 주소를 사용할 수도 있다. 예를 들어 특수한 사정으로 세션 초대에 응할 수 없는 경우 대신 초대를 접수할 헬프 데스크(Help Desk)의 주소를 여러 개 등록할 수 있고, 헬프 데스크도 세션 초대에 응할 수 없는 경우를 대비하여 음성 메일 주소를 등록할 수 있을 것이다. 기존에 등록된 정보는 새로운 REGISTER 요청 메시지를 통해 새로운 접촉 정보로 갱신될 수 있다.

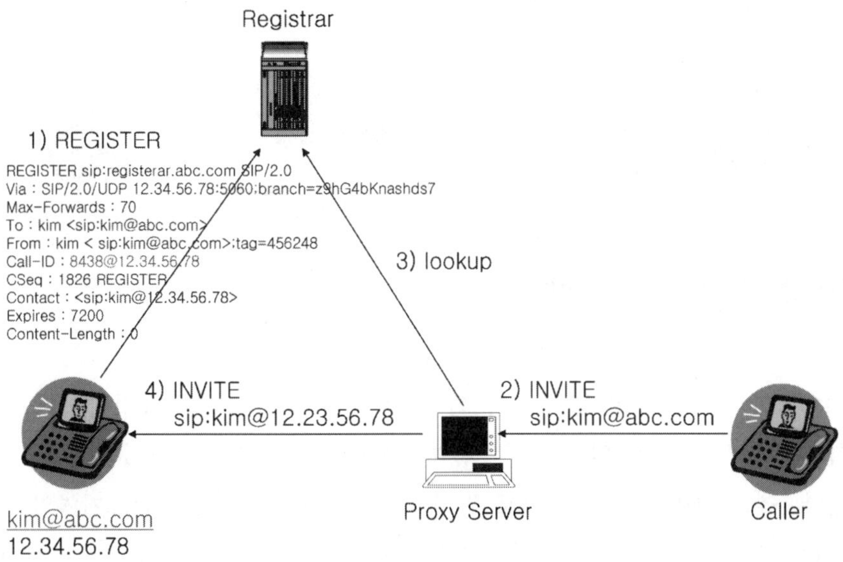

그림 9.9 위치 등록과 등록 정보 사용 절차

레지스트라 서버에 등록된 UA의 접촉 주소는 프락시 서버(또는 리다이렉트 서버)에 의해 사용된다. 〈그림 9.9〉의 프락시 서버는 INVITE 요청 메시지의 SIP-URI (sip:kim@abc.com)에 대응되는 UA의 IP 주소를 레지스트라 서버로부터 확인하고, 이 IP 주소를 사용하여 INVITE 요청 메시지를 적절하게 전달한다. 프락시 서버와 레지스트라 서버와의 통신 방법은 SIP에서 정의하지 않는다. 프락시 서버와 레지스트라 서버는 하나의 시스템으로 구축될 수 있고, 별도의 통신 프로토콜(LDAP 등)을 사용하여 분산 시스템으로 구축될 수도 있다.

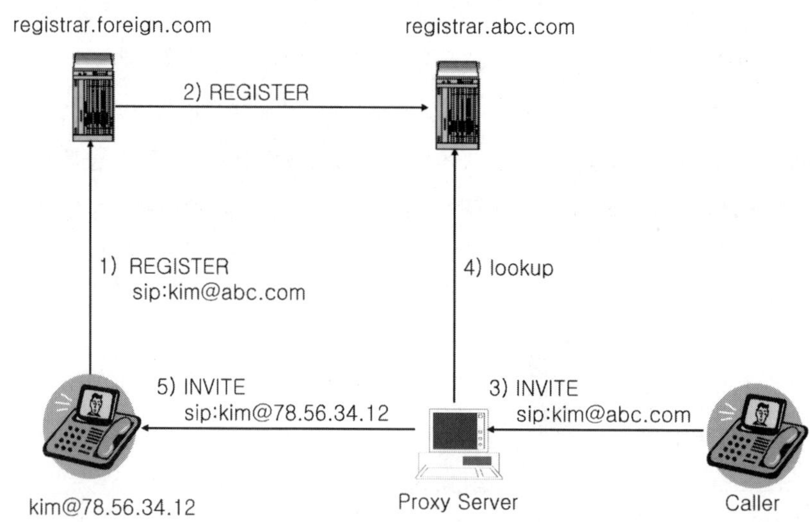

그림 9.10 프락시 레지스트라 서버

레지스트라 서버는 프락시 기능을 가져 REGISTER 메시지의 요청 URI가 자신의 관리하는 도메인 주소가 아닌 경우 적절한 레지스트라 서버로 REGISTER 메시지를 전달한다. 예를 들어 다른 지역으로 잠시 이동한 SIP 사용자는 이동 지역의 레지스트라 서버(Foreign Registrar)를 통해 자신의 레지스트라 서버(Home Registrar)에 새로운 위치 정보를 등록할 수 있고, 따라서 자신의 원래 SIP 주소로 발송된 요청 메시지를 새로운 위치로 재전달 할 수 있게 한다.

9.5 리다이렉트 서버(Redirect Server)

리다이렉트 서버는 UA의 INVITE 요청 메시지를 수신한 후 레지스트라 서버의 사용자 위치 정보를 사용하여 INVITE 요청 메시지가 전달되어야 할 접촉 주소(Contact Addresses)를 UA에게 제공한다. 접촉 주소 정보는 INVITE 요청 메시지에 대한 3xx 응답 메시지를 통해 제공된다. 〈그림 9.11〉은 리다이렉트 서버의 동작 절차를 보여준다.

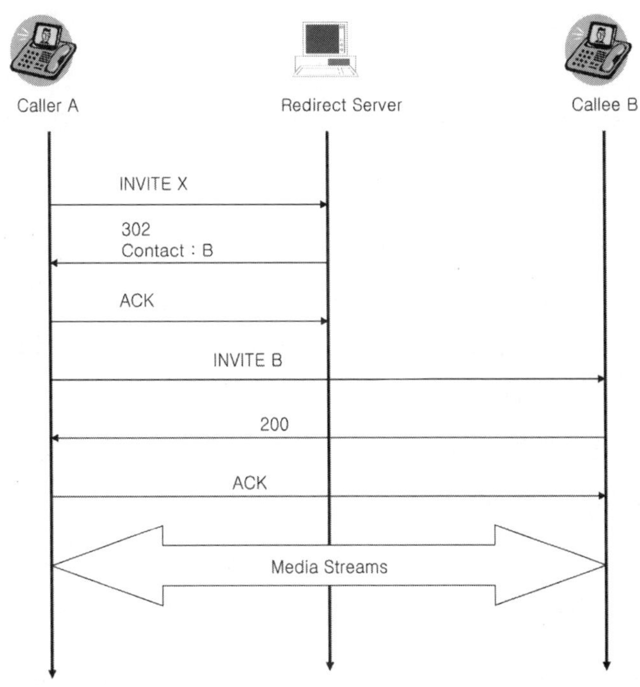

그림 9.11 리다이렉트 서버 동작 절차

사용자 A의 UA로부터 사용자 X에 대한 요청 URI를 가진 INVITE 요청 메시지를 수신한 리다이렉트 서버는, 레지스트라 서버를 통해 사용자 X의 위치 정보가 잠시 변경되었음을 확인하고, 302 메시지(MOVED TEMPORARILY)의 Contact 헤더 라인을 통해 변경된 접촉 주소(B)를 제공한다. 사용자 A의 UA는 리다이렉트 서버에게 ACK 요청 메시지를 전송하여 302 응답 메시지의 수신을 확인하고 INVITE 요청 메시지를 B에게 다시 전달한다.

리다이렉트 서버는 목적지 사용자의 잠시 이동을 나타내는 302 메시지 외에 300(MULTIPLE CHOICES), 301(MOVED PERMANENTLY), 305(USE PROXY) 등의 메시지로 응답할 수 있다. 300 응답 메시지는 INVITE 요청 메시지의 요청 URI가 여러 개의 다른 주소로 접촉될 수 있을 때 제공된다. 예를 들어, 사용자가 자신의 공식 사무실 주소에 대한 현재 위치 정보를 실험실 주소, 차량 단말기 주소, PDA 주소 등 여러 개의 접촉 주소로 등록한 경우가 여기에 해당될 수 있다. 301 응답 메시지는 요청 URI의 주소가 새로운 접촉 주소로 완전히 바뀌었음을 의미한다. 리다이렉트 서버로부터 301 응답 메시지를 받은 UA는 더 이상 기존 URI를 사용할 수 없다. 305 응답 메시지는 해당 요청 메시지가 프락시 서버를 통해 전달되어야 함을 표시하고, 프락시 서버의 접촉 주소를 제공한다.

리다이렉트 서버는 많은 수의 INVITE 요청 메시지를 한꺼번에 처리해야할 경우 발생하는 부하를 분산시키기(Load Balancing) 위해 유용하게 사용될 수 있다. INVITE 요청 URI에 대응되는 접촉 주소를 제공하는 대신 단순히 부하를 분산시킬 서버를 지정하는 경우 Conact 헤더 라인의 maddr 매개변수를 사용할 수 있다. 예를 들어, 큰 조직의 콜 센터(Call Center)에서 하나의 주소(sip:originaladdress@callcenter.com)로 호출된 호 설정 요청을 다른 서버로 분산시키고자 하는 경우, 리다이렉트 서버는 다음과 같은 응답 메시지를 통해 UA가 요청 URI 수정 없이 INVITE 메시지를 다른 서버(second.callcenter.com)로 보낼 수 있게 한다.

〈sip:originaladdress@callcenter.com:999;maddr=second.callcenter.com〉

이와 같은 리다이렉트 서버를 통한 부하 분산은 수십만명의 가입자에 대한 호 처리를 담당하는 대규모 가정용 접속망(Residential Access Network)에서 더욱 유용하게 활용될 수 있을 것이다.

9.6 프락시 서버(Proxy Server)

프락시 서버는 〈그림 9.12〉와 같이 SIP 요청 메시지를 UAS에게 라우팅(routing)하고, SIP 응답 메시지를 UAC에게 라우팅하는 서버이다.

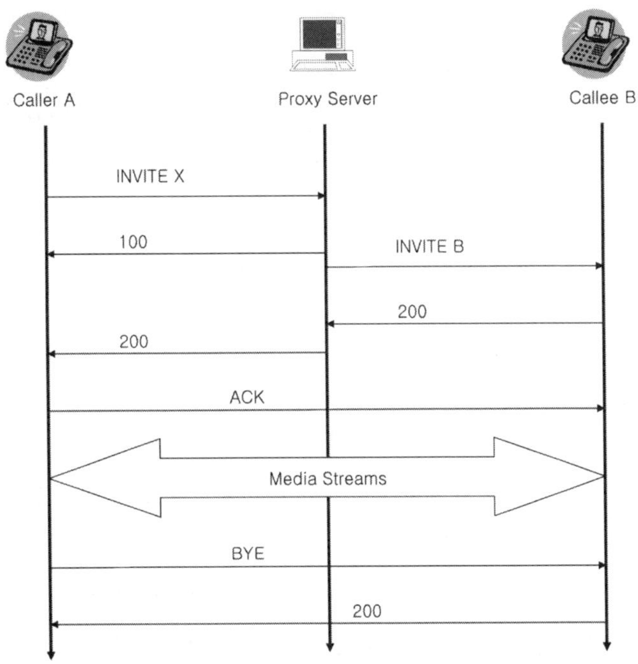

그림 9.12 프락시 서버에 의한 메시지 전달

요청 메시지는 목적지 UAS에게 전달되는 과정에서 여러 개의 프락시 서버를 경유할 수 있다. 각 프락시 서버는 레지스트라 서버와 DNS 등을 통해 다음 서버(프락시 서버, 리다이렉트 서버, UAS)를 결정하고, 다음 서버로 전달하기 위해 요청 메시지를 수정할 수 있다. 응답 메시지는 요청 메시지의 Via 헤더 라인 정보를 사용하여 요청 메시지의 역순으로 프락시 서버들을 경유하여 전달된다. 프락시 서버는 단순히 SIP 메시지를 다음 서버로 전달하는 SIP 레벨의 라우터 이상의 역할을 수행한다. SIP 프락시는 요청 메시지들을 검증하고(Request Validation), 주소를 해석하고(Address Resolution), 루프 발생을 탐지(Loop Detection)하고, 리코드 라우팅(Record-Routing), 그리고 요청 메시지를 복제하는(Request Forking) 등의 역할을 수행할 수 있다.

요청 메시지 검증 작업은 요청 메시지의 구문(Syntax) 확인, URI 포맷 확인, 그리고 최대 경유 서버의 수를 나타내는 Max-Forwards 헤더 값 확인 등을 포함한다. IP의 TTL과 유사한 Max-Forwards 헤더 확인은 루프 발생으로 인해 메시지가 무한정 전달되는 상황을 방지하기 위해 반드시 필요하다. 프락시 서버는 선택적으로 루프 탐지 알고리즘을 적용할 수도 있다. 루프는 프락시 서버에 의해 전달된 요청 메시지가 동일한 헤더 값을 유지한 채 다시 같은 프락시 서버에 도착할 때 발생한다. 루프가 탐지되면 프락시 서버는 요청 메시지를 거절하고 오류 응답 메시지를 생성한다.

프락시 서버에 의한 주소 해석 작업은 목적지 SIP 주소 결정 단계와 목적지 SIP 주소에 대한 트랜스포트 주소(IP 주소와 포트 번호) 결정 단계에 의해 수행된다. 목적지 SIP 주소 결정 단계는 SIP 요청 메시지의 요청 URI를 목적지 SIP 주소로 변환한다. 만약 특정 프락시 서버가 해석하고자 하는 요청 URI의 도메인 주소가 자신의 책임하에 있는 주소이면, 프락시 서버는 자신의 레지스트라 서버 등을 통해 요청 URI에 대응되는 목적지 SIP 주소를 결정할 수 있다. 반면에 요청 URI의 도메인 주소가 프락시 서버의 책임 범위를 벗어나면 해당 프락시 서버는 요청 메시지를 다른 책임 프락시 서버로 전달해야 한다. 이 경우 요청 URI 자체가 해당 프락시 서버의 목적지 SIP 주소가 된다. 레지스트라 서버등에 의해 목적지 SIP 주소가 트랜스포트 주소로 주어지면 목적지 SIP 주소와 트랜스포트 주소간의 변환 단계는 불필요하다. 그렇지 않은 경우에는 DNS(Domain Name System)를 사용하여 목적지 SIP 주소에 대응되는 트랜스포트 주소를 해석한다. SIP 주소와 트랜스포트 주소간 자세한 변환 알고리즘은 RFC 3263에 규정되어 있다.

프락시 서버는 Via 헤더를 사용하여 요청 메시지 전달 순서의 역순으로 응답 메시지를 전달한다. 그러나 일반적으로 후속 요청 메시지들은 UAS의 SIP 주소를 사용하여 프락시 서버 경유없이 직접 전달될 수 있다. 많은 경우 보안 그리고/또는 과금 등을 위해 응답 메시지뿐만 아니라 다이얼로그내의 모든 요청 메시지(INVITE, ACK, BYE 등)가 동일한 프락시 서버를 반드시 경유하기를 원할 수 있다. 이 경우 다이얼로그를 개시하는 요청 메시지(INVITE, SUBSCRIBE)를 전달하는 각 프락시 서버는 Record-Route 헤더에 자신의 주소를 추가하고, UAC와 UAS로 하여금 Record-Route 헤더들로부터 라우트-리스트(Route-List)를 만들 수 있게 한다. UAC와 UAS는 라우트-리스트를 후속 요청 메시지의 Route 헤더에 포함시켜 모든 후속 요청 메시지가 동일한 프락시 서버들을 경유하여 전달될 수 있게 한다.

프락시 서버에 수신된 요청 메시지에 대한 목적지 주소 결정 과정에서 여러 개의 목적지 주소가 결정되는 경우 프락시 서버는 해당 요청 메시지를 복제(forking)하여 여러 개의 주소로 전달해야 한다. 이러한 요청 메시지 복제 작업을 실행하는 프락시 서버를 복제 프락시(Forking Proxy) 서버라 한다. 복제 프락시 서버에 의한 요청 메시지 복제는 순차적으로 이루어 질 수도 있고, 병렬적으로 이루어질 수도 있다.

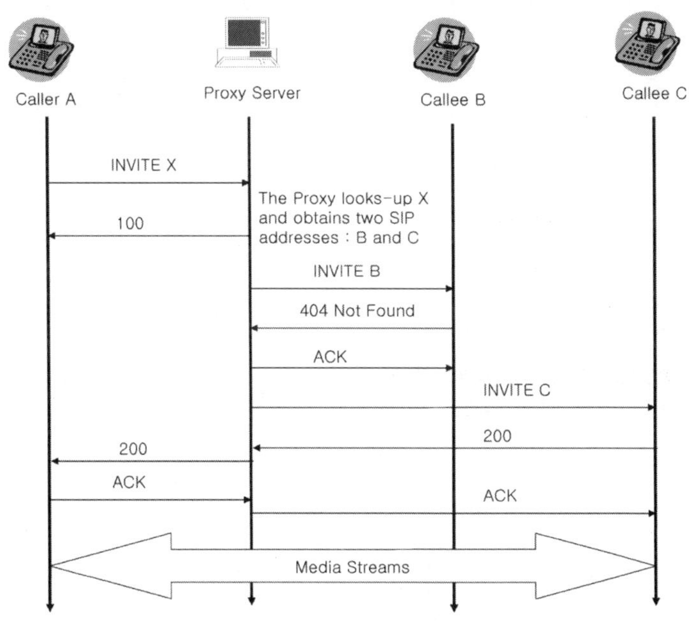

그림 9.13 순차적 복제 프락시 서버 동작 절차

〈그림 9.13〉는 순차적 복제 프락시(Sequential Forking Proxy) 서버의 동작 절차를 보여준다. INVITE 요청 메시지의 요청 URI(X)에 대한 목적지 주소가 레지스트라 서버를 통해 2 개(B,C)가 결정된 경우, 프락시 서버는 INVITE 요청 메시지를 복제하여 순차적으로 먼저 B에게 전송하고, 결과가 성공하지 못한 경우 다시 C에게 요청 메시지를 전송한다. 병렬적 프락시 서버(Parallel Proxy Server)는 〈그림 9.14〉에서 보는 것처럼 INVITE 요청 메시지를 복제하여 B와 C에게 동시에 전송하고, B와 C로부터 수신된 최선의 최종 응답 메시지(Final Response)를 UAC에게 전달한다.

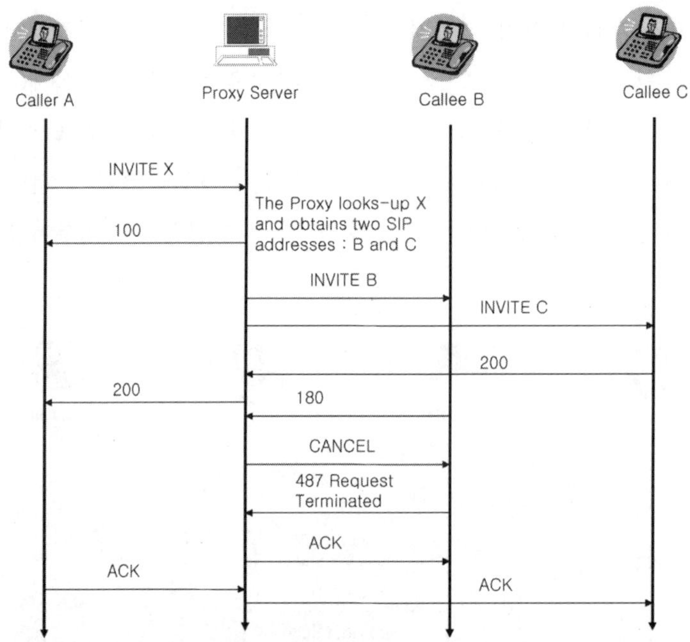

그림 9.14 병렬적 복제 프락시 서버 동작 절차

9.7 다자간 회의(Multipoint Conferencing)

SIP를 사용한 다자간 회의 통신은 멀티캐스트(multicast) 스트림 전송 기반의 분산 회의(Decentralized Conference)에 근거하여 실현되는 것이 일반적이나, 여러 개의 입력 미디어 스트림을 믹싱하거나 교환하는 MCU(Multipoint Control Unit)와 같은 특정 UA가 개발될 수도 있다. SIP는 H.323과 달리 MCU를 위한 특별한 기능을 정의하지 않는다. SIP에서 MCU는 하나의 UA로 동작하며 INVITE 요청 메시지를 사용하여 회의 참여자를 초대하고, inactive, readonly, sendrecv와 같은 SDP의 미디어 속성을 이용하여 각 참여자의 스트림 전송 권한을 제어할 수 있다. 예를 들어, MCU 역할을 하는 UA는 스트림 제어 절차를 통해 한 시점에 하나의 참여자에게 sendonly 스트림 전송 권한을 부여하고, 나머지 참여자 모두에게 recvonly 권한을 부여함으로써 하나의 참여자만이 발언할 수 있게 회의의 발언권을 제어할 수 있다. SIP 분산 회의 시스템에서는 회의의 각 참여자가 멀티캐스트 주소를 사용하여 모든 참여자게에게 미디어 스트림을 전송한다. 그러나 회의의 각 참여자가 MCU 역할을 수행하는 중앙 UA에게 유니캐스트 방식으로 미디어 스트림을 전송하고, 중앙 UA가 미디어 스트림 믹싱 또는 교환 작업을 수행한 후 그 결과를 다른 참여자에게 전송하는 중앙집중형 회의를 구현할 수 있다.

9.8 프레슨스 서비스와 인스턴트 메시징

9.8.1 프레슨스 서비스

SIP 프레슨스 서버스(Presence Service)는 특정 사용자와 통신하기 전에 해당 사용자의 상태(status), 능력(ability), 그리고 통신 참여 의지(willingness) 등과 같은 프레슨스 정보(Presence Information)를 미리 파악할 수 있게 한다. 특정 사용자의 프레슨스 정보는 상태 정보(예, available/unavailable), 통신 수단과 주소 정보(예,

인스턴트 메시징과 IM Inbox 주소), 기타 프레슨스 서비스 시스템 특성에 맞는 정보의 조합으로 구성된다. 프레슨스 서버는 특정 사용자로 하여금 자신의 프레슨스 정보를 다른 사용자가 볼 수 있도록 공표(PUBLISH)할 수 있게 하고, 다른 통신 대상자의 프레슨스 정보를 볼 수 있도록 가입(SUBSCRIBE)할 수 있게 하고, 다른 통신 대상자의 프레슨스 정보 변경 내용을 통보(NOTIFY) 받을 수 있게 하고, 자신의 프레슨스 정보에 가입한 가입자 정보를 통보 받을 수 있게 한다.

〈그림 9.15〉는 프레슨스 서비스 모델을 보여준다. 프레슨스 서비스 사용자는 자신의 프레슨스 정보를 공표하는 PUA(Presence UA)와 다른 사용자의 프레슨스 정보를 관찰하는 WUA(Watcher UA)로 구성된다. PUA는 프레슨스 대상체(PRESENTITY)에 관한 프레슨스 정보를 PUBLISH 요청 메시지를 통해 프레슨스 에이전트(PRESENCE AGENT, PA)에 공표한다. WUA는 관찰자(WATCHER)를 SUBSCRIBE 요청 메시지를 통해 PA에 가입시키고, NOTIFY 요청 메시지를 통해 PA로부터 프레슨스 정보를 통보받을 수 있게 한다. 관찰자는 프레슨스 대상체의 프레슨스 정보가 변경될 때마다 변경 정보를 통보받도록 요청할 수 있고(SUBSCRIBER), 단순히 현재의 프레슨스 정보를 통보하도록 요청할 수 있으며(FETCHER), 주기적으로 현재의 프레슨스 정보를 통보하도록 요청할 수도 있다(POLLER).

PA는 PUA로부터 수신한 프레슨스 대상체에 대한 프레슨스 정보를 관리하고, 프레슨스 대상체에 대한 관찰자를 관리하며, 프레슨스 정보를 관찰자에게 통보하는 실체(entity)이다. 일반적으로 PA는 프락시 서버로 구현되고, 프락시 PA를 프레슨스 서버(Presence Server)라 한다.

9.8.2 인스턴트 메시징

인스턴트 메시징 서비스는 별도의 세션 설정 과정없이 즉시 사용자에게 메시지를 전송할 수 있게 한다. 따라서 인스턴트 메시징 서비스는 통신 대상자의 현재 상태를 제공하는 프레슨스 서비스와 연계되어 사용될 때 유용하다. 〈그림 9.16〉에서 보

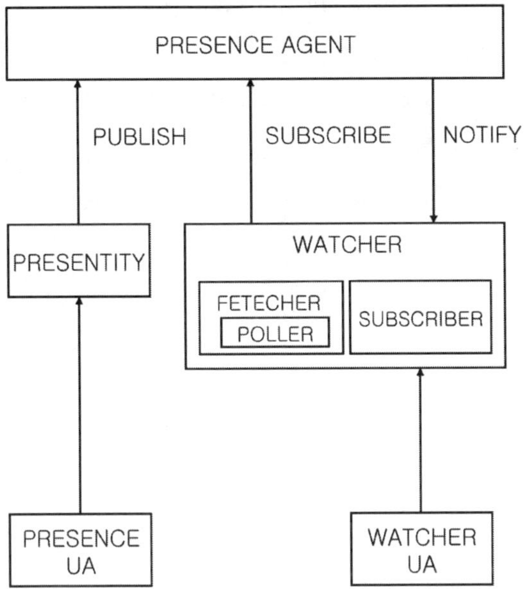

그림 9.15 프레슨스 서비스 모델

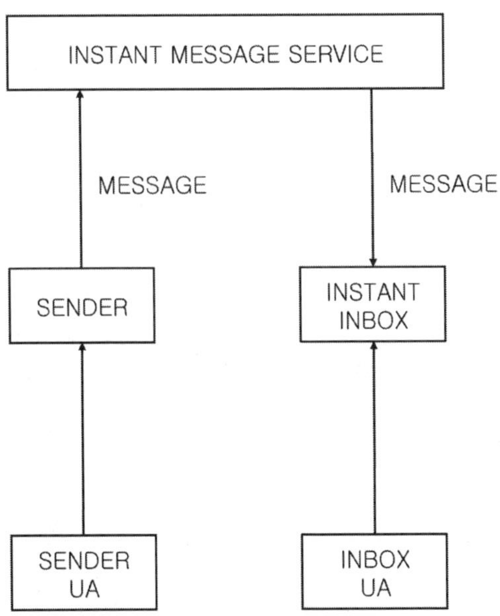

그림 9.16 인스턴트 메시징 서비스 모델

는 것처럼 SIP 인스턴트 메시징(Instant Messaging) 서비스는 간단한 메시지를 표현하는 MIME 메시지 몸체를 전달하는 MESSAGE 요청 메시지에 의해 제공된다. MESSAGE 요청 메시지는 현재 진행중인 다이얼로그와 무관하게 전달될 수 있다. 인스턴트 메시지의 목적지 주소는 im:user@domain 형태의 IM URI 주소를 가질 수 있다. IM SRI 주소는 즉시 SIP URI 주소로 변경되어 요청 URI(Reuest-URI)로 사용된다.

10 RTSP-실시간 스트리밍 제어 프로토콜

Chapter 10

RTSP-실시간 스트리밍 제어 프로토콜

10.1 다운로드 기반 웹 시스템의 멀티미디어 재생

오디오와 비디오 데이터를 포함하는 멀티미디어 웹 서비스가 활성화되고, AoD/VoD(Audio/Video on Demand)와 인터넷 방송과 같은 저장형 멀티미디어 기반의 새로운 인터넷 응용에 대한 요구 사항이 증대됨에 따라, 특정 서버에 저장된 오디

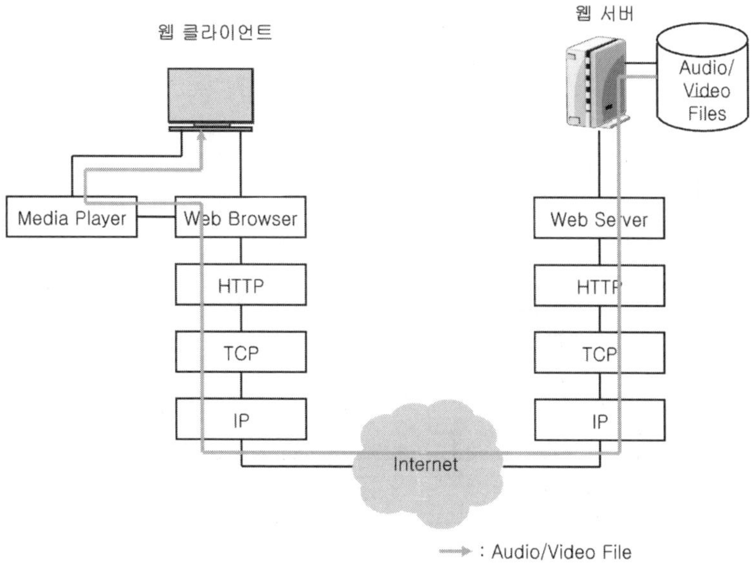

그림 10.1 다운로드 기반 웹 시스템의 오디오/비디오 재생

오나 비디오와 같은 멀티미디어 데이터의 효과적인 실시간 재생에 대한 중요성이 부각되어 왔다. 가장 일반적인 오디오/비디오 데이터의 실시간 재생 응용은 멀티미디어 웹 서비스이다.

일반적인 웹 시스템에서 사용자는 웹 브라우저상에서 오디오 또는 비디오 페이지에 대한 URL(Uniform Resource Locator)를 입력하거나, 하이퍼링크를 클릭함으로써 해당 오디오 또는 비디오 파일을 재생할 수 있다. 일반적인 웹 시스템에서 오디오/비디오 파일의 재생은 〈그림 10.1〉과 같은 데이터 흐름에 따라 이루어진다. URL에 의해 지시된 웹 서버의 오디오/비디오 파일은 TCP(Transmission Control Protocol) 기반의 HTTP(Hyper Text Transfer Protocol)를 통해 먼저 웹 브라우저에 전달된다. 웹 브라우저는 HTTP 응답 메시지의 컨텐트-유형(Content-Type) 헤더의 정보(예, MP3, MPEG-2)를 해석하고, 수신된 오디오/비디오 파일을 적절한 미디어 플래이어(Media Player)에게 전달한다. 미디어 플래이어는 압축된 오디오/비디오 파일을 복원하고 출력 카드를 통해 오디오/비디오를 재생한다. 이와 같이 웹 시스템을 통한 오디오/비디오 재생은 전체 파일 데이터가 웹 브라우저에 의해 다운로드된 다음 관련 미디어 플래이어에 의해 재생이 개시되므로 다운로드 기반 재생(Download-based Playout)이라 한다.

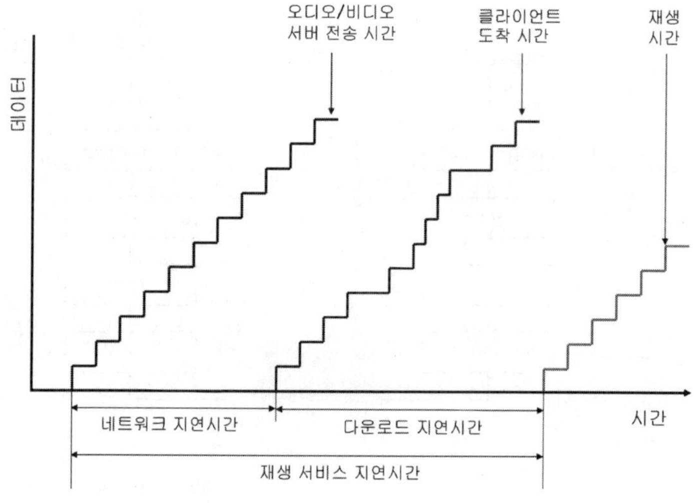

그림 10.2 **다운로드 기반 재생의 지연시간**

웹 시스템의 다운로드 기반 오디오/비디오 재생의 가장 큰 문제점은 지나치게 큰 재생 서비스 지연시간이다. 〈그림 10.2〉에서 보는 것처럼 웹 서버로부터 오디오/비디오 파일 전송이 개시된 후 재생이 개시되는 시점까지의 재생 서비스 지연시간은 네트워크 지연시간(Network Delay)과 다운로드 지연시간(Download Delay)의 합으로 계산된다. 네트워크 지연시간은 서버에서 전송된 오디오/비디오 패킷이 클라이언트에 도착하는 데에 걸리는 시간이고, 다운로드 지연시간은 전체 오디오/비디오 파일을 다운로드하는 데에 걸리는 시간이다. 대체로 오디오/비디오 파일의 크기가 매우 크기 때문에 전체 파일을 다운로드 하는 데에 걸리는 시간은 수 십초에 수 십분 이상이 걸릴 수 있다. 네트워크의 트래픽이 많아지고, 서버로부터 오디오/비디오 파일을 재생하는 사용자가 많아질수록, 즉 서버 부하가 높을수록 다운로드에 걸리는 시간은 더욱 커질 것이다. 따라서 다운로드 기반의 웹 시스템은 실시간 오디오/비디오 재생 서비스를 제공하기에 적절하지 않음을 알 수 있다.

10.2 스트리밍 서비스

스트리밍(streaming)은 오디오/비디오 파일을 다운로드하는 하면서 동시에 재생을 실행함으로써 재생 서비스 지연시간을 줄여 실시간성을 높이는 기술이다. 전체 오디오/비디오 파일을 다운로드 한 후에 재생을 시작하는 일반적인 웹 시스템과 달리, 스트리밍 시스템은 연속적인 재생에 필요한 최소한의 데이터만 수신하면 미디어 플래이어를 통해 재생을 개시한다. 〈그림 10.3〉에서 보는 바와 같이 스트리밍 시스템의 재생 서비스 지연시간은 네트워크 지연시간과 연속적인 재생에 필요한 최소한의 버퍼링 지연시간(Buffering Delay)의 합으로 계산된다. 버퍼링 지연시간은 네트워크 지연시간의 편차, 즉 지터(jitter)에 따른 불연속적인 재생을 방지하기 위해 인위적으로 재생 시작 시점을 지연시키는 시간이다. 버퍼링 지연시간 동안 수신되는 데이터는 버퍼에 저장되고, 버퍼의 데이터는 정해진 시간 간격에 맞게 미디어 플래이어로 전달되어 재생된다. 버퍼링 지연시간은 전체 파일 다운로드 시간에 비해 훨씬 작기 때문에 스트리밍은 오디오/비디오 파일의 실시간 재생을 가능하게 한다.

스트리밍 시스템에서 버퍼링 지연시간은 실시간성을 결정하는 중요한 요소이다. 버퍼링 지연시간이 작으면 실시간성이 높아지지만 지나치게 작은 버퍼링 지연시간은 오디오/비디오 파일의 연속적인 재생을 어렵게 만들 수 있다. 즉, 버퍼링 지연시간이 작으면 다음에 재생되어야 할 패킷이 재생 시점까지 도착하지 못할 수 있고, 이 경우 스트리밍 버퍼가 비게 되어 연속적인 재생이 불가능해진다. 〈그림 10.4〉에서 보는 바와 같이 스트리밍 버퍼에 저장된 데이터량은 버퍼 채움 속도(Fill Rate)와 버퍼 비움 속도(Drain Rate)의 차이에 의해 결정된다. 버퍼링 지연시간은 버퍼 비움 속도와 버퍼 채움 속도의 차이를 보상할 수 있을 정도의 데이터량을 재생 개시전에 버퍼에 저장하기에 적절한 크기여야 한다. 그러나 버퍼링 지연시간이 크면 클수록 연속적인 재생은 보장되지만 실시간성이 떨어지고 버퍼 메모리가 커져야 하는 단점이 있다. 이와 같이 스트리밍 시스템에서 연속적인 재생을 보장하면서 버퍼링 지연시간은 적절한 범위내로 줄이는 기술이 매우 중요함을 알 수 있다.

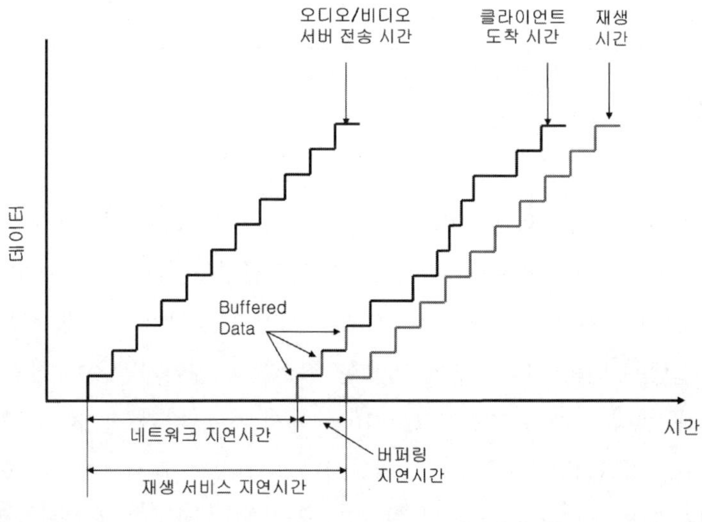

그림 10.3 **스트리밍 기반 재생의 지연시간**

스트리밍 시스템에서 또 다른 중요한 요소는 스트리밍 제어 기능이다. 스트리밍 제어 기능은 재생(play), 일시 중지(pause), 되감기(rewind), 속성 변경(set parameters), 종료(teardown) 등이다. 스트리밍 시스템에서 클라이언트와 서버간 스트리밍 제어를 위한 제어 정보의 교환은 오디오/비디오 파일 전송과 동시에 진행될 수 있어야 한다. 제어 정보 교환을 위해 오디오/비디오 파일 전송을 잠시 중지시키는 것은 연속적인 재생과 실시간성 유지를 어렵게 만들 것이다. 따라서 스트리밍 제어 정보의 교환은 오디오/비디오 파일 전송 채널과 독립적인 별도의 채널을 통해 제공될 필요가 있다. 제어 정보 전송과 오디오/비디오 파일 전송은 서로 다른 다른 통신 품질(QoS-Quality of Service) 요구 사항을 가진다. 오디오/비디오 파일 전송에서는 연속성 유지와 실시간성 제공 등이 중요한 반면, 제어 정보는 신뢰적으로 전송되는 것이 더욱 중요하다. 따라서 스트리밍 시스템은 스트리밍 제어 정보 전송을 위한 트랜스포트 프로토콜과 오디오/비디오 파일 전송을 위한 트랜스포트 프로토콜이 구분되어 제공될 필요가 있다.

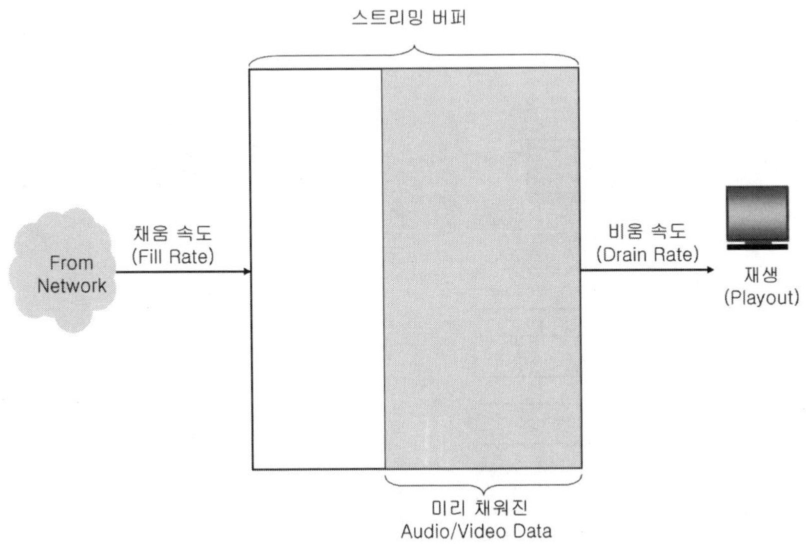

그림 10.4 스트리밍 버퍼

10.3 웹 서버 기반 스트리밍 서비스

웹 서버 기반의 스트리밍 방식은 웹 브라우저가 웹 서버로부터 전체 오디오/비디오 파일을 다운로드 한 후 미디어 플레이어를 통해 재생하는 대신, 미디어 플레이어가 웹 서버로부터 오디오/비디오 파일을 스트리밍 방식으로 직접 재생하게 함으로써 실시간성을 높이는 기법이다. 이 방식에서 웹 서버는 오디오/비디오 파일을 생성할 때 해당 오디오/비디오 파일을 설명하는 메타 파일(metafile)을 동시에 생성한다. 메타 파일에는 URL, 미디어 유형, 인코딩 방식 등 해당 오디오/비디오 파일을 재생하기 위해 필요한 정보가 저장된다. 웹 서버 기반 스트리밍 방식에서 정보의 흐름은 〈그림 10.5〉와 같이 표현될 수 있다.

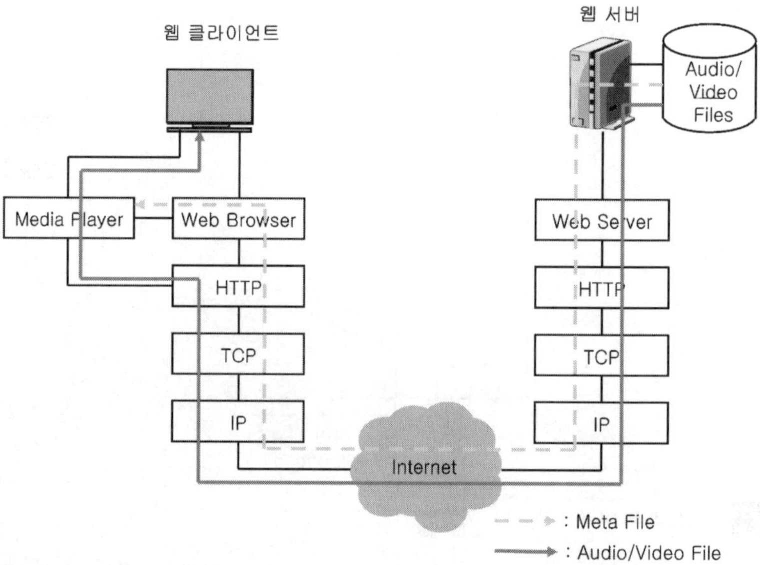

그림 10.5 웹 서버 기반 스트리밍 모델

사용자가 웹 브라우저를 통해 특정 URL의 오디오/비디오 파일 재생을 요청하면, 웹 서버는 오디오/비디오 파일을 전송하는 대신 해당 파일의 메타 파일을 웹 브라우저에게 전송한다. 오디오/비디오 파일의 메타 파일을 수신한 웹 브라우저는 미디어 유형에 맞는 미디어 플래이어를 실행하고 메타 파일 정보를 미디어 플래이어에게 전달한다. 미디어 플래이어는 메타 파일의 URL 정보를 이용하여 오디오/비디오 파일을 요청하고, 웹 서버로부터 오디오/비디오 파일이 도착하면 미리 정해진 버퍼링 지연시간이 경과한 후 재생을 시작한다. 버퍼링 지연시간 동안 도착한 데이터는 스트리밍 버퍼에 저장된다.

웹 서버 기반 스트리밍 방식의 장점은 기존의 HTTP와 웹 서버를 그대로 사용하기 때문에 스트리밍 서비스를 웹 시스템에 쉽게 통합할 수 있다는 것이다. 그러나 TCP 기반의 HTTP를 사용한 스트리밍 서비스 지원은 몇 가지 문제점을 가지고 있다. 첫째, TCP의 비실시간성 특성은 실시간 스트리밍 서비스 지원을 어렵게 만들 수 있다. TCP는 3-단계 핸드쉐이크(3-way Handshake) 기법을 통해 연결을 설정한 후 데이터 전송을 개시하므로 초기 지연시간이 크다. 그리고 TCP는 신뢰적인 데이터 전송을 위해 수신확인 기반의 재전송 메커니즘을 사용하기 때문에 전송 지연시간이 크다. 따라서 TCP 기반의 HTTP는 재생 서비스 지연시간을 크게 만들고, 이는 스트리밍 서비스의 실시간성을 훼손한다. 두번째 문제점은 네트워크 혼잡(Network Congestion) 상황이 발생할 때 TCP의 혼잡 제어(Congestion Control)로 인한 불연속적 재생이 발생할 가능성이 높다는 것이다. 네트워크에 혼잡 상황이 발생하면 TCP는 데이터 전송 속도를 최대한 낮추고 슬로우 스타트(Slow Start) 방식으로 속도를 높인다. 따라서 이 기간 동안 스트리밍 버퍼가 빌 수 있기 때문에 연속적인 재생이 불가능해 질 수 있다. 세번째 문제점은 HTTP가 스트리밍 제어에 필요한 적절한 메소드(method)를 제공하지 않는다. 따라서 웹 서버 기반 스트리밍 방식에서는 재생(play), 일시 중지(pause), 되감기(rewind), 속성 변경(set parameters), 종료(teardown) 등과 같은 스트리밍 제어 기능을 제공하기가 어렵다.

10.4 RTSP 기반 스트리밍 서비스

RTSP(Real-Time Streaming Protocol)는 인터넷상에서 미디어 플레이어에 의한 오디오/비디오 파일의 실시간 스트리밍을 효과적으로 제어하기 위해 개발되었다. RTSP는 앞에서 설명한 HTTP 기반 스트리밍의 문제점을 개선함으로써 효과적인 스트리밍 서비스 제공을 가능하게 한다. 〈그림 10.6〉은 RTSP 기반 스트리밍 모델을 표현하고 있다. TCP 기반의 HTTP와 달리 RTSP는 스트리밍하고자 하는 파일(오디오, 비디오, 데이터 등)의 특성에 따라 트랜스포트 프로토콜(RTP, UDP, TCP 등)을 동적으로 선택할 수 있게 한다. 예를 들어 오디오/비디오와 같이 실시간성과 연속성 유지가 중요한 파일의 경우 RTSP는 RTP를 사용하여 해당 파일을 전송할 수 있게 하고, 신뢰적인 전송이 중요한 파일의 경우 TCP를 선택할 수 있게 한다. 또한 RTSP는 대역외(Out-Of-Band) 전송 기법을 채택함으로써 스트리밍 제어를 위한 제어 정보 전송 채널과 데이터 전송 채널을 분리한다. 따라서 RTSP는 스트리밍 데이터 전송과 동시에 제어 정보 전송을 가능하게 할 뿐만 아니라, 데이터 포맷과 무관

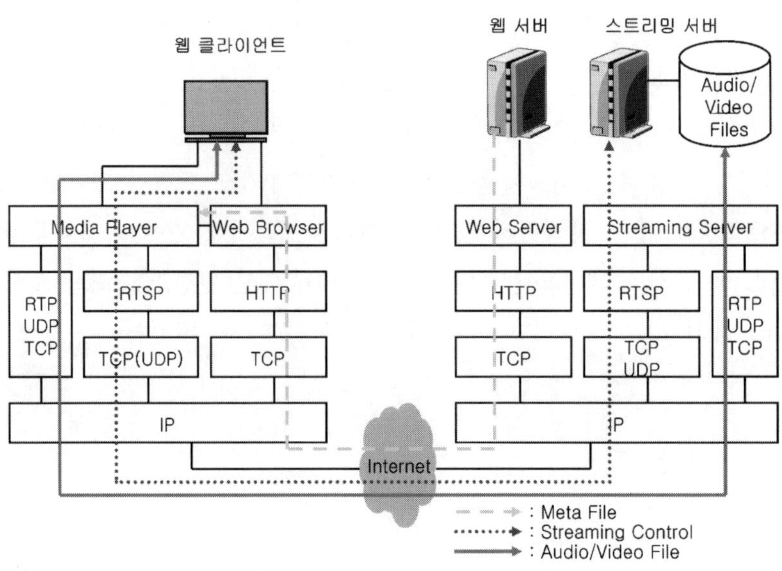

그림 10.6 RTSP 기반 스트리밍 모델

하게 제어 정보의 포맷을 정의할 수 있게 한다. RTSP는 제어 채널을 통해 제공되는 다양한 스트리밍 제어 기능을 정의한다.

RTSP 기반 스트리밍 서비스는 웹 서비스와 독립적으로 제공될 수 있다. 그러나 RTSP 기반 스트리밍 서비스도 웹 시스템과 통합되어 제공되는 것이 사용자 편의 측면에서 효과적일 것이다. 웹 시스템과 통합된 RTSP 기반 스트리밍 방식에서 제어 정보와 미디어 정보의 흐름은 〈그림 10.7〉과 같이 표현될 수 있다.

웹 서버 기반 스트리밍의 경우와 마찬가지로 먼저 사용자가 웹 브라우저를 통해 특정 URL의 오디오/비디오 파일 재생을 요청(HTTP GET)하면, 웹 서버는 오디오/비디오 파일을 전송하는 대신 해당 파일의 메타 파일을 웹 브라우저에게 전송한다. 오디오/비디오 파일의 메타 파일을 수신한 웹 브라우저는 미디어 유형에 맞는 미디어 플래이어를 실행하고 메타 파일 정보를 미디어 플래이어에게 전달한다. 메타 파일은 SDP(Session Description Protocol), SMIL(Synchronized Multimedia Integration Language), MHEG(Multimedia and Hypermedia Expert Group) 등의 포맷으로 기술될 수 있다.

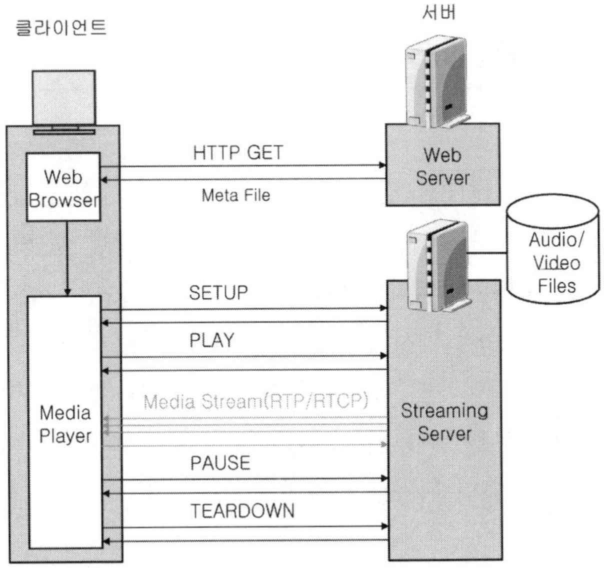

그림 10.7 RTSP 기본 동작 절차

메타 파일을 수신한 미디어 플래이어는 RTSP를 통하여 웹 서버와 독립적으로 동작하는 스트리밍 서버와 세션 설정(SETUP)을 요청한다. 스트리밍 서버는 많은 수의 오디오/비디오 스트리밍 요청을 효과적으로 지원할 수 있게 설계된 특수한 서버이다. RTSP 세션 설정은 제어 정보 전송을 위한 TCP 연결 설정과 세션 속성(Session Attributes) 정보 교환을 포함한다. 세션 속성 정보는 메타 파일에 포함된 오디오/비디오 파일의 URL, 오디오/비디오 파일 전송을 위한 트랜스포트 프로토콜, 포트 번호, 세션 식별자 등을 포함한다. 일반적으로 RTSP는 제어 정보 전송을 위해 TCP를 사용하나 UDP를 사용할 수도 있다. 세션 설정이 완료되면 미디어 플래이어는 스트리밍 서버에게 재생(PLAY) 요청 메시지를 보내 스트리밍 서비스를 개시를 명령할 수 있다. 재생 요청 메시지를 받은 스트리밍 서버는 세션 설정 과정에서 지정한 별도의 트랜스포트 프로토콜(예, RTP/RTCP)를 통해 오디오/비디오 파일을 전송한다.

오디오/비디오 파일 전송 도중에 미디어 플래이어는 RTSP 제어 채널을 통해 일시 중지(PAUSE), 속성 변경(SET-PARAMETER), 종료(TEARDOWN) 등과 같은 스트리밍 제어 서비스를 제공할 수 있다.

10.5 RTSP 메시지

RTSP 제어 메시지는 HTTP와 같이 요청(request) 메시지와 응답(response) 메시지로 구성되고, 〈그림 10.8〉과 같이 HTTP 메시지와 유사한 포맷을 가진다. HTTP 메시지와 마찬가지로 RTSP 메시지도 텍스트로 구성되고 라인 구분은 〈CR〉〈LF〉 제어 문자로 이루어진다. 요청 메시지는 요청 라인(Request-Line), 다수의 헤더 라인(Header-Line), 그리고 선택적인 메시지 몸체(Message-Body)로 구성된다. 요청 라인은 요청 메시지의 종류를 나타내는 메소드(method), 요청하는 미디어 객체(메타 파일, 오디오/비디오 파일)의 위치를 나타내는 요청-URL, 그리고 RTSP 버전으로 구성된다.

RTSP 요청 메시지의 메소드(method)는 DESCRIBE, PING, GET-PARAMETER,

OPTIONS, SETUP, PLAY, PAUSE, REDIRECT, SET-PARAMETER, TEARDOWN을 포함한다. DESCRIBE 메소드는 요청-URL에 의해 지시된 서버의 미디어 객체의 설명 정보를 요청하고, PING 메소드는 클라이언트 또는 서버가 동작하고 있는 지를 확인한다. GET-PARAMETER 메소드는 요청-URL에 의해 지시된 미디어 객체의 특성을 나타내는 매개변수의 값의 요청하고, OPTIONS 메소드는 클라이언트 또는 서버가 지원하는 메소드의 종류를 확인한다. SETUP 요청 메소드는 요청 URL에 의해 지시된 오디오/비디오 파일 스트리밍 제어를 위한 세션 설정을 요청한다. PLAY 요청 메소드는 서버로 하여금 SETUP 메소드에 의해 지정된 전송 메카니즘(트랜스포트 프로토콜, 포트)을 사용하여 데이터 전송을 개시하도록 요청하고, PAUSE 메소드는 현재 전송중인 미디어 스트림(오디오/비디오 파일)의 전달을 잠시 중지하도록 요청한다. REDIRECT 요청 메소드는 서버가 클라이언트에게 다른 서버를 연결하도록 요청할 때 사용된다. SET-PARAMETER 요청 메소드는 URL에 의해 지시된 미디어 객체의 특성을 나타내는 매개변수의 값을 설정하고, TEARDOWN 요청 메소드는 URL에 의해 지시된 미디어 파일 전송을 중지를 요청하고, 전송을 위해 할당된 자원의 해제를 요청한다.

기본적으로 요청 라인의 요청-URL은 절대 경로 URL(absolute-URL)을 사용해야

```
Request = Request-Line *(general-header | request-header |
entity-header)
     <CR><LF>
     [message-body]
Request-Line = Method <SP> Request-URL <SP> RTSP-Version <CR><LF>
Method = "DESCRIBE" | "PING" | "GET-PARAMETER" |
         "OPTIONS" | "SETUP' | "PLAY" | "PAUSE" |
         "REDIRECT" | "SET-PARAMETER" | "TEARDOWN"
Request-URL = "*" | absolute-URL
RTSP-Version = "RTSP" "/" 1*DIGIT "." 1*DIGIT
```

(a) 요청 메시지 포맷

```
Response = Status-Line *(general-header | response-header | entity-header)
       <CR><LF>
       [message-body]
Status-Line = RTSP-Version <SP> Status-Code <SP> Reason-Phrase <CR><LF>
```

(b) 응답 메시지 포맷

그림 10.8 RTSP 메시지 포맷

하고, URL이 생략되는 경우(* 표시)는 특정 미디어 객체 대신 기존에 세션이 설정된 서버를 지칭한다. RTSP 응답 메시지는 HTTP 응답 메시지와 같이 상태-라인(Status-Line)과 다수의 헤더 라인(Header-Line), 그리고 생략가능한 메시지 몸체로 구성된다.

〈그림 10.9〉와 〈그림 10.10〉은 웹 시스템과 통합된 RTSP 기반 스트리밍 시스템의 간단한 메시지 교환 시나리오를 보여준다. 먼저 클라이언트(웹 브라우저)는 HTTP GET 메소드를 사용하여 웹 서버로부터 SDP로 기술된 오디오/비디오 파일의 메타 파일을 다운로드한다. HTTP GET 요청 메시지를 수신한 웹 서버는 SDP 파일을 포함하는 응답 메시지를 클라이언트에게 전송한다.

SDP 파일을 수신한 웹 브라우저는 적절한 오디오 플래이어를 실행하고 SDP 파일의 오디오 관련 정보를 오디오 플래이어에게 전달한다. 오디오 플래이어(client)는 SDP 파일의 오디오 파일에 대한 URL 정보와 미디어 설명 정보를 사용하여 스트리

```
C -> W : GET /twister.sdp HTTP/1.1
         Host : www.example.com
         Accept : application/sdp
W -> C : HTTP/1.1 200 OK
         Content-Type : application/sdp

         v = 0
         o = 2890844526 2890842807 IN IP4 192.16.24.202
         s = RTSP Session
         m = audio 0 RTP/AVP 0
         a = control:rtsp://audio.com/twister/audio.en
         m = video 0 RTP/AVP 31
         a = control:/rtsp://video.com/twister/video

C -> S : SETUP rtsp://audio.com/twister/audio.en RTSP/1.0
         CSeq : 1
         Transport : RTP/AVP/UDP;unicast;client_port=3056-3057

S -> C : RTSP/1.0 200 OK
         CSeq : 1
         Session : 12345678
         Transport : RTP/AVP/UDP;unicast;client_port=3056-3057;
                  server_port=5000-5001
```

그림 10.9 RTSP Setup 절차와 관련 메시지

밍 서버와 RTSP 세션 설정을 요청하는 SETUP 요청 메시지를 전송한다. SETUP 요청 메시지는 오디오 파일 전송에 사용할 트랜스포트 프로토콜(RTP/AVP/UDP), 전송 방식(unicast), 그리고 클라이언트 포트 번호(RTP-3056, RTCP-3057) 정보를 포함한다. 만약 SDP에 기술된 정보가 SETUP 메시지에 중복되어 표현되면 SETUP 메시지의 정보가 우선순위를 가진다. SETUP 요청 메시지를 수신한 스트리밍 서버는 세션 구분을 위한 세션 식별자(Session ID)를 할당하고, 서버 포트 번호(RTP-5000, RTCP-5001) 등을 포함하는 응답 메시지를 오디오 플레이어에게 전송한다.

SETUP 요청 메시지에 의한 RTSP 세션 설정이 완료되면 클라이언트(오디오 플래리어)는 PLAY 요청 메시지를 사용하여 서버가 오디오 파일을 전송하도록 요청 할 수 있다. PLAY 요청 메시지를 수신한 스트리밍 서버는 시작 RTP 순서 번호와 타임스탬프 정보를 담은 응답 메시지를 클라이언트에게 전송하고 오디오 파일 전송을 개시한다. RTP/RTCP 프로토콜을 사용하여 오디오 파일 스트리밍이 진행중인 상태에서 클라이언트는 PAUSE 요청 메시지를 사용하여 스트리밍을 잠시 중지시킬 수 있고, TEARDOWN 요청 메시지를 사용하여 스트리밍을 완전히 중지시킬 수 있다.

```
C -> S : PLAY rtsp://audio.com/twister/audio.en RTSP/1.0
         CSeq : 2
         Session : 12345678
         Range :
S -> C : RTSP/1.0 200 OK
         CSeq : 2
         Session : 12345678
         RTP-Info : url = rtsp://audio.com/twister/audio.en;
                    seq = 876655; rtptime = 1032181
C -> S : PAUSE rtsp://audio.com/twister/audio.en RTSP/1.0
         CSeq : 3
         Session : 12345678
S -> C : RTSP/1.0 200 OK
         CSeq : 3
         Date : 23 Dec 2005 10:18:06 GMT
C -> S : TEARDOWN rtsp://audio.com/twister/audio.en RTSP/1.0
         CSeq : 4
         Session : 12345678
S -> C : RTSP/1.0 200 OK
         CSeq : 3
```

그림 10.10 RTSP Play, Pause, 그리고 Teardown 절차와 관련 메시지

약 어

AAC : Advanced Audio Coding
AAL : ATM Adaptation Layer
ADSL : Asymmetric Digital Subscriber Line
AF : Assured Forwarding
AoD : Audio on Demand
AP : Access Point
API : Application Programming Interface
ARP : Address Resolution Protocol
ASCII : American National Standard Code for Information Interchange
ASN.1 : Abstract Syntax Notation One
ASP : Active Server Pages
ATM : Asynchronous Transfer Mode
BE : Best Effort
BGP : Border Gateway Protocol
B-ISDN : Broadband Integrated Service Digital Network
BMP : Basic Multilingual Plane
BRAS : Broadband Remote Access Server
CATV : Community Antenna TeleVision
CBR : Constant Bit Rate
CGI : Common Gateway Interface
CIDR : Classless Inter-Domain Routing
CIF : Common Intermediate Format
CIR : Committed Information Rate
CMTS : Cable Modem Termination System
CRC : Cyclic Redundancy Check
CS : Class Selector
CSCW : Computer Supportive Corporative Working
CSMA/CD : Carrier Sense Multiple Access with Collision Avoidance
CSMA/CD : Carrier Sense Multiple Access with Collision Detection

CSU : Channel Service Unit
DDN : Dotted Decimal Notation
DHCP : Dynamic Host Configuration Protocol
DMT : Discrete Multi-Tone
DNS : Domain Name Server/System
DS : Directory Service
DSCP : Differentiated Service Code Point
DSLAM : Digital Subscriber Line Access Multiplexer
DSSS : Direct Sequence Spread Spectrum
DSU : Digital Service Unit
DVMRP : Distance Vector Multicast Routing Protocol
ECN : Explicit Congestion Notification
EF : Expedited Forwarding
ETSI : European Telecommunication Standardization Institute
FDDI : Fiber Data Distributed Interface
FDM : Frequency Division Multiplexing
FHHS : Frequency Hopping Spread Spectrum
FIFO : First In First Out
FR : Frame Relay
FTP : File Transfer Protocol
FTTC : Fiber To The Curb
FTTH : Fiber To The Home
GIF : Graphic Interchange Format
GSM : Global System for Mobile Communications
HFC : Hybrid Fiber-Coax
HTML : Hyper Text Markup Language
HTTP : Hyper Text Transfer Protocol
ICMP : Internet Control Message Protocol
IDC : Internet Data Center
IETF : Internet Engineering Task Force
IGMP : Internet Group Management Protocol
IMAP : Internet Mail Access Protocol
IP : Internet Protocol

IPv4 : Internet Protocol version 4
IPv6 : Internet Protocol version 6
ISDN : Integrated Service Digital Network
ISO : International Standardization Organization
ISP : Internet Service Provider
ITU-T : International Telecommunication Union-Telecommunication Standardization Sector
IX : Internet eXchange
JPEG : Joint Picture Expert Group
JSP : Java Server Pages
LAN : Local Area Network
LED : Light Emitting Diode
MAC : Medium Access Control
MC : Multipoint Controller
MCU : Multipoint Control Unit
MIME : Multi-purpose Internet Mail Extension
MOSPF : Multicast Open Shortest Path First
MP : Media Processor
MP3 : MPEG layer 3
MPEG : Motion Picture Expert Group
MSS : Maximum Segment Size
MTA : Message Transfer Agent
MTU : Maximum Transmission Unit
NAT : Network Address Translation
NAPT : Network Address Port Translation
NOC : Network Operation Center
OC : Optical Carrier
ONU : Optical Network Unit
OSI : Open System Interconnection
OSPF : Open Shortest Path First
PCM : Pulse Coded Modulation
PDA : Personal Digital Assistance
PDU : Protocol Data Unit

PHB : Per Hop Behavior
PHP : Perl Helper Pages
PIM : Protocol Independent Multicast
PIR : Pick Information Rate
PPP : Point-to-Point Protocol
POP : Point Of Presence
POP3 : Post Office Protocol version 3
PSTN : Public Switched Telephone Network
PUA : Presence User Agent
PVC : Permanent Virtual Circuit
QAM : Quadrature Amplitude Modulation
QCIF : Quarter CIF
QoS : Quality of Service
RARP : Reverse Address Resolution Protocol
RAS : Remote Access Server
RED : Random Early Discard
FRC : Request For Comments
RIP : Routing Information Protocol
RPF : Reverse Path First
RSVP : Resource reSerVation Protocol
RTCP : Real-time Transport Control Protocol
RTP : Real-time Transport Protocol
RTSP : Real Time Streaming Protocol
RTT : Round Trip Time
SAP : Service Access Point
SAP : Session Announcement Protocol
SDH : Synchronous Digital Hierarchy
SDP : Session Description Protocol
SIP : Session Initiation Protocol
SMIL : Synchronized Multimedia Integration Language
SMTP : Simple Mail Transfer Protocol
SOHO : Small Office Home Office
SONET : Synchronous Optical NETwork

STB : Set Top Box
STM : Synchronous Transfer Mode
SVC : Switched Virtual Circuit
TCP : Transmission Control Protocol
TDM : Time Division Multiplexing
TIFF : Tagged Image File Format
TTL : Time To Live
UA : User Agent
UAC : UA Client
UAS : UA Server
UDP : User Datagram Protocol
UI : User Interface
URI : Uniform Resource Indicator
URL : Uniform Resource Locator
UTF : Universal Character Set Transform Format
UTP : Unshielded Twisted Pair
VBR : Variable Bit Rate
VCI : Virtual Channel Identifier
VDSL : Very high-rate Digital Subscriber Line
VLAN : Virtual Local Area Network
VoD : Video on Demand
VPI : Virtual Path Identifier
VPN : Virtual Private Network
XML : eXtensible Markup Language
WDM : Wave-length Division Multiplexing
WFQ : Weighted Fair Queueing
WML : Wireless Markup Language
WRED : Weighted RED
WUA : Watcher UA
WWW : World Wide Web

참고문헌

Ashwin Gumaste and Tony Antony, *First Mile Access Networking and Enabling Technologies*, Cisco Press, 2004

Curt M. White, *Data Communications & Computer Networks – A Business User's Approach*, 2nd Edition, Thomson Course Technology, 2002

Daniel C. Lynch and Marshall T. Rose, *The Internet System Handbook*, Addison-Wesley, 1993

Daniel Minoli, Peter Johnson, and Emma Minoli, *Ethernet-based Metro Area Networks*, Mcgraw-Hill, 2002

David Austerberry, *The Technology of Video and Audio Streaming*, Elsevier, 2005

Douglas E. Comer, *Internetworking with TCP/IP – Volume 1 : Principles, Protocols, and Architectures*, 4th Edition, Prentice Hall, 2000

Douglas E. Comer, *Internetworking with TCP/IP – Volume 3 : Client-Server Programming and Applications*, Prentice Hall, 2001

Fred Halsall, *Computer Networking and the Internet*, Addison-Wesley, 2005

Fred Halsall, *Data Communications, Computer Networks and Open Systems*, Addison-Wesley, 1992

Fred Halsall, *Multimedia Communications – Applications, Networks, Protocols and Applications*, Addison-Wesley, 2001

Frankin Kuo, Wolfgang Effelsberg, J. J. Garcia-Luna-Aceves, *Multimedia Communications – Protocols and Applications*, Prentice Hall PTR, 1998

H.323 Related Documents at www.packetizer.com / www.cisco.com / www.radvision.com

ITU-T Documnents at www.itu.int/publications

James P. G. Sterbenz and Joseph D. Touch, *High-Speed Networking – A Systematic Approach to High-Bandwidth Low-Latency Communication*, John Wiley & Sons, Inc, 2001

Keith G. Knightson, Terry Knowles, and John Larmouth, *Standards for Open Systems Interconnection*, McGraw-Hill Book Company, 1988

K. R. Rao, Zoran S. Bojkovic, and Dragorad A. Milovanovic, *Multimedia Communication Systems – Techniques, Standards, and Networks*, Prentice Hall PTR,

2002

Nigel Chapman and Jenny Chapman, *Digital Multimedia*, John Wiley and Sons, Ltd, 2004

Oliver C. Ibe, *Remote Access Networks and Services - The Internet Access Companion*, John Wiley & Sons, Inc., 1999

Olivier Hersent, Jean-Pierre Petit and David Gurle, *Beyond VoIP Protocols*, John Wiley and Sons, Ltd, 2005

Olivier Hersent, Jean-Pierre Petit and David Gurle, *IP Telephony - Developing VoIP Protocols*, John Wiley and Sons, Ltd, 2005

Pete Loshin, *IPv6 - Theory, Protocol, and Architecture*, 2nd Edition, Morgan Kaufmann Publishers, 2004

Ralf Steinmetz and Klara Nahrstedt, *Media Coding and Content Processing*, Prentice Hall PTR, 2002

RFCs at www.ietf.org

Robert C. Newman, *Broadband Communications*, Prentice Hall, 2002

RTP/RTCP Related Documents at www.cs.columbia.edu/~hgs/rtp

RTSP Related Documents at www.cs.columbia.edu/~hgs/rtsp

Sandeep Singhal, et al., *The Wireless Application Protocol - Writing Applications for the Mobile Internet*, Addison-Wesley, 2000

SIP Related Documents at www.cs.columbia.edu/~hgs/sip and www.voip-forum.or.kr

VoIP Related Documents at www.packetizer.com / www.voip-forum.or.kr

Walter Goralski, *ADSL and DSL Technologies*, McGraw-Hill, 1998

Wendell Odom and Michael J. Cavanaugh, *Cisco QoS*, Cisco Press, 2005

William A. Shay, *Understanding Communications and Networks*, 3rd Edition, Thomson Brooks/Cole, 2004

강병철 외 공역(Behrouz A. Forouzan 원저), TCP/IP 프로토콜

강성수 역(竹下隆史 외 원저), 마스터링 TCP/IP, 제3판, 성안당, 2003

강현국, 신용태, 안상현, 최종원 공역(James F. Kurose, Keith W. Ross 원저), 컴퓨터 네트워킹 - 인터넷 위주의 하향식 접근, 홍릉과학출판사, 2003

김성훈 역(Tsutomu Tone 원저), 성공과 실패를 결정하는 1%의 네트워크 원리, 성안당, 2003

오삼권 외 공역(Youlu Zheng and Shakil Akhtar 원저), 공학도를 위한 컴퓨터 네트워크, 대웅, 2002

오세만, 이용규 저, 인터넷 프로그래밍 입문, 생능출판사, 2002
조경산 역(Douglas E. Comer 원저), 컴퓨터 네트워크와 인터넷, 도서출판 그린, 2002
정진욱, 한정수 공저, 데이터 통신, 생능출판사, 2003

찾아보기

ㄱ

ㄴ

ㄷ

ㄹ

ㅁ

ㅂ

ㅅ

ㅇ

ㅈ

ㅊ

ㅋ

ㅌ

ㅍ

■ **저자 약력**

서울대학교 컴퓨터공학과 박사(컴퓨터 네트워크 전공)
한국전자통신연구원
한국IBM
현대전자(현 하이닉스반도체) 네트워크 연구소장
현대네트웍스(주) 연구소장, 대표이사
한국기술교육대학교 교수(현재)

인터넷 중심의 멀티미디어 통신

저 자 : 박 승 철
인 쇄 : 2006년 2월 22일
발 행 : 2006년 2월 28일
발행인 : 오 수 민
발행처 : (주)학술정보
서울시 동대문구 용두동 253-61 금성빌딩 2층
전 화 : (02) 928-2124
팩 스 : (02) 924-6441
E-mail : haksultext@korea.com
ISBN : 89-89559-68-5
등록번호 : 제6-0537호
정 가 : 18,000원

저자와의 협의하에 인지생략